"十二五"职业教育国家规划教材

经全国职业教育教材审定委员会审定

21 世 纪 建 筑 工 程 系 列 规 划 教 材

建筑工程专业课程设计实训指导

第 3 版

主　编　邬　宏　　赵金龙

副主编　刘冬梅　　李琛琛

参　编　李仙兰　　唐丽萍　　付丽文　　胡玉玲

　　　　高　春　　王秀英

机 械 工 业 出 版 社

本书是"十二五"职业教育国家规划教材。本书立足于建筑工程专业对实践性教学环节的要求，注重理论联系实际，重点讲解基本概念、基本原理和基本方法，以适应高等职业教育的特点。全书包括建筑设计篇（住宅楼建筑设计实训、教学楼建筑设计实训）、结构设计篇（单向板肋形楼盖设计实训、砖混结构设计实训、钢屋架设计实训、地基与基础设计实训）、施工预算篇（住宅楼施工组织设计实训、建筑施工技术实训、建筑工程概预算实训、建筑工程施工质量验收实训、多层框架结构体系办公楼施工图识读、门式刚架结构体系施工图识读）。

本书按照国家最新相关标准规范编写，可作为应用型本科及高等职业教育土木工程、建筑工程专业的教材，也可作为相关专业工程技术人员的参考用书。

图书在版编目（CIP）数据

建筑工程专业课程设计实训指导/邬宏，赵金龙主编. —3 版. —北京：机械工业出版社，2019.9
"十二五"职业教育国家规划教材　21 世纪建筑工程系列规划教材
ISBN 978-7-111-63128-6

Ⅰ.①建…　Ⅱ.①邬…②赵…　Ⅲ.①建筑工程-课程设计-高等职业教育-教学参考资料　Ⅳ.①TU-42

中国版本图书馆 CIP 数据核字（2019）第 129800 号

机械工业出版社（北京市百万庄大街 22 号　邮政编码 100037）
策划编辑：王靖辉　覃密道　责任编辑：王靖辉
责任校对：张　薇　　　　封面设计：陈　沛
责任印制：郜　敏
涿州市京南印刷厂印刷
2019 年 11 月第 3 版第 1 次印刷
370mm×260mm · 27 印张 · 2 插页 · 717 千字
0001—1900 册
标准书号：ISBN 978-7-111-63128-6
定价：60.00 元

电话服务　　　　　　　网络服务
客服电话：010-88361066　机　工　官　网：www.cmpbook.com
　　　　　010-88379833　机　工　官　博：weibo.com/cmp1952
　　　　　010-68326294　金　书　网：www.golden-book.com
封底无防伪标均为盗版　机工教育服务网：www.cmpedu.com

前　　言

课程设计是专业课教学的实践性教学环节之一，本教材将建筑工程专业主要专业课的课程设计加以适当组织，内容上力求系统、完整，同时考虑到高等职业教育的特点，更注重实用性，既体现了各门课程的教学要求，又考虑了建立较完整的工业与民用建筑的设计概念。

本书根据编者长期教学实践经验，结合《建筑结构可靠性设计统一标准》（GB 50068—2018）、《建筑结构荷载规范》（GB 50009—2012）、《建筑抗震设计规范（2016 年版）》（GB 50011—2010）、《混凝土结构设计规范（2015 年版）》（GB 50010—2010）、《砌体结构设计规范》（GB 50003—2011）、《建筑地基基础设计规范》（GB 50007—2011）、《砌体结构工程施工质量验收规范》（GB 50203—2011）、《混凝土结构工程施工质量验收规范》（GB 50204—2015）等国家标准、规范编写。

本书各课程设计的内容均包括设计任务书、设计指导书和设计实例等几个部分，力求将理论教学与设计实践相结合，培养学生初步的设计计算能力，使他们掌握必要的构造设计方法，企盼能在学生进行课程设计的过程中起到引导、辅导和参考作用。

书中的设计方法和成果并不是固定不变的模式，读者完全可以按照自己的领会自主地完成课程设计。本书中的建筑、结构、施工组织、工程预算的设计实例分别结合不同地区的实际情况采用了不同的设计题目，指导教师也可以根据实际情况将这几部分设定为同一个题目让学生自主完成设计。

本书由邬宏、赵金龙任主编，负责统稿、定稿，刘冬梅、李琛琛任副主编。参加本书编写工作的人员有：南京科技职业学院刘冬梅（第一章）；内蒙古建筑职业技术学院李琛琛（第二章）；内蒙古建筑职业技术学院邬宏（第三章部分、第四章）；内蒙古建筑职业技术学院赵金龙（第三章部分、第十一章、第十二章）；哈尔滨学院高春（第五章）；辽宁建筑职业学院付丽文（第六章）；内蒙古建筑职业技术学院李仙兰（第七章）；内蒙古建筑职业技术学院王秀英（第八章）；内蒙古建筑职业技术学院唐丽萍（第九章）；内蒙古建筑职业技术学院胡玉玲（第十章）。

本书在编写过程中，得到了编者所在院校领导和教材编写委员会的大力支持，在此表示深切的谢意。

由于编者编写水平和能力所限，书中难免有不当之处，恳请各位读者批评指正。

编　者

目　录

建 筑 设 计 篇

第一章　住宅楼建筑设计实训

第一节　住宅楼建筑设计任务书

一、设计题目

单元式多层住宅设计。

二、设计资料

1）本设计为城市型住宅，位于某城市某住宅小区内。

2）面积指标：平均每套面积为 70~110m²。

3）套型及套型比：自定。

4）层数：自定。

5）结构类型：自定。

6）房间组成及要求。

① 居室：包括卧室和起居室等，卧室之间不相互串套。

② 厨房：每户独用，内设案台、灶台、洗菜池，考虑厨房的储藏功能。

③ 卫生间：每户独用，内设便器、面盆、淋浴或浴盆。

④ 储藏设施：根据具体情况设置搁板、吊柜、壁柜等。

⑤ 阳台：生活阳台一个，服务阳台根据具体情况确定。

⑥ 其他房间：如书房、储藏室等，可根据具体情况设置。

三、设计内容及要求

本设计中的所有图样均应严格按国家《房屋建筑制图统一标准》（GB/T 50001—2017）及《建筑制图标准》（GB/T 50104—2010）进行绘制；图幅自行确定，要求布局合理；该设计按初步设计阶段和施工图设计阶段两阶段进行。

1. 初步设计阶段内容

（1）标准层单元平面图（比例 1∶100）

（2）两单元组合平面示意图（比例 1∶50）

（3）剖面图（比例 1∶100）

（4）两单元组合立面图（比例 1∶100）

（5）简要说明

2. 施工图设计阶段内容

（1）单元平面图（底层、标准层，比例 1∶100）

1）墙体及其纵横向定位轴线及编号。

2）门窗定位、定尺寸及编号；门的开启方向；各功能房间的名称。

3）楼梯间各构造组成部分（如梯段踏步、平台、栏杆扶手等）定位、定尺寸；梯段上下行箭头。

4）家具和设备，卫生间的浴盆、大便器、洗面池等；厨房的灶台、案台、洗菜池等。

5）底层平面的散水、室外台阶、花池、坡道、阳台等的位置及细部尺寸；标准层的雨篷、阳台等的位置及细部尺寸；详图或标准图集的索引号。

6）底层平面图在剖切位置上的剖切符号，图面上角或下角的指北针。

7）尺寸标注。外墙尺寸：第一道为门窗洞口、窗间墙、墙垛等细部尺寸；第二道为轴线尺寸（轴线间尺寸）；第三道为总尺寸（外墙边缘尺寸），即住宅的总长度和总宽度。内墙尺寸：墙厚；非轴线内墙与轴线的关系；内墙上的门窗洞口尺寸、墙厚；壁柜、通风道、垃圾道等的尺寸及与相邻轴线的位置关系；墙上预留洞的位置、大小、洞底标高等。

8）标高标注。底层平面图中的室内地面标高±0.000；室外地坪标高；标准层所代表各层的标高；有坡度的房间，如卫生间、阳台等楼地面的坡度；与底层平面图和标准层平面图中楼地面有高差的功能区的标高。

9）各工种对土建要求的坑、台、水池、地沟、电表箱、消火栓、雨水管等的位置和尺寸。

10）图名线、图名及比例。

（2）剖面图（比例 1∶100）

1）剖面图至少有一个剖切在有楼梯处；剖到的墙体的竖向定位轴线与平面图中剖切符号指示方向要一致；图名线、图名标注及比例。

2）室外地面、各层楼面、屋顶、檐口、女儿墙、门窗洞口、圈梁、过梁、雨篷、楼梯梯段、平台、栏杆扶手、台阶或坡道、散水、阳台、墙裙、踢脚板以及其他剖到和看到的建筑构造的位置和尺寸。

3）尺寸标注。外部尺寸：第一道为以楼层表面和休息平台面为分界线的外墙门窗洞口、洞口上下墙段等的高度尺寸；第二道为层间尺寸（室外地坪至室内地坪、n 层楼面到 n+1 层楼面、顶层楼面到檐口或女儿墙等的高度尺寸）；第三道为总高尺寸（室外地坪至女儿墙压顶上皮或檐口上表面的高度尺寸）。内部尺寸：室内的门窗洞顶及窗台高度、吊柜等高度（如各层同一高度，只标注其中一层）。

4）标高标注。标注室外地坪、楼地面、门窗洞口顶、楼梯平台、檐口下表面（坡屋顶）、女儿墙压顶上表面或挑檐下表面（平屋顶）、阳台上表面、雨篷底面等处的标高。

5）其他。如屋面坡度的注写、文字说明、详图索引符号等。

（3）立面图（比例1∶100）

1）房屋两端轴线、各立面上投影看到的建筑物、构件轮廓线，门窗洞口、檐口、阳台、雨篷、雨水管等投影线，其中门窗洞口处用细实线画出门窗的分格线。

2）立面上的构配件及装饰细部做法用引出线及文字进行说明或用详图索引符号引出说明。

3）各部分用料及做法，如檐口、雨篷、花格、勒脚等的说明及索引。

4）尺寸及标高标注。尺寸：标注层高及总高度两道尺寸，其他细部尺寸视需要而定。标高：建筑物顶部标高、各不同水平高度的门窗洞口标高。

5）图名线、图名及比例。

（4）屋顶平面图（比例1∶100）

1）所有投影线（细实线）。

2）各转角部分定位轴线及其间距，四周出檐尺寸及屋面各部分的标高。

3）屋面排水方向、坡度及各坡度交线、天沟、檐沟、泛水、出水口、水斗的位置、规格、用料说明或详图索引号。屋面防水层上设有隔热层时，屋顶平面仍主要表示防水层构造及排水方案设计，隔热层根据需要绘出局部图形。

4）屋面检修孔或出入口，出屋面管道、烟囱、女儿墙等位置、尺寸、用料做法说明或详图索引号。

5）图名线、图名及比例。

（5）详图（根据需要绘制，比例1∶10、1∶20）

1）屋顶详图。选择与排水、防水、隔热构件有关的主要构造节点详图，如泛水、檐沟、分仓缝、女儿墙等。

2）外墙大样。窗台、窗顶、窗过梁、勒脚、散水、防潮层、内外墙装修构造等。

3）楼梯详图。楼梯平面图、剖面图；栏杆扶手、踏步构造等详图或其详图索引号。

4）详图要有详细的用料做法说明，并把有关的结构构件位置、形状或建筑部位的构造关系表达清楚。

（6）建筑说明书及门窗表说明书　建筑说明书包括工程概况的简要说明、结构特征的简要介绍、建筑各组成部分的构造做法等；门窗表说明书包括门窗数量和尺寸的汇总及所用材料的说明等。

第二节　住宅楼建筑设计指导书

一、初步设计

住宅是供家庭日常居住使用的建筑物，是人们为满足家庭生活需要，利用掌握的物质技术手段创造的空间环境。住宅套型是供不同住户使用的成套住宅类型。根据《住宅设计规范》（GB 50096—2011）（下称《规范》）强制性条文5.1.1要求，住宅应按套型设计，每套住宅应设卧室、起居室（厅）、厨房和卫生间等基本功能空间。因此，住宅应按套型设计，每套必须是独门独户，且设有卧室、厨房、卫生间和储藏空间；依据任务书中的设计条件，在符合国家及地区相关规范及标准的前提下，围绕住宅的功能要求，考虑建筑设计的相关地区性依据，并认真做好诸如阳台晒衣、卫生间设施等细部处理，使住宅在达到既实用又安全、既经济又美观、既舒适又卫生、既标准又个性的基础上，满足人们的居住生活需要。

（一）住宅的功能分析

住宅的功能是满足家庭生活的各种要求。按其功能，住宅空间可分为三部分：居住空间部分——卧室、起居室（厅）、书房、儿童室等；辅助空间部分——厨房、餐厅、卫生间、储藏室等；交通联系空间部分——过厅、过道、户内小楼梯等。

通过分析任务书、查找防火等规范、调查研究及以往的设计经验，暂对本住宅设计作如下设定：砖混结构；套型类别为3室2厅1厨1卫；防火等级为三级。

（二）平面设计

1. 单一空间设计

（1）起居室（厅）　首先应依据当地人们的习惯和喜好确定起居室（厅）的形状、布置家具，再参照所用家具的尺寸及人们使用家具、完成活动所需尺寸确定起居室（厅）的大小和面积，最后验核设计成果是否满足任务书、设计依据及相关规范的要求。其中，具体尺寸应符合模数要求。此外，起居室（厅）使用面积不应小于$10m^2$（《规范》5.2.2）；起居室（厅）内布置家具的墙面直线长度应大于3m（《规范》5.2.3）；无直接采光的餐厅、过厅等，其使用面积不宜大于$10m^2$（《规范》5.2.4）。由此，可得出符合各项要求的起居室典型平面布置示例，如图1-1所示。

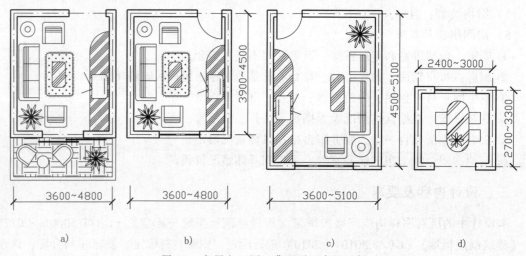

图1-1　起居室（厅）典型平面布置示例

a）中型起居室（带阳台）　b）中型起居室（不带阳台）　c）大型起居室　d）餐厅

起居室可兼用餐、睡眠、学习等功能，平面布置应考虑不同使用活动的室内功能分区。

（2）卧室　卧室有主卧室和次卧室之分，设计步骤同起居室。其中，卧室的布置应考虑其面积、形状、门窗和床的位置、活动面积等因素，且尽量考虑床沿内墙布置的可能性，以充分发挥卧室面积的使用效能。注意卧室之间不应穿越，其使用面积不应小于下列规定：

双人卧室为9m²；单人卧室为5m²；兼起居的卧室为12m²（《规范》5.2.1）。

通过上述步骤，可得到如图1-2所示的卧室平面示例。对于图1-2a中开间的控制尺寸有三个来源：满足睡眠功能要求的开间尺寸；满足学习或工作活动兼顾走道要求的开间尺寸；满足不影响学习及工作等活动的门开启的开间尺寸。取以上三个尺寸之中的大者，并且不小于2100mm（床的长度尺寸+必要的缝隙尺寸）。进深尺寸由床的尺寸、写字台的尺寸、家具（壁柜）尺寸及其使用尺寸、家具间必要的缝隙尺寸的总和得出，至少为3100mm（床的宽度尺寸+写字台的常规尺寸+壁柜尺寸+使用壁柜尺寸+缝隙尺寸）。再依据上述列举的住宅主要规范协调，并考虑其他可能的小卧室家具布置方案，得出图1-2a、b、c设计方案中所示的开间、进深的尺寸范围。双人卧室方案以此类推，其布置示意图如图1-2d、e所示。

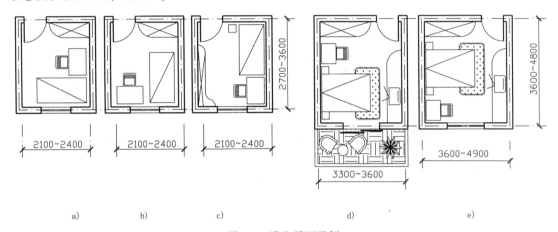

图1-2 卧室平面示例

a）、b）、c）单人卧室 d）双人卧室（带阳台） e）双人卧室（不带阳台）

（3）厨房　厨房的面积、形状和尺寸的确定取决于设备大小、布置及其操作程序。厨房使用面积不应小于下列规定（《规范》5.3.1）：由卧室、起居室（厅）、厨房和卫生间等组成的住宅套型为4m²；由兼起居的卧室、厨房和卫生间等组成的住宅最小套型为3.5m²。厨房应设置洗涤池、案台、炉灶及抽油烟机、热水器等设施或为其预留位置（《规范》5.3.3）。按炊事操作流程排列，单排布置设备的厨房净宽不应小于1.5m；双排布置设备的厨房，两排设备间的净距不应小于0.9m（《规范》5.3.5）。厨房应按炊事操作流程布置，排油烟机的位置应与炉灶位置对应，并应与排气道直接连通（《规范》5.3.4）。常见的厨房布置形式有一列形、并列形、曲尺形和U形等，如图1-3所示。

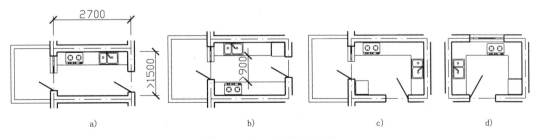

图1-3 厨房布置形式示例

a）一列形 b）并列形 c）曲尺形 d）U形

厨房的建筑设计步骤为：据任务书要求及调查所得相关信息，确定厨房必备设备，选择厨房布置形式，依据设备大小及布置形式确定厨房形式、大小及面积，调整方案以满足规范要求。由于任务书对厨房布置形式无特殊要求，可把厨房布置的四种形式都作为厨房单体设计成果，以便单体组合时择优选取。

（4）卫生间　卫生间的面积、形状、尺寸决定于卫生间的设备多少及其大小、人体活动与卫生设备组合尺寸、门开启方式等因素。设计步骤同厨房设计。

在设计时应注意：超过两居室的住宅宜设两个或两个以上卫生间。每套住宅应至少配制便器、洗浴器、洗面器三件卫生设备或为其预留设置位置及条件，三件卫生设备集中配置的卫生间的使用面积不应小于2.50m²（《规范》5.4.1）。不同卫生设备组合的卫生间使用面积应满足下列规定（《规范》5.4.2）：设便器、洗面器时不应小于1.80m²；设便器、洗浴器时不应小于2.00 m²；设洗面器、洗浴器时不应小于2.00m²；设洗面器、洗衣机时不应小于1.80m²；单设便器时不应小于1.10m²（通常出现在浴厕分设的标准较高的住宅中）。每套住宅应设置洗衣机的位置及条件（《规范》5.4.6），要求有专用的给水接口和电源插座等，洗衣机位置可设在卫生间以外的空间。

（5）楼梯间　应符合现行国家标准《建筑设计防火规范（2018版）》（GB 50016—2014）。住宅楼梯间的形状、大小、面积与住宅的层高、楼梯踏步的尺寸、人们搬运家具及上下楼梯的活动尺寸等因素有关。楼梯平面空间设计时，应符合下面规定：楼梯梯段净宽不应小于1.10m，不超过六层的住宅，一边设有栏杆的梯段净宽不应小于1.00m（《规范》6.3.1）；楼梯平台净宽不应小于楼梯梯段净宽，且不得小于1.20m，楼梯平台的结构下缘至人行通道的垂直高度不应低于2.00m（《规范》6.3.3），楼梯井净宽大于0.11m时，必须采取防止儿童攀滑的措施（《规范》6.3.5）。住宅楼梯间的宽度通常为2.4~2.7m。楼梯间的长度与建筑层高、楼梯踏步尺寸等有关。在本设计中，楼梯间的尺寸暂定为2.7m（宽度）×4.8m（长度）。

2．套型设计

房间的大小和形状基本确定后，依据"明厨、明卫、明厅（起居室）、明卧"的原则，把房间组合起来就是套型设计的内容。具体步骤为：

（1）确定住宅的各类房间数　由上述"1.单一空间设计"的数据汇总及其累加，可确定此套型类别为3室2厅1厨1卫；单元组合为一梯两户，建筑面积初定为100m²。

（2）房间朝向　依据各个房间的功能、人们的生活习俗及调查的资料，通常把居住空间即卧室、起居室、儿童房等房间设计在朝阳（南）的方向，而把厨房、卫生间、储藏室、楼梯等辅助房间设计在朝阴（北）的方向，如图1-4（上北下南）所示。

（3）房间排序　卧室与书房要求干扰小，应远离楼梯布置；厨房宜布置在套内近入口处（《规范》5.3.3），利于管线布置及厨房垃圾清运，保证户内达到洁污分区。各房间排序如图1-5所示。

（4）房间尺寸调整　房间尺寸调整的目的是使套型面积符合任务书要求；使房间组合利于结构布置。

开间调整：依据图1-1、图1-2所示数据，取朝南的三个房间起居室、儿童室、主卧室的开间分别为3.90m、3.60m、3.60m。套型南向的纵向长度为3.90m＋3.60m＋3.60m＝11.10m。依据上述对厨房、卫生间的要求及图1-3所示，取北向的厨房、卫生间、备用房间及楼梯间的开间依次为2.55m、1.80m、2.70m、2.70m，并且把南向与北向纵向长度之差

2.70m（11.10m、2.55m、1.80m、2.70m、1.35m）作为餐厅的开间设计，以增加横向刚度，并使结构规整，便于单元组合，如图1-6所示。据此方法还可获得其他的调整结果，在此不一一列举。

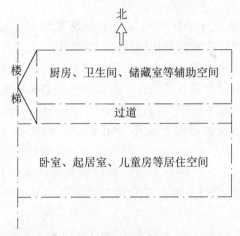

图1-4 户内各个房间的朝向

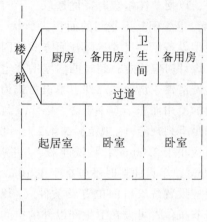

图1-5 户内各个房间的排序

进深调整：在套型纵向建筑总长一定的情况下，图1-6中的各个房间进深的调整取决于套型横向总建筑长度控制尺寸是否大于南向房间控制进深、北向房间控制进深、过道控制尺寸三者之和。此时横向总建筑长度控制尺寸约为9.00m（等于套型建筑面积100m² 除以纵向总建筑尺寸11.22m）。依据图1-1、图1-2所示数据，南向房间控制进深为4.50m，此时北向房间及过道的控制尺寸为4.50m。依据图1-3、图1-4所示数据和上述对厨房卫生间面积要求及其各自开间的尺寸、套内入口过道的净宽不宜小于1.2m（《规范》5.7.1），考虑入口处壁柜的设置和结构规整等因素，北向厨房、卫生间的进深调整为2.7m、2.6m；考虑北向备用房间的使用（图1-1a、b、c）及通向卧室、起居室的过道净宽不应小于1.00m（《规范》5.7.1），备用房间进深取3.2m，过道为1.30m；实际需要的横向总建筑尺寸为9.24m（其中0.24m为墙厚）。考虑暂定的套型建筑面积100m²与任务书中要求的上限110m²的差额及阳台的面积、楼梯可能的面积，各房间的进深符合任务书的要求。如图1-7所示为套内房间的组合图。

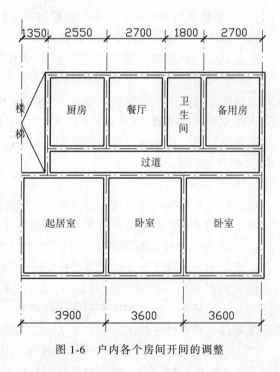

图1-6 户内各个房间开间的调整

（5）其他 包括设置阳台和储藏空间；处理室内环境、门窗定位及确定细部尺寸等。

1）阳台。每套住宅宜设阳台或平台（《规范》5.6.1）。通常设在朝向较好的中、大型起居室或卧室。如有条件，还可根据需要在厨房或卫生间等功能空间处增设服务阳台。本套

型阳台设置如图1-7所示。顶层阳台应设雨罩，各套住宅之间毗连的阳台应设分户隔板（《规范》5.6.5）；阳台、雨罩均应采取有组织排水措施，雨罩及开敞阳台应采取防水措施（《规范》5.6.4）。

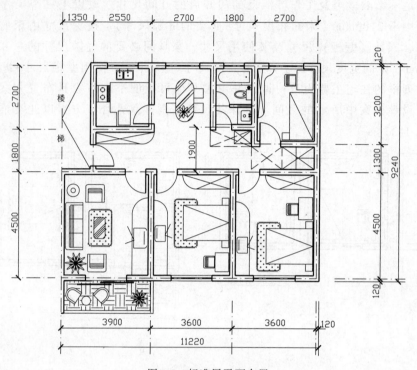

图1-7 标准层平面布置

2）储藏空间。包括储藏室、吊柜、搁板、壁柜等。其中吊柜净高不应小于0.35m；壁柜净深不宜小于0.45m。设计壁柜时，应注意壁柜门的开启方向、方式，尽量保证壁柜、室内使用面积的完整；注意壁柜的防尘、防潮及通风处理，靠外墙、卫生间、厕所的壁柜内部应采取防潮、防结露的构造措施。本套型储藏空间的设置如图1-7所示。

3）室内环境。包括日照、天然采光、自然通风、保温、隔热、隔声，应符合下述要求（《规范》7室内环境）。

每套住宅至少应有一个居住空间能获得冬季日照（《规范》7.1.1），需要获得冬季日照的居住空间的窗洞开口宽度不应小于0.60m（《规范》7.1.2）。住宅室内采光标准应符合表1-1的规定。

表1-1 住宅室内采光标准

房间名称	侧面采光	
	采光系数最低值（%）	窗地面积比值（A_c/A_d）
卧室、起居室（厅）、厨房	1	1/7
楼梯间	0.5	1/12

注：1. 窗地面积比值为直接天然采光房间的侧窗洞口面积A_c与该房间地面面积A_d之比。

　　2. 本表系按Ⅲ类光气候区单层普通玻璃钢窗计算，当用于其他光气候区时或采用其他类型窗时，应按现行国家标准《建筑采光设计标准》（GB/T 50033—2013）的有关规定进行调整。

　　3. 离地面高度低于0.50m的窗洞面积不记入采光面积内。窗洞口上沿距地面高度不宜低于2m。

卧室、起居室（厅）、厨房应有自然通风（《规范》7.2.1）。单朝向住宅应采取通风措施。采用自然通风的房间的通风开口面积应符合下列规定（《规范》7.2.4）：卧室、起居室、明卫生间的通风开口面积不应小于该房间地板面积的1/20；当有阳台时，阳台的自然通风口面积不应小于自然通风的房间和地板面积总和的1/20；厨房的通风开口面积不应小于该房间地板面积的1/10，并不得小于0.60m²。

严寒、寒冷、夏热冬冷地区厨房，应设置供其全面通风的自然通风设施（《规范》8.5.2）。

住宅应保证室内基本的热环境质量，采取冬季保温和夏季隔热、防热以及节约采暖和空调能耗的措施。

住宅的卧室、起居室宜布置在背向噪声的一侧，电梯不应与卧室、起居室紧邻布置。凡受条件限制需要紧邻布置时，必须采取隔声、减振措施。

4）门窗。门窗的定位受建筑构造、家具布置、自然通风、房间内外交通、功能区使用面积要求等因素的影响。起居室（厅）内的门洞布置应综合考虑使用功能要求，遵循"减少直接开向起居室（厅）的门的数量（《规范》5.2.3）"的原则；无前室的卫生间的门不应直接开向起居室（厅）或厨房（《规范》5.4.3）。

门窗定位需符合"《规范》5.8门窗"的相关要求。此外，窗通常布置在相应房间的外墙居中部位，向外开启（或推拉窗），内墙窗户建议用推拉窗。门洞一般设置在距离垂直于门扇的最近墙体轴线0.24m处。住宅户门应采用安全防卫门，向外开启的门不应影响交通。门窗的尺寸大小受地区气象条件、风俗习惯、室内环境要求、建筑构造等因素的影响。各部位门洞的最小尺寸应符合表1-2的要求。此外，对于面临走廊或凹口的窗，为避免视线干扰、影响交通，一般采用推拉窗。

表1-2　门洞最小尺寸（GB 50096—2011）

类别	洞口宽度/m	洞口高度/m	类别	洞口宽度/m	洞口高度/m
公用外门	1.20	2.00	厨房门	0.80	2.00
户(套)门	1.00	2.00	卫生间门	0.70	2.00
起居室(厅)门	0.90	2.00	阳台门(单扇)	0.70	2.00
卧室门	0.90	2.00			

注：1. 表中门洞口高度不包括门上亮子高度。
　　2. 洞口两侧地面有高低差时，以高地面为起算高度。

（6）校核　校核图1-7住宅单元平面设计是否符合任务书及相关规范的要求。

3. 单元组合

单元是指以一座楼梯为中心，周围设有若干套住房的住宅。如图1-7所示，该住宅是一梯两户型，此外还有一梯一户、一梯三户、一梯四户等单元式住宅。单元组合是指以一种或几种单元拼接成不同大小、体形的多种组合体。如图1-8为本住宅设计的三种单元组合形式。单元组合应满足建筑规模、规划、建设单位、立面形状、节能、住宅拟建地的形状特征等要求。

（三）剖面设计

建筑剖面设计的主要任务是确定建筑物各部分在高度方向上的尺寸、建筑的层数，进行建筑空间组合，处理室内空间并加以利用等。

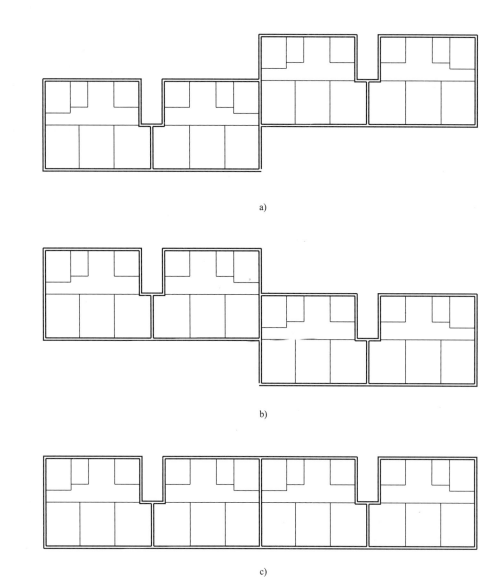

a)

b)

c)

图1-8　三种单元组合平面图
a) 组合一　b) 组合二　c) 组合三

1. 房间的剖面形状

房间的剖面形状分为矩形和非矩形两类。综合考虑房间的使用要求和特点、具体的物质技术条件、经济因素及艺术效果，住宅的房间通常采用矩形。

2. 住宅各部分高度的确定

住宅各部分高度的确定主要包括房间净高和层高的确定；室内窗台高度的确定；门窗洞口尺寸的调整；雨篷高度的确定；地面高差的确定；室内外地面高差的确定。

（1）房间净高及层高　房间净高是指室内楼地面到顶棚（梁）底面之间的垂直距离；层高是指n层楼面（或地面）至$n+1$层楼面（或2层楼面）之间的垂直距离。一般住宅净高不低于2.7m，该设计中的结构形式是砖混结构，采用墙体承重，在墙上直接搁板，层高取3.0m。

（2）窗台高度　窗台高度一般不应低于 0.90m；外窗窗台距楼面、地面的净高低于 0.90m 时，应有防护措施，窗外有阳台或平台时可不受此限（《规范》5.8.1）；底层外窗、阳台门及下沿低于 2.00m 且紧邻走廊或公共上人屋面的门和窗，应采取防护措施（《规范》5.8.3）。住宅房间中窗台的高度通常取 0.90m，如与立面处理矛盾，可根据立面需要对窗台作进一步调整。

（3）窗洞口高度的调整　由于住宅层高较低，门窗过梁通常会连着圈梁或部分与圈梁重叠，因此，在建筑设计中常把窗过梁与圈梁合二为一。一般情况下，当层高、窗台高度确定后，可估算圈梁的高度及楼板层的厚度，然后计算窗洞口厚度。即

窗洞口高度 = 层高 - 窗台高度 - 圈梁高度及楼板层厚度

在本设计中，层高是 3.00m，窗台为 0.90m，圈梁高度通常为 240mm，楼板层厚度为 150mm（其中板厚为 120mm，面层为 30mm），则窗的高度可定为：

（3000-900-240-10-150）mm = 1700mm （10mm 为楼板坐浆尺寸）

由此得出的窗洞口的高度尺寸还应符合室内日照、采光、通风及门窗最小尺寸的要求。否则，还应对窗的高度进行调整。此外，还可根据需要，对窗的宽度进行调整。

（4）屋顶、檐口的形式和尺寸　屋顶形式有平屋顶和坡屋顶两种，常见屋顶檐口形式有平屋顶挑檐、平屋顶女儿墙和坡屋顶挑檐等。

平屋顶挑檐的尺寸取决于功能和结构的合理性，同时也受立面比例关系的制约。一般挑檐的宽度为 400~800mm。平屋顶女儿墙高度尺寸依据屋顶是否上人而确定，上人屋顶的女儿墙高度除考虑满足排水构造要求外，还要考虑安全要求，一般为 1000~1200mm，不上人屋顶的女儿墙高度，只考虑排水，一般为 500~600mm。坡屋顶根据屋面坡度，确定屋脊标高，再定挑檐尺寸，与平屋顶大致相同。

本住宅设计中的屋顶选择平屋顶与女儿墙，屋面不上人。

（5）雨篷　雨篷及其栏板高度应综合考虑使用功能、门洞高度及整个建筑的立面效果。通常将雨篷与门洞过梁结合成一体。对于住宅楼梯入口处雨篷高度通常高于门洞 200mm 左右；雨篷栏板的高度取 300~500mm。

（6）楼地面高差　地面高差指住宅同一层中卫生间、厨房、阳台等易于积水或需要经常冲洗房间的楼地面标高和同层其他房间楼地面的标高差异。前者要求比楼地面约低 20~50mm，以防积水外溢。通常取 30mm 作为住宅设计中楼地面高差。

（7）室内外地面高差　室内外地面高差主要用于防止室外雨水流入室内，防止建筑物因沉降而使室内地面标高过低，住宅中常用于楼梯入口满足净高要求的处理上。对于住宅来说，室内外地面高差通常为 300~600mm。取 300mm 作为本住宅设计中的室内外地面高差。

（8）楼梯入口的处理　楼梯入口的设计与处理应符合"《规范》6 公用部分"的要求。其中"《规范》6.1.4"要求：公共出入口台阶踏步宽度不宜低于 0.30m，踏步高度不宜大于 0.15m，并不宜小于 0.10m，踏步高度应均匀一致，并应采取防滑措施；台阶踏步数不应小于 2 级，当高差不足 2 级时，台阶宽度大于 1.80m 时，两侧宜设置栏杆扶手，高度应为 0.90m。故本设计中，楼梯入口处台阶踏步宽度取 300mm，踏步高度 150mm，台阶踏步数为 2 级。具体详见"设计成果"中的带楼梯剖面图及背立面图。

3. 建筑层数的确定

对于砖混结构的住宅，一般以 6 层以下为宜，其中 5~6 层的房屋比较经济；当建筑物的耐火等级为三级时，最多允许建 5 层。依据任务书中所给的条件，综合考虑建筑的使用要求、结构和材料的要求、城市规划、建筑防火及经济条件要求等影响建筑物层数的因素，确定本住宅设计的层数为 5 层。

4. 建筑剖面空间的组合和利用

（1）剖面空间的组合　剖面空间的组合可分为两种情况：层高相同或相近的房间的组合及层高相差很大的房间的组合。对于本住宅设计，同一层中的各个房间的层高相同，因无其他特殊要求，剖面的空间组合可直接把相同功能空间逐层向上叠加，直至达到所定的建筑层数或高度为止。

（2）空间的利用　建筑物内空间的利用包括夹层空间的利用、房间内空间的利用、走道及楼梯间空间的利用等。本住宅设计中的空间利用情况如图 1-8 所示。

（四）立面设计

建筑的立面图反映的是建筑的外部形象。它是由门窗、墙柱、阳台、雨篷、屋顶、檐口、台阶、勒脚等构部件组成的。建筑的立面设计是在满足房间的使用要求和技术经济的条件下，运用建筑造型和立面构图的一些规律，紧密结合平面、剖面的内部空间组合，恰当地调整、确定这些构部件的尺寸、大小、比例、关系、材料质感和色彩等，设计出与总体协调、与内容统一、与内部空间相呼应的，具有一定艺术效果的建筑立面。因此，建筑立面设计应反映出建筑的使用性质、内部空间及其组合情况、自然条件和民族特点，还应适应基地环境和建筑规划的总体要求。

（五）面积计算

住宅建筑设计应计算平均每套建筑面积和使用面积系数，按以下计算式进行计算：

$$平均每套建筑面积 = \frac{住宅楼总建筑面积}{住宅楼总套数}$$

$$使用面积系数 = \frac{住宅楼总套内使用面积}{住宅楼总建筑面积}$$

套内使用面积包括卧室、起居室、过厅、过道、厨房、卫生间、厕所、储藏室、壁柜等使用面积的总和；跃层住宅中的楼梯按自然层数的面积总计入使用面积；烟囱、通风道、管道井等均不应计入套内使用面积；套内使用面积应按结构墙体表面尺寸计算，有复合保温层时，应按复合保温层表面尺寸计算。其他应根据具体设计的不同情况，符合"《规范》4 技术经济指标计算"规定。

（六）装修及材料

住宅的装修主要包括墙面、楼地面及顶棚等部位的装修。考虑到建筑成本及住户对住宅进行二次装修的普遍性，住宅设计中的装修通常为一般性装修。

（1）墙面　墙面通常采用涂料类装修，外墙面根据立面设计效果，可在挑檐、雨篷、阳台等部位采用面砖等材料。

（2）楼地面与顶棚　根据功能需要，卫生间、厨房通常采用防滑地砖地面；其他采用一般水泥砂浆地面。顶棚通常采用直接式涂料饰面。

墙面、楼地面和顶棚装修可选用各地区相关部门标准图集中的相应做法。

（3）门窗　一般采用铝合金或塑钢窗、木门。

二、施工图的设计

（一）建筑施工图的内容及相关规定、注意事宜

1. 内容

建筑施工图简称"建施"。它的任务是为施工服务，主要表达建筑物的总体布置、外部造型、内部布置、细部构造、内外装修以及一些固定设备、施工要求、材料做法等。

2. 建筑施工图的有关规定

建筑施工图绘制应符合国家制图标准《房屋建筑制图统一标准》（GB/T 50001—2017）及《建筑制图标准》（GB/T 50104—2010）。

3. 绘制建筑施工图的注意事宜

初步设计得到建设单位及相关部门认可并审核通过后，方可进行施工图的设计，并应在整个施工图的绘制过程中力求依据初步设计成果及任务书要求深度按制图标准绘制。对于建筑零构件构造尽可能采用适合本地区的标准构造图集。

（二）设计说明

设计说明主要对设计总概况、设计意图、经济技术指标以及图样中未能详细注写的施工做法、应注意事项作具体文字说明，力求言简意赅。

（三）平面图设计

平面图设计内容包括墙体厚度的设计，门窗的型号、准确位置、具体尺寸的确定，楼梯间尺寸的计算，确定房间固定设备位置和尺寸，确定室外台阶、散水、雨篷等准确位置及其详细尺寸。

（1）墙体厚度　主要从满足承重要求、保温要求等方面考虑。砖混结构住宅，承重墙或外墙及楼梯间墙的厚度至少为240mm，非承重墙厚度不宜小低于120mm；对于有保温要求的北方地区，外墙墙厚应适当增加。

当砖墙段长度小于1000mm时，其长度应符合砖模数。否则，按建筑模数确定，并符合抗震设计规范要求。

（2）门窗的型号与尺寸　依据初步设计所定的门窗洞口尺寸，尽量选用当地或国家的标准图集，协调后，统一编号，并用门窗表表示其具体内容。如未选标准图集，应绘出大样图。

（3）楼梯间尺寸　根据初步设计中已确定的层高和楼梯间的开间和进深尺寸，依据《房屋建筑学》（或《建筑概论》）教材中的相关章节进行本住宅设计中楼梯的设计。解决楼梯中包括确定楼梯形式、踏步尺寸、每层踏步数、楼梯净宽、平台净宽和标高、梯段水平投影长度、平台净宽等问题。如果初步设计中所定尺寸不满足计算要求，则做相应调整，再逐一定出有关尺寸。

（4）其他　确定房间内固定设备的位置、大小和尺寸及室内外台阶、散水、雨篷等准确位置及其详细尺寸，可选用当地和国家的标准图集或自行设计，并注明图集索引号或详图索引号。

依据上述成果及任务书的要求深度，按制图规范绘制建筑平面施工图。

（四）剖面图设计

住宅的建筑剖面图要求剖到楼梯间及有高低错落的部位。

设计内容包括：确定剖切位置；确定剖切到的外墙及室内相关建筑构件的构造、定位、定尺寸；确定楼地面、顶棚、墙面、踢脚、屋顶、防潮层、勒脚、散水等的具体做法；依据初步设计成果，进一步核实内外墙中窗台、过梁、圈梁（或承重梁）、楼板在高度方向的构造关系，并确定各自的类型、形状、材料；核对楼梯间在高度方向上的相关尺寸及标高，包括梯段尺寸，各楼层平台、休息平台、平台梁标高。

依据上述成果及任务书的要求深度，按制图标准绘制建筑剖面施工图。

（五）立面图设计

设计内容包括：与平面图相对照，核对雨水管、雨篷、室外台阶、阳台等位置及做法；与剖面图相对照，核对各部分的高度尺寸及标高数值，如室内外高差，勒脚、窗台、门窗高度及总高尺寸等；确定门窗的立面形式，如其立面形式要有局部修改，应另选标准图集或画详图说明；确定立面装饰材料做法、色彩以及分格艺术处理的详细尺寸。

依据上述成果及任务书的要求深度，按制图标准绘制建筑立面施工图。

（六）详图设计

在建筑平、立、剖面图中未能表达清楚的一些局部构造、房屋设备位置及构造、建筑装饰处理等应专门绘制详图。

（1）局部构造详图　通常有墙身剖面详图、楼梯详图、门窗详图、阳台详图等。

（2）房屋设备详图　通常包括卫生间、厨房、浴室、盥洗室、厕所等设备的位置及其构造等。

（3）建筑装饰处理详图　通常指出入口的大门、吊顶、花饰、隔断等部位的处理。

对于住宅中的详图设计，应根据具体需要，尽量选用国家和地方的建筑构造通用图集，否则，要自行设计。

三、参考资料

1. 规范和标准

《住宅设计规范》（GB 50096—2011）

《建筑设计防火规范（2018年版）》（GB 50016—2014）

《民用建筑设计通则》（GB 50352—2005）

《城市居住区规划设计标准》（GB 50180—2018）

《建筑工程建筑面积计算规范》（GB/T 50353—2013）

《建筑采光设计标准》（GB/T 50033—2013）

《安全防范工程技术标准》（GB 50348—2018）

《住宅卫生间模数协调标准》（JGJ/T 263—2012）

《建筑制图标准》（GB/T 50104—2010）

《房屋建筑制图统一标准》（GB/T 50001—2017）

《建筑模数协调标准》（GB/T 50002—2013）

《严寒和寒冷地区居住建筑节能设计标准》（JGJ 26—2010）

《夏热冬暖地区居住建筑节能设计标准》（JGJ 75—2012）

《夏热冬冷地区居住建筑节能设计标准》（JGJ 134—2010）

2. 通用图集

《建筑设计资料集》1、2、3册

《门窗通用图集》（各地区）

3. 参考书

《房屋建筑学》

第三节　住宅楼建筑设计实例

1. 基本概况

华东地区某城市某小区内住宅楼，层数为 5 层；防火等级为三级；结构为砖混结构；套型类别为三类；室内外高差为 300mm；抗震设防为 7 度；其他同设计任务书。

2. 设计过程

见本章第二节住宅楼建筑设计指导书。

3. 设计成果

住宅楼建筑施工图如图 1-9~图 1-18 所示。

建筑施工说明

1. 设计依据：建设单位及有关管理部门审批文件；城建局、规划局、消防局、电管局、市政工程管理局等有关部门审批文件；国家颁发的有关建筑规范及规定。

2. 总则：凡设计及验收规范对建筑物所用材料规格、施工要求等相关规定者，本说明不再重复，均按相关规定执行；设计中采用标准图、通用图，不论采用其局部节点或全部详图，均应按各图要求全面施工；本工程施工时，必须与结构、电气、水暖通风等专业的图纸配合施工。

3. 设计标高及标注：本图尺寸除标高以 m 为单位外，其余尺寸以 mm 为单位；室内标高±0.000 相当于的绝对标高由甲方单位提供；图中标高除屋顶标高为结构标高外，其余皆为建筑标高。

4. 墙体用 MU7.5 标准机制砖及 M5 水泥混合砂浆砌筑。

5. 墙身防潮层：20mm 厚 1∶2 水泥砂浆掺 5％防水剂，设于此区域室内地坪以下 60mm 处。

6. 建筑构造。外墙：12mm 厚 1∶3 水泥砂浆打底、6mm 厚 1∶2 水泥砂浆抹面、满涂乳胶腻子两遍、刷外用白色乳胶漆两遍；内墙：14mm 厚 1∶1∶6 水泥石灰砂浆打底、6mm 厚 1∶2 水泥砂浆随抹随平；地面：素土分层夯实（200mm/步）、80mm 厚 C15 素混凝土垫层、刷素水泥浆一道，20mm 厚 1∶2 水泥砂浆随抹随平；楼面：预制楼板、刷素水泥浆一道、20mm 厚 1∶2 水泥砂浆随抹随平；顶棚：10mm 厚 1∶1∶6 水泥石灰麻刀砂浆打底、7mm 厚 1∶2 水泥砂浆随抹随平；屋顶：20mm 厚 1∶3 水泥砂浆找平层、冷底子油一遍、热沥青一遍、1∶10 水泥蛭石找坡层（最薄处为 30mm 厚）、20mm 厚 1∶3 水泥砂浆找平层、三毡四油防水层、1∶0.5∶10 水泥石灰浆砌 115mm×240mm×180mm 高砖墩纵横中距 500mm、1∶0.5∶10 水泥石灰砂浆将 495mm×495mm×35mm 预制钢筋混凝土架空板砌在砖墙上，板缝用 1∶3 水泥砂浆勾缝。

7. 门窗：平开门立樘位置与开启方向的墙面平，窗框居中；门窗材料见门窗表，加工安装严格按照国家现行的施工及验收规范执行。

8. 散水：80mm 厚碎石垫层，100mm 厚 C15 混凝土、12mm 厚水泥砂浆抹面，每隔 30m 设一道伸缩缝，缝内填沥表麻丝。

图纸目录

序号	图纸内容
1	建筑施工说明　图纸目录　门窗表
2	底层平面图
3	标准层平面图
4	屋顶平面图
5	Ⓐ~Ⓕ立面图　Ⓕ~Ⓐ立面图
6	①~⑬立面图
7	⑬~①立面图
8	1—1 剖面图　楼梯立面大样图
9	2—2 剖面图　窗大样图
10	楼梯平面大样图

门窗表

序号	编号	数量	洞口尺寸 ($\frac{长}{mm}×\frac{高}{mm}$)	备注
1	M1	40	900×2000	定制(或购置,或参照图集)
2	M2	10	1000×2000	定制(或购置,或参照图集)
3	M3	10	800×2000	定制(或购置,或参照图集)
4	M4	20	700×2000	定制(或购置,或参照图集)
5	TLM1	10	1800×2000	定制(或购置,或参照图集)
6	C1	20	1800×1700	铝合金窗详见建施-7 定做
7	C2	10	1200×1700	铝合金窗详见建施-7 定做
8	C3	10	900×1700	铝合金窗详见建施-7 定做
9	C4	7	1200×600	铝合金窗详见建施-7 定做
10	C5	20	1500×1700	铝合金窗详见建施-7 定做

图　1-9

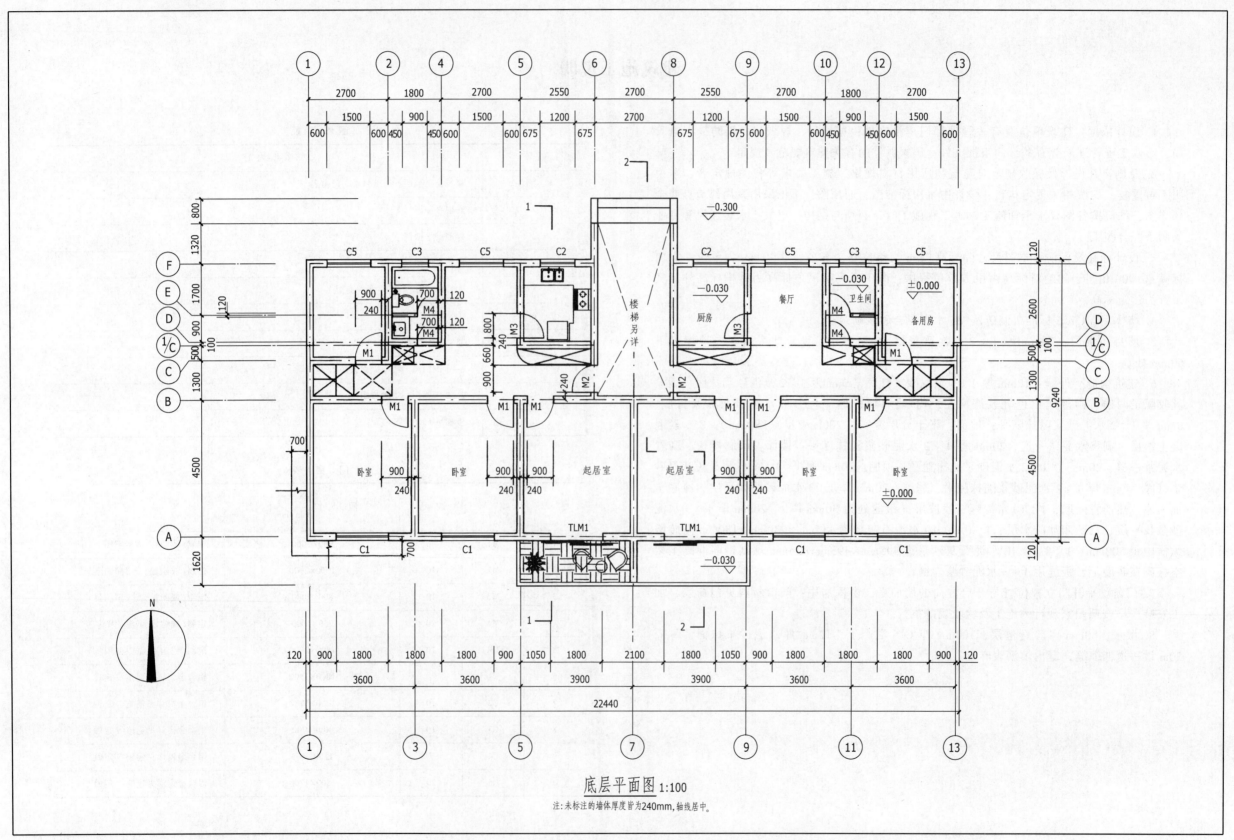

底层平面图 1:100

注:未标注的墙体厚度皆为240mm,轴线居中。

图 1-10

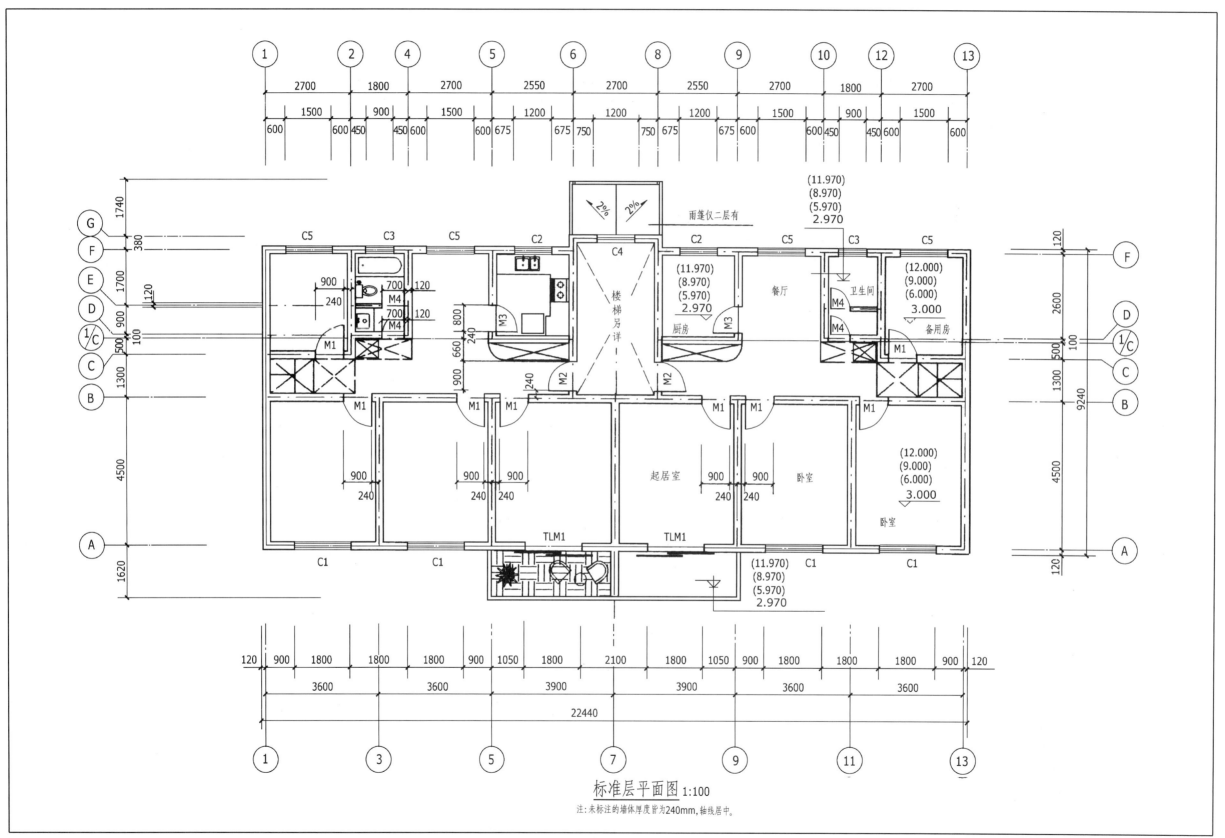

标准层平面图 1:100

注:未标注的墙体厚度皆为240mm,轴线居中。

图 1-11

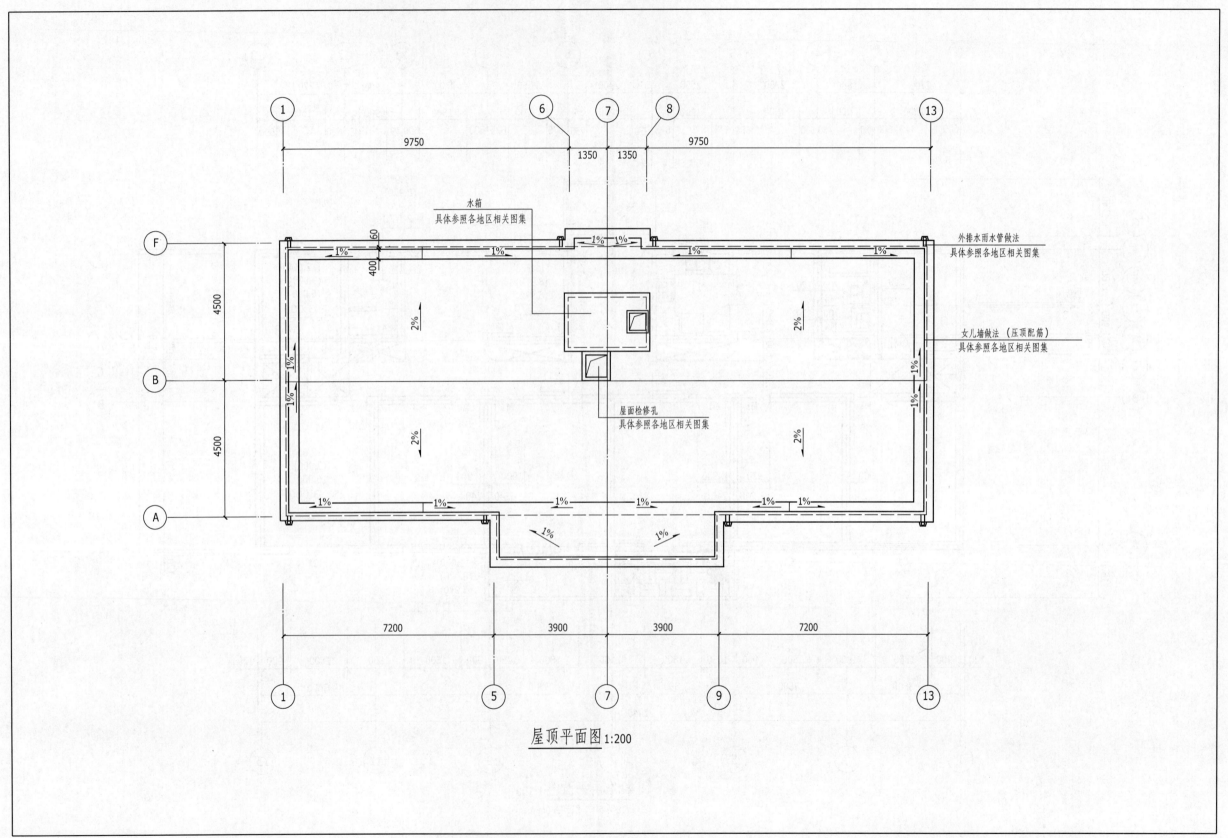

水箱
具体参照各地区相关图集

外排水雨水管做法
具体参照各地区相关图集

女儿墙做法（压顶配筋）
具体参照各地区相关图集

屋面检修孔
具体参照各地区相关图集

9750 1350 1350 9750

4500

4500

7200 3900 3900 7200

1% 2% 60 400

屋顶平面图1:200

图 1-12

12

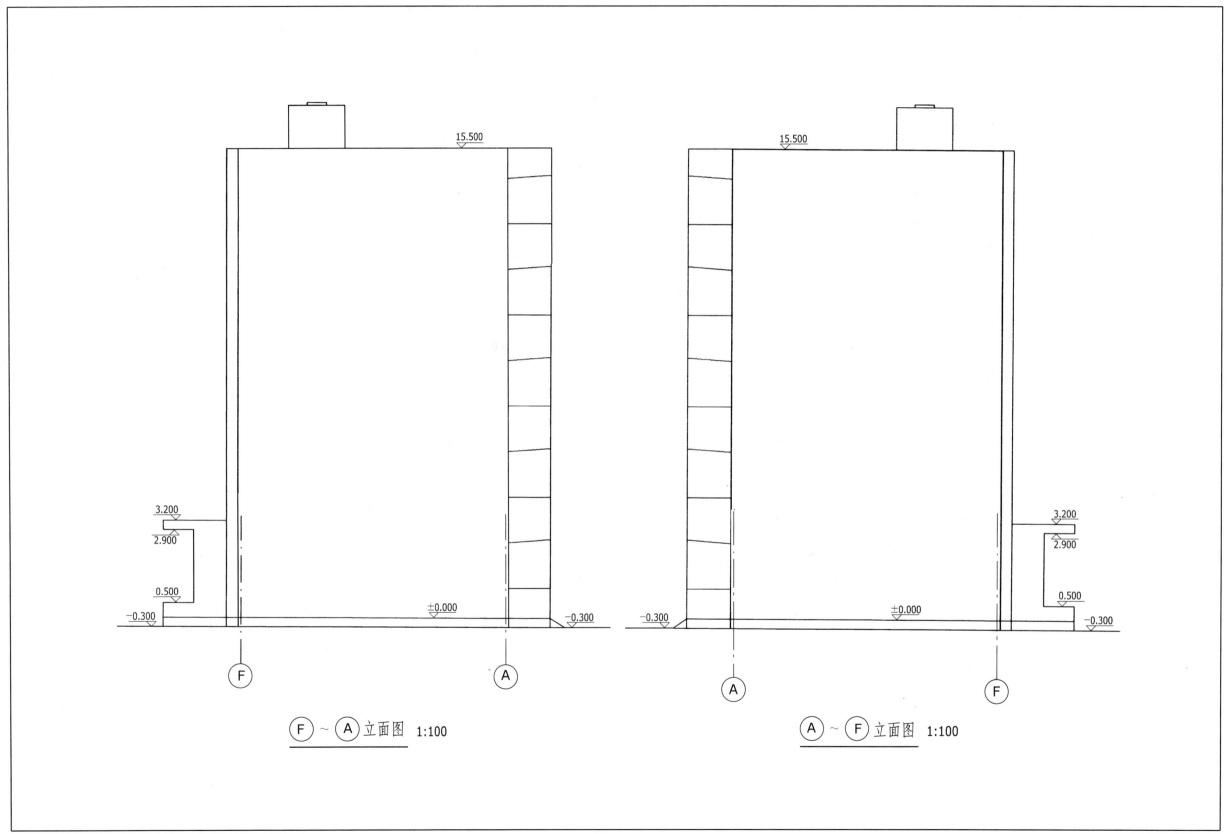

15.500

3.200
2.900
0.500
−0.300
±0.000
−0.300

Ⓕ Ⓐ

Ⓕ ～ Ⓐ 立面图 1:100

15.500

3.200
2.900
0.500
−0.300
±0.000
−0.300

Ⓐ Ⓕ

Ⓐ ～ Ⓕ 立面图 1:100

图 1-13

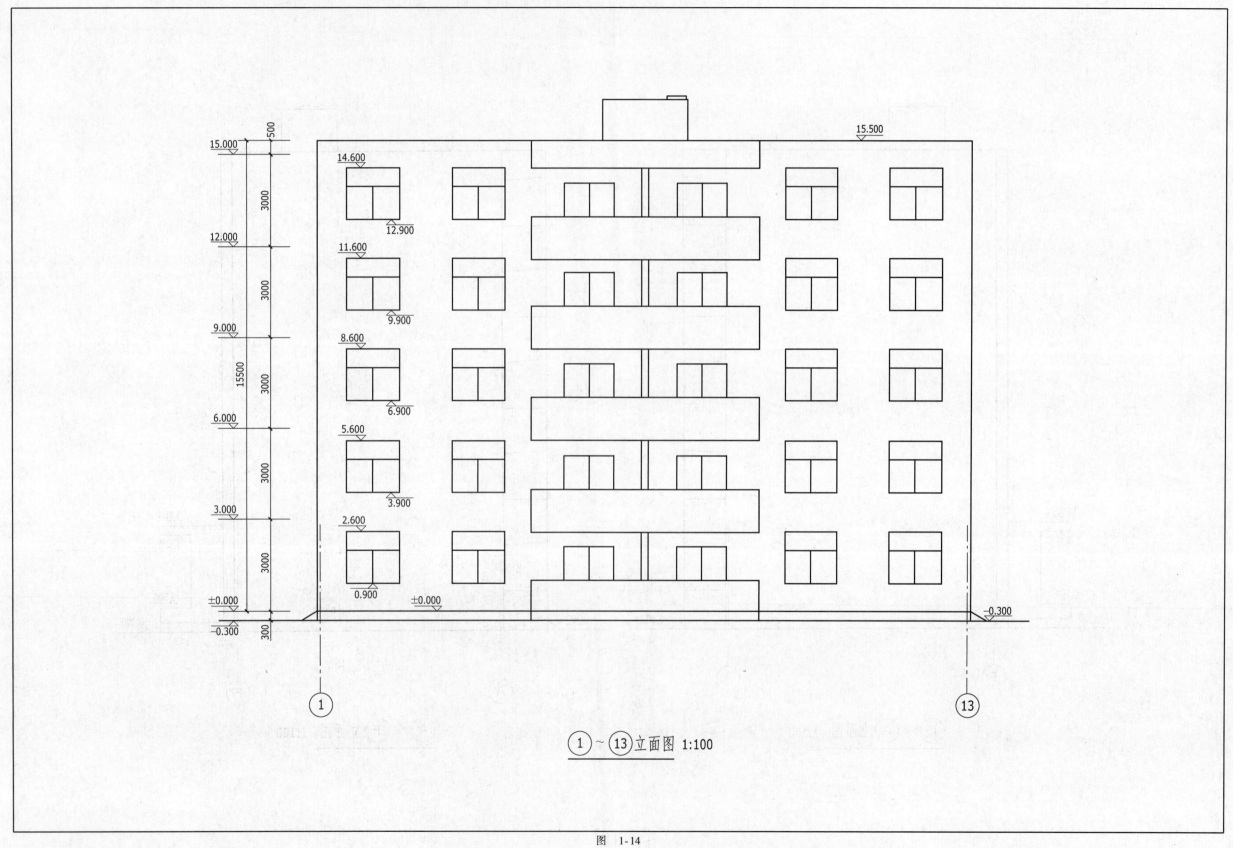

15.000
500
14.600
15.000
15.500
12.900
12.000
11.600
3000
9.900
9.000
8.600
3000
6.900
15500
6.000
5.600
3000
3.900
3.000
2.600
3000
0.900
±0.000
±0.000
−0.300
−0.300
300

① ~ ⑬ 立面图 1:100

图 1-14

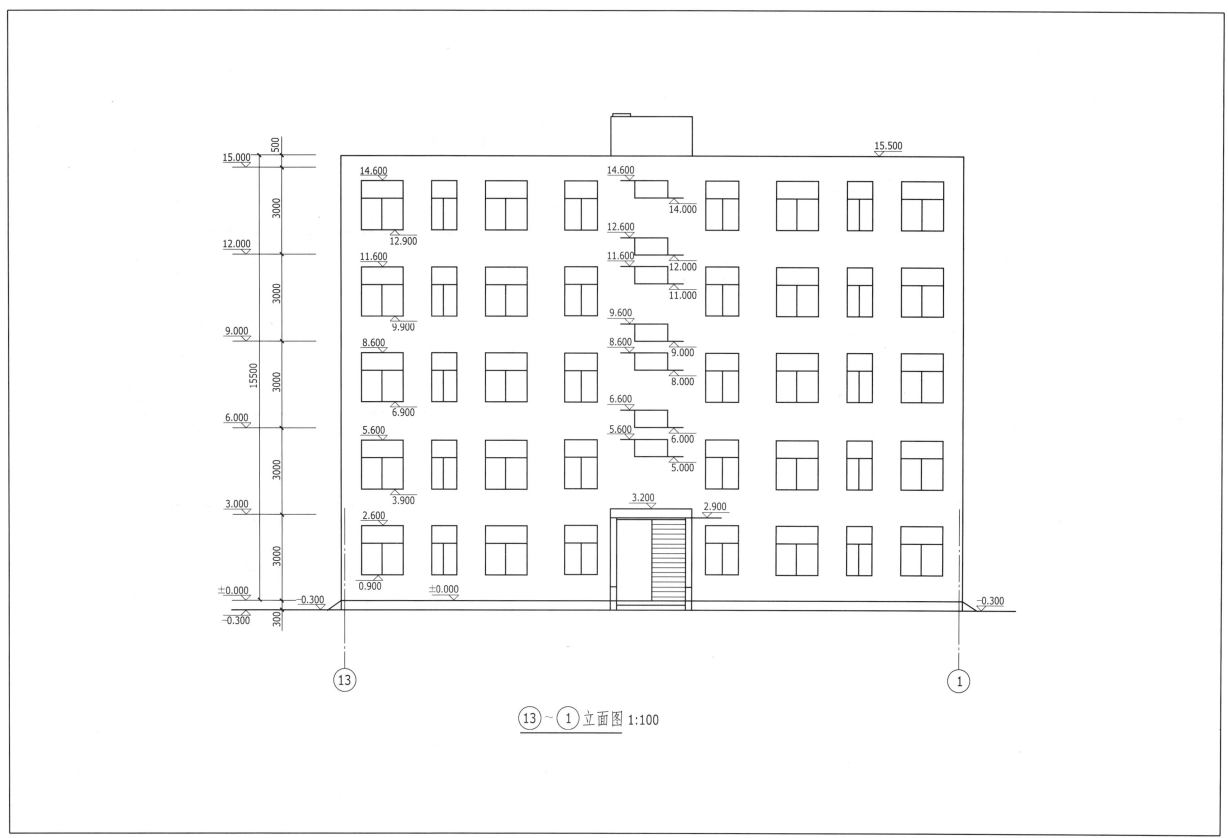

图　1-15

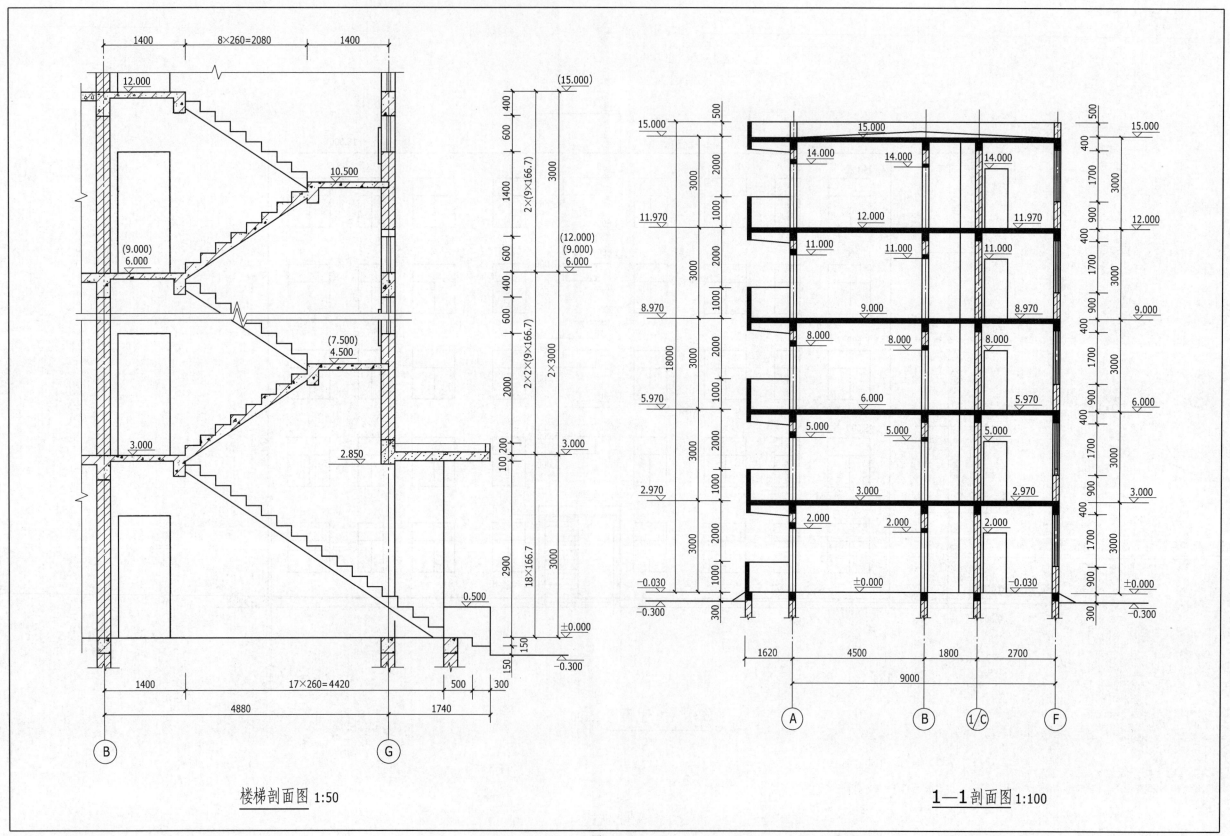

楼梯剖面图 1:50

1—1剖面图 1:100

图 1-16

16

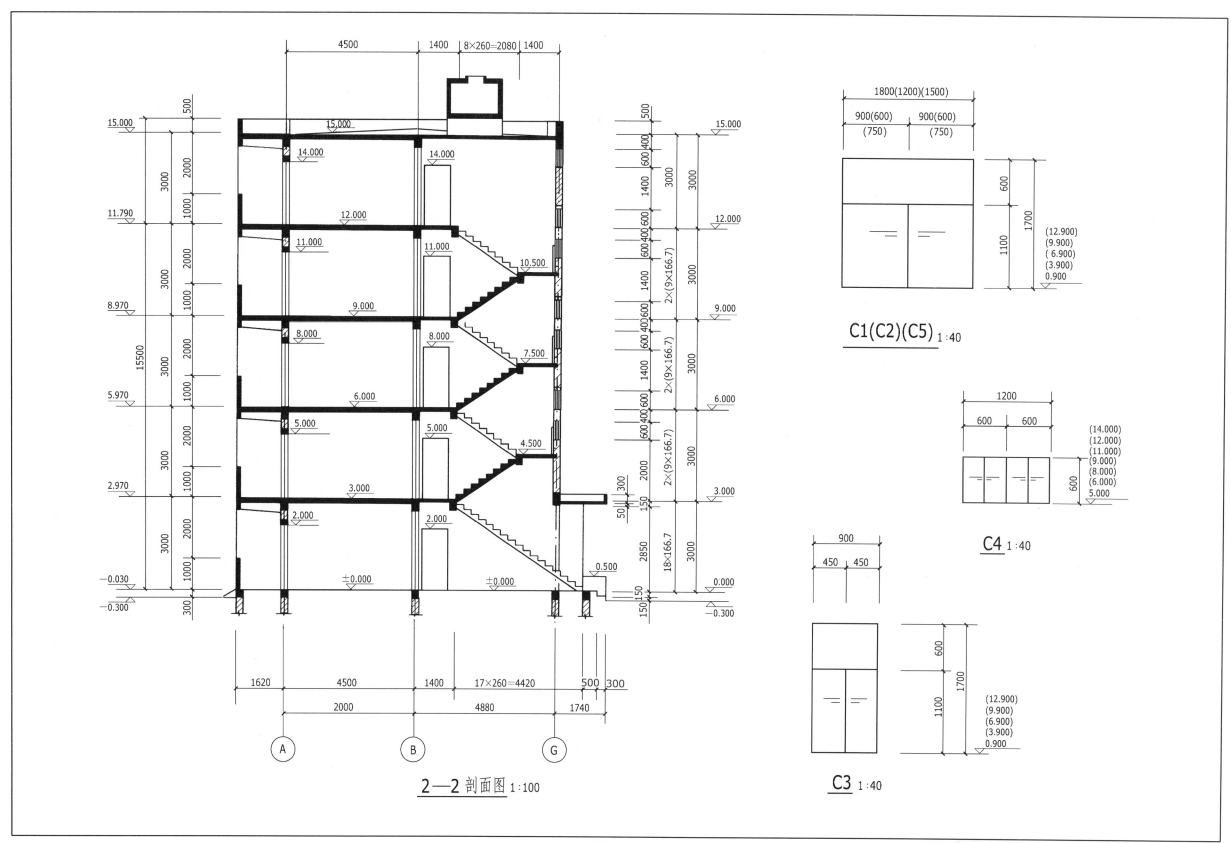

2—2 剖面图 1:100

C1(C2)(C5) 1:40

C4 1:40

C3 1:40

图 1-17

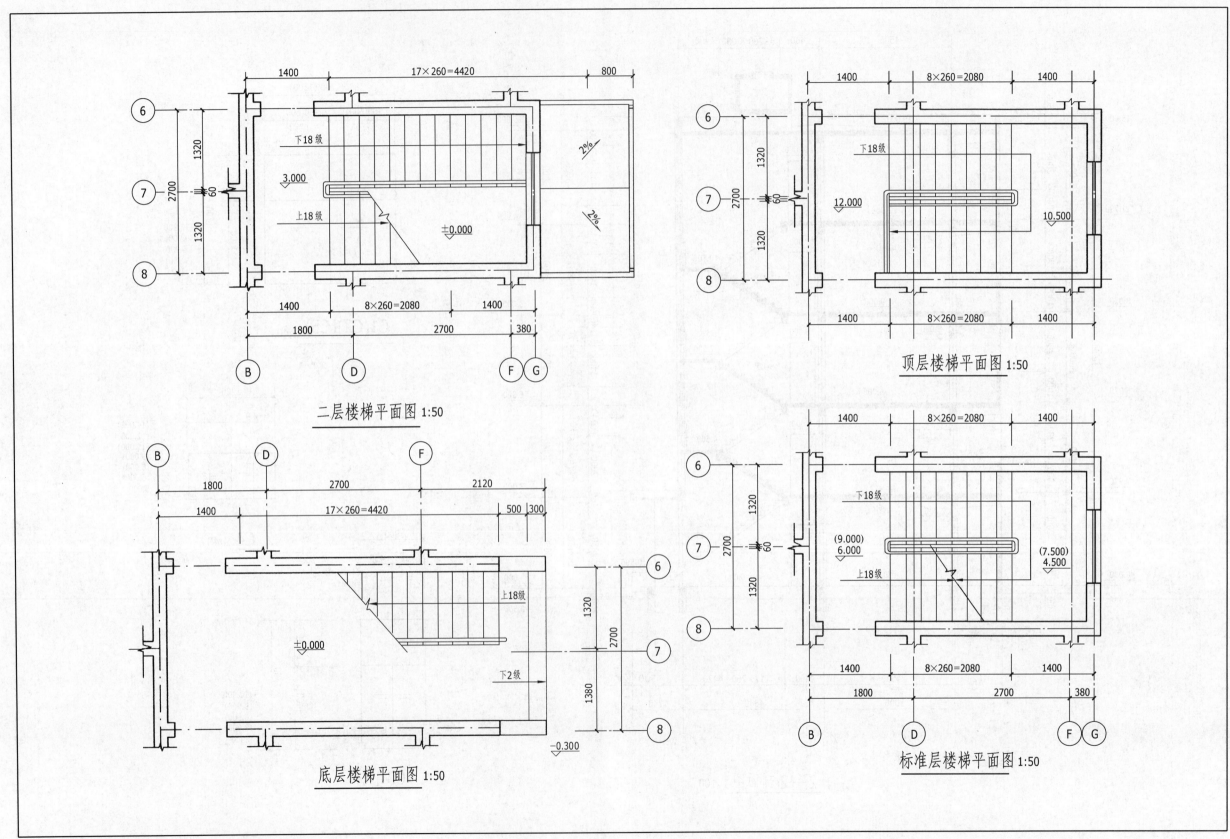

二层楼梯平面图 1:50

顶层楼梯平面图 1:50

底层楼梯平面图 1:50

标准层楼梯平面图 1:50

图　1-18

第二章　教学楼建筑设计实训

第一节　教学楼建筑设计任务书

一、设计题目

华北地区某城市某中学教学楼

二、设计资料

1）根据已批准的总平面，该教学楼占地面积约为 1400m²，长度不得超过 70m，宽度不得超过 20m。

2）建筑物所在位置地形平缓，其自然地面高于相应路面，满足城市管网的排水要求。

3）该地区标准冻深为 1.60m，属于寒冷地区，气候干燥，抗震设防烈度为 8 度。

4）根据结构初步估算，结构形式采用框架结构，柱子尺寸为 600mm×600mm，梁高约为跨度的 1/10。

三、设计内容及要求

1. 设计内容

（1）使用要求　建筑面积控制在 6500m² 以内；教学楼内房间以教室为主，每班容纳学生 50 人；设置适量的教师办公室；每层设置教师休息室、学生休息厅各一处；每层均设置男女卫生间。

（2）装修标准　一般标准。

（3）耐火等级　二级。

2. 图纸要求

所有绘制图线、图例及标注方法应严格遵守《房屋建筑制图统一标准》（GB/T 50001—2017）、《建筑制图标准》（GB/T 50104—2010）的有关规定。

1）底层及标准层平面图（1:100）。

2）屋面排水图（1:200）。

3）南立面图（1:100）。

4）剖面图（1:100）。

5）墙身大样一处（1:30）。

6）建筑设计说明、门窗表及装修表。

注意：图幅可自行确定，但要求布局合理。

第二节　教学楼建筑设计指导书

一、建筑方案

（一）平面设计

建筑平面设计是根据甲方要求及建筑物所需功能而进行的水平方向各种房间的具体设计，它综合考虑了各房间之间的关系及相互位置，是建筑方案设计的重要内容。

在建筑平面设计中，除应考虑甲方所提供的具体功能要求外，还应考虑建筑物所必备的基本功能。在本平面设计中需要考虑的房间为：教室、教师休息室及教师办公室；男生卫生间及女生卫生间；门厅、休息厅、走廊及楼梯。

各种房间所应考虑的内容包括：房间的面积、形状、平面尺寸、门窗布置及房间在建筑平面中的位置。在本设计中房间的形状确定为矩形或正方形。

1. 各类房间面积及平面尺寸的确定

（1）教室　根据教室所需容纳的学生人数 50 人及现行规范中规定的中学普通教室使用面积指标 1.39m²/人，可确定教室所需最小面积为 69.5m²；教室平面尺寸的确定则取决于黑板及课桌椅的排列与布置，其布置原则如下：

教室第一排课桌前沿与黑板的水平距离 $a \geq 2.2$mm，教室最后一排课桌后沿与黑板的水平距离 $d \leq 9$m，教室最后排座椅之后应设横向疏散走道；自最后排课桌后沿至后墙面或固定家具的净距 $c \geq 1.1$m；课桌椅的排距 $b \geq 0.9$m，纵向走道宽度 $f \geq 0.6$m，沿墙布置的课桌端部与墙面或壁柱、管道等墙面突出物的净距离 $e \geq 0.15$m；黑板宽度 $g \geq 4$m，讲台宽度 ≥ 0.8m，讲台长度应大于黑板长度，其两端边缘与黑板两端边缘的水平距离 $h \geq 0.4$m；前排边座座椅与黑板远端形成的水平视角 $\alpha \geq 30°$；课桌椅的布置应便于通行并尽量不跨座而直接就座，教室布置如图 2-2 所示。

根据上述原则，首先确定开间尺寸，中学生所用课桌尺寸一般为：单人 0.6m×0.4m，因此，最后一排课桌后沿与第一排课桌前沿的尺寸不得超过 6.8m（9m-2.2m=6.8m），根据课桌椅排距可知，最多可排八排，为节约面积只保证所需最小尺寸即可，因此，最大开间尺寸为：2.2m+8×0.9m+1.1m（净距）-0.5m（座位）+0.2m（墙厚）= 10.2m，为符合模数要求取 10.2m，常用开间尺寸为 7.2m、8.1m、8.4m、9.0m、9.3m、10.2m、10.5m；其次确定进深尺寸，进深所需最小尺寸为：4m(黑板宽度) + 2×0.4m(黑板边缘与讲台两端的水平距离)+讲台与门满足最小走道宽度+门开启所需尺寸（一般为 1000mm 左右）+结构厚度（柱或墙的尺寸），并符合模数要求，则最小进深尺寸为 6m，具体进深尺寸的确定还需考虑课桌椅排列的数量及角度 α，常用进深尺寸为 6.0m、6.3m、6.6m、6.9m、7.2m、8.1m、8.4m。

本设计中，如课桌椅按八排考虑，开间尺寸定为 10.2m，则至少需要七列课桌椅（布置如图 2-2 所示），所需最小尺寸为：0.15m×2+1.2m×3+0.6m+0.6m×3 = 6.3m，加上门开启需要尺寸（1.0-0.1）m=0.9m、结构厚度0.3m（一侧柱子为柱子一半尺寸）并使其符合模数且应符合最小面积要求，进深尺寸可为7.5m；布置黑板位置使讲台不影响出口疏散，算出角度α=31°~32°，满足要求。

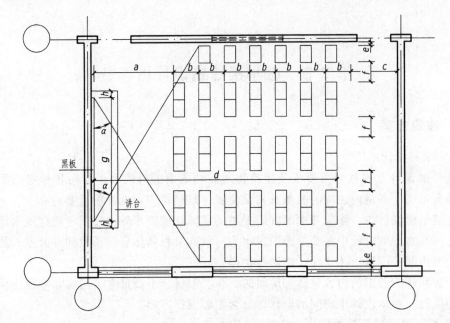

图2-1 教室布置示意图

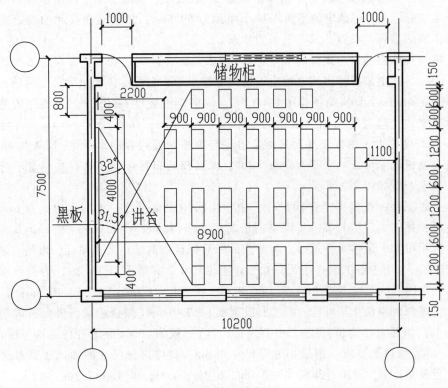

图2-2 教室布置图

（2）教师休息室　根据一层内教师上课人数所需要的基本休息及活动空间，其进深尺寸一般与相邻房间相同，开间尺寸的确定应使房间长宽之比以不大于1.5为宜，且使教师休息室的使用面积不小于3.5m²/人。

（3）教师办公室　教师办公室的平面布置宜有利于备课及教学活动，每个教师的使用面积不宜小于5m²；开间及进深尺寸的确定方法与教师休息室相同。

（4）卫生间　卫生间包括厕所和盥洗两部分，厕所与盥洗应分开设置，应设前室且男、女卫生间不得共用一个前室，其面积及尺寸的确定应考虑所需卫生器具的数量及其平面布置，本设计中应按如下原则考虑：

1）卫生器具尺寸：可进行市场调查，根据市场供货情况及价格确定卫生器具规格及尺寸。

2）卫生器具数量：女生厕所按每13人设一个大便器或1.2m长大便槽；男生厕所按每40人设一个大便器或1.2m长大便槽，每20人设一个小便斗或0.6m长小便槽；男、女生卫生间均按每40~45人设一个洗手盆或0.6m长盥洗槽。

3）卫生器具的平面布置：各个大便器之间宜设置隔板，其高度不应低于1.2m，厕所蹲位距后墙不应小于0.3m；厕所内均应设置污水池和地漏，应采用水冲式卫生间，并应设置排气管道。

（5）门厅　门厅是教学楼的主要出入口，是联系走道、楼梯，接纳及疏导人流的交通枢纽，其面积根据出入学生人数确定，一般为0.06~0.08m²/人，其开间及进深尺寸根据所需面积及相邻房间尺寸进行调整确定。

（6）休息厅　休息厅是学生课间时休息与活动的场所，其大小以能放下1-2张乒乓球台为宜，其面积及尺寸一般可与教室相同。

（7）走廊　走廊是水平交通空间，它联系着各个房间，其宽度应考虑人流通行、安全疏散和空间感受，其净宽度一般不应小于：内廊2.4m、外廊1.8m，且根据所要求耐火等级及疏散人数，其净宽度不应小于：一二层0.7m/百人、三层0.8m/百人、四层及以上1.05m/百人，两者取大值。

（8）楼梯间　楼梯是用于联系上下层空间及人流疏散的，其数量、形式、宽度、长度及坡度的确定，决定了楼梯间的使用面积和平面尺寸，其确定原则如下：

楼梯数量应根据疏散要求确定，一般情况应设置两部楼梯；楼梯梯段净宽度应满足方便及安全疏散的要求，其最小宽度不应小于1.2m，一般每股人流所需宽度不应小于0.6m，至少应考虑两股人流，且总宽度按疏散人数最多的一层人数计算，不应小于1.0m/百人，两者取大值；楼梯梯段的净宽度大于2.4m时宜设中间扶手；楼梯总踏步数根据楼层层高及踏步高度确定，踏步高度不得大于0.16m，一般取0.15m；楼梯梯段长度根据楼梯踏步数及踏步宽度确定，踏步宽度不得小于0.28m，一般取0.3m。每段楼梯的踏步，不得多于18级，并不应少于3级。按上述原则确定的楼梯踏步应满足楼梯坡度的要求，不得大于30°。楼梯的形式不得采用螺旋形及扇形踏步，一般根据上述原则确定楼梯的尺寸后，可确定为双跑或三跑楼梯。楼梯休息平台的净宽度不应小于相应的梯段净宽度，楼梯井的宽度不应大于0.11m。

综合上述平面尺寸，并考虑相应的结构尺寸，即可确定楼梯间的开间及进深尺寸，但同时应考虑相邻房间尺寸的协调。

2. 各类房间的设计要求及在建筑平面中的位置

（1）教室　教室应有良好的朝向、足够的采光面积、均匀的光线并避免直射阳光。教室需要有良好的声学环境，应隔绝外部噪声干扰及保证室内良好的音质条件。教室内必须有足够的空气量和良好的采暖、隔热、通风条件。因此，教室尽量布置在建筑物的南面，且可直接采光和通风，在可能的条件下应尽量远离产生嘈杂的房间及区域。

（2）教师休息室、办公室 教师休息室、办公室宜与教室同层设置，应尽量集中布置并与教室互不干扰为宜，其朝向尽量在南面。

（3）卫生间 卫生间不得设于主楼梯旁及人流集中的位置，一般以位置隐蔽、使用方便、隔绝气味为原则，宜设于楼的尽端、建筑物的转角处和平面中朝向较差的位置，应采用天然采光和不向邻室对流的直接自然通风，避免气味进入走道及室内。

（4）门厅 门厅要考虑疏散要求且处于明显而突出的位置上，使其具有较强的醒目性，与交通干线有明确的流线关系，人流出入方便，但同时还要考虑它与教室等主要房间之间相互位置的协调；除门厅外，还应设置一个次要入口作为教学楼直接对外的安全疏散口，门厅的位置还应考虑它们之间的距离，即满足下列要求：一层所有位于两出口之间的房间，其房门至出口的最大距离为35m；位于袋形走道两侧或尽端的房间，其房门至出入口的最大距离为22m。

（5）休息厅 休息厅的位置应考虑学生活动及游戏方便。

（6）走廊、楼梯间 走廊、楼梯间的位置应考虑疏散要求，并使其具有较强的导向作用，一般将一部楼梯作为主要楼梯设置在门厅内明显的位置或靠近门厅处，另外一部楼梯作为次要楼梯设置在次要入口附近，它们作为房间的疏散口，共同起着疏散人流的作用，因此，它们的具体位置应满足下列要求：所有位于两楼梯间之间的房间，其房门至楼梯间的最大距离为封闭楼梯间35m，非封闭楼梯间30m；位于袋形走道两侧或尽端的房间，其房门至楼梯间的最大距离为封闭楼梯间22m，非封闭楼梯间20m，且楼梯间在各层的平面位置不应改变。

上述要求同时也决定了走廊的长度。在本设计中，走廊的位置考虑为内廊，走廊两侧均布置房间。

3. 各类房间的门窗布置

（1）门的宽度、数量、位置与开启方式 每间教室门的数量不应少于两个，每个门的通行净宽度不应小于0.9m。同时，教室门的总宽度应通过计算确定：地上一二层为0.65m/百人，地上三层为0.7m/百人，地上四层及四层以上为1m/百人。根据疏散要求，教室门的数量不应少于2个，应分散布置设在房间两端，其最近边缘之间的水平距离不应小于5m，其开启方式不得采用弹簧门、旋转门、推拉门等不利于疏散通畅的门，一般采用平开门且均应向疏散方向开启，开启的门不得挤占走道的疏散通道，不得影响安全疏散。

超过五层的建筑，应设置封闭楼梯间，楼梯间门的净宽度可按本层疏散人数不应小于1.0m/百人；楼梯间的首层应设置直接对外的出口，当层数不超过四层时，可将对外出口设置在离楼梯间不超过15m处。

门厅入口应设挡风间或双道门，其深度不宜小于2100m，门的宽度应按疏散人数最多的一层人数计算，不应小于1.0m/百人。

其余房间门的数量一般不应少于两个，每个门的通行净宽度不应小于0.9m，门的位置应考虑疏散方便、节省交通面积及室内人流活动和家具布置的要求，应分散布置设在房间两端，房间内最远一点到房门的距离不应超过22m，房门最近边缘之间的水平距离不应小于5m，门的开启方式不得采用弹簧门、旋转门、推拉门等不利于疏散通畅的门，一般采用平开门且均应向疏散方向开启，开启的门不得挤占走道的疏散通道，不得影响安全疏散；但若房间位于两个安全出口之间，且建筑面积不超过120m²时，可设一个门，疏散门的净宽度不小于0.9m；若位于走道尽端的房间内由最远一点到房门口的直线距离不超过15m，也可设一个向外开启的门，但门的净宽度不应小于1.4m；当房间门位置比较集中时，要协调好它们之间的相互位置及开启方向，以免产生碰撞。

（2）窗的尺寸、数量、位置与开启方式 根据采光要求：采光系数及房间的窗地面积比（窗玻璃有效透光面积与室内使用面积之比），可确定房间所需要的窗洞口最小面积，各类房间的采光系数及窗地面积比要求为：教室、办公室及教师休息室不应小于2、1/5；门厅、休息厅、卫生间不应小于0.5、1/10，卫生间外窗距室内楼地面1.7m以下部分应设置视线遮挡措施；楼梯间、走道采光系数不应小于1。

教室光线应自学生座位的左侧射入，因此，教室的采光窗应设置在学生的左侧，为保证教室光线均匀，窗间墙宽度不应大于1.2m；黑板处窗间墙的尺寸，应考虑避免黑板产生眩光，一般为1m；考虑通风要求，教室可在走廊一侧贴地2.0m处设置高窗。

走廊、楼梯间应直接采光，走廊可采用门厅、休息厅、开敞式楼梯间及尽端开窗进行直接采光；走廊长度不超过20m时至少应有一端有采光口，超过20m时应两端有采光口，超过40m时应增加中间采光口（可利用高窗及门上亮子）。

根据上述条件可确定窗的数量及每扇窗的宽度和高度，窗扇的开启方式应方便使用、安全和易于清洁。

4. 各类房间的其他要求

教师办公室和教师休息室宜设洗手盆、挂衣钩；教室内除设置黑板、讲台外还应为每位学生设置一个专用的小型储物柜。室内楼梯栏杆（或栏板）的高度不应低于0.9m，室外楼梯栏杆（或栏板）的高度不应低于1.1m，水平扶手高度不应低于1.1m，楼梯栏杆不得采用易于攀爬的构造和花饰，杆件或花饰的镂空处净距不得大于0.11m；楼梯间应有天然采光和自然通风。建筑入口净通行宽度不得小于1.4m，门内外各1.5m范围内不宜设置台阶。

5. 柱网布置

根据各房间所确定的基本尺寸及位置进行平面组合，并调整其尺寸，使具有基本相同的进深，以便于柱网的横向布置，柱网的横向柱距应与房间及走廊尺寸相吻合，对于内廊布置，本设计可考虑四排柱子。柱网的纵向柱距的确定，应综合考虑建筑物的长度、房间尺寸及结构构件尺寸：柱距太小，影响房间的使用并使结构构件增多，柱距太大，造成结构构件尺寸过大而导致增加层高和减少有效使用面积，两者均会导致建筑造价增加，根据房间的布置，纵向柱距取3.6～6.9m为宜，并应尽量均匀布置，相邻柱距差别不宜过大。

（二）立面设计及剖面设计

建筑立面是表现建筑物的外部形象，可根据所学习的建筑理论及表现手法进行设计，使其整体效果简洁明快。建筑剖面设计是根据建筑功能要求确定建筑各组成部分在垂直方向上的布置，它与平面设计及立面设计有直接的联系，是建筑设计的重要组成部分，其主要内容有：确定房间的剖面形状与各部分高度、建筑的层数。

根据教学楼的功能及使用要求，本设计的剖面形状采用矩形；中学教学楼的层数不应超过五层，根据本建筑所允许的占地面积及所要求的总面积可确定其层数为五层；房间各部分的高度包括：室内外地面高差、房间净高、窗台高度、黑板及讲台高度、门的高度及层高。

（1）室内外地面高差的确定 为防止室外雨水流入室内、墙身受潮及室内潮气太大，建筑物底层地面应高出室外地面至少0.15m，同时，考虑建筑物可能产生的沉降及其整体效果，本教学楼室内外地面高差可取0.45~0.75m。

（2）房间净高的确定　本设计不考虑吊顶，则房间的净高为地面至楼板底面之间的垂直高度，房间的净高根据房间的功能不应低于下列数值：教室3.10m，办公室、教师休息室及休息厅、门厅3.10m，卫生间2.80m。

（3）窗台高度、黑板及讲台高度、门高度的确定　窗台高度不宜低于0.8m，并不宜高于1.0m，考虑布置在窗台底下的散热器尺寸，一般取0.9m，但楼梯间的窗户位置受结构梁及休息平台的限制，一般位于结构梁上；讲台高度宜为0.2m，黑板下沿与讲台面的垂直距离宜为1.0~1.1m，黑板高度不应小于1.0m；门的高度不应小于2.1m。

（4）层高的确定　对于框架结构，可根据窗台高度、窗的高度及框架梁高初步确定层高，并与房间净高加结构层厚度比较，取较大值确定层高，但同时还应考虑房间的空间感；为节省建筑造价及满足建筑之间的间距，在满足使用要求、采光、通风室内观感等的前提下，应尽量降低层高；教学楼层高一般在3.6~4.2m之间。

（三）屋面形式、构造及屋面排水形式的确定

考虑到构造简单、节省造价、施工方便等因素，一般采用平屋面；屋面做法应考虑其防水、保温及排水功能而相应设置防水层、保温层、找坡及相应的找平层，具体做法可根据所采用的防水材料选用标准图集《12J1　工程做法》的相应做法《12J5-1　平屋面》；屋面排水应采用有组织排水及优先采用外排水，落水管的设置间距不应超过18m，并根据每一直径为100mm的落水管可排150~200m^{2}集水面积的雨水，来确定落水管的数量，如落水管的设置较大地影响了建筑的立面效果及整体美观，可采用内排水形式，其女儿墙处泛水做法及落水管处雨水口做法可选用标准图集《12J5-1　平屋面》的相应做法。

（四）材料、装修及构造

（1）楼地面　卫生间楼地面：小便槽面层应采用不吸水、不吸污、耐腐蚀、易于清洗的材料，一般采用防滑地砖楼地面，其沟槽、管道穿楼板及楼板接墙面处应严密防水防渗漏，其标高应略低于走道标高，一般低于走道地面20mm，并应有不小于5‰的坡度坡向地漏；其余房间楼地面应满足平整、耐磨、不起尘、防滑、易于清洁的要求，且选用热工性能好的材料，一般采用现浇水磨石楼地面。楼地面做法可选用标准图集《12J1　工程做法》的相应做法12J1-楼、12J1-地。

（2）墙身　卫生间内墙面应满足防水、防潮、防污要求，应采用符合该要求的墙面材料或设置1.2~1.5m高的墙裙，一般采用瓷砖墙面或墙裙；其余房间内墙面粉刷应坚固、耐久、易擦洗，一般采用满刮腻子墙面，内墙面做法可选用标准图集《12J1　工程做法》的相应做法12J1-内墙；外墙面可根据所设计的立面效果，采用涂料、面砖、铝塑板及玻璃幕等材料，但要考虑甲方要求及造价，本设计宜为涂料。

（3）顶棚　顶棚表面应光洁，有较好的反光性，本设计不考虑吊顶，采用直接式顶棚，面层采用板底刮腻子，做法可选用标准图集《12J1　工程做法》的相应做法12J1-顶棚（面层改为刮腻子）。

（4）踢脚　卫生间设有瓷砖墙面或墙裙，不需要踢脚；其他房间踢脚可采用与地面相同的材料，选用水磨石踢脚，其做法可选用标准图集《12J1　工程做法》的相应做法12J1-踢脚。

（5）窗台板　窗台板应坚固、耐久、易擦洗，一般采用预制水磨石窗台板。

（6）门窗　根据所使用房间的功能，门应采用坚固、耐久、密封性好、适用、美观、

易擦的材料，一般门厅、对外出口处采用铝合金或塑钢门，其余房间均采用夹板门，门上刷磁漆，其做法可选用标准图集《12J1　工程做法》的相应做法；窗采用铝合金或塑钢窗。

（7）其他　根据建筑的耐火等级可确定对墙、柱、楼板、楼梯等构件的燃烧性能及耐火极限的要求，再考虑其受力需要（强度要求），可确定构件的材料，一般承重构件（梁、板、柱、楼梯等）采用钢筋混凝土材料；框架结构中，墙体一般为围护结构，除一层考虑防潮及耐久性采用砖墙外，其余各层均可采用轻质材料墙体，一般采用陶粒混凝土、加气混凝土或浮石混凝土，现常采用陶粒混凝土。

墙体厚度可根据房间保温及隔热要求确定，对于本设计，外墙厚度采用：砖墙370mm、陶粒混凝土300mm，内墙厚度采用：砖墙240mm、陶粒混凝土200mm，即可满足要求。

二、建筑施工图

施工图应准确的将设计意图表达出来，它是建筑付诸实施的依据，施工图的绘制图例及表示方法应严格遵守《房屋建筑制图统一标准》（GB/T 50001—2017）、《建筑制图标准》（GB/T 50104—2010）的有关规定。

1. 平面布置图

平面图中应反映的是各个房间和设施的布置、定位及其相对位置关系，根据建筑方案所确定的平面布置可进行平面施工图的绘制。

（1）布置内容　柱网的定位轴线、各个房间的定位轴线、房间的墙体布置、门窗布置及门的开启形式、教室中黑板及讲台布置、卫生间中卫生器具及通风道的布置、楼梯间的踏步布置，对于一层平面还应布置散水及台阶、二层平面应布置雨篷。

（2）需标注的数据　在建筑平面外侧的每一侧均需标注三道尺寸，第一道尺寸应标明外墙门窗洞口与其最近的定位轴线之间的距离、外墙门窗洞口之间的距离及外墙门窗洞口尺寸，第二道尺寸应标明各个定位轴线之间的距离，第三道尺寸应标明建筑物的总长度和总宽度。在布置墙体处应标明墙体的厚度及其定位轴线之间的距离；内墙门窗洞口处应标明门窗洞口与其最近的定位轴线之间的距离及内墙门窗洞口尺寸；黑板和讲台的平面尺寸及其与最近的定位轴线之间的距离；卫生间的卫生器具与定位轴线之间的距离；雨篷、散水和台阶的平面尺寸及其与最近的定位轴线之间的距离；室内外楼地面及卫生间楼地面的标高。

（3）需标注的其他内容　应注明各个房间的使用功能，黑板、讲台的做法（可选用标准图集《12J7-2　内装修-配件》的相应做法）和卫生器具、通风道的做法（可选用标准图集《12J2　地下工程防水》《12J12　无障碍设施》的相应做法），剖面及墙身大样的位置、编号和方向，墙上所有设备留洞的尺寸、洞口离楼地面的高度及其与最近轴线的距离。

2. 立面图

立面图反映的是各个立面的整体效果，根据建筑的立面设计，将立面上所设置的可见构件根据投影关系准确的表达出来，包括门窗布置、雨篷、女儿墙、挑檐、台阶、楼梯、装饰构件、分格等，并注明外墙面层颜色。其需要标注的尺寸及数据为：室外标高，台阶平台处标高，所有门窗洞口上下边标高（相同处可标一个），女儿墙顶端标高，雨篷上下檐口处标高；门窗洞口及其之间墙体的高度，所有装饰线条之间的竖向尺寸及装饰构件的尺寸；立面体形变化处（凹凸处）及外轮廓墙体的定位轴线。

3. 剖面图

剖面图反映的是建筑各个构件之间的相互关系，一般为建筑的横向剖面且选择具有特殊

性的位置（一般为楼梯间处及入口处）进行绘制。

（1）内容　所剖位置处所有构件和可见构件的布置及其相对位置关系，包括梁、板、柱、墙、门窗及其过梁、雨篷、楼梯、女儿墙、台阶、装饰构件等。

（2）需要标注的尺寸及数据　室外标高，台阶平台处标高，所有门窗洞口上下边标高，过梁、大梁底皮标高，女儿墙顶端标高，雨篷上下檐口处标高，各楼层标高；门窗洞口及其之间构件的高度，所剖各墙的定位轴线及其之间的距离。

4. 屋面排水图

屋面排水图反映的是建筑屋面排水形式及相应构件、设施的设置，应根据所确定的排水类型画出雨落管的位置，女儿墙的位置及檐口的外轮廓线、屋面找坡或坡屋面的屋脊线，垃圾道及通风道伸出屋面的位置，屋面透气管的位置，如设置上人孔则应画出其位置，应标出檐口边及檐口位置变化处最近轴线；其需要标注的尺寸及数据为：雨落管距其最近轴线的距离，檐口边及檐口位置变化处距其最近轴线的距离，屋面的坡度及其方向，上人孔的尺寸及其与最近轴线的距离；应标注出屋面相应设施（透气管、垃圾道及通风道、雨落管等）的做法或其所选用的标准图集（可选用12J5-1　平屋面）相应做法。

5. 墙身大样

墙身大样反映的是墙体上竖向各个构件及与墙体相连接的构件之间的相互关系、细部做法和尺寸，一般选用具有普遍代表性和有特殊要求处（造型变化处和构件尺寸及构造变化处）的墙体，其绘制内容为墙体及其面层，窗户、门、窗台板、散水、台阶、地面、楼面、屋面、过梁、大梁、窗套或装饰构件的具体构造，滴水线、泛水、女儿墙、雨落管、雨水口的形状及位置。所需标注的数据为墙厚及其面层厚度，门窗洞口、过梁、大梁及窗台的高度，女儿墙及装饰构件各部分的详细尺寸，台阶结构层及面层尺寸；楼地面、屋面标高，窗洞口及大梁底面、过梁顶面、过梁底面、女儿墙顶部标高，散水及屋面坡度；散水、台阶、地面、楼面、屋面详细做法标注或索引（选用图集及相应做法编号），墙体所在轴线及编号。

6. 楼梯大样

楼梯大样反映的是楼梯的详细尺寸及各构件之间的关系，其包括楼梯平面和楼梯剖面两部分。

（1）楼梯平面　应绘出楼梯间墙体、柱子的定位轴线，楼梯休息平台、踏步及台阶的详细位置，楼梯间墙体、柱子及门窗的位置，每跑楼梯上或下的方向；标出每个踏步、台阶的宽度，踏步、台阶总宽度，踏步、台阶数量（常标注为：踏步、台阶数×每个踏步、台阶的宽度＝踏步、台阶总宽度），楼梯井尺寸，楼梯间墙体厚度，柱子尺寸及墙体、休息平台、踏步起终点与轴线之间的距离，楼梯间墙体、柱子的定位轴线编号及其之间距离，每层楼梯上或下的总步数，楼梯间地面标高及各休息平台标高，楼梯剖面位置（沿梯段方向剖切），编号及方向（剖面号所在方向）。

（2）楼梯剖面　应绘出楼梯间墙体、柱子的定位轴线，按投影关系绘出沿剖切方向可见及剖切到的楼梯间所有构件，包括楼梯间墙体、柱子，楼梯休息平台、踏步及台阶，楼梯间门窗、楼梯栏杆，雨篷、女儿墙、梁；标出每个踏步、台阶的高度，每跑楼梯踏步、台阶的总高度，每跑楼梯踏步、台阶的数量（常标注为：每跑楼梯踏步、台阶数×每个踏步、台阶的高度＝每跑楼梯踏步、台阶的总高度），门窗洞口、雨篷尺寸，室内外地面标高，楼地面标高，屋面及女儿墙顶标高，楼梯各休息平台标高，楼梯间墙体、柱子的定位轴线编号及

其之间距离，楼梯栏杆做法或所选用标准图集及编号（可选用12J8　楼梯）。

7. 室内装修表

根据所采用的装修材料，分别列出各个房间的地面、楼面、墙身、顶棚、踢脚、窗台板的做法或所采用的标准图集及编号（具体格式可参考设计实例）。

8. 门窗表

根据所设计的门窗尺寸及类型，分别列出所有门窗的编号、对应的尺寸（宽×高）、每个型号在每层的数量及总数、门窗的材料、门窗所选用的标准图集及相应型号或大样图号（具体格式可参考设计实例）；如所设计门窗为非标准尺寸，则应画出门窗大样图，门窗大样图应画出门窗形式、开启方式并标出门窗分格尺寸、总尺寸及门窗层数。

9. 设计说明

设计说明应从以下几个方面分别进行说明。

（1）工程概况　建筑所在位置，建筑的面积、结构形式、层数、耐火等级、抗震设防烈度，建筑的±0.000所对应的绝对标高。

（2）设计依据　建设单位的设计委托书或设计任务书，设计合同及批文，设计方案的审定方，设计所依据的国家现行规范。

（3）墙体工程　墙体材料及主要墙体厚度，需做防潮防水的墙体做法或其所选用标准图集及相应编号，墙体内所有需做特殊处理的构件的相应做法，图中无法表示及没有标出的具体构造要求。

（4）地面工程　地面工程的基本施工程序及设计要求，图中无法表示及没有标出的具体构造要求。

（5）屋面工程　屋面做法所采用的标准图集及其编号，屋面上女儿墙、留洞处等有特殊要求处构造及做法，屋面上所需外露铁件及外露雨落管防锈处理的做法及其颜色要求，屋面的细部构造要求及施工要求或其应执行的国家标准（一般可按《屋面工程质量验收规范》（GB 50207—2012）执行）。

（6）装饰工程　外墙、勒脚的面层材料及颜色和相应做法或选用图集、对应编号，雨篷的面层材料及相应做法或选用图集、对应编号，所有需要刷油漆的构件的油漆颜色和相应做法或选用图集、对应编号，卫生器具的有关施工要求或应执行的国家标准（一般可选用《12J12　无障碍设施》中的相应做法）；无特殊要求的内容按国家统一规定执行，但应在说明中加以注明。

（7）施工及验收　对施工的要求及施工及验收所应遵循的相应规范（一般为《建筑安装工程施工及验收规范》）。

（8）设计中所采用的有关标准图集及需要说明的其他内容　本设计中所采用的标准图集为《12系列建筑标准设计图集》（12J1~12J16）。

三、参考资料

1. 规范

《民用建筑设计通则》（GB 50352—2005）

《中小学校设计规范》（GB 50099—2011）

《建筑设计防火规范》（GB 50016—2014）

《房屋建筑制图统一标准》（GB/T 50001—2017）

《建筑制图标准》（GB/T 50104—2010）

《建筑模数协调标准》（GB/T 50002—2013）

《建筑地面设计规范》（GB 50037—2013）

《建筑内部装修设计防火规范》（GB 50222—2017）

2. 图集

《建筑设计资料集》

《12 系列建筑标准设计图集》（12J1~12J16）

3. 参考书

《房屋建筑学》

第三节　教学楼建筑设计实例

1. 基本概况

华北地区某城市某学院教学楼，该教学楼占地面积约为 1400m²，长度不得超过 70m，宽度不得超过 20m；建筑物所在位置地形平缓，其自然地面高于相应路面，满足城市管网的排水要求；该地区标准冻深为 1.60m，属于寒冷地区，平均气温−25~28℃，气候干燥，抗震设防烈度为 8 度；根据结构初步估算，结构形式采用框架结构，柱子尺寸为 600mm×600mm，梁高约为跨度的 1/10；建筑面积控制在 7600m² 以内；教学楼内房间以教室为主，每班容纳学生 40~45 人；设置适量的合班教室、教师办公室、教师休息室；每层设置学生休息厅一处；每层均设置男女卫生间；装修要求一般标准；耐火等级：二级。

2. 设计过程

见本章第二节教学楼建筑设计指导书。

3. 设计成果

教学楼建筑施工图如图 2-3~图 2-22 所示。

设 计 说 明

一、工程概况

1. 工程名称：某学院教学楼。

2. 工程位置：该学院新校区校园内。

3. 建筑面积：7600m²。

4. 结构形式：钢筋混凝土框架结构。

5. 建筑层数：地上六层。

6. 建筑物室内地坪±0.000相当于绝对标高（现场定）。

7. 本建筑按二级耐火等级设计，建筑抗震设防烈度为八度。

二、设计依据

1. 某学院教学楼设计任务委托书及任务书。

2. 某学院审定的设计方案及与某建筑勘察设计有限公司签订的设计合同。

3. ×建设规技（2001）364号文关于"某学院规划的批复"。

4. 国家有关规范：《民用建筑设计通则》（GB 50352—2005），《建筑设计防火规范（2018版）》（GB 50016—2014）

三、墙体工程

1. 一层外墙为370mm砖墙，内墙为240mm砖墙；二至六层外墙为300mm厚（局部为400mm厚）陶粒混凝土砌块墙，内墙为200mm厚陶粒混凝土砌块墙。

2. 墙内预埋件需作防腐处理，木材刷热沥青，铁件刷红丹防锈漆二度。

3. 陶粒混凝土砌块墙需做防水防潮处理，做法详见12J3（六）—34。

4. 所有设备留洞应与电施和设施配合，洞口均应在施工时根据设备要求预留，不得后凿。

四、地面工程

1. 地面工程必须在地下管线、地沟等施工完毕后方可施工。

2. 卫生间，室外台阶均比同楼层楼地面低20mm。

3. 在设有地漏的有水房间，地面需做成1%坡度坡向地漏。地漏的具体位置见设施。

4. 门窗洞口阳角距地面1.8m高的范围内均用1：2.5水泥砂浆抹成R＝30mm的圆角。

五、屋面工程

1. 屋面做法详见12J1-13-12（A，100），凡屋面留洞处及与女儿墙转角处均需加有胎体增强材料的附加层。

2. 外露雨水管及其他未注明外露铁件除锈后，均刷红丹防锈漆一道，再刷与墙面同色油漆两道。

3. 屋面应严格按照《屋面工程技术规范》（GB 50345—2012）规定的细部构造及施工要求进行施工。

六、装饰工程

1. 外墙面为深灰色及浅灰白色涂料（具体颜色参照效果图确定），做法详见12J1-29-14和12J1-29-16；勒脚为剁斧石，做法详见12J1-28-11（A）。

2. 所有的雨篷板底均抹混合砂浆，外刷涂料，做法详见12J1-28-11。

3. 室外台阶散水均设防冻胀中砂300mm厚；散水为细石混凝土散水，做法详见12J1-100-4（A），室外台阶为防滑花岗岩台阶，做法详见12J1-107-10（B）。

4. 油漆做法：所有木门、门框及楼梯木扶手均刷乳白色磁漆，做法详见12J1-94-6。

5. 卫生间脸盆及蹲便器安装应严格按照12J12-51中的有关做法进行。

6. 其余未注明部分按有关规范执行。

七、施工及验收

工程施工必须严格执行《建筑工程施工及验收规范（ZBBZH/GJ 5）》及有关规定。施工中各工种应紧密配合，如有问题应及时与设计单位协商解决。本图样未经许可不得自行更改。

八、其他

1. 防火卷帘均采用无机复合卷帘，耐火极限不应小于3h，具体安装和预埋设置由厂家配合施工。

2. 防火窗上部与顶部及侧面与墙的缝隙均应采用不小于3h耐火极限的材料封堵。

3. 采用标准图集为《12系列建筑标准设计图集》（12J1～12J16）。

图 2-3

25

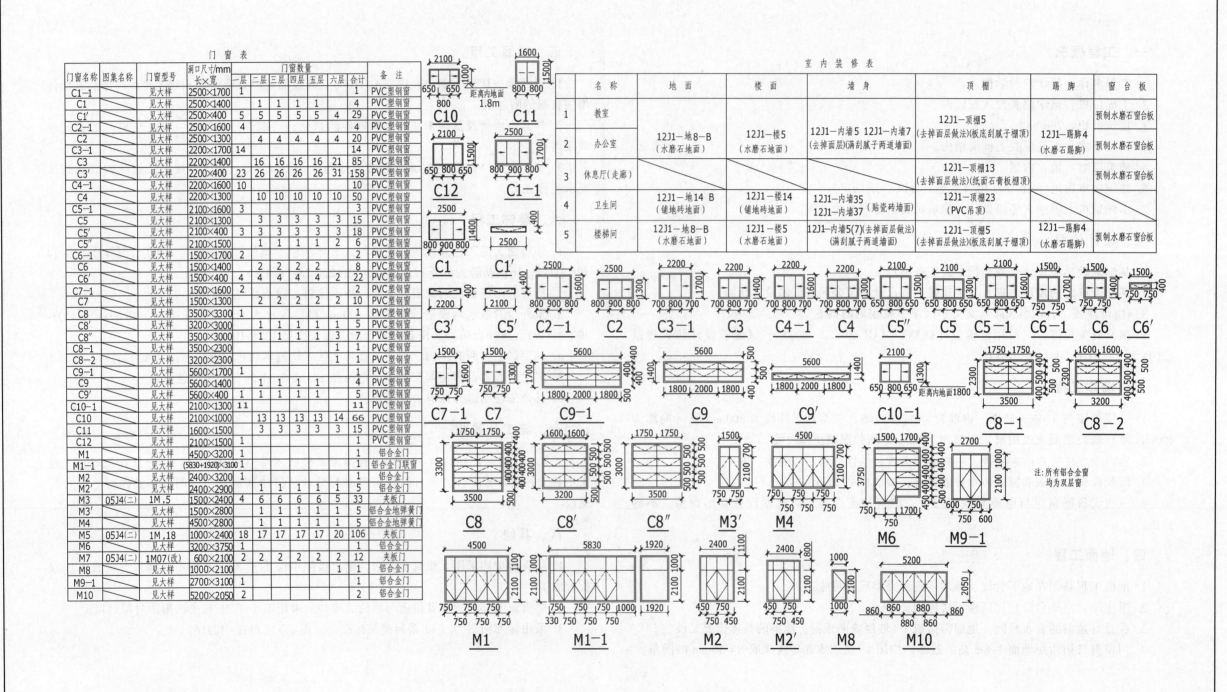

门窗表

门窗名称	图集名称	门窗型号	洞口尺寸/mm 长×宽	一层	二层	三层	四层	五层	六层	合计	备注
C1-1		见大样	2500×1700	1						1	PVC塑钢窗
C1		见大样	2500×1400		1	1	1	1		4	PVC塑钢窗
C1'		见大样	2500×1600	5	5	5	5	5	4	29	PVC塑钢窗
C2-1		见大样	2500×1600	4						4	PVC塑钢窗
C2		见大样	2500×1300		4	4	4	4	4	20	PVC塑钢窗
C3-1		见大样	2200×1700	14						14	PVC塑钢窗
C3		见大样	2200×1400		16	16	16	16	21	85	PVC塑钢窗
C3'		见大样	2200×400	23	26	26	26	26	31	158	PVC塑钢窗
C4-1		见大样	2200×1600	10						10	PVC塑钢窗
C4		见大样	2200×1300		10	10	10	10	10	50	PVC塑钢窗
C5-1		见大样	2100×1600	3						3	PVC塑钢窗
C5		见大样	2100×1300		3	3	3	3	3	15	PVC塑钢窗
C5'		见大样	2100×400	3	3	3	3	3	3	18	PVC塑钢窗
C5''		见大样	2100×1500	1	1	1	1	1	1	6	PVC塑钢窗
C6-1		见大样	1500×1700	2						2	PVC塑钢窗
C6		见大样	1500×1400		2	2	2	2		8	PVC塑钢窗
C6'		见大样	1500×400	4	4	4	4	4	2	22	PVC塑钢窗
C7-1		见大样	1500×1600	2						2	PVC塑钢窗
C7		见大样	1500×1300		2	2	2	2	2	10	PVC塑钢窗
C8		见大样	3500×3300						1	1	PVC塑钢窗
C8'		见大样	3200×3000		1	1	1	1	1	5	PVC塑钢窗
C8''		见大样	3500×3000		1	1	1	1	3	7	PVC塑钢窗
C8-1		见大样	3500×2300						1	1	PVC塑钢窗
C8-2		见大样	3200×2300						1	1	PVC塑钢窗
C9-1		见大样	5600×1700	1						1	PVC塑钢窗
C9		见大样	5600×1400		1	1	1	1		4	PVC塑钢窗
C9'		见大样	5600×400	1	1	1	1	1		5	PVC塑钢窗
C10-1		见大样	2100×1300	11						11	PVC塑钢窗
C10		见大样	2100×1000		13	13	13	13	14	66	PVC塑钢窗
C11		见大样	1600×1500	3	3	3	3	3		15	PVC塑钢窗
C12		见大样	2100×1500	1						1	PVC塑钢窗
M1		见大样	4500×3200	1						1	铝合金门
M1-1		见大样	(5830+1920)×3100	1						1	铝合金门联窗
M2		见大样	2400×3200	1						1	铝合金门
M2'		见大样	2400×2900		1	1	1	1	1	5	铝合金门
M3	05J4(二)	1M,5	1500×2400	4	6	6	6	6	5	33	
M3'		见大样	1500×2800	1	1	1	1	1		5	铝合金地弹簧门
M4		见大样	4500×2800	1	1	1	1	1		5	铝合金地弹簧门
M5	05J4(二)	1M,18	1000×2400	18	17	17	17	17	20	106	夹板门
M6		见大样	3200×3750						1	1	夹板门
M7	05J4(二)	1M07(改)	600×2100	2	2	2	2	2	2	12	夹板门
M8		见大样	1000×2100						1	1	铝合金门
M9-1		见大样	2700×3100	1						1	铝合金门
M10		见大样	5200×2050	2						2	铝合金门

室内装修表

	名称	地面	楼面	墙身	顶棚	踢脚	窗台板
1	教室	12J1-地8-B (水磨石地面)	12J1-楼5 (水磨石地面)	12J1-内墙5 12J1-内墙7 (去掉面层做法)(满刮腻子两道墙面)	12J1-顶棚5 (去掉面层做法)(板底刮腻子棚顶)	12J1-踢脚4 (水磨石踢脚)	预制水磨石窗台板
2	办公室						预制水磨石窗台板
3	休息厅(走廊)				12J1-顶棚13 (去掉面层做法)(纸面石膏板棚顶)		预制水磨石窗台板
4	卫生间	12J1-地14 B (铺地砖地面)	12J1-楼14 (铺地砖地面)	12J1-内墙35 12J1-内墙37 (贴瓷砖墙面)	12J1-顶棚23 (PVC吊顶)		
5	楼梯间	12J1-地8-B (水磨石地面)	12J1-楼5 (水磨石地面)	12J1-内墙5(7) (去掉面层做法)(满刮腻子两道墙面)	12J1-顶棚5 (去掉面层做法)(板底刮腻子棚顶)	12J1-踢脚4 (水磨石踢脚)	预制水磨石窗台板

注：所有铝合金窗均为双层窗

图 2-4

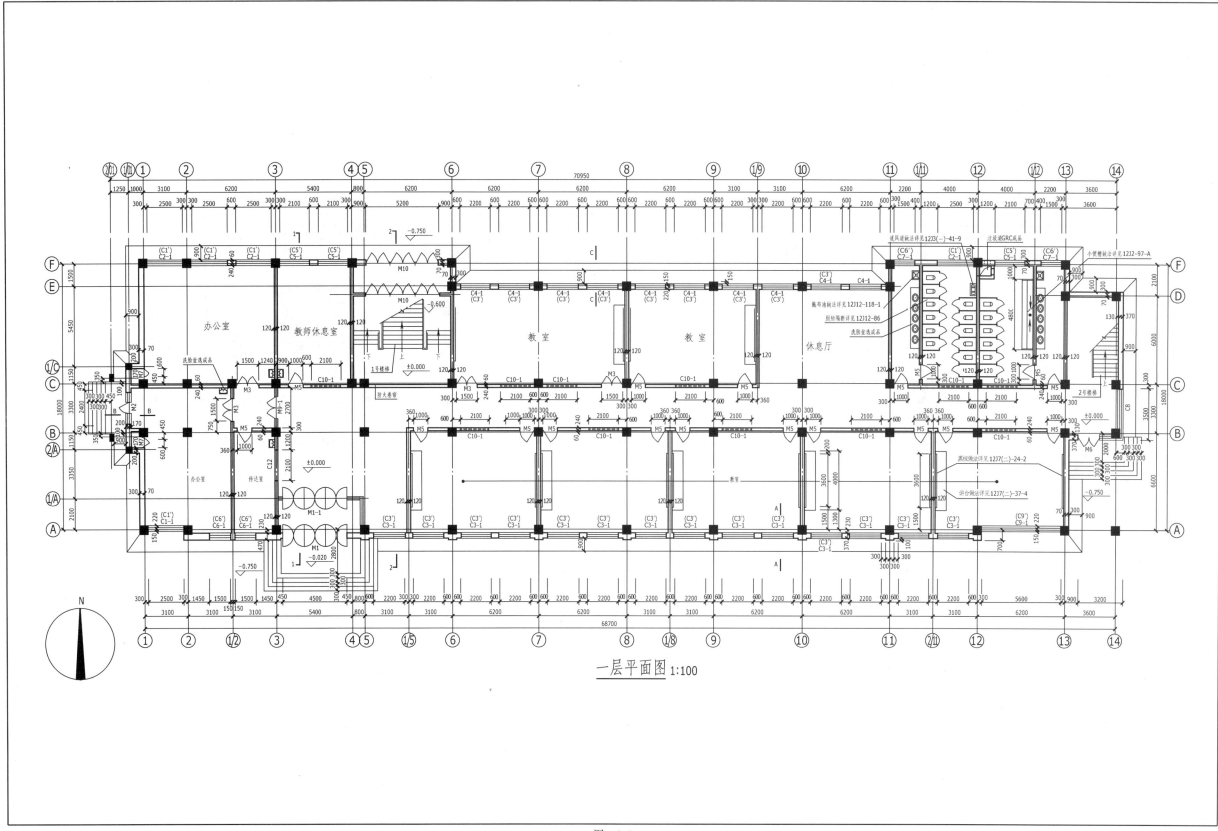

一层平面图 1:100

图 2-5

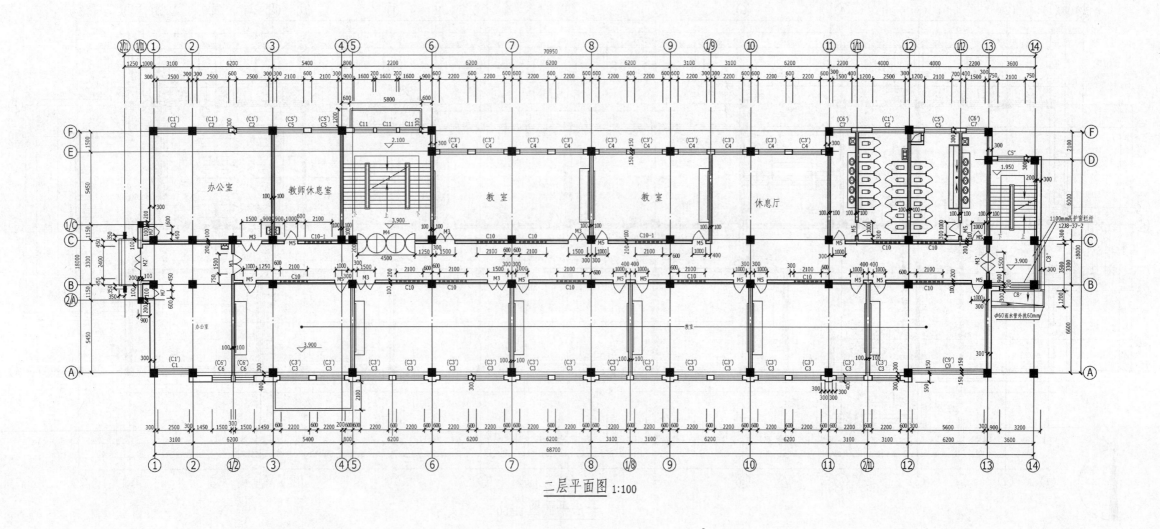

二层平面图 1:100

图 2-6

28

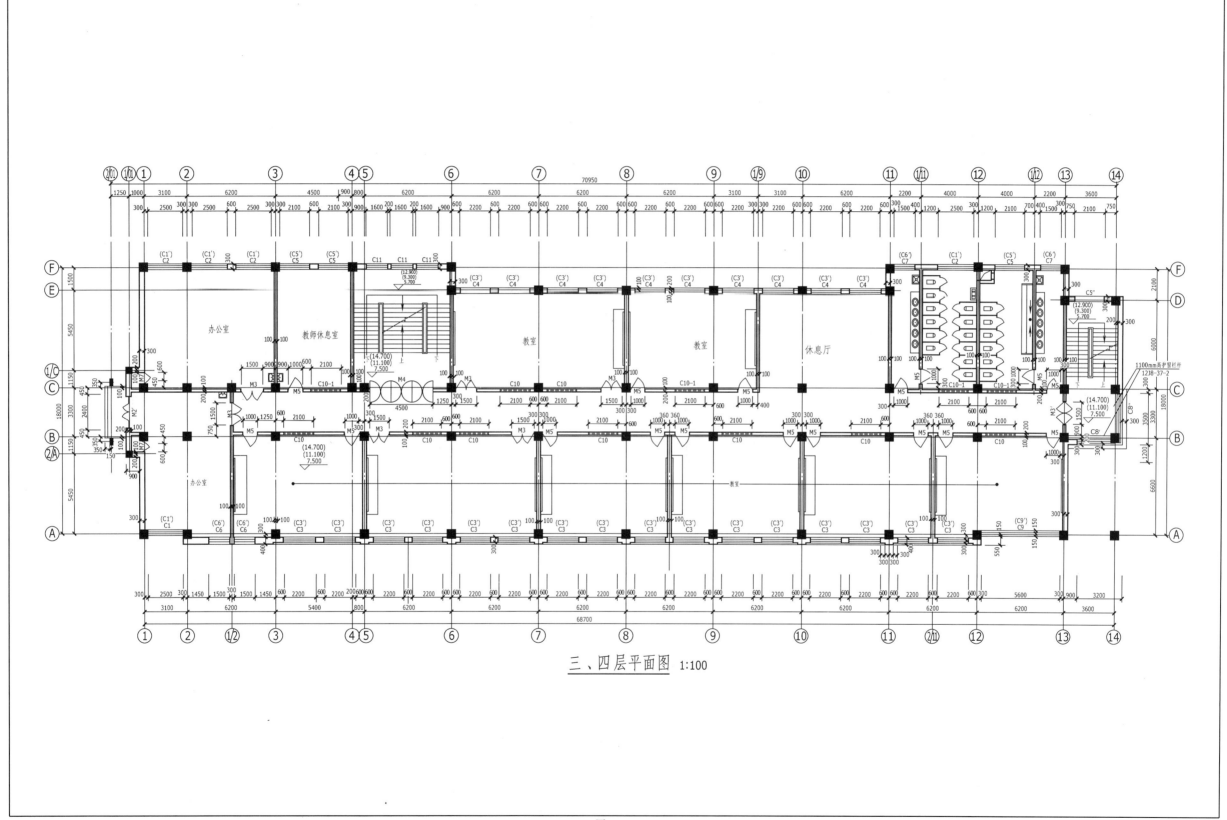

三、四层平面图 1:100

图 2-7

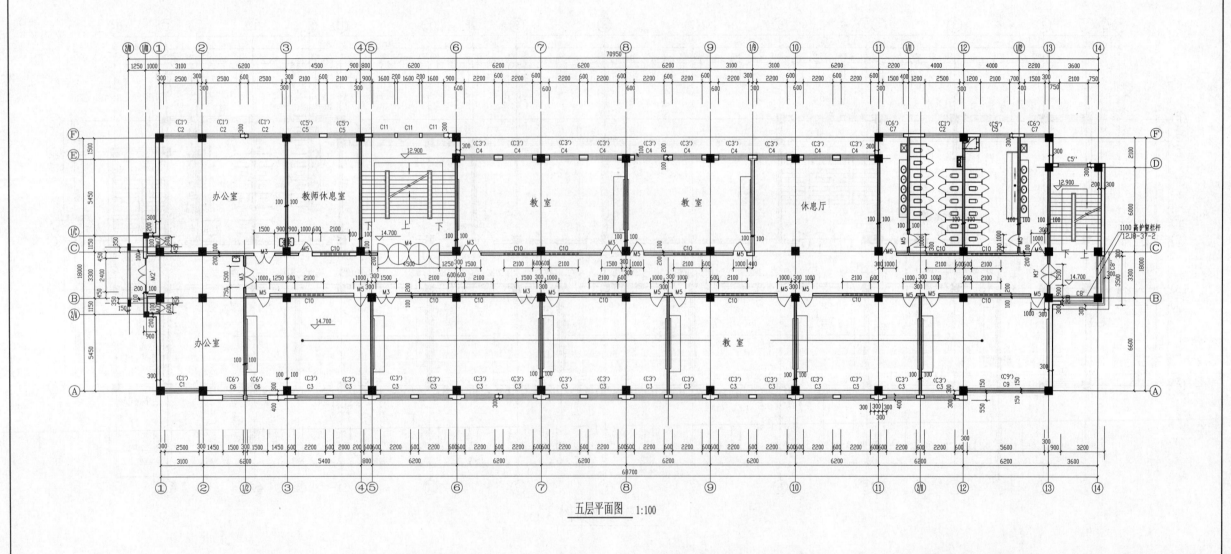

五层平面图 1:100

图 2-8

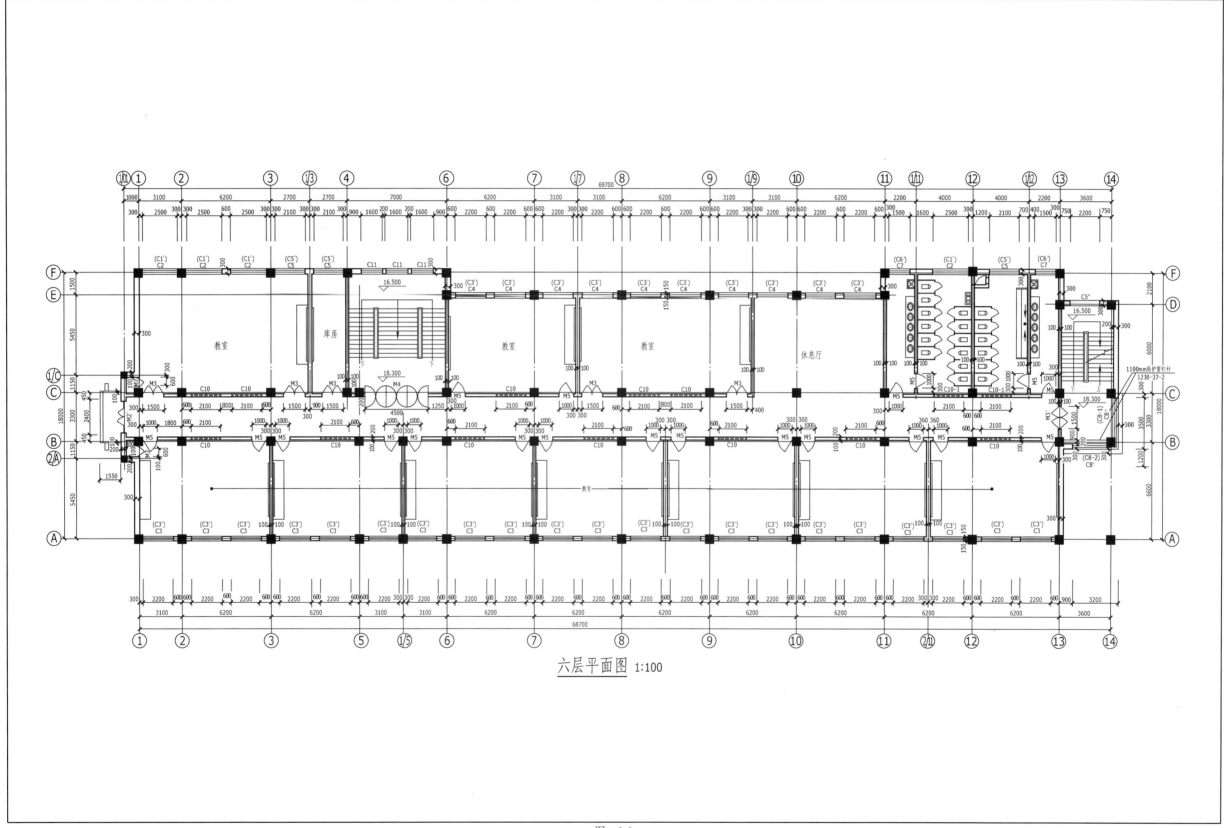

六层平面图 1:100

图 2-9

31

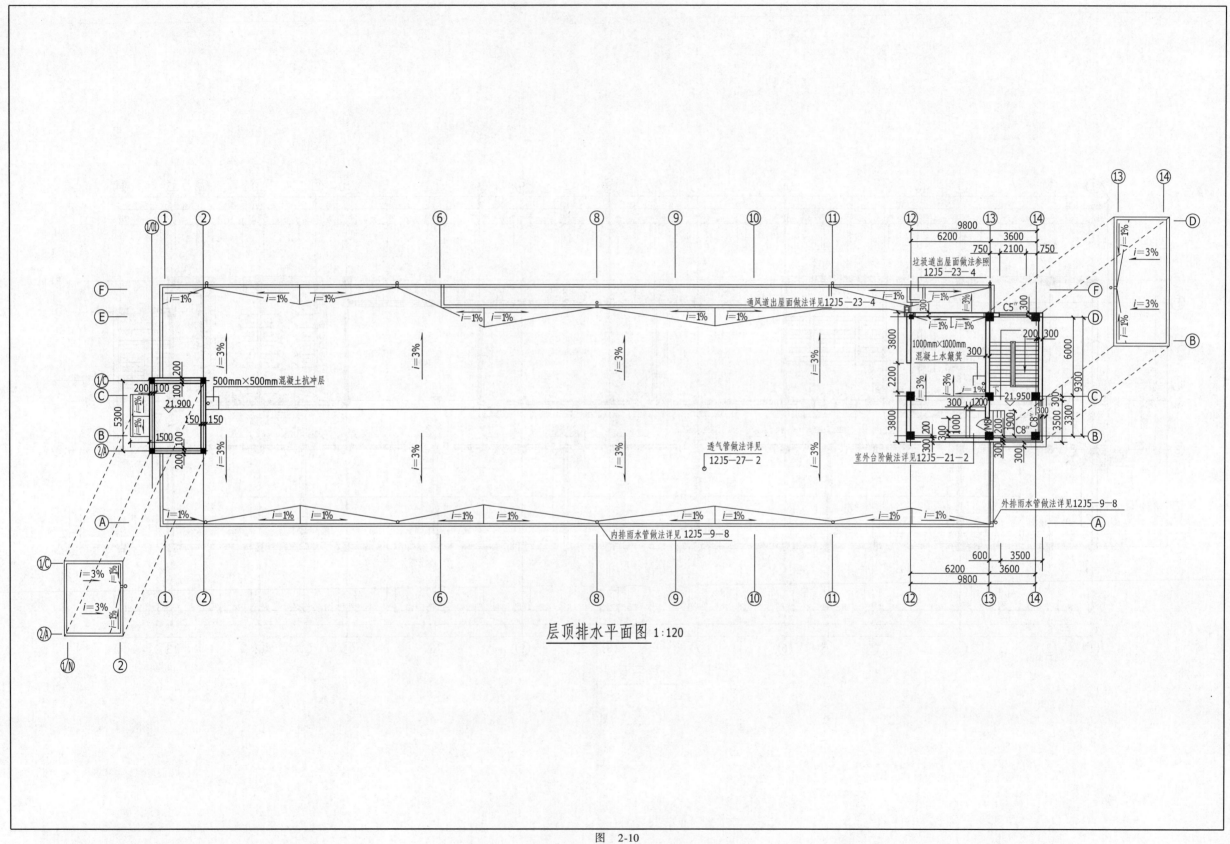

500mm×500mm混凝土抗冲层

21.900

通风道出屋面做法详见12J5—23—4

垃圾道出屋面做法参照
12J5—23—4

1000mm×1000mm
混凝土水簸箕

21.950

室外台阶做法详见12J5—21—2

透气管做法详见
12J5—27—2

外排雨水管做法详见12J5—9—8

内排雨水管做法详见12J5—9—8

层顶排水平面图 1:120

图 2-10

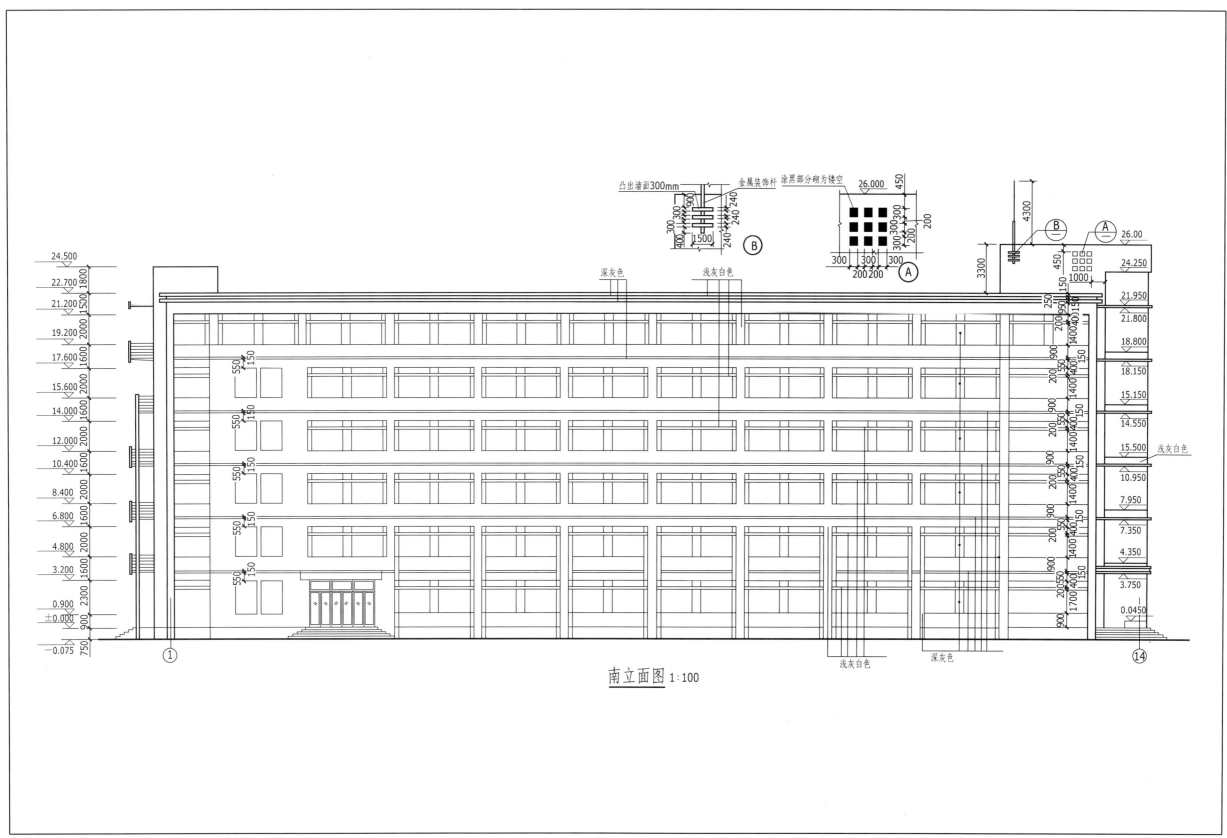

南立面图 1:100

图 2-11

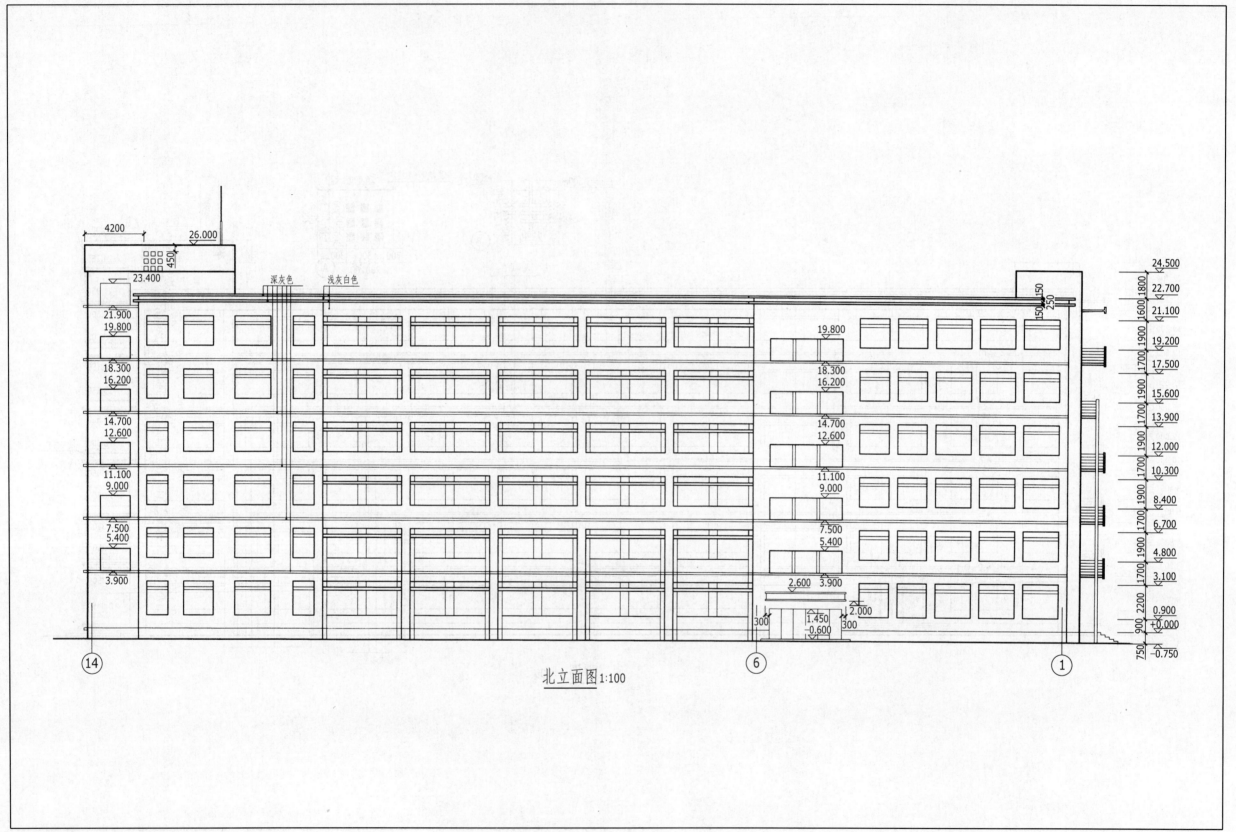

深灰色 浅灰白色

北立面图 1:100

图 2-12

34

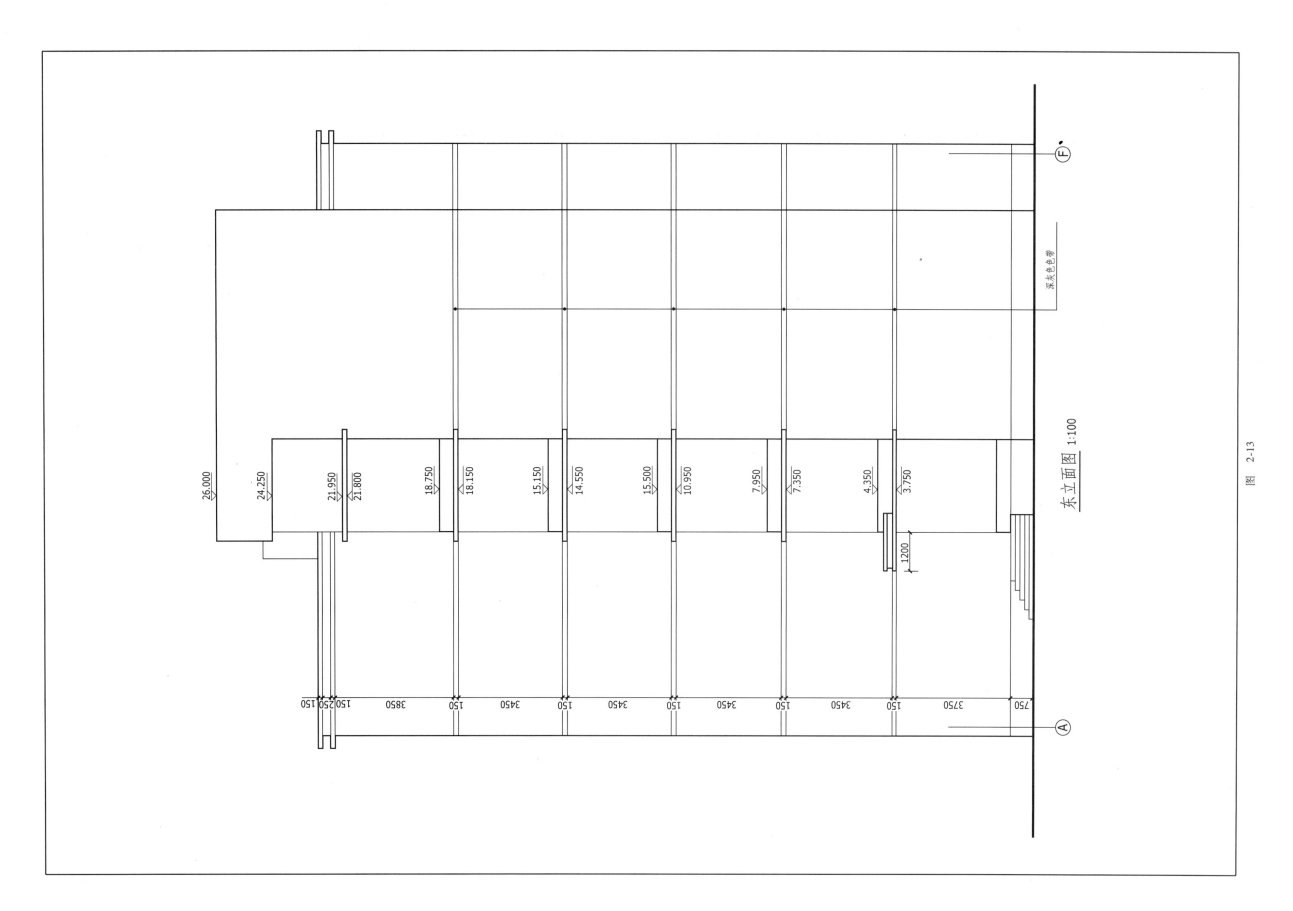

东立面图 1:100

深灰色色带

图 2-13

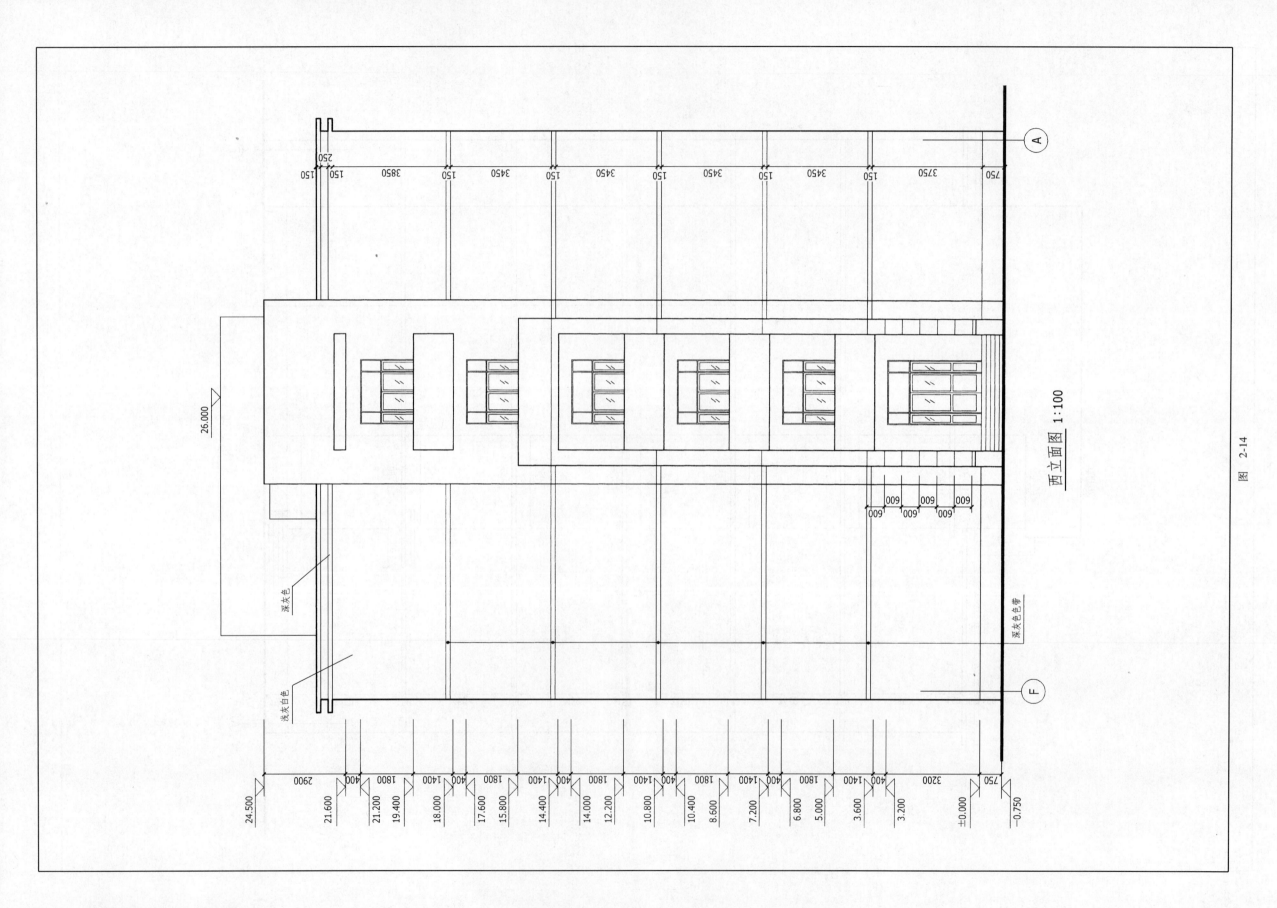

西立面图 1:100

图 2-14

36

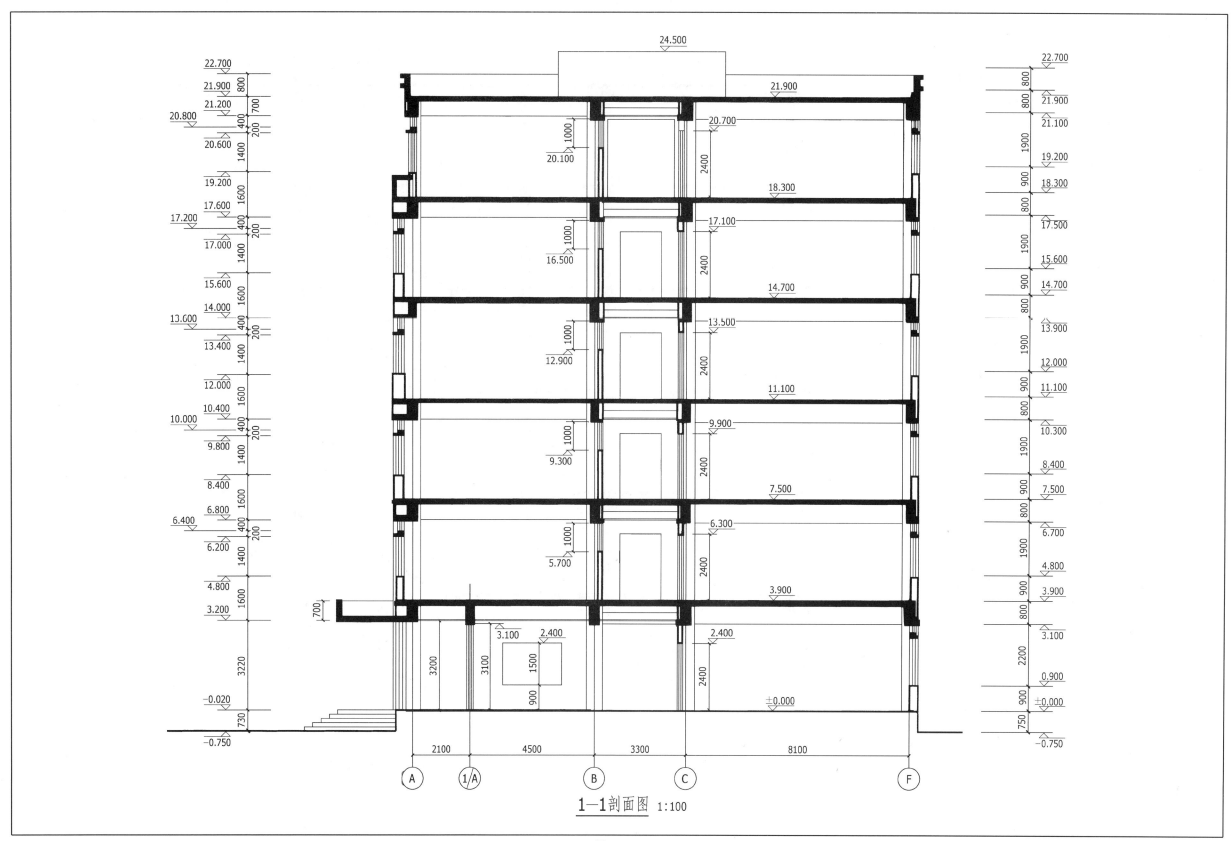

$1-1$剖面图 1:100

图 2-15

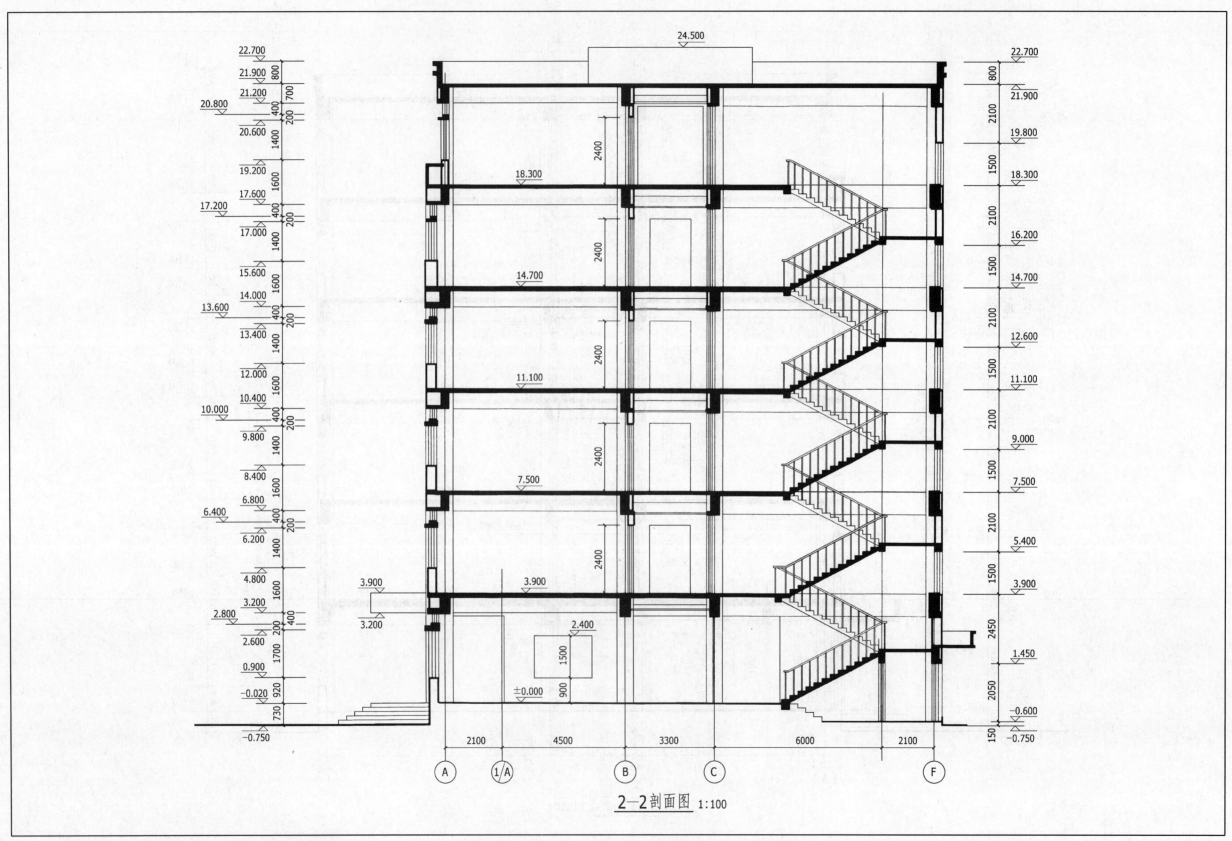

2—2剖面图 1:100

图 2-16

C—C墙身大样 1:20

A—A墙身大样 1:20

图 2-17

39

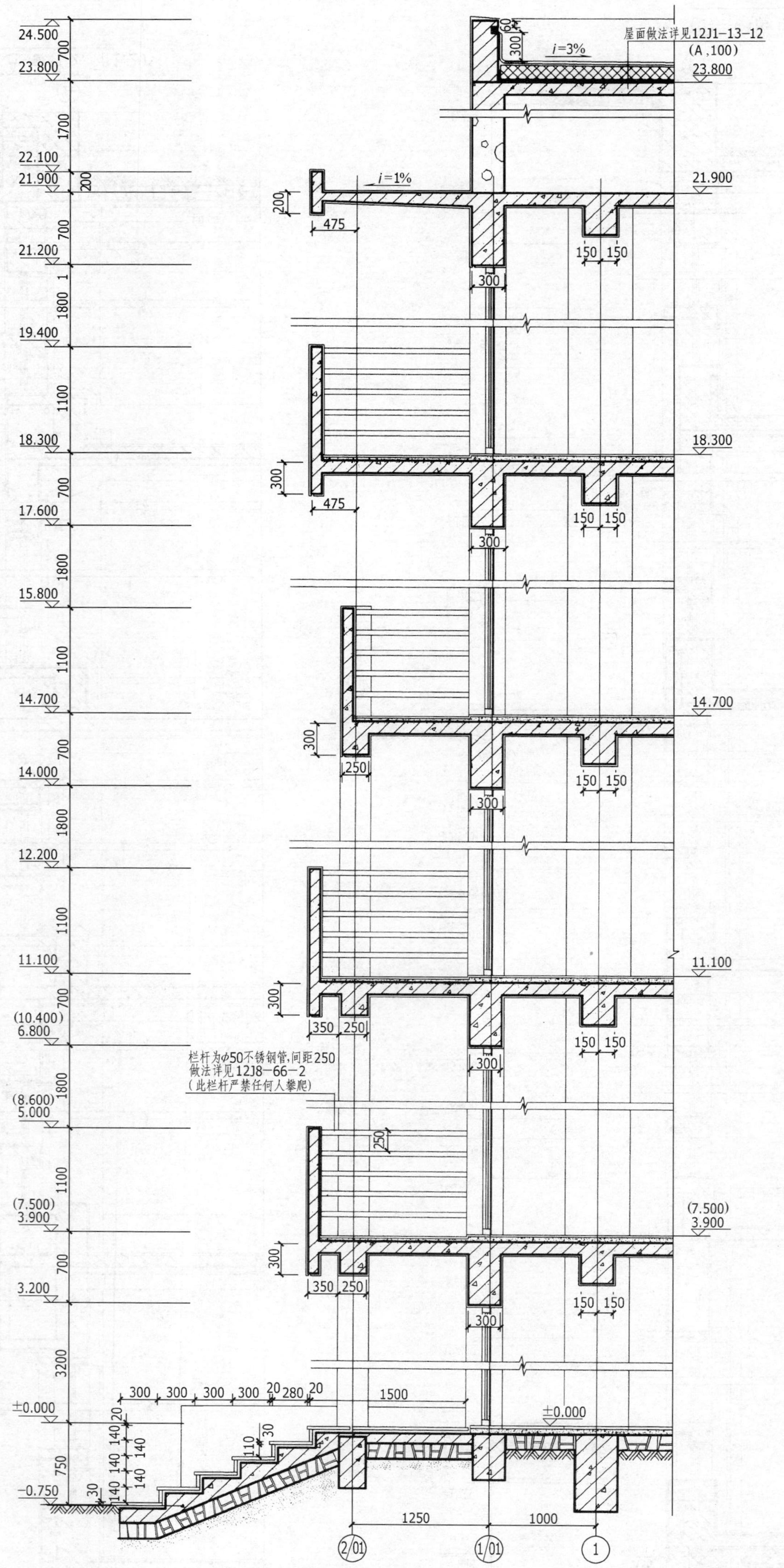

B-B墙身大样 1:20

图 2-18

40

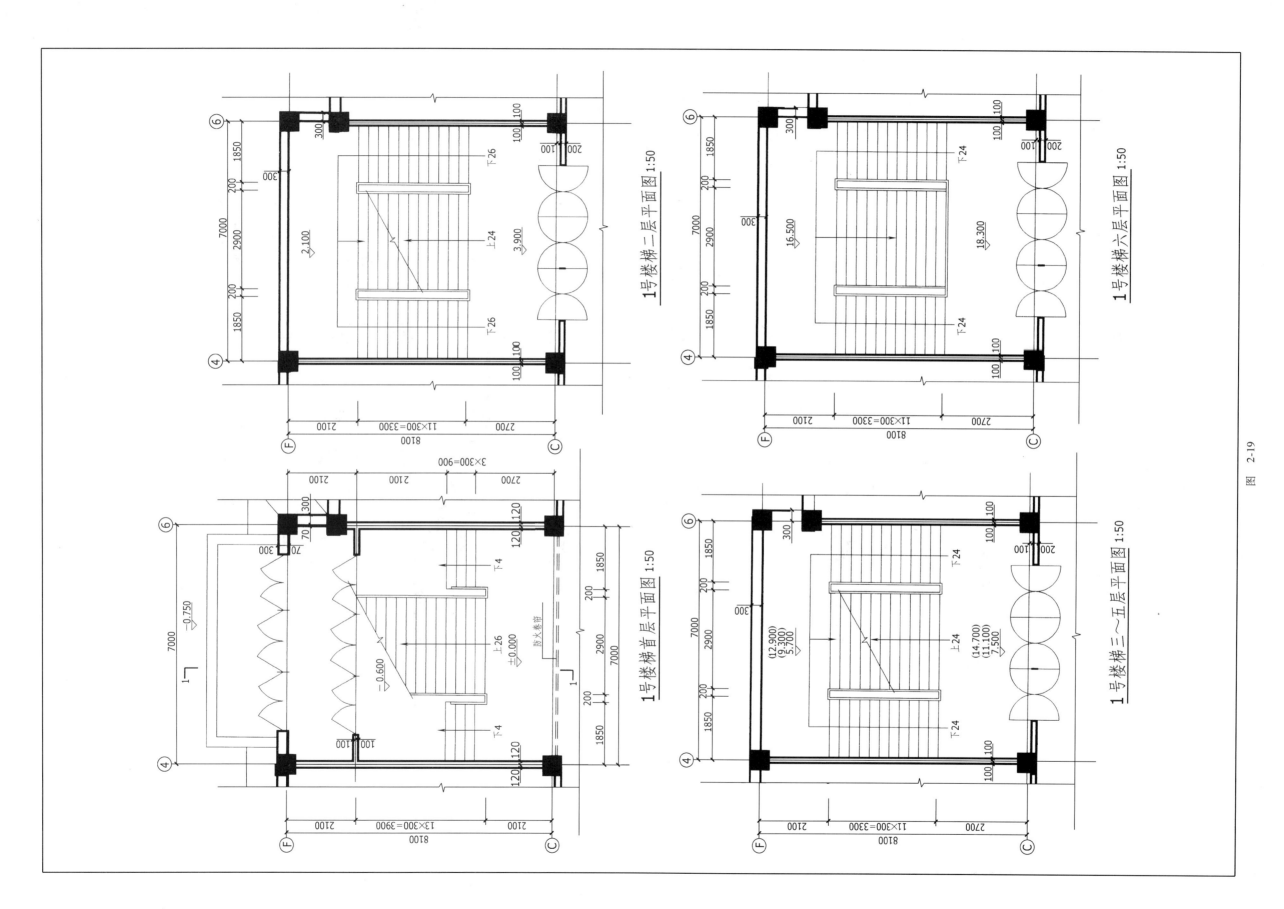

1号楼梯二层平面图 1:50

1号楼梯六层平面图 1:50

1号楼梯首层平面图 1:50

1号楼梯三～五层平面图 1:50

图 2-19

41

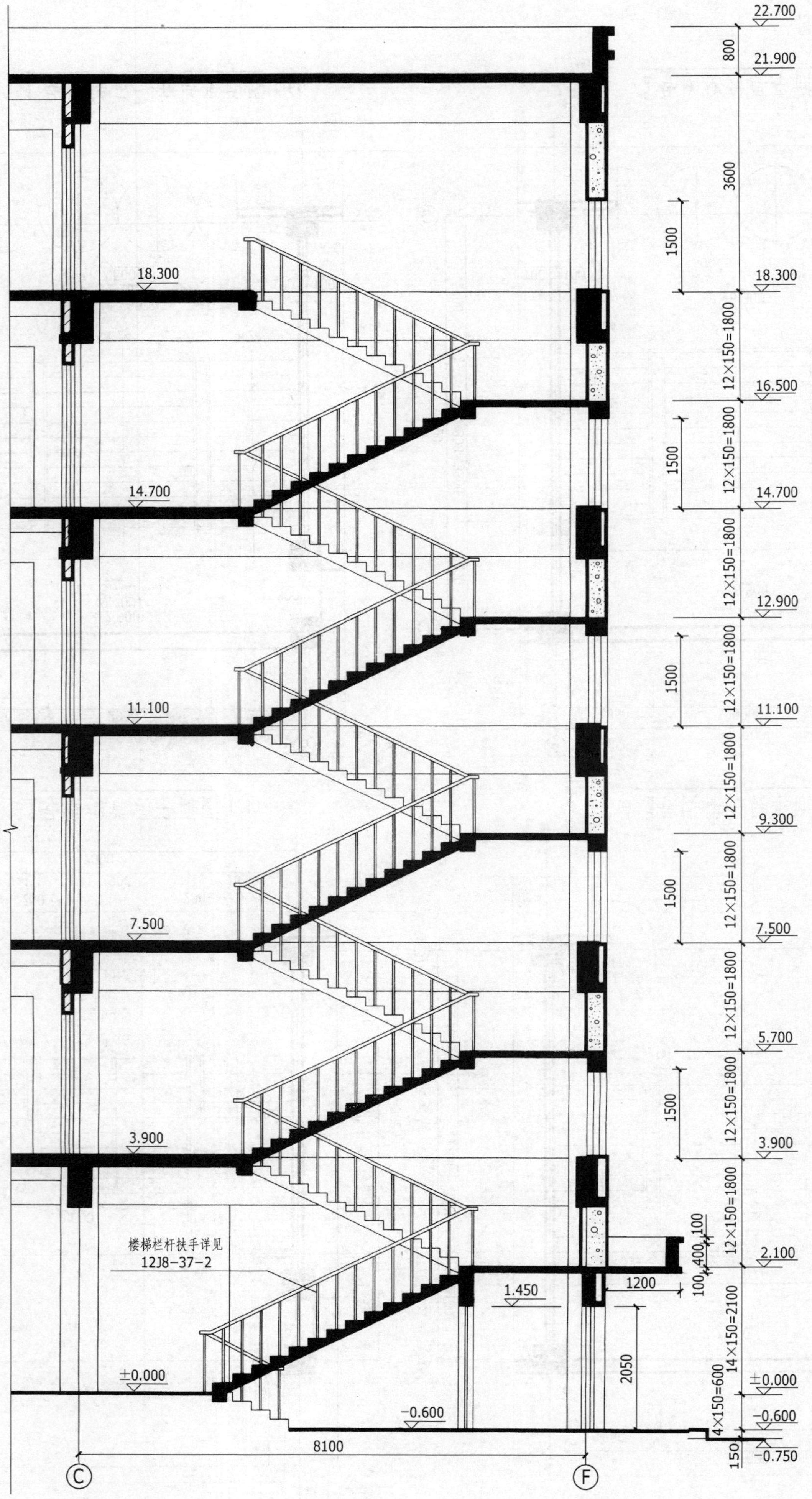

1号楼梯1—1剖面图 1:50

图 2-20

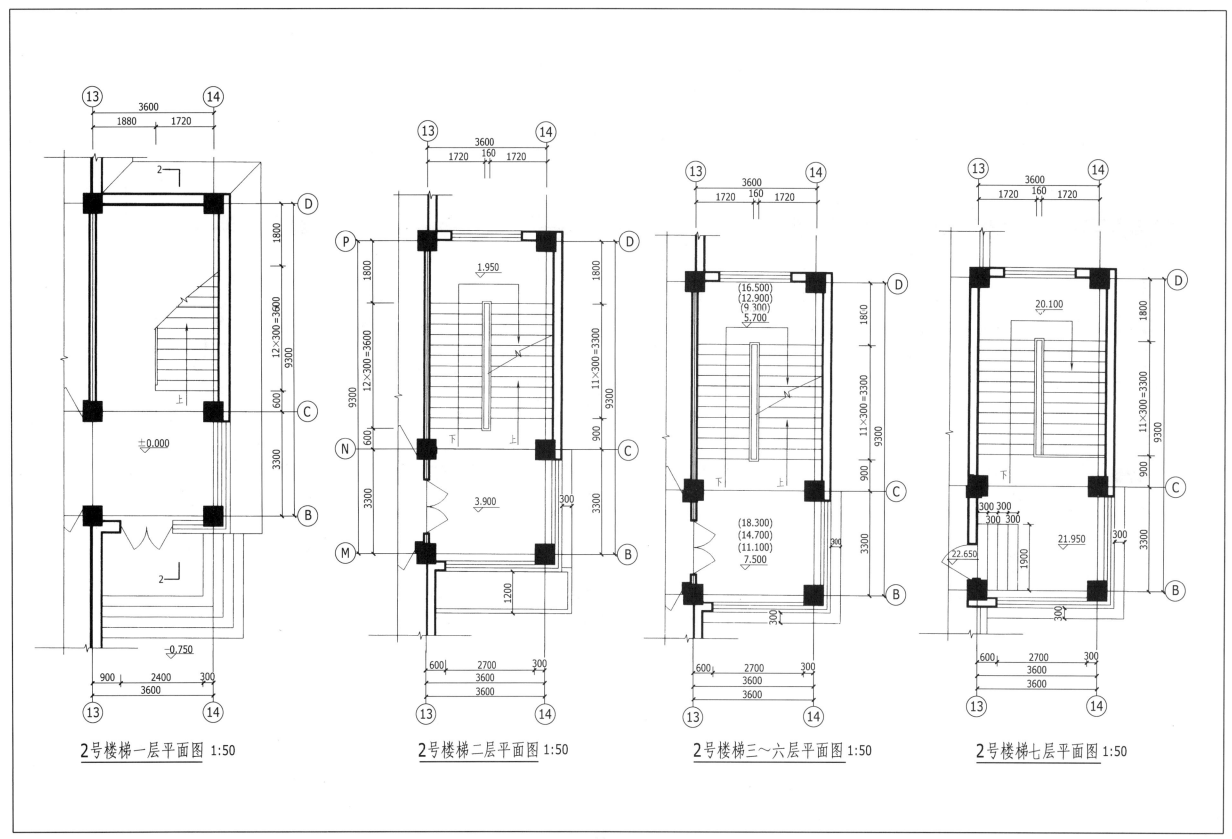

2号楼梯一层平面图 1:50　　　　2号楼梯二层平面图 1:50　　　　2号楼梯三～六层平面图 1:50　　　　2号楼梯七层平面图 1:50

图　2-21

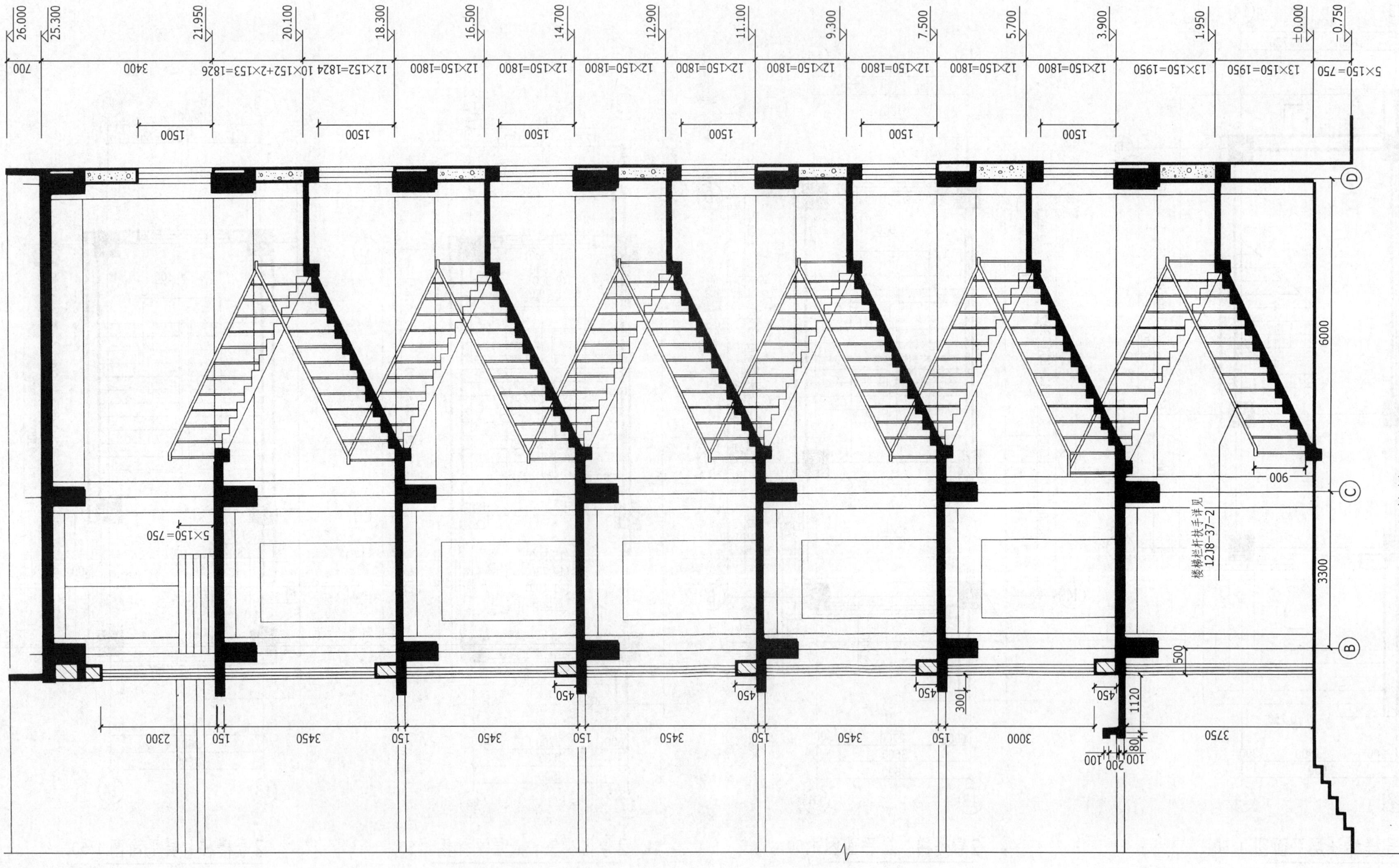

2号楼梯2-2剖面图 1:50

图 2-22

结 构 设 计 篇

第三章 单向板肋形楼盖设计实训

第一节 单向板肋形楼盖设计任务书

一、设计题目

某工业建筑采用现浇钢筋混凝土单向板肋形楼盖，楼盖平面如图 3-1 所示，试设计该楼盖。

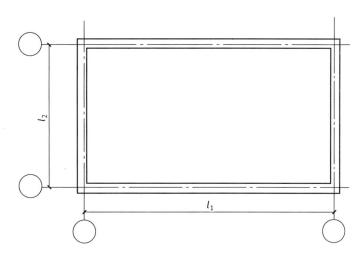

图 3-1 楼盖平面图

二、设计资料

1. 楼面可变荷载标准值

按表 3-1 设计题号对应荷载值选择，中柱断面尺寸为 400mm×400mm。

表 3-1 设计题号对应荷载值

$\frac{l_1}{m} \times \frac{l_2}{m}$ \ 题 号	可变荷载		
	5kN/m²	6kN/m²	7kN/m²
30×18	—	1	2
30×20.7	3	4	5
36×20.7	6	7	—

2. 楼面构造做法

1）20mm 厚水泥砂浆面层，重度 $\gamma = 20kN/m^3$。

2）钢筋混凝土现浇板，重度 $\gamma = 25kN/m^3$。

3）15mm 厚混合砂浆板底抹灰，重度 $\gamma = 17kN/m^3$。

3. 材料选用

1）混凝土：采用 C20（可以调整）（$f_c = 9.6N/mm^2$，$f_t = 1.1N/mm^2$）。

2）钢筋：梁中受力钢筋采用 HRB400 级（$f_y = 360N/mm^2$），其余钢筋一律采用 HRB335 级（$f_y = 300N/mm^2$）（可以调整）。

三、设计内容

1）结构平面布置（柱网布置，主梁、次梁及板的布置）。

2）板的内力计算、配筋计算（按塑性理论计算内力）。

3）次梁的内力计算、配筋计算（按塑性理论计算内力）。

4）主梁的内力计算、配筋计算（按弹性理论计算内力）。

5）绘制结构施工图（图幅比例可以自行掌握）。

① 结构平面布置图（比例 1:100，可以在此图中画出板的配筋图）。

② 次梁配筋图（比例 1:50、1:25）。

③ 主梁配筋图及 M、V 包络图（比例 1:40、1:20）。

④ 钢筋明细表及必要的说明。

四、设计要求

1）计算书要求：书写工整、数字准确、画出必要的计算简图。

2）制图要求：所有图线、图例尺寸和标注方法均应符合国家现行的建筑制图标准，图样上所有汉字和数字均应书写端正、排列整齐、笔画清晰，中文书写为长仿宋字。

第二节 单向板肋形楼盖设计指导书

一、结构平面布置

结构平面布置的主要任务是合理确定柱网和梁格。具体布置时应综合考虑建筑物的使用要求、生产工艺要求和水电设施等要求。择优选定布局合理、规则、经济和方便施工的方案。布置时应注意下列问题：

1）柱网宜布置成正方形或长方形，主梁的支座应设置在窗间墙或壁柱处，避开门窗洞口。主梁边支座墙体可设内壁柱，尺寸可以根据模数自定。

2）单向板跨度为2~4m，次梁跨度为4~6m，主梁跨度为6~8m较为合理，同时主梁跨度宜为板跨的3倍。

3）对于板、次梁、主梁，由于实际上不易得到完全相同的计算跨度，故宜将中间各跨布置成等跨，而两边跨可布置得稍小些，但中跨与边跨跨差不宜超过10%。

二、单向板的设计

1. 板厚

多跨连续板的厚度按不进行挠度验算条件应不小于$l_0/40$，工业建筑现浇单向楼面板厚度应不小于70mm。

2. 选取计算单元

取1m宽板带为计算单元（在计算书中应表示出来）。

3. 计算跨度

按塑性内力重分布理论计算时，板的计算跨度可取

中跨 $l_0 = l_n$

边跨 $l_0 = l_n + （h/2$ 和 $a/2$ 中较小者）

式中 l_0——计算跨度（m）；

l_n——净跨度（m）；

h——板的厚度（mm）；

a——板边支座的搁置长度（mm），当板支承在砖砌体上时 $a \geq 120$mm 且 $a \geq h$。

4. 计算跨数

板跨不超过5跨时，按实际跨数考虑；超过5跨，但各跨荷载相同且跨度相同或相近（跨差不超过10%）时，可按5跨计算。这时除左右端各两跨外，中间各跨的内力均认为相同。

5. 荷载计算

作用于楼盖上的荷载有永久荷载和可变荷载两种。永久荷载包括钢筋混凝土楼板自重、构造层（面层、粉刷层等）重、隔墙和永久性设备重等。可变荷载包括人群和临时性设备等重。

6. 计算简图

详见本章设计实例。

7. 内力计算

计算公式 $M = \alpha_m (g+q) l_0^2$

式中 M——弯矩设计值（kN·m）；

α_m——板按塑性理论计算的弯矩系数，按表3-2选用；

g——均布恒载设计值（kN/m）；

q——均布活载设计值（kN/m）；

l_0——计算跨度（m）。

在计算支座弯矩时，可取支座左右跨度的较大值作为计算跨度。

表3-2 板按塑性理论计算的弯矩系数 α_m

截面位置	边 跨 中	第一内支座	中 跨 中	中间支座
α_m	$\dfrac{1}{11}$	$-\dfrac{1}{14}$	$\dfrac{1}{16}$	$-\dfrac{1}{16}$

8. 配筋计算

根据各跨跨中及支座弯矩可列成表3-3的形式进行计算，计算时应注意以下几个问题：

1）对四周与梁整浇板的跨中及中间支座计算弯矩可减少20%，其他截面则不应减少。

2）为便于施工，在同一板中钢筋直径的种类不宜超过两种，并注意相邻两跨中及支座钢筋间距宜取相同或整数倍。

3）若采用弯起式配筋，同一板带中各截面的受力钢筋宜选用相同的间距和不同的直径，以调整各截面钢筋的需要。

表3-3 板正截面配筋计算表

截 面	边 跨 中	第一内支座	中 跨 中	中间内支座
荷载设计值 $p/(kN/m)$				
计算跨度 l_0/mm				
弯矩系数 α_m				
弯矩 $M/(kN \cdot m)$				
$\alpha_s = M/(\alpha_1 f_c bh_0^2)$				
$\gamma_s = 0.5(1+ \sqrt{1-2\alpha_s})$				
$A_s = M/(f_y \gamma_s h_0)/mm^2$				
选配钢筋				
实配钢筋面积/mm^2				

9. 确定各种构造钢筋

1）分布钢筋。按《混凝土结构设计规范（2015年版）》（GB 50010—2010）第9.1.7条的规定，单向板除沿受力方向布置受力钢筋处，尚应沿垂直受力方向布置分布钢筋，单位宽度上的配筋不宜小于单位宽度上受力钢筋的15%，且配筋率不宜小于0.15%；分布钢筋直径不宜小于6mm，间距不宜大于250mm；当集中荷载较大时，分布钢筋的配筋面积尚应增加，且间距不宜大于20mm。

2）在温度、收缩应力较大的现浇板区域，应在板的表面双向配置防裂构造钢筋。配筋率均不宜小于0.10%，间距不宜大于200mm。防裂构造钢筋可利用原有钢筋贯通布置，也可另行设置钢筋并与原有钢筋按受拉钢筋的要求搭接或在周边构件中锚固。

3）按简支边或非受力边设计的现浇混凝土板，当与混凝土梁、墙整体浇筑或嵌固在砌体墙内时，应设置板面构造钢筋，并符合下列要求：

① 钢筋直径不宜小于8mm，间距不宜大于200mm，且单位宽度内的配筋面积不宜小于跨中相应方向板底钢筋截面面积的1/3。与混凝土梁、混凝土墙整体浇筑单向板的非受力方向，钢筋截面面积尚不宜小于受力方向跨中板底钢筋截面面积的1/3。

② 钢筋从混凝土梁边、柱边、墙边伸入板内的长度不宜小于$l_0/4$，砌体墙支座处钢筋伸入板边的长度不宜小于$l_0/7$，其中计算跨度l_0对单向板按受力方向考虑，对双向板按短边方向考虑。

③ 在楼板角部，宜沿两个方向正交、斜向平行或放射状布置附加钢筋。

④ 钢筋应在梁内、墙内或柱内可靠锚固。

10. 绘制配筋图

详见本章设计实例。

三、次梁的设计

1. 确定截面尺寸

次梁高度 $h=(1/18\sim1/12)l_0$，次梁宽度 $b=(1/3\sim1/2)h$。

2. 荷载范围

确定次梁的荷载范围并在计算书中表示出来。

3. 计算跨度

按塑性内力重分布理论计算时，次梁的计算跨度可取

中跨 $$l_0=l_n$$

边跨 $$l_0=l_n+(0.025l_n \text{ 和 } a/2 \text{ 中较小者})$$

式中 l_0——计算跨度（m）；

　　　l_n——净跨度（m）；

　　　a——次梁边支座的搁置长度（mm）。当次梁支承在砖砌体上时，若梁高 $h\le500mm$ 时，$a\ge180mm$；若梁高 $h>500mm$ 时，$a\ge240mm$。

4. 计算跨数

不超过 5 跨时，按实际跨数考虑；超过 5 跨，但各跨荷载相同且跨度相同或相近（跨差不超过 10%）时，可按 5 跨计算。这时除左右端各两跨外，中间各跨的内力均认为相同。

5. 荷载计算

次梁承受由单向板传来的荷载（永久荷载、可变荷载）及次梁自重（永久荷载）。

6. 计算简图

详见本章设计实例。

7. 内力计算

计算公式 $$M=\alpha_m(g+q)l_0^2$$
$$V=\alpha_v(g+q)l_n$$

式中 M——弯矩设计值（kN·m）；

　　　V——剪力设计值（kN）；

　　　α_m——弯矩系数，按表 3-4 选用；

　　　α_v——剪力系数，按表 3-5 选用；

　　　g——均布恒载设计值（kN/m）；

　　　q——均布活载设计值（kN/m）；

　　　l_0——计算跨度（m）；

　　　l_n——净跨度（m）。

在计算支座弯矩时，可取支座左右跨度的较大值作为计算跨度。

表 3-4　次梁弯矩系数 α_m

截面位置	边跨中	第一内支座	中跨中	中间支座
α_m	$\dfrac{1}{11}$	$-\dfrac{1}{11}$	$\dfrac{1}{16}$	$-\dfrac{1}{16}$

表 3-5　次梁剪力系数 α_v

截面位置	边支座	第一内支座左	第一内支座右	中间支座左	中间支座右
α_v	0.4	0.6	0.5	0.5	0.5

8. 配筋计算

次梁的配筋计算包括正截面承载力和斜截面承载力计算两部分。

1）正截面承载力计算。可列成表 3-6 的形式进行计算。跨中按 T 形截面计算，其翼缘宽度 b'_f 按《混凝土结构设计规范（2015 年版）》（GB 50010—2010）第 6.2.12 条取用。支座截面按矩形截面计算。

表 3-6　次梁正截面配筋计算表

截面位置	边跨中	第一内支座	中跨中	中间支座
计算跨度 l_0/mm				
弯矩系数 α_m				
弯矩 $M/(kN\cdot m)$				
b 或 b'_f/mm				
$\alpha_s=M/(\alpha_1 f_c b h_0^2)$ 或 $\alpha_s=M/(\alpha_1 f_c b'_f h_0^2)$				
$\gamma_s=0.5(1+\sqrt{1-2\alpha_s})$				
$A_s=M/(f_y\gamma_s h_0)/mm^2$				
选配钢筋				
实配钢筋面积/mm^2				

2）斜截面承载力计算。可列成表 3-7 的形式进行计算。实配箍筋取用时应注意箍筋最小直径及最大间距的要求。

表 3-7　次梁斜截面配筋计算表

截面位置	边支座 （支座 A）	第一内支座左侧 （支座 B 左）	第一内支座右侧 （支座 B 右）	中间支座 （支座 C）
净跨 l_n/m				
剪力系数 α_v				
剪力 V/kN				
$0.25\beta_c f_c b h_0$/kN				
$0.7f_t b h_0$/kN				
箍筋肢数、直径				
$A_{sv}=nA_{sv1}/mm^2$				
$s=1.25f_{yv}A_{sv}h_0/(V-0.7f_t b h_0)/mm$				
实配箍筋间距/mm				
箍筋最大间距/mm				

9. 确定受力筋弯起和切断位置

对跨度相差不超过 20%，承受均布荷载的次梁，当 $g/q\le3$ 时，可按图 3-2 布置钢筋。

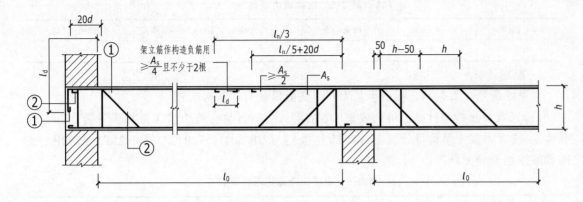

图 3-2 次梁配筋构造图

10. 绘制配筋图

详见本章设计实例。

四、主梁的设计

1. 确定截面尺寸

主梁高度 $h = (1/14 \sim 1/8)l_0$，主梁宽度 $b = (1/3 \sim 1/2)h$。

2. 荷载范围

确定主梁的荷载范围并在计算书中表示出来。

3. 计算跨度

按弹性理论计算时，主梁的计算跨度可取

中跨 $$l_0 = l_n + b$$

边跨 $$l_0 = l_n + b/2 + (0.025l_n \text{ 和 } a/2 \text{ 中较小者})$$

式中 l_0——计算跨度（m）；

l_n——净跨度（m）；

a——主梁边支座的搁置长度（mm），当梁支承在砖砌体上时，若梁高 $h \leqslant 500$mm 时，$a \geqslant 180 \sim 240$mm；若梁高 $h > 500$mm 时，$a \geqslant 370$mm；

b——中间支座宽度（mm）。

4. 计算跨数

按实际跨数考虑。

5. 荷载计算

主梁承受由次梁传来的荷载（集中力）及主梁自重（为了简化计算也折算为集中力）。

6. 计算简图

详见本章设计实例。

7. 内力计算

计算公式 $$M = k_1 Gl_0 + k_2 Ql_0$$
$$V = k_3 G + k_4 Q$$

式中 M——弯矩设计值（kN·m）；

V——剪力设计值（kN）；

k_1、k_2——永久荷载和可变荷载作用下的弯矩系数；

k_3、k_4——永久荷载和可变荷载作用下的剪力系数；

G——永久荷载设计值（kN）；

Q——可变荷载设计值（kN）；

l_0——计算跨度（m）。

在计算支座截面弯矩时，可取支座左右跨度的平均值作为计算跨度。

8. 配筋计算

主梁的配筋计算包括正截面承载力计算和斜截面承载力计算两部分，其计算方法与次梁相同。

9. 主、次梁相交处附加横向钢筋的计算

在次梁上与主梁相交处，负弯矩会使次梁顶部受拉区出现裂缝，故而次梁仅靠未裂的下部截面（高度约为宽度 b）将集中力传给主梁，这将使主梁中下部产生约为 45°的斜裂缝而发生局部破坏。所以，必须在主梁上的次梁截面两侧设置附加横向钢筋。位于主梁下部或梁截面高度范围内的集中荷载，应全部由附加横向钢筋承担，附加横向钢筋宜采用箍筋。箍筋应布置在长度 $s = 3b + 2h_1$ 的范围内，b 为次梁宽度，h_1 为主次梁的底面高差。当采用吊筋时，弯起段应伸至梁的上边缘且末端水平段长度不应小于《混凝土结构设计规范（2015 年版）》（GB 50010—2010）第 9.2.7 条的规定。

附加横向钢筋所需的总截面面积应符合下列规定：

$$A_{SV} \geqslant \frac{F}{f_{yv} \sin \alpha}$$

式中 F——次梁传给主梁的集中荷载设计值（N）；

A_{SV}——每道附加箍筋的截面面积，$A_{SV} = nA_{SV1}$，n 为每道箍筋的肢数，A_{SV1} 为单肢箍筋的截面面积（mm²）；

f_{yv}——附加箍筋的抗拉强度设计值（N/mm²）；

α——附加吊筋与梁纵轴线的夹角，一般为 45°，梁高大于 800mm 时为 60°。

10. 绘制主梁的弯矩与剪力包络图

将各种最不利荷载作用下的弯矩图或剪力图以同一比例绘在同一基线上，取其外包线就得到弯矩包络图或剪力包络图。弯矩包络图与剪力包络图表示梁的各截面有可能产生的最大及最小弯矩与剪力值。

（1）弯矩包络图的绘制方法与步骤 根据最不利荷载布置，分别求出各跨左、右支座的弯矩值，以两支座间的连线为基线，绘出该跨在相应荷载（恒载或恒载加活载）作用下的简支梁弯矩图，取各种情况下弯矩图的外包线即得弯矩包络图。

（2）剪力包络图的绘制方法与步骤 根据最不利荷载布置，分别求出各跨左、右支座的最大剪力值（取绝对值），用同一比例绘在支座上，同时绘出相应荷载作用下的跨中剪力图，取各跨两个剪力图（左支座最大，右支座最小）的外包线，即得剪力包络图。

11. 绘制材料图、确定纵筋弯起和截断位置

1) 根据正截面承载力计算实际选配的钢筋截面面积，可算出跨中及支座截面的最大抵抗弯矩值，用绘制包络图的同一比例将抵抗弯矩值标在包络图的纵坐标上，再按每根钢筋截面面积的比例，把每根纵筋承担的弯矩值分段标在纵坐标轴上。

2) 过各分段点做水平线与弯矩包络图相交，即得每根钢筋的"充分利用点"和"理论

断点"。

3）根据材料图形必须包住弯矩图形的原则，确定每根钢筋的弯起和截断位置。在钢筋截面相同的区段，材料图形是平行线。钢筋弯起后，材料图形是斜折线。钢筋切断时，材料图形是阶梯形。

4）钢筋的截断和弯起应符合下列要求：

① 弯起钢筋应在充分利用截面以外距离充分利用点为 $s \geqslant h_0/2$ 的截面弯起。

② 截断钢筋应在"理论断点"所在的截面伸出一定的长度后再截断，该伸出长度应符合《混凝土结构设计规范（2015 年版）》（GB 50010—2010）第 9.2.8 条的有关规定。

5）根据构造要求确定纵向受力钢筋伸入支座的锚固长度。锚固长度应符合《混凝土结构设计规范（2015 年版）》（GB 50010—2010）的有关规定。

6）根据计算结果和构造要求绘制主梁配筋图（详见本章设计实例）。

五、参考资料

1. 规范

《混凝土结构设计规范（2015 年版）》（GB 50010—2010）

《建筑结构荷载规范》（GB 50009—2012）

《建筑抗震设计规范》（GB 50011—2010）

2. 手册

《建筑结构计算手册》

《简明混凝土结构设计手册》

3. 参考书

《建筑结构》

第三节　单向板肋形楼盖设计实例

设计本章第一节任务书中的题目：$l_1 = 30m$，$l_2 = 20.7m$。结构平面布置图如图 3-3 所示。

一、单向板的设计

1. 板厚及主、次梁截面尺寸

多跨连续板的厚度按不进行挠度验算条件应不小于 $l_0/40$，同时对于现浇工业建筑单向楼面板厚度应不小于 70mm。

$l_0/40 = (2300/40)mm = 57.5mm$，取板厚 $h = 80mm$。

次梁的截面高度 $h = (1/18 \sim 1/12)l_0 = (1/18 \sim 1/12) \times 6000mm = 333 \sim 500mm$，考虑本例楼面荷载较大，故取 $h = 450mm$。

次梁的截面宽度 $b = (1/3 \sim 1/2)h = (1/3 \sim 1/2) \times 450mm = 150 \sim 225mm$，取 $b = 200mm$。

主梁的截面高度 $h = (1/14 \sim 1/8)l_0 = (1/14 \sim 1/8) \times 6900mm = 493 \sim 863mm$，取 $h = 650mm$。

主梁的截面宽度 $b = (1/3 \sim 1/2)h = (1/3 \sim 1/2) \times 650mm = 217 \sim 325mm$，取 $b = 250mm$。

2. 选取计算单元

取 1m 宽板带为计算单元。

3. 计算跨度

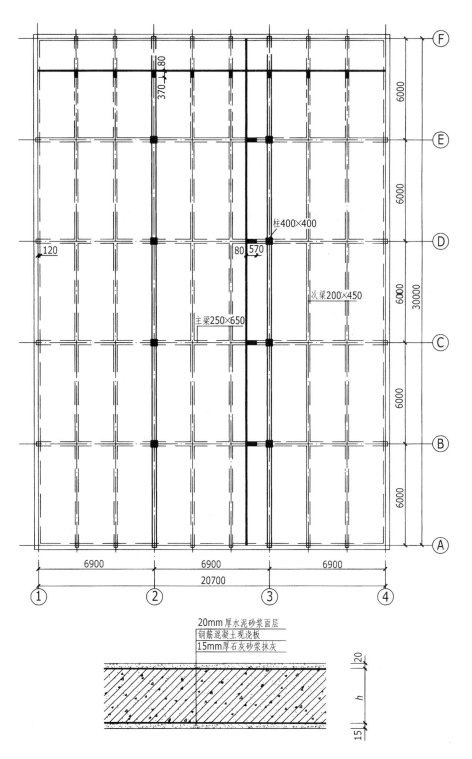

图 3-3　结构平面布置图

按塑性内力重分布理论计算时，板的计算跨度可取

中跨 $l_0 = l_n = (2300 - 200)mm = 2100mm$。

边跨 $l_0 = l_n + (h/2$ 和 $a/2$ 中较小者):

$l_n + h/2 = (2300 - 120 - 200/2 + 80/2)\,mm = 2120\,mm$，

$l_n + a/2 = (2300 - 120 - 200/2 + 120/2)\,mm = 2140\,mm$，

取 $l_0 = 2120\,mm$。

边跨与中跨的计算跨度相差 $(2120 - 2100)/2100 = 0.95\% < 10\%$，故可按等跨连续板计算板的内力。

4. 计算跨数

板的实际跨数为 9 跨，可简化为 5 跨连续板计算。

5. 荷载计算

（1）20mm 厚水泥砂浆面层 $0.02 \times 20\,kN/m^2 = 0.40\,kN/m^2$

（2）80mm 钢筋混凝土现浇板 $0.08 \times 25\,kN/m^2 = 2.00\,kN/m^2$

（3）15mm 厚石灰砂浆抹灰 $0.015 \times 17\,kN/m^2 = 0.26\,kN/m^2$

永久荷载标准值 $g_k = 2.66\,kN/m^2$

可变荷载标准值 $q_k = 6.00\,kN/m^2$

荷载设计值 $p = (1.2 \times 2.66 + 1.3 \times 6)\,kN/m^2 = 10.99\,kN/m^2$

恒载分项系数为 1.2，活载分项系数为 1.4，本例中因活载标准值大于 $4\,kN/m^2$，所以活载分项系数取 1.3。

6. 计算简图

计算简图如图 3-4 所示。

7. 内力及配筋计算

取 $b = 1000\,mm$，C20 混凝土在室内正常环境下保护层厚度为 20mm，$h_0 = (80 - 25)\,mm = 55\,mm$。板的内力及配筋计算列于表 3-8 中。

表 3-8 板的内力及配筋计算

截面	边跨中	第一内支座	中跨中	中间内支座
荷载设计值 $p = g + q/(kN/m^2)$	10.99	10.99	10.99	10.99
计算跨度 l_0/m	2.100	2.100	2.100	2.100
弯矩系数 α_m	$\dfrac{1}{11}$	$-\dfrac{1}{14}$	$\dfrac{1}{16}$	$-\dfrac{1}{16}$
弯矩 $M = \alpha_m(g+q)l_0^2/(kN \cdot m)$	4.41	-3.46	3.03	-3.03
$\alpha_s = M/(\alpha_1 f_c b h_0^2)$	0.152	0.119	0.104	0.104
$\gamma_s = 0.5(1 + \sqrt{1 - 2\alpha_s})$	0.917	0.936	0.945	0.945
$A_s = M/(f_y \gamma_s h_0)/mm^2$	291	224	194	194
选配钢筋	Φ8@150	Φ8@150	Φ8@150	Φ8@150
实配钢筋面积 $/mm^2$	335	335	335	335

注：计算时也可将四周与梁整浇板的跨中弯矩及中间支座弯矩减少 20% 计算。

8. 确定各种构造钢筋

根据指导书的要求配置各种构造钢筋如图 3-5 所示。

9. 绘制配筋图（图 3-5）。

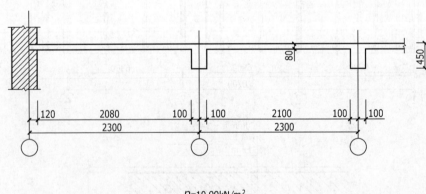

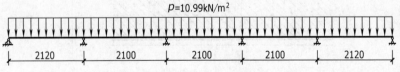

图 3-4 单向板计算简图

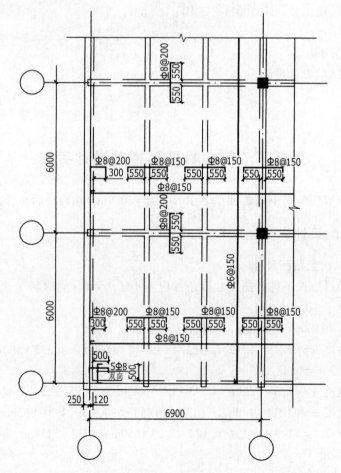

图 3-5 单向板的配筋图

二、次梁的设计

1. 次梁截面尺寸

$b \times h = 200\text{mm} \times 450\text{mm}$。

2. 确定次梁的负荷范围

为一个板跨宽。

3. 计算跨度

取次梁在砖墙上的支承长度 $a = 240\text{mm}$，则次梁的计算跨度为

中跨 $l_0 = l_n = (6000-250)\text{mm} = 5750\text{mm}$。

边跨 $l_0 = l_n + (0.025l_n$ 和 $a/2$ 中较小者)：

$l_0 = 1.025l_n = 1.025 \times (6000-240-125)\text{mm} = 5776\text{mm}$，

$l_0 = l_n + a/2 = (6000-240-125+240/2)\text{mm} = 5755\text{mm}$，

取 $l_0 = 5755\text{mm}$。

跨度差 $\dfrac{5755-5750}{5750} = 0.09\% < 10\%$，可按等跨连续梁计算。

4. 计算跨数

取实际跨数 5 跨。

次梁截面尺寸、支承情况如图 3-6 所示。

5. 荷载计算

（1）由板传来的恒载	$2.66 \times 2.3\text{kN/m} = 6.12\text{kN/m}$
（2）次梁自重	$0.2 \times (0.45-0.08) \times 25\text{kN/m} = 1.85\text{kN/m}$
（3）次梁梁侧抹灰	$(0.45-0.08) \times 2 \times 0.015 \times 17\text{kN/m} = 0.19\text{kN/m}$

永久荷载标准值 $g_k = 8.16\text{kN/m}$

可变荷载标准值 $q_k = 6.0 \times 2.3\text{kN/m} = 13.8\text{kN/m}$

荷载设计值 $p = 1.2 \times 8.16 + 1.3 \times 13.8\text{kN/m} = 27.73\text{kN/m}$

6. 计算简图

计算简图如图 3-6 所示。

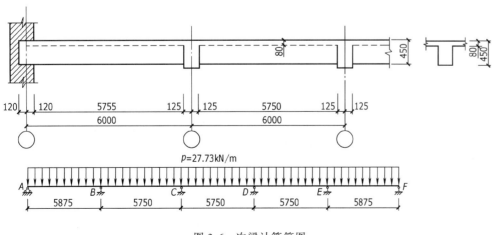

图 3-6　次梁计算简图

7. 内力及配筋计算

C20 混凝土在室内正常环境下保护层厚度为 30mm，$h_0 = (450-40)\text{mm} = 410\text{mm}$。

（1）正截面承载力计算　次梁跨中按 T 形截面进行正截面承载力计算其翼缘宽度 b'_f 取下面二者中的较小者：

$b'_f = l_0/3 = (5.75/3)\text{m} = 1.92\text{m}$，

$b'_f = b + s_n = (0.2+2.1)\text{m} = 2.3\text{m}$，

取 $b'_f = 1.92\text{m}$。

判别各跨跨中 T 形截面类型：$h_0 = 410\text{mm}$，

则 $\alpha_1 f_c b'_f h'_f (h_0 - h'_f/2) = 1 \times 9.6 \times 1920 \times 80 \times (410-80/2)\text{kN·m} = 545.59\text{kN·m} > M_{max} = 83.49\text{kN·m}$。

故各跨跨中截面均属于第一类 T 形截面。

次梁的正截面内力及配筋计算列于表 3-9 中。

表 3-9　次梁正截面内力及配筋计算

截面位置	边跨中	第一内支座	中跨中	中间支座
计算跨度 l_0/m	5.755	5.755	5.75	5.75
弯矩系数 α_m	1/11	-1/11	1/16	-1/16
荷载设计值 $p=g+q$/(kN/m)	27.73	27.73	27.73	27.73
弯矩 $M = \alpha_m(g+q)l_0^2$/(kN·m)	83.49	-83.49	57.30	-57.30
b 或 b'_f/mm	1920	200	1920	200
$\alpha_s = M/(\alpha_1 f_c bh_0^2)$ 或 $\alpha_s = M/(\alpha_1 f_c b'_f h_0^2)$	0.027	0.259	0.018	0.177
$\gamma_s = 0.5(1+\sqrt{1-2\alpha_s})$	0.986	0.847	0.991	0.902
$A_s = M/(f_y \gamma_s h_0)$/mm^2	573	668	392	430
选配钢筋	3Φ18	3Φ20	3Φ16	3Φ16
实配钢筋面积/mm^2	763	942	603	603

（2）斜截面承载力计算　次梁斜截面内力及配筋计算列于表 3-10 中。

表 3-10　次梁斜截面内力及配筋计算

截面位置	边支座（支座 A）	第一内支座左侧（支座 B 左）	第一内支座右侧（支座 B 右）	中间支座（支座 C）
净跨 l_n/m	5.755	5.755	5.750	5.750
剪力系数 α_v	0.4	0.6	0.5	0.5
剪力 $V = \alpha_v(g+q)l_n$/kN	63.83	95.75	79.72	79.72
$0.25\beta_c f_c bh_0$/kN	196.8>V，截面尺寸满足要求			
$0.7f_t bh_0$/kN	63.14>V，按构造配箍	63.14<V，按计算配置箍筋		
箍筋肢数、直径	双肢Φ6			
$A_{sv} = nA_{sv1}$/mm^2	2×28.3=56.6			
$s = 1.25f_{yv}A_{sv}h_0/(V-0.7f_t bh_0)$/mm	12612	284	524	524
实配箍筋间距/mm	200	200	200	200
箍筋最大间距/mm	300	200	200	200

8. 次梁配筋图

次梁配筋图如图3-7所示。

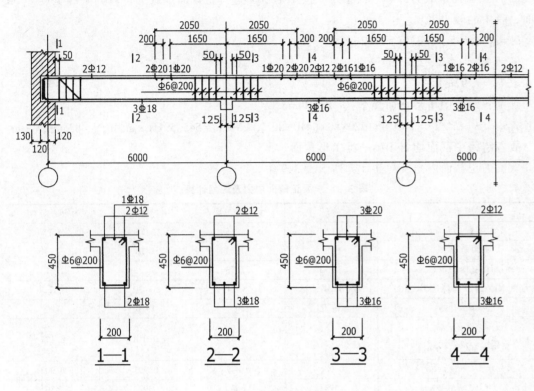

图 3-7　次梁配筋图

三、主梁的设计

1. 主梁截面尺寸

$b \times h = 250\text{mm} \times 650\text{mm}$。

2. 负荷范围

确定主梁的负荷范围并在计算书中表示出来。

3. 计算跨度

取次梁在砖墙上的支承长度 $a = 360\text{mm}$，则主梁的计算跨度为

中跨 $l_0 = l_n + b = 6900\text{mm}$，

边跨 $l_0 = l_n + b/2 + (0.025l_n$ 和 $a/2$ 中较小者)：

$l_0 = 1.025l_n + b/2 = [1.025 \times (6900 - 120 - 200) + 400/2]\text{mm} = 6945\text{mm}$，

$l_0 = l_n + b/2 + a/2 = [(6900 - 120 - 200) + 200 + 360/2]\text{mm} = 6960\text{mm}$，

取 $l_0 = 6945\text{mm}$。

跨度差 $\dfrac{6945 - 6900}{6900} = 0.66\% < 10\%$，可按等跨连续梁计算。

4. 计算跨数

取实际跨数 3 跨。

主梁截面尺寸、支撑情况如图3-8所示。

5. 荷载计算

主梁承受由次梁传来的荷载（集中力）及主梁自重（为了简化计算也折算为集中力）。

（1）由次梁传来的恒载　　　　　　　　　$8.16 \times 6\text{kN} = 48.96\text{kN}$

（2）主梁自重　　　　$0.25 \times (0.65 - 0.08) \times 25 \times 2.3\text{kN} = 8.19\text{kN}$

（3）梁侧抹灰　　$(0.65 - 0.08) \times 2 \times 0.015 \times 17 \times 2.3\text{kN} = 0.67\text{kN}$

恒载标准值　　　　　　　　　　　　　　　　$G_k = 57.22\text{kN}$

活载标准值　　　　　　　　　　　　$P_k = 6 \times 13.8\text{kN} = 82.80\text{kN}$

恒载设计值　　　　　　　　　　$G = 1.2 \times 57.82\text{kN} = 69.38\text{kN}$

活载设计值　　　　　　　　　　$P = 1.3 \times 82.80\text{kN} = 107.64\text{kN}$

　　　　　　　　　　　$G + P = (69.38 + 107.64)\text{kN} = 177.02\text{kN}$

6. 计算简图

计算简图如图3-8所示。

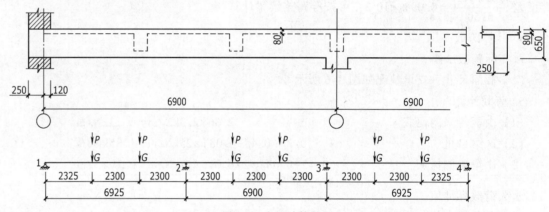

图 3-8　主梁计算简图

7. 内力计算

主梁弯矩、剪力计算分别见表3-11和表3-12。

计算公式　　　　　　　　　　$M = k_1 Gl_0 + k_2 Ql_0$

　　　　　　　　　　　　　　$V = k_3 G + k_4 Q$

式中　M——弯矩设计值（kN·m）；

　　　V——剪力设计值（kN）；

　k_1、k_2——永久荷载和可变荷载作用下的弯矩系数（见附录）；

　k_3、k_4——永久荷载和可变荷载作用下的剪力系数（见附录）；

边跨　　　　　$Gl_0 = 69.38 \times 6.945\text{kN·m} = 481.84\text{kN·m}$

　　　　　　　$Pl_0 = 107.64 \times 6.945\text{kN·m} = 747.56\text{kN·m}$

中跨　　　　　$Gl_0 = 69.38 \times 6.900\text{kN·m} = 478.72\text{kN·m}$

　　　　　　　$Pl_0 = 107.64 \times 6.900\text{kN·m} = 742.72\text{kN·m}$

支座 B：（计算支座弯矩时，计算跨度应取相邻两跨跨度的平均值）

　　　　　$Gl_0 = 69.38 \times (6.945 + 6.9)/2\text{kN·m} = 480.28\text{kN·m}$

　　　　　$Pl_0 = 107.64 \times (6.945 + 6.9)/2\text{kN·m} = 745.14\text{kN·m}$

表 3-11　主梁弯矩计算

项次	荷 载 简 图	$\dfrac{k}{M_1}$	$\dfrac{k}{M_B}\left(\dfrac{k}{M_C}\right)$	$\dfrac{k}{M_2}$
(1)		$\dfrac{0.244}{117.57}$	$\dfrac{-0.267}{-128.23}$	$\dfrac{0.067}{32.07}$
(2)		$\dfrac{0.289}{216.04}$	$\dfrac{-0.133}{-99.10}$	$\dfrac{-0.133}{-99.10}$
(3)		$\dfrac{-0.044}{-32.89}$	$\dfrac{-0.133}{-99.10}$	$\dfrac{0.200}{148.54}$
(4)		$\dfrac{0.229}{171.19}$	$\dfrac{-0.311}{-231.74}\left(\dfrac{-0.089}{-66.32}\right)$	$\dfrac{0.170}{126.26}$
(5)		$\dfrac{0.170}{126.26}$	$\dfrac{-0.089}{-66.32}\left(\dfrac{-0.311}{-231.74}\right)$	$\dfrac{0.229}{171.19}$
最不利组合	$M_{\min}$ 组合项次	(1)+(3)	(1)+(4)	(1)+(2)
	$M_{\min}$ 组合值/kN·m	84.68	-359.97	-67.03
	$M_{\max}$ 组合项次	(1)+(2)	(1)+(5)	(1)+(3)
	$M_{\max}$ 组合值/kN·m	333.61	-194.55	180.61

（续）

项次	荷 载 简 图	$\dfrac{k}{V_A}$	$\dfrac{k}{V_{B左}}\left(\dfrac{k}{V_{C右}}\right)$	$\dfrac{k}{V_{B右}}\left(\dfrac{k}{V_{C左}}\right)$
最不利组合	$V_{\min}$ 组合项次	(1)+(3)	(1)+(4)	(1)+(2)
	$V_{\min}$ 组合值/kN	36.54	-229.02	69.38
	$V_{\max}$ 组合项次	(1)+(2)	(1)+(5)	(1)+(4)
	$V_{\max}$ 组合值/kN	144.08	-97.48	200.92

主梁内力包络图如图 3-9 所示。

表 3-12　主梁剪力计算

项次	荷 载 简 图	$\dfrac{k}{V_A}$	$\dfrac{k}{V_{B左}}\left(\dfrac{k}{V_{C右}}\right)$	$\dfrac{k}{V_{B右}}\left(\dfrac{k}{V_{C左}}\right)$
(1)		$\dfrac{0.733}{50.86}$	$\dfrac{-1.267}{-87.90}$	$\dfrac{1.000}{69.38}$
(2)		$\dfrac{0.866}{93.22}$	$\dfrac{-1.134}{-122.06}$	$\dfrac{0}{0}$
(3)		$\dfrac{-0.133}{-14.32}$	$\dfrac{-0.133}{-14.32}$	$\dfrac{1.000}{107.64}$
(4)		$\dfrac{0.689}{74.16}$	$\dfrac{-1.311}{-141.12}$	$\dfrac{1.222}{131.54}$
(5)		$\dfrac{-0.089}{-9.58}$	$\dfrac{-0.089}{-9.58}$	$\dfrac{0.778}{83.74}$

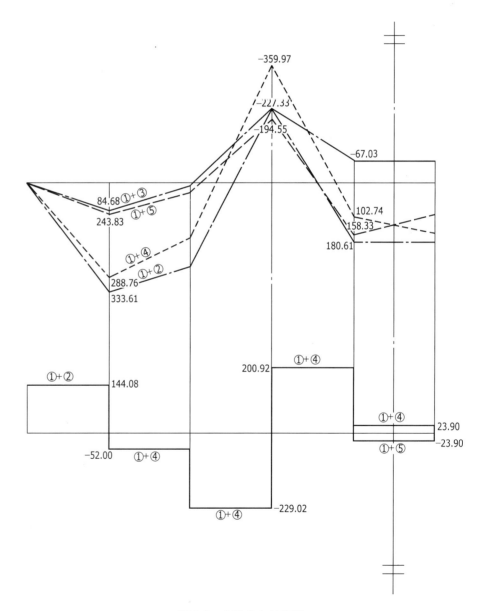

图 3-9　主梁内力包络图

53

8. 配筋计算

C20 混凝土在室内正常环境下保护层厚度为 30mm，$h_0 = (650-40)\text{mm} = 610\text{mm}$。

（1）正截面配筋计算　主梁跨中按 T 形截面进行正截面承载力计算，其翼缘宽度 b'_f 取下面二者中的较小者：

$b'_f = l_0/3 = 6.90/3\text{m} = 2.30\text{m}$，

$b'_f = b+s_n = (0.25+5.75)\text{m} = 6.00\text{m}$，

取 $b'_f = 2.30\text{m}$。

判别各跨跨中 T 形截面类型：$h_0 = 610\text{mm}$，则 $\alpha_1 f_c b'_f h'_f (h_0 - h'_f/2) = 1.0 \times 9.6 \times 2.30 \times 0.08 \times (0.61 - 0.08/2)\text{kN} \cdot \text{m} = 1006.8\text{kN} \cdot \text{m} > M_{max} = 332.65\text{kN} \cdot \text{m}$。

故各跨跨中截面均属于第一类 T 形截面。

主梁正截面配筋计算列于表 3-13 中。

表 3-13　主梁正截面配筋计算

截面位置	边跨中	中间支座	中跨中
弯矩 $M/(\text{kN} \cdot \text{m})$	333.61	-359.97	-67.03 180.61
$V_0 \dfrac{b}{2}/(\text{kN} \cdot \text{m})$	—	$200.92 \times \dfrac{0.4}{2} = 40.18$	—
$M - V_0 \dfrac{b}{2}/(\text{kN} \cdot \text{m})$	333.61	-319.79	-67.03 180.61
$\alpha_s = M/(\alpha_1 f_c b h_0^2)$ 或 $\alpha_s = M/(\alpha_1 f_c b'_f h_0^2)$	0.040	0.358	0.008 0.022
$\gamma_s = 0.5(1+\sqrt{1-2\alpha_s})$	0.980	0.766	0.996 0.989
$A_s = M/f_y \gamma_s h_0/\text{mm}^2$	1550	1901	306 831
选配钢筋	3Φ25（直） +1Φ25（弯）	6Φ22（直）	2Φ22（直） 2Φ22（直） +1Φ22（弯）
实配钢筋面/mm^2	1964	2281	760 1140

（2）斜截面配筋计算　主梁斜截面配筋计算列于表 3-14 中。

表 3-14　主梁斜截面配筋计算

截面位置	边支座 （支座 A）	中间支座左侧 （支座 B 左）	中间支座右侧 （支座 B 右）
剪力 V/kN	144.08	-229.02	200.92
$0.25\beta_c f_c b h_0/\text{kN}$	366>V，截面尺寸满足要求		
$0.7f_t b h_0/\text{kN}$	117<V，按计算配置箍筋		
箍筋肢数、直径	双肢Φ8		
$A_{sv} = nA_{sv1}/\text{mm}^2$	$2 \times 50.3 = 100.6$		
箍筋间距 s/mm	200	200	200
$V_{cs} = 0.7f_t b h_0 + 1.25f_{yv} A_{sv} h_0/S/\text{kN}$	232.06	232.06	232.06
$A_{sb} = (V - V_{cs})/0.8f_y \sin\alpha_s/\text{mm}^2$	—	—	—
选用弯起钢筋	—	1Φ25	1Φ22
实配选用弯起钢筋面积/mm^2		491	380

注：本例在支座处设置了弯起筋，是为了让学生了解实际工程中弯起钢筋的布置方式。

9. 次梁支座处附加箍筋计算

由次梁传来的全部集中荷载为

$$G+P = (48.96 \times 1.2 + 82.80 \times 1.3)\text{kN} = 166.39\text{kN}$$

配置附加箍筋范围为　$3b+2h_1 = (3 \times 200 + 2 \times 200)\text{mm} = 1000\text{mm}$

$$A_{sv} = (G+P)/f_{yv} = (166.39 \times 10^3/300)\text{mm}^2 = 554.63\text{mm}^2$$

在次梁两侧各附加 4 道双肢Φ8 箍筋

$$A_{sv} = 4 \times 2 \times 50.3 \times 2\text{mm}^2 = 804.8\text{mm}^2 > 554.63\text{mm}^2$$

10. 主梁配筋图

主梁配筋图如图 3-10 所示。

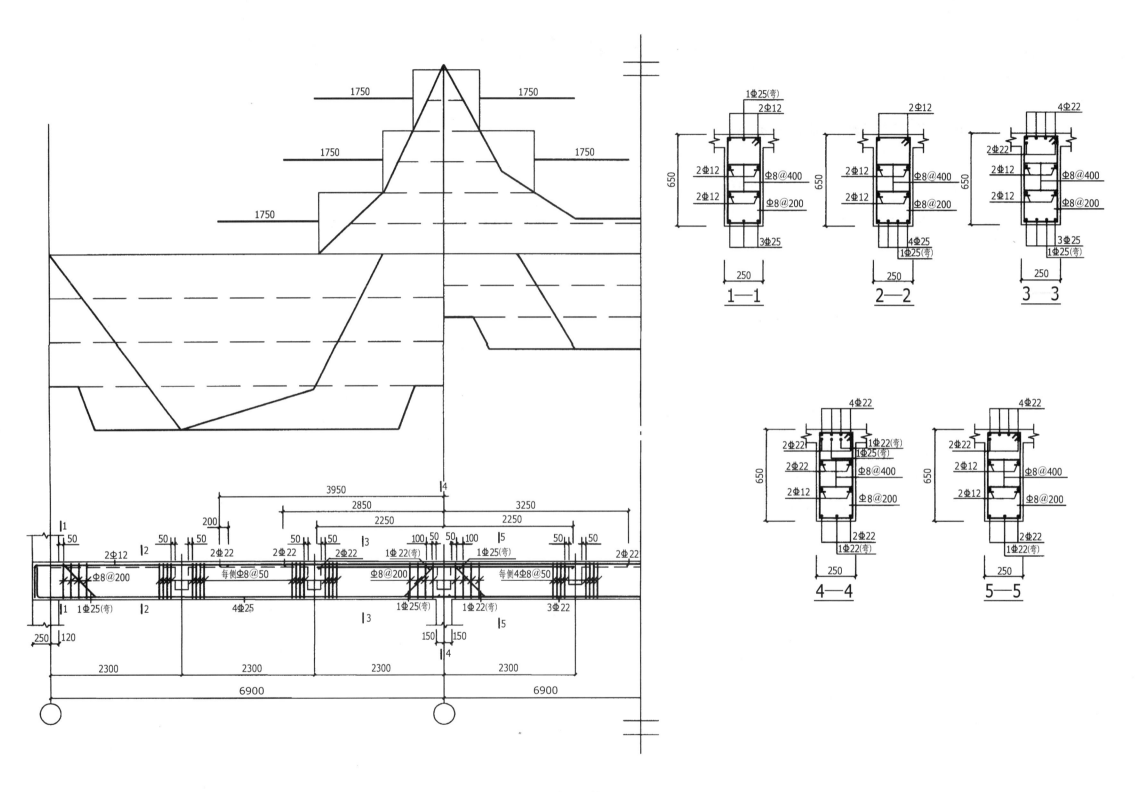

图 3-10 主梁配筋图

第四章 砖混结构设计实训

第一节 砖混结构设计任务书

一、设计题目

某单位门诊楼。该门诊楼建筑面积为 969m²，三层。平、剖面如图 4-1、图 4-2、图 4-3 所示。

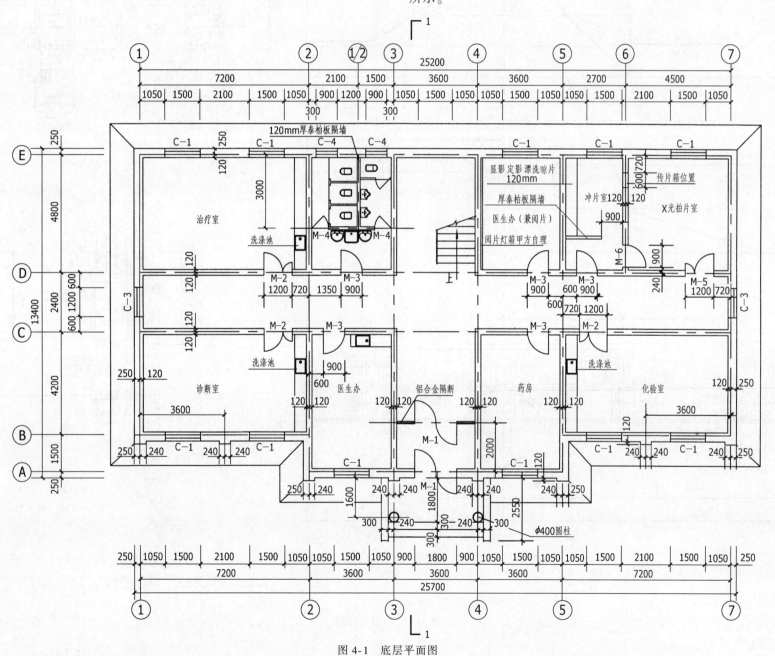

图 4-1 底层平面图

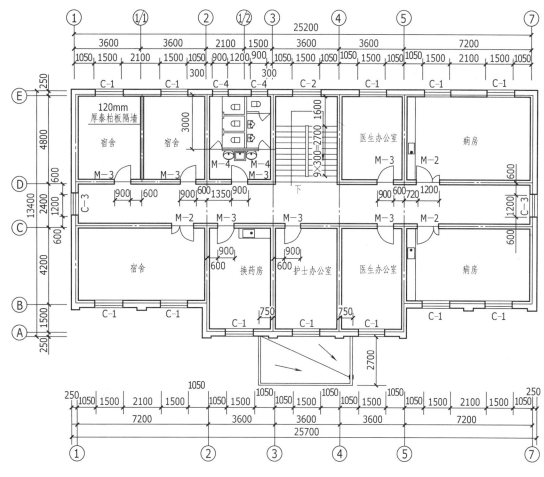

图 4-2 二层平面图

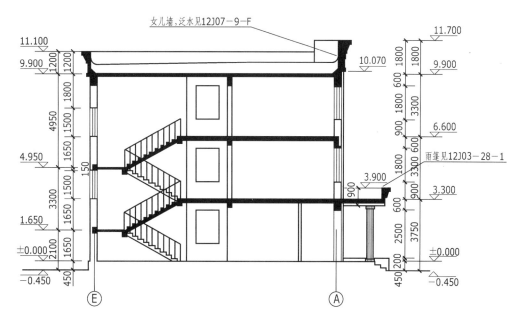

图 4-3 1-1 剖面图

二、设计资料

1. 水文地质条件

该建筑物所在场地地面平坦，土层概况如图 4-4 所示。上层为 0.5m 厚耕土，其下持力层为黏性土。根据试验结果，该土层孔隙比平均值 $e = 0.85$，液性指数平均值 $I_L = 0.75$，建筑物所在场地类别为 Ⅱ 类。在该场地勘测深度内，均属于第四系地层，地基土不具有湿陷性，不考虑地基土液化问题。地基土承载力特征值如下：

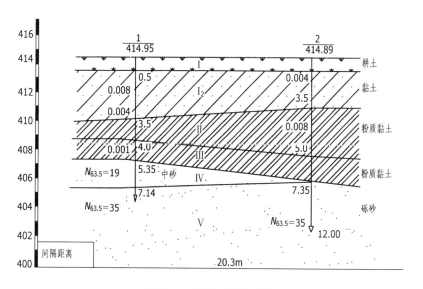

图 4-4 工程地质剖面图

Ⅰ. $f_{ak} = 180 kN/m^2$ Ⅱ. $f_{ak} = 200 kN/m^2$

Ⅲ. $f_{ak} = 220 kN/m^2$ Ⅳ. $f_{ak} = 230 kN/m^2$

地下水：根据钻孔实测结果，最高地下水位在 $-8m$，对水质进行取样分析表明，水对混凝土无侵蚀作用。冰冻线为 $-1.0m$。

2. 气象条件

该工程位于某市市郊，地区主导风向为西北风，基本风压 $W_0 = 0.5 kN/m^2$；基本雪压 $S_0 = 0.4 kN/m^2$。

3. 抗震设防要求

抗震设防烈度为八度，设计基本地震加速度为 $0.2g$，设计地震分组为第二组，丙类建筑。

4. 其他条件

该工程所需各种材料及预制构件均可保证供应，水电供应有保证，且有较强的施工技术力量及各种施工机械。

5. 建筑作法及材料

（1）楼面　门厅、走廊、楼梯均采用水磨石，卫生间采用防滑地砖。其他房间面层均为水磨石，下设 50mm 厚陶粒混凝土垫层。

（2）墙面　内墙面采用 20mm 厚混合砂浆抹灰，涂 815 白色涂料两度，踢脚 120mm 高；

卫生间采用磁砖贴面；外墙面采用 20mm 厚水泥砂浆外贴面砖。勒脚外贴仿石面料。

（3）顶棚　除卫生间外均为批两遍腻子，涂 815 白色涂料两度。

（4）门窗　内门为木质，外门为铝合金，窗为塑钢窗。

（5）屋面　（自上而下）SBS 防水层两道，30mm 厚细石混凝土找平层，200mm 厚水泥珍珠岩制品保温，上铺憎水珍珠岩砂浆找坡 2%，刷乳化沥青一道，现浇钢筋混凝土板，刮两遍腻子，涂 815 白色涂料两度。

（6）墙体　采用多孔砖砌筑。

三、设计内容

1）结构方案选择。

2）确定静力计算方案。

3）墙体稳定性计算。

4）墙体承载力计算。

5）基础设计。

6）抗震验算。

7）楼梯计算。

8）绘制结构施工图。

四、设计要求

1. 计算书要求

书写工整、数字准确、画出必要的计算简图。

2. 制图要求

所有图线、图例尺寸和标注方法均应符合国家最新建筑制图标准，图纸上所有汉字和数字均应书写端正、排列整齐、笔画清晰，中文书写为长仿宋字。

第二节　砖混结构设计指导书

一、确定静力计算方案

主要从楼盖的类别、横墙间距以及横墙刚度考虑。

1. 结构布置方案

对多层砖混结构房屋应优先采用横墙承重的结构布置方案，其次采用纵横墙混合承重方案。不论采用何种方案，考虑到沿房屋纵向地震作用主要由纵墙承担；沿房屋横向地震作用主要由横墙承担。因此，纵横墙应均匀对称布置，同一轴线上窗间墙宜等宽匀称，同时应使墙体沿平面对齐，沿竖向上下连续。砖墙的对齐贯通能使各片墙形成相当房屋全宽的竖向整体构件，可使房屋得到最大的整体抗弯能力，使地震作用传递直接，减轻震害。

2. 楼屋盖方案

楼盖按施工方法分为现浇整体式、预制装配式和装配整体式三种。现浇整体式楼盖的整体性好、刚度大，抗震能力强、抗渗性好，但施工工期长；预制装配式楼盖施工进度快，单

个构件质量好、节约劳力，但结构的整体性和刚度较差，抗震尤其不利；装配整体式楼盖通过整结措施（叠合梁、叠合板），其整体性和刚度比预制装配式好，又比现浇整体式省模板，但二次现浇工作量大。经比较，建议本设计采用现浇整体式或装配整体式。

二、荷载计算

（1）永久荷载的计算　一是要弄清建筑的构造，谨防构造层次的漏项或重复，二是要明确结构传力的途径，使所设计的结构受力明确。

（2）可变荷载的计算　按"荷载规范"的有关规定采用。

三、计算简图

（1）计算单元的选取　往往不考虑结构的连续性，通常是将空间问题简化成平面问题。

（2）计算简图的确定　涉及三个方面的问题：一是荷载的简化；二是杆件的简化；三是支承方式的简化。简化原则是尽量符合工程实际。

四、墙体验算

（1）墙体的高厚比验算　要注意实际高度和计算高度的区别，计算高度应遵守《砌体结构设计规范》（GB 50003—2011）中的规定。

（2）墙体的承载力验算　要把握计算截面的选取，墙顶截面一般选在梁底（或板底），当梁底处在窗间墙上时，近似取梁底处的内力、窗间墙的截面进行验算，此时内力与截面并不对应。墙底截面一般选在下一层梁底截面稍上或基础顶面。外墙梁底截面通常为偏心受压，墙底截面一般为轴心受压。墙体的承载力验算中并未考虑圈梁和构造柱的影响。

（3）梁端局部受压验算　要区别上部墙体传来的荷载和局部受压面积上承受的上部墙体传来的荷载的不同。

五、地基基础设计

地基基础设计必须坚持因地制宜、就地取材、经济合理的原则，根据地质勘察资料，综合考虑结构类型、材料情况和施工条件等因素确定。砌体结构为墙承重结构，多采用刚性条形基础。

（1）基础埋深的确定　要考虑室内外高差、在地下水位以上、冰冻线以下及相邻建筑的影响和地下室及地下管线。

（2）地基承载力特征值　要考虑埋深和基础宽度的修正。

（3）墙上部荷载取值　墙上部荷载传至基础时，一般取一个开间的均布线荷载按刚性角分布在条形基础上。

（4）砖基础剖面尺寸的确定　要考虑砖的模数。

六、抗震设计

根据任务书，本地区设防烈度为八度。按"抗震规范"第七章规定：

1）控制房屋总高度、层数、房屋高宽比、抗震横墙间距和房屋局部尺寸。

2）采用底部剪力法进行该砖混结构房屋抗震计算，并验算墙体截面抗震受剪承载力。

3）按"抗震规范"要求设置现浇钢筋混凝土构造柱及现浇钢筋混凝土圈梁。

砌体结构抗震验算主要是对墙体进行验算。验算截面是指承受的水平地震力较大处、竖向应力较小处、截面削弱较多处的关键部位，验算中应注意：

1）横向地震力由横墙承担，纵向地震力由纵墙承担，不能认为横向抗震验算满足了，纵向抗震就一定满足。

2）应注意荷载效应的组合，重力荷载代表值的取值，特别是活荷载的取值。

3）墙体地震力的大小取决于楼盖的水平刚度、墙体的抗剪刚度及抗弯刚度。

七、构造措施

砌体结构设计中构造措施是不可忽略的问题。因为抗震设计在很大程度上还是一种经验设计，尤其是对砌体结构，仅计算房屋总体抗侧能力及局部墙段的抗剪强度，并不能保证砌体房屋在地震时的安全，还需遵守抗震设计的总原则，进行抗震构造设计。抗震构造措施的重要性甚至超过数值计算。

抗震构造措施是从实际震害中总结出来的成功经验，并经过一定数量的模拟地震试验，归纳总结的抗震构造措施。例如，保证砌体结构大震不倒的构造柱、圈梁，保证不发生局部破坏的各种连接措施。凡是规范提出的措施都应当遵守。

八、参考资料

1. 规范

《建筑结构荷载规范》（GB 50009—2012）（本章简称"荷载规范"）

《砌体结构设计规范》（GB 50003—2011）（本章简称"砌体规范"）

《混凝土结构设计规范（2015年版）》（GB 50010—2010）（本章简称"混凝土规范"）

《建筑抗震设计规范》（GB 50011—2010）（本章简称"抗震规范"）

《建筑地基基础设计规范》（GB 50007—2011）（本章简称"地基规范"）

2. 手册

《建筑抗震设计手册》、《砌体结构设计手册》

3. 参考书

《建筑结构》、《抗震设计》、《地基基础》

第三节　砖混结构设计实例

采用现浇整体式钢筋混凝土楼（屋）盖。

1. 荷载计算

1）屋面荷载：

SBS 防水层二道	0.3kN/m²
30mm 厚细石混凝土找平层	（24×0.03）kN/m² = 0.72kN/m²
200mm 厚水泥珍珠岩制品保温，上铺憎水珍珠岩砂浆找坡2%（平均厚350mm）	（4×0.35）kN/m² = 1.4kN/m²
100mm 厚现浇钢筋混凝土板	（25×0.10）kN/m² = 2.5kN/m²

屋面恒载标准值	4.92kN/m²
屋面活载标准值（不上人屋面）	0.50kN/m²

2）楼面荷载：

水磨石面层	0.65kN/m²
50mm 厚陶粒混凝土垫层	（19.5×0.05）kN/m² = 0.98kN/m²
100mm 厚现浇钢筋混凝土板	25×0.10 = 2.5kN/m²

楼面恒载标准值	4.13kN/m²
病房楼面活荷载标准值	2.00kN/m²
走道、楼梯间楼面活荷载标准值	2.50kN/m²

3）墙体自重：

240mm 厚双面粉刷多孔砖墙自重标准值	5.24kN/m²
370mm 厚一面面砖一面粉刷多孔砖墙自重标准值	7.90kN/m²

4）门窗自重标准值：

	0.40kN/m²

2. 静力计算方案

本工程最大横墙间距 $s = 7.2\text{m} < 32\text{m}$，且满足刚性方案对横墙的要求，故按刚性方案计算。

3. 墙体高厚比验算

由于室内地面距基础顶面高度为 $0.45\text{m} + 0.5\text{m} = 0.95\text{m}$，故底层墙高 $H_1 = 4.25\text{m}$，其他层墙高 $H = 3.3\text{m}$。

采用 MU10 多孔砖，M5 混合砂浆砌筑。选择首层 Ⓔ 轴外纵墙及 Ⓓ 轴内纵墙进行验算，验算过程见表 4-1。

表中：$2H > s > H$ 故 $H_0 = 0.4s + 0.2H$；

$\mu_2 = 1 - 0.4b_s/s$

表 4-1　墙体高厚比验算

部位	墙厚 h/mm	墙高 H/mm	墙长 s/mm	H_0/mm	$\beta = \dfrac{H_0}{h}$	μ_1	μ_2	$[\beta]$	$\mu_1\mu_2[\beta]$	结论
Ⓔ轴外纵	370	4250	7200	3730	10.08	1	0.833	24	20	满足
Ⓓ轴内纵	240	4250	7200	3730	15.54	1.2	0.933	24	26.9	满足

4. 墙体竖向承载力验算

本工程外纵墙均为 370mm，内墙为 240mm。在大房间窗间墙上布置有楼面梁，断面为 $b×h = 200\text{mm}×450\text{mm}$（梁高含板厚），梁重为：

$$25×0.2×(0.45-0.1)\text{kN/m} = 1.75\text{kN/m}$$

现取底层 Ⓔ 轴大房间窗间墙进行验算，因梁上负担现浇双向板的荷载，故底层窗间墙承受轴向力设计值为：

$$N = \{[(4.92×1.2+0.5×1.4)+(4.13×1.2+2×1.4×0.85)×2]×(3.6×2.4)+7.9×(3.6×11.1)-1.5×$$
$$1.8×3×1.2+1.5×1.8×0.4×3×1.2+1.75×(4.8/2)×3×1.2\}\text{kN}$$
$$= 508.80\text{kN}$$

上式计算中,楼面活荷载考虑了 0.85 的折减系数。现近似取墙底处内力窗间墙截面进行承载力验算,截面面积为 2.1mm×0.37mm = 0.777m²,采用 MU10 多孔砖 M5 混合砂浆砌筑,f = 1.50MPa,γ_β = 1.0。

$\beta = \gamma_\beta H_0/h = 1.0×3.73/0.37 = 10.08$。

墙底处 $e/h = 0$ 查表得 $\varphi = 0.868$。

$[N] = \varphi f A = (0.868×1.50×0.777×10^6) kN = 1011.65kN > N = 500kN$,满足要求。

5. 局部受压承载力验算

梁在墙上支承长度为 $a = 240mm$。

1) 屋面梁端局部受压验算。

梁端负荷面积及受力图如图 4-5 所示,由荷载设计值产生的梁端压力为

$N_1 = [(1.2×4.92+1.4×0.5)×(0.6+2.4)×1.8+1.75×2.4]kN = 39.86kN$

$a_0 = 10\sqrt{\dfrac{h_c}{f}} = 10\sqrt{\dfrac{450}{1.5}} = 173.2mm < a = 240mm$

取 $a_0 = 173.2mm$,

$A_1 = a_0 b = 173.2×200mm² = 34640mm²$,

$A_0 = (b+2h)h = (200+2×370)×370mm² = 347800mm²$,

$\gamma = 1+0.35\sqrt{\dfrac{A_0}{A_1}-1} = 1+0.35\sqrt{\dfrac{347800}{34640}-1} = 2.05 > 2$,取 $\gamma = 2.0$。

因 $A_0/A_1 = 10 > 3$,故 $\varphi = 0$,又 $\eta = 0.7$,

$[N] = \eta\gamma f A_1 = 0.7×2×1.5×34640N = 72744N = 72.74kN > \varphi N_0+N_1 = 39.86kN$,满足要求。

2) 楼面梁端局部受压验算与上同理,均满足要求。

6. 基础设计

根据"地基规范"3.0.1 条、3.0.2 条,该门诊楼地基基础设计等级为丙级,可不作地基变形验算。根据"抗震规范"4.2.1 条,该砖混结构可不进行天然地基及基础的抗震承载力验算。

确定基础埋深时,根据"地基规范"5.1 节,宜尽量浅埋,且宜埋置于地下水位以上、冰冻线以下。本工程基础形式为墙下刚性条形基础。

(1) 基础方案 如前所述,本工程采用墙下刚性条形基础。材料为两步灰土基础,其上用 MU10 红砖 M5 水泥砂浆砌筑。

(2) 基础埋深确定 基础应设在承载力较高的土层中,基底标高应取在地下水位以上、冰冻线以下,且应尽量浅埋,但不宜小于 0.5m。现将基础置于粘土 I_2 土层中,初定基础埋深为 -1.75m(从室内地坪算起),地基承载力特征值 f_{ak} = 180kN/m²,e = 0.85,I_1 = 0.75,γ_m = 18kN/m³。

(3) 修正后的地基承载力特征值 修正后的地基承载力特征值为

$$f_a = f_{ak}+\eta_b\gamma(b-3)+\eta_d\gamma_m(d-0.5)$$

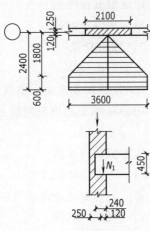

图 4-5 梁端受力图

根据"地基规范"$e = 0.85$ 时,$\eta_b = 0$,$\eta_d = 1.0$,

$$f_a = 180+1.0×18×(1.3-0.5) = 194.4kN/m²$$

(4) 横墙基础设计 现对③轴Ⓐ轴~Ⓒ轴间横墙基础进行设计,因为此处横墙受荷较大。

1) 荷载计算。

横墙基础顶面以上墙体及楼盖传来的荷载为

$N = \gamma_G(N_{屋恒}+2N_{楼恒}+2N_墙+N_{底墙})+\gamma_Q\beta(N_{屋活}+2N_{楼活})$

$= [1.2×(17.712+29.736+34.584+22.27)+1.4×0.85×(1.8+14.4)]kN/m$

$= 144.44kN/m$

2) 灰土垫层宽度。

$$b \geqslant \dfrac{N}{f_a-\gamma_0 H} = \dfrac{144.44}{194.4-20×1.75}m = 0.906m$$

取 $b = 1.0m$。

3) 基础大放脚台阶数。

$$n \geqslant \left(\dfrac{b}{2}-\dfrac{a}{2}-b_2\right)\dfrac{1}{60}$$

式中 b——基础宽度(mm);

a——墙厚(mm);

b_2——基础最大容许悬挑长度(mm),$b_2 = [b_2/H_0]H_0$;

H_0——灰土基础高度。

由"地基规范"查得 $[b_2/H_0] = 1:1.5$,

$$b_2 = [b_2/H_0]H_0 = 300/1.5mm = 200mm,$$

$$n \geqslant \left(\dfrac{b}{2}-\dfrac{a}{2}-b_2\right)\dfrac{1}{60} = \left(\dfrac{1000}{2}-\dfrac{240}{2}-200\right)×\dfrac{1}{60} = 3,$$

取 $n = 3$。

砖墙大放脚底部宽度 $b_0 = (240+6×60)mm = 600mm$。

基础剖面图如图 4-6 所示。

(5) 纵墙基础设计 现对Ⓐ轴与①轴相交处梁下内纵墙基础进行设计,基底标高仍为 -1.75m。

1) 荷载计算。该处纵墙基础顶面以上墙体及楼盖传来的荷载为

$N = \gamma_G(N_{屋恒}+2N_{楼恒}+2N_墙+N_{底墙}+N_{梁重}3/2)+$
$\quad \gamma_Q\beta(N_{屋活}+2N_{楼活})$

$= [1.2×(17.712+29.736+34.584+22.27+3.5)+$
$\quad 1.4×0.85×(1.8+14.4)]kN/m = 148.64kN/m$

2) 灰土垫层宽度为

$$b \geqslant \dfrac{N}{f_a-\gamma_0 H} = \dfrac{148.64}{194.4-20×1.75}m = 0.932m$$

取 $b = 1.0m$。

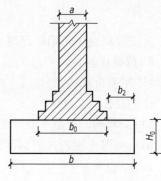

图 4-6 基础剖面图

以下计算同横墙基础，基础剖面图如图 4-6 所示。

7. 抗震验算

1）检查是否满足抗震设计的一般规定。按"抗震规范"7.1 节，检验结果见表 4-2。

表 4-2　抗震设计一般规定检验表

项　　目	规范规定值	实际值	结　　论
房屋总高度/m	18-3	9.9	符合规范要求
房屋层数	6-1	3	符合规范要求
房屋高宽比	2.0	0.74	符合规范要求
抗震横墙最大间距/m	15	7.2	符合规范要求
承重窗间墙最小宽度/m	1.2	2.1	符合规范要求
内墙阳角至门窗洞边最小距离/m	1.5	1.5	符合规范要求
承重外墙尽端至门窗洞边最小距离/m	1.2	1.3	符合规范要求

注：女儿墙采用有锚固措施。

2）构造柱与圈梁布置、尺寸及配筋。

① 构造柱。本工程为八度设防的三层砖混结构房屋，根据"抗震规范"要求，应在外墙各角、大房间内外墙交接处、楼梯间四角布置构造柱，具体布置如图 4-7 所示。构造柱尺寸为 240mm×240mm，纵向钢筋采用 4Φ12，箍筋Φ6@200，且在圈梁上下 500mm 高度范围内箍筋加密为Φ6@100。构造柱与墙的连接砌成马牙槎，并沿墙高每 500mm 设 2Φ6 的拉接钢筋，每边伸入墙内不少于 1m。

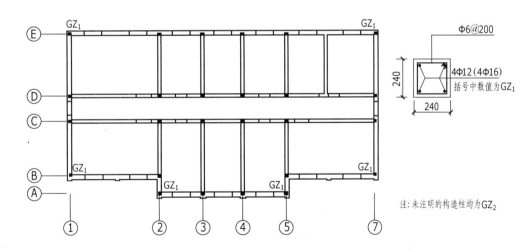

图 4-7　构造柱平面布置图及构造柱截面图

② 圈梁。本工程采用现浇钢筋混凝土板，且与墙可靠连接，因此可不设圈梁。但与构造柱对应部位的墙体上楼板内应配 4Φ12 的加强钢筋，且穿过构造柱内钢筋。

3）结构等效重力荷载代表值。采用质量集中法将楼（屋）盖自重标准值、50%的楼（屋）面活荷载、每层上下各半层墙自重标准值集中于楼（屋）盖各标高处，形成各质点重力荷载代表值。

墙体自重标准值见表 4-3，重力荷载代表值见表 4-4。

表 4-3　墙体自重标准值

墙　体		墙　体　面　积/m²	重量/kN
女儿墙		(25.2+11.4+1.5)×2×(1.2+1.8)/2=114.3	114.3×5.24=599
底层横墙	240mm 厚	(4.56×5×0.95①+5.46×2+3.96×2)×4.25=172.13	172.13×5.24=901.9
	370mm 厚	(11.16+1.26)×4.25×2×0.95①=100.29	100.29×7.9=792.3
底层纵墙	240mm 厚	10.8×4×4.25×0.9①=165.24	165.24×5.24=865.9
	370mm 厚	25.7×2×4.25×0.85①=185.68	185.68×7.9=1466.9
其他层横墙	240mm 厚	(4.56×4+5.46×2+3.96×2)×3.3=122.36	122.36×5.24=641.2
	370mm 厚	(11.16+1.26)×3.3×2×0.95①=77.87	77.87×7.9=615.2
其他层纵墙	240mm 厚	10.8×4×3.3×0.9①=128.3	128.3×5.24=672.3
	370mm 厚	25.7×2×3.3×0.85①=144.18	144.18×7.9=1139

注：门洞高均按 2.1m 计算。

① 数值为门窗洞口的折减系数。

表 4-4　重力荷载代表值

层次	构件	荷载/kN	G_i/kN
三层	女儿墙	114.3×5.24=599	$G_3=3724.56$
	屋盖恒载	4.92×303.5=1493.22	
	梁	1.75×(4.8×2+4.2×2+3.6)=37.8	
	墙	(641.2+615.17+672.31+1139)/2=1533.84	
	屋面活荷载	0.4×0.5×303.5=60.7(雪荷载组合值系数为 0.5)	
二层	楼面恒载	4.13×303.5=1253.5	$G_2=4677.58$
	楼面梁	1.75×(4.8×2+4.2×2+3.6)=37.8	
	墙	641.2+615.17+672.31+1139=3067.68	
	楼面活荷载	(243×2+60.48×2.5)×0.5=318.6(组合值系数 0.5)	
一层	楼面恒载	1253.5	$G_1=5157.24$
	楼面梁	37.8	
	墙	1533.84+(901.94+792.3+865.86+1466.89)/2=3547.34	
	楼面活荷载	318.6	
ΣG		$G_1+G_2+G_3$	13559.38

4）水平地震作用及楼层地震剪力。采用底部剪力法计算地震作用，结构总水平地震作用标准值：

$$F_{EK}=\alpha_{max}G_{eq}=0.16×0.85×13559.38kN=1844.08kN$$

各质点水平地震作用标准值及楼层地震剪力，计算见表 4-5。

各重力荷载代表值、地震作用及地震剪力分布如图 4-8 所示。

5）抗震墙截面净面积计算。

① 横墙净面积：

$A_1=A_7=10.82×0.37m²=4m²，$

$A_2 = A_5 = (9.49 \times 0.24 + 1.87 \times 0.37) \text{m}^2 = 2.97 \text{m}^2$,

$A_3 = A_4 = 11.36 \times 0.24 \text{m}^2 = 2.726 \text{m}^2$,

$A_6 = 4.27 \times 0.24 \text{m}^2 = 1.025 \text{m}^2$,

$A_{横墙} = [(4 + 2.97 + 2.726) \times 2 + 1.025] \text{m}^2 = 20.417 \text{m}^2$。

表 4-5　各质点水平地震作用标准值及楼层地震剪力

楼层	G_i /kN	H_i /m	$G_i H_i$ /kN	$\dfrac{G_i H_i}{\sum\limits_{j=1}^{n} G_j H_j}$	$F_i = \dfrac{G_i H_i}{\sum\limits_{j=1}^{n} G_j H_j} F_{EK}$ /kN	$V_i = \sum\limits_{j=i}^{n} F_i$ /kN
3	3724.56	10.85	40411.5	0.414	763.44	763.44
2	4677.58	7.55	35315.43	0.362	667.55	1431
1	5157.24	4.25	21918.27	0.224	413.07	1844.07
Σ	13559.38		97645.2	1	1844.06	

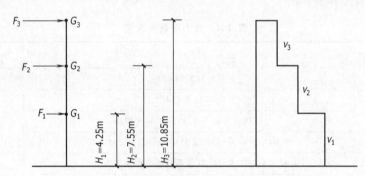

图 4-8　水平地震作用计算简图及地震剪力分布图

② 纵墙净面积：

$A_A = 5.76 \times 0.37 \text{m}^2 = 2.13 \text{m}^2$,

$A_B = (3.96 \times 0.37 \times 2 + 0.48 \times 0.12 \times 2) \text{m}^2 = 3.046 \text{m}^2$,

$A_C = 17.4 \times 0.24 \text{m}^2 = 4.176 \text{m}^2$,

$A_D = 16.5 \times 0.24 \text{m}^2 = 3.96 \text{m}^2$,

$A_E = 15.66 \times 0.37 \text{m}^2 = 5.794 \text{m}^2$,

$A_{纵墙} = (2.13 + 3.046 + 4.176 + 3.96 + 5.794) \text{m}^2 = 19.106 \text{m}^2$。

6）横墙地震剪力分配及强度验算。需要验算的不利楼层按下列原则选取：当每层结构布置及墙体厚度相同时，取同一砂浆强度等级的最下楼层。本工程第一层为不利楼层，在第一层中只选择从属面积较大或竖向应力较小的墙段进行截面抗震承载力验算。⑥轴横墙开洞较多（因传片箱洞口较小 600mm×400mm，可不考虑该洞口的影响），且竖向应力较小，因此取⑥轴横墙进行验算。

本工程为刚性楼盖方案，采用 MU10 多孔砖 M7.5 混合砂浆砌筑（$f_v = 0.14 \text{MPa} = 140 \text{kN/m}^2$）。

$V_{1,6K} = (1.025 \times 1844.07 / 20.423) \text{kN} = 92.55 \text{kN}$

墙体剪力设计值 $V_{1,6} = 1.3 \times 92.55 \text{kN} = 120.315 \text{kN}$

因⑥轴上有一门洞 0.9m×2.1m 将墙分成 a、b 两段，如图 4-9 所示，两段 $\rho = h/b$ 值为：

a 墙段：$\rho_a = 2.1/0.36 = 5.83 > 4$,

b 墙段：$\rho_b = 2.1/3.91 = 0.537 < 1$,

因此，a 墙段的等效侧向刚度为零，剪力均由 b 墙段承受，b 墙段仅考虑剪切变形。

$V_b = V_{1,6} = 120.315 \text{kN}$。

b 墙段在层高半高处的平均压应力为：

楼板传来重力荷载代表值为 $N_b = [(4.13 + 0.5 \times 2) \times 10.4] \text{kN} = 53.35 \text{kN}$,

b 墙段自重为 $N_w = (2.125 \times 3.91 \times 5.24) \text{kN} = 43.54 \text{kN}$,

$$\sigma_0 = \frac{53.35 + 43.54}{0.24 \times 3.91} = 103.25 \text{kN/m}^2$$

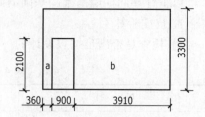

图 4-9　a、b 墙段计算简图

墙体抗震承载力验算见表 4-6。

表 4-6　一层⑥轴 b 墙段墙体抗震承载力验算

墙段	σ_0 /(kN/m²)	f_v	σ_0/f_v	ζ_n	$f_{VE} = \zeta_n f_v$ /(kN/m²)	A/m²	$f_{VE}A/\gamma_{RE}$	V/kN	结论
b	103.25	140	0.738	0.948	132.7	0.9384	124.5	120.3	满足

注：1. γ_{RE} 取 1.0。
　　2. 用 M5 混合砂浆砌筑时，验算不满足，特将此墙改用 M7.5 混合砂浆。

7）纵向地震剪力分配及承载力验算。

① 因纵墙受力不均，有可能成为不利墙段。Ⓓ轴纵墙受到的地震作用较大且墙薄；Ⓔ轴纵墙所受压应力较小，因此都有必要验算。

② 纵墙地震剪力按各纵墙面积分配；各墙段地震剪力按墙段刚度进行分配。两纵墙墙段划分如图 4-10、图 4-11 所示，墙段刚度及地震剪力计算见表 4-7。

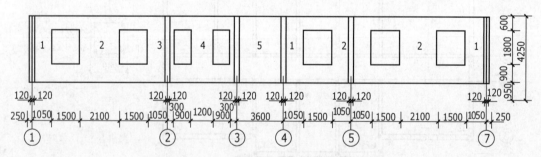

图 4-10　Ⓔ轴一层外纵墙墙段划分

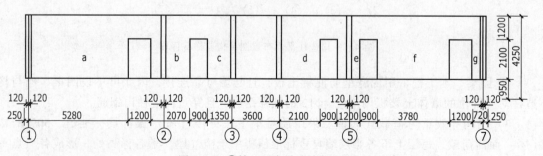

图 4-11　Ⓓ轴一层内纵墙墙段划分

③ 抗震承载力验算时应取竖向应力较小或承受较大地震剪力的墙段。从表4-7和墙体受荷范围观察应验算Ⓔ轴②墙段和Ⓓ轴f墙段a墙段，验算结果见表4-8。

表4-7 纵向墙段刚度及地震剪力

层数	墙段编号	墙段高宽比 $\rho=h/b$	墙段刚度 K_{wi}	个数	$\sum K_{wi}$	轴线总地震剪力 $V_{im}=\dfrac{A_i}{A_纵}V_i$/kN	墙段地震剪力 $V_{imj}=\dfrac{K_{wi}}{\sum K_{wi}}V_{im}$/kN	备注
1	E①	1.8/1.3=1.385	0.147	2			39.88	1<ρ<4
	E②	1.8/2.1=0.857	0.389	4		$\dfrac{5.794\times1844\times1.3}{19.11}$ $=726.81$	105.54	ρ<1
	E③	1.8/1.35=1.333	0.157	2	2.679		42.6	1<ρ<4
	E④	1.8/1.2=1.5	0.127	1			34.46	
	E⑤	4250/4950=0.859	0.388	1			105.27	ρ<1
	Da	2.1/5.53=0.38	0.877	1			184.13	ρ<1
	Db	2.1/2.07=1.014	0.245	1			51.44	1<ρ<4
	Dc	2.1/1.47=1.429	0.139	1	2.367	$\dfrac{3.96\times1844\times1.3}{19.11}$ $=496.75$	29.185	
	Dd	2.1/2.22=0.946	0.352	1			73.9	ρ<1
	De	2.1/1.2=1.75	0.094	1			19.73	1<ρ<4
	Df	2.1/3.78=0.556	0.599	1			125.76	ρ<1
	Dg	2.1/0.97=2.165	0.060	1			12.6	1<ρ<4

注：当 $\rho<1$ 时，$K_{wi}=\dfrac{1}{3\rho}$；当 $1<\rho<4$ 时，$K_{wi}=\dfrac{1}{3\rho+\rho^3}$；当 $\rho>4$ 时，$K_{wi}=0$。

表4-8 墙段抗震承载力验算

墙段	层数	V_i /kN	σ_0 /(kN/m²)	f_v /(kN/m²)	σ_0/f_v	ζ_n	$f_{VE}=\zeta_n f_v$	A_i /m²	$\dfrac{f_{VE}A_i}{\gamma_{RE}}$	结论
E②	1	105.54	421.74	110	3.83	1.372	150.92	0.777	130.29	满足
Df	1	125.76	372.18	110	3.38	1.322	145.43	0.907	146.6	满足
Da	1	184.13	423.7	110	3.85	1.374	151.11	1.238	207.9	满足

注：$\gamma_{RE}=0.9$。

表4-8中E②墙段 σ_0 的计算如下（Df墙段Da墙段 σ_0 的计算同理）：

$N=N_{屋恒}+2N_{楼恒}+N_{屋活}+2N_{楼活}+N_{墙}$

$=\{4.92\times3.6\times2.4+2\times(4.13\times3.6\times2.4)+0.4\times0.5\times3.6\times2.4+2\times(2\times0.5\times3.6\times2.4)+7.9\times[3.6\times(2\times3.3+4.25/2)-1.8\times1.5\times2.5]\}$ kN

$=(42.51+71.37+1.728+17.28+194.81)$ kN $=327.70$ kN

$$\sigma_0=\frac{327.70}{2.1\times0.37}=421.75\text{kN/m}^2$$

8. 楼梯设计

本工程楼梯平面图如图4-12所示，结构形式采用现浇钢筋混凝土板式楼梯。

材料：采用C20混凝土（$\alpha_1=1.0$，$f_c=9.6$N/mm²，$f_t=1.1$N/mm²）。

纵筋为HRB335级（$f_y=300$N/mm²，$\xi_b=0.55$），箍筋和分布筋为HPB235级（$f_y=$

210N/mm²）。

1）楼梯梯段板计算：

板厚：$h\geqslant l/30=2700/30=90$mm，取 $h=100$mm。

取1m板宽为计算单元，楼梯斜板的倾角 $\cos\alpha=0.876$

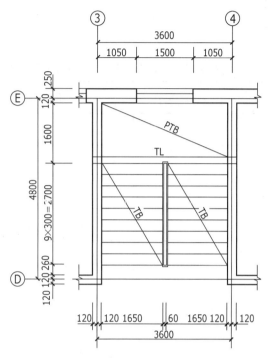

图4-12 楼梯平面图

恒载：水磨石面层　　　　　$[1.2\times(0.3+0.165)\times0.65/0.3]$kN/m $=1.209$kN/m

踏步板自重　　　　　$1.2\times0.5\times0.3\times0.165\times25\times1/0.3$kN/m $=2.475$kN/m

斜板自重　　　　　$1.2\times0.1\times25\times1/0.876$kN/m $=3.425$kN/m

恒载设计值　　　　　$g=7.11$kN/m

活荷载设计值　　　　　$q=1.4\times2.5$kN/m $=3.5$kN/m

内力计算：

计算跨度　　　　　$l_0=l+a=(2700+200)$mm $=2900$mm

跨中弯距　　　　　$M=\dfrac{1}{10}(g+q)l_0^2=\dfrac{1}{10}\times(7.11+3.5)\times2.9^2$kN·m $=8.923$kN·m

配筋计算见表4-9。

2）平台板计算：

板厚：取1m板宽为计算单元，板厚取 $h=70$mm。

恒载：水磨石面层　　　　　1.2×0.65kN/m $=0.78$kN/m

平台板自重　　　　　$1.2\times0.07\times25$kN/m $=2.1$kN/m

恒载设计值　　　　　2.88kN/m

活荷载设计值： $1.4 \times 2.5 \text{kN/m} = 3.5 \text{kN/m}$

内力计算：

计算跨度 $l_0 = l_n + \dfrac{h}{2} = 1.6 + \dfrac{0.07}{2} = 1.635 \text{m}$

跨中弯距 $M = \dfrac{1}{8}(g+q)l_0^2 = \dfrac{1}{8} \times (2.88 + 3.5) \times 1.635^2 \text{kN} \cdot \text{m} = 2.13 \text{kN} \cdot \text{m}$

配筋计算见表 4-9。

平台板 $2.88 \times 1.6/2 \text{kN/m} = 2.304 \text{kN/m}$

梁自重 $1.2 \times 0.2 \times (0.35 - 0.07) \times 25 \text{kN/m} = 1.68 \text{kN/m}$

恒载设计值 $g = 13.583 \text{kN/m}$

活荷载设计 $q = 1.4 \times 2.5 \times (1.35 + 0.8) \text{kN/m} = 7.525 \text{kN/m}$

内力计算：

计算跨度 $l_0 = l_n + a = (3.36 + 0.24) \text{m} = 3.6 \text{m}$

$l_0 = 1.05 l_n = 1.05 \times 3.36 \text{m} = 3.528 \text{m}$ 取 $l_0 = 3.528 \text{m}$。

跨中弯距 $M = \dfrac{1}{8} \times (13.583 + 7.525) \times 3.528^2 \text{kN} \cdot \text{m} = 32.84 \text{kN} \cdot \text{m}$

支座剪力 $V = \dfrac{1}{2} \times (13.583 + 7.525) \times 3.36 \text{kN} = 35.46 \text{kN}$

4）配筋计算：配筋计算见表 4-9，配筋如图 4-13 所示。

表 4-9 楼梯踏步斜板、平台板、平台梁配筋计算

构　件	斜　板	平　台　板	平　台　梁
弯距 $M/\text{kN} \cdot \text{m}$	8.923	2.13	32.88
剪力 V/kN	—	—	35.46
截面高度 $h(h'_f)/\text{mm}$	100	70	350(70)
有效高度 h_0/mm	75	45	310
截面宽度 $b(b'_f)/\text{mm}$	1000	1000	200(588) 一类 T
$\alpha_s = \dfrac{M}{\alpha_1 f_c b h_0^2}$	0.165	0.11	0.06
$\xi = 1 - \sqrt{1 - 2\alpha_s} < \xi_b$	0.182	0.117	0.062
$A_s = \xi b h_0 \dfrac{\alpha_1 f_c}{f_y}$	436.2	168.48	361.64
实配纵筋	$\Phi 10@150$	$\Phi 8@200$	$3\Phi 14$
实配面积 $/\text{mm}^2$	523	251	461
分布钢筋（架立筋）	$\Phi 6@300$	$\Phi 6@250$	$(2\Phi 10)$
$\rho_{max} > \rho = A_s/bh_0 > \rho_{min}$	1.76>0.7>0.2	1.76>0.5>0.2	1.76>0.74>0.2
$0.7 f_t b h_0/\text{kN}$	—	—	47.74>V
箍筋			$\Phi 6@200$

注：1. ρ_{min} 取 0.2 和 $45 f_t/f_y$ 中的较大值。
2. $\rho_{max} = \xi_b \alpha_1 f_c/f_y$。

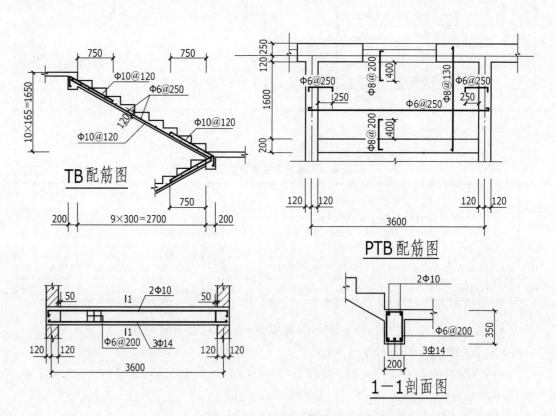

图 4-13 楼梯配筋图

3）平台梁计算：因平台板外端与过梁整体连接，故平台梁按倒 L 形截面计算。截面尺寸 $b \times h = 200 \text{mm} \times 350 \text{mm}$。

荷载计算

恒载：踏步斜板传来 $7.11 \times 2.7/2 \text{kN/m} = 9.599 \text{kN/m}$

第五章　钢屋架设计实训

第一节　钢屋架设计任务书

一、设计题目

设计某单层单跨工业厂房的钢屋架。

二、设计资料

某地区一单层、单跨厂房，总长 120m，柱距 6m。厂房内设有一台中级工作制桥式吊车。屋面采用 1.5m×6m 预应力大型屋面板，屋面坡度 $i=1/10$，屋面构造根据国家及地区规范设计。钢屋架简支于钢筋混凝土柱上，上柱截面为 400mm×400mm，柱的混凝土强度等级为 C25。

（1）跨度　可选择 18m、21m、24m、27m、30m。

（2）积灰荷载选择　有积灰荷载、无积灰荷载；若有积灰荷载可参照《建筑结构荷载规范》（GB 50009—2012）选择荷载数值。

（3）雪荷载值　可按《建筑结构荷载规范》（GB 50009—2012）确定。

三、设计内容

1. 计算书

1）选型、确定跨度、活荷载。

2）选择材料，确定钢材种类、焊接方法、焊条型号。

3）绘制屋盖体系支撑布置图。

4）荷载计算。

5）各杆件内力组合。

6）杆件截面设计。

7）屋架主要节点设计。

2. 施工图

绘制钢屋架施工图一张，包括：

1）屋架索引图（习惯画在图面的左上角）。比例取 1∶100 或 1∶150。

2）屋架正面图。轴线比例取 1∶20 或 1∶30，截面及节点板等零配件比例取 1∶10 或 1∶15。

3）上、下弦杆俯视图，比例同屋架正面图。

4）必要的剖面图（端竖杆、中竖杆、托架及垂直支撑连接处），比例同屋架正面图。

5）屋架支座详图及零件详图。

6）施工图说明。

7）材料表。

8）标题栏。

四、设计要求

1. 计算书要求

书写工整、数字准确、画出必要的计算简图。

2. 制图要求

所有图线、图例尺寸和标注方法均应符合国家最新建筑制图标准，图纸上所有汉字和数字均应书写端正、排列整齐、笔画清晰，中文书写为长仿宋体。

第二节　钢屋架设计指导书

一、选择屋架类型

1. 屋盖的结构体系

屋盖钢结构的形式主要包括：平面杆系结构中的桁架，拱、门式刚架，空间杆系结构中的网架结构，立体桁架，网壳结构及悬索结构等。以多榀平面桁架为主要承力结构的屋盖结构一般由平面钢桁架（钢屋架）檩条、天窗架、托架、屋盖支撑和屋面材料（屋面板）等组成。

钢屋盖结构体系分为有檩体系和无檩体系。

（1）无檩体系　无檩体系是指屋架上直接放置混凝土屋面板，上铺保温层和防水层的构造方式。无檩体系一般适用于预应力混凝土大型屋面板等重型屋面。无檩体系屋面刚度大、耐久性高，但是屋面自重大，增加了屋架和柱的荷载。

（2）有檩体系　有檩体系是指屋架上设置檩条，檩条上铺设轻型屋面材料的构造方式。如压型钢板、压型铝合金板、石棉瓦、瓦楞铁皮等。有檩体系常用于轻型屋面材料。

屋盖结构体系无论选用有檩体系还是无檩体系，在结构布置中都力求使屋架节点受力，尽量避免或减少出现节间荷载，使杆件承受局部弯矩。

2. 屋架的外形

屋架选型是设计的第一步，屋架常用的外形有：三角形、梯形、平行弦和人字形等。

（1）三角形屋架　三角形屋架适用于要求坡度较陡（$i>1/3$）的有檩体系屋盖且通常与柱子铰接连接。但是由于屋架在荷载作用下的弯矩图与屋架外形相差悬殊，因此屋架弦杆受力不均，支座处内力较大，跨中内力较小，弦杆的截面不能充分发挥作用，支座上、下弦杆交角较小、内力较大，因此支座节点构造复杂。三角形屋架在布置腹杆时要处理好檩距与上弦节点之间的关系。

三角形屋架的高度，当屋面坡度 $i=1/3 \sim 1/2$ 时，$H=(1/6 \sim 1/4)L$。

（2）梯形屋架　梯形屋架适用于屋面坡度较为平缓（$i=1/8 \sim 1/12$）的无檩体系屋盖。

由于屋架在荷载作用下的弯矩图与屋架外形比较接近，屋架弦杆受力较为均匀。梯形屋架与柱的连接可以做成铰接也可以做成刚接。刚性连接可以提高建筑物的横向刚度。

梯形屋架高度，跨中高度主要取决于经济要求，一般为 $H=(1/10\sim1/8)L$。端部高度：当屋架与柱刚接时，端部高度一般为 $H_0=(1/12\sim1/6)L$，通常取 2.0~2.5m；当屋架与柱铰接时，端部高度可按跨中经济高度与上弦坡度来决定。

（3）人字形屋架　人字形屋架适用于坡度 $i=1/20\sim1/10$ 的屋盖体系。人字形屋架有较好的空间观感，制作时不用起拱，多用于大跨结构。人字形屋架上、下弦可以是平行的，节点构造较为统一；上、下弦也可以做成不同坡度或下弦水平，可以改善屋架受力状况。

人字形屋架跨中高度一般为 2.0~2.5m，跨度大于 36m 时，可取较大高度，但不得超过 3m；端部高度一般为 $(1/18\sim1/12)L$。

（4）平行弦屋架　平行弦屋架在构造上有较突出的优点，弦杆及腹杆分别等长、节点形式相同、构造简单、便于工业化制作，因此应用较广泛。多用于单坡屋盖和双坡屋盖，或用作托架、支撑体系。

3. 选取屋架外形时应考虑的影响因素

1）建筑物的用途。

2）屋面材料要求的排水坡度。

3）屋架用料经济、整体刚度大。

4）便于制造、运输和安装。

5）杆件内力，屋架外形直接影响杆件的内力。

另外，屋架腹杆布置时应使内力分布趋于合理，尽量使长杆受拉、短杆受压，腹杆数目宜少，总长度要短，斜腹杆的倾角一般为 30°~60°，腹杆布置时应注意使荷载都作用在桁架的节点上，尽量避免由于非节点荷载而使弦杆承受局部弯矩。节点构造要求简单合理、便于制作。

二、选择钢材、焊接方法和焊条型号

1. 钢材选用时主要考虑的因素

（1）结构的重要性　对重型工业建筑结构、大跨度结构、高层或超高层的民用建筑结构或构筑物等重要结构，应考虑选用质量好的钢材；对一般工业与民用建筑结构，可按工作性质分别选用普通质量钢材。另外，按照《建筑结构可靠性设计统一标准》（GB 50068—2018）的规定，建筑结构及其构件根据破坏可能产生后果的严重性（危及人的生命、造成经济损失、产生社会影响等），把建筑物分为重要的、一般的和次要的，设计时相应的安全等级为一级（重要的）、二级（一般的）和三级（次要的）。安全等级不同，要求使用的钢材质量也不同，安全等级越高，选用的钢材质量越好。

（2）荷载情况　结构所受的荷载可分为静荷载和动荷载两种。承受直接动荷载的结构和强烈地震区的结构，应选用综合性能好的钢材；承受静荷载或间接动荷载的结构则选用一般质量的普通钢材，如 Q235 钢。

（3）连接方法　钢结构的连接方法有焊缝连接、螺栓联接和铆钉连接三种。焊缝连接具有构造简单、用料经济、不削弱截面、连接刚度大、密闭性好等优点。但是在焊接过程中焊缝附近存在热影响区，会使构件产生焊接残余应力和焊接残余变形，使焊缝附近材质变脆，同时焊接过程中易发生咬边、烧穿、弧坑、气孔、夹渣、未焊透等缺陷，导致结构产生

裂缝或脆断的危险。因此，焊接结构的钢材质量应严格要求。如在化学成分上，一定要严格控制易使钢材质量变脆的化学元素，如使钢材产生高温热脆的硫（S）元素以及使钢材产生低温冷脆的磷（P）元素等。对于采用螺栓连接和铆钉连接的非焊接构件，可适当放宽硫、磷的含量。

（4）结构所处的温度和环境　温度影响着钢材的机械性能，一般情况下，钢材的塑性和韧性随温度的降低而降低。钢材处于低温时，韧性急剧下降，容易发生冷脆。因此经常处于或有可能处于低温条件下工作的钢结构，尤其是焊接结构，应选用具有良好抗低温脆断能力的镇静钢。此外，露天结构的钢材容易产生时效，有害介质作用的钢材容易腐蚀、疲劳和断裂，也应加以区别地选择不同材质。

（5）钢材厚度　薄钢材辊轧次数多，轧制的压缩比大，厚度大的钢材压缩小，所以厚度大的钢材不但强度较小，而且塑性、冲击韧性和焊接性能也较差。因此，厚度大的焊接结构应采用材质较好的钢材。

2. 钢材选用的建议

1）承重结构的钢材应保证抗拉强度、屈服点、伸长率和硫、磷的极限含量，对焊接结构还应保证碳的极限含量。由于 Q235—A 钢的碳含量不作为交货条件，故不允许用于焊接结构。

2）焊接承重结构以及重要的非焊接承重结构的钢材应具有冷弯试验的合格保证。

3）对于需要验算疲劳的以及主要的受拉或受弯的焊接结构的钢材，应具有常温冲击韧性的合格保证。当结构工作温度等于或低于 0℃ 但高于 -20℃ 时，Q235 钢和 Q345 钢应具有 0℃ 冲击韧性的合格保证；对 Q390 钢和 Q420 钢应具有 -20℃ 冲击韧性的合格保证。当结构工作温度等于或低于 -20℃ 时，对 Q235 钢和 Q345 钢应具有 -20℃ 冲击韧性的合格保证；对 Q390 钢和 Q420 钢应具有 -40℃ 冲击韧性的合格保证。

3. 焊接方法及焊条型号的选择

1）钢材的焊接方法很多，主要有电弧焊、电渣焊和电阻焊等，在钢结构中主要采用电弧焊。

2）焊条选用应和焊接钢材的强度和性能相适应，一般为：Q235 钢材采用 E43 型焊条；16Mn 钢采用 E50 型焊条；15MnV 钢采用 E55 型焊条。

三、布置屋架支撑

屋架在自身平面内为几何不变体系，并具有较大的刚度，能承受屋架平面内的各种荷载。但是，屋架侧向（即屋架平面外）刚度和稳定性则很差。因此，为使屋架结构有足够的空间强度和稳定性，必须在屋架间设置支撑系统以增加屋架的整体稳定性。

1. 支撑的作用

1）形成空间几何不变体系，保证结构的空间整体性。

2）为屋架上、下弦杆提供侧向支撑点，避免压杆侧向失稳，防止拉杆产生过大的振动。

3）承担并传递水平荷载，如风荷载、悬挂吊车水平荷载和地震荷载等。

4）保证结构安装时的稳定和方便。

2. 支撑的种类及布置

支撑共有上弦横向水平支撑、下弦横向水平支撑、纵向水平支撑、垂直支撑、系杆五种。

（1）上弦横向水平支撑　通常情况下，在屋架上弦和天窗架上均应设置横向水平支撑。横向水平支撑一般设置在房屋或纵向温度区段两端。温度区段较长时应在中间增设一道或几

道横向水平支撑，使两道横向水平支撑间距不大于60m。从受力考虑，端部横向水平支撑最好设置在第一开间，但有时为了统一横向支撑尺寸，可将屋架横向水平支撑布置在第二柱间，在第一柱间设置刚性系杆传递水平荷载。

（2）下弦横向水平支撑　当屋架间距小于12m，尚应在屋架下弦设置横向水平支撑，以增加屋架的整体刚度；当屋架跨度较小又无吊车或振动设备时，可不设下弦横向水平支撑。下弦横向水平支撑一般应与上弦横向水平支撑布置在同一柱间以形成空间稳定体系。

（3）纵向水平支撑　一般房屋不设纵向水平支撑，但是当房屋较高、跨度较大、空间刚度要求较高时，或设有较大吨位中级工作制吊车或有较大振动设备时，应设置纵向水平支撑。屋架间距小于12m时，纵向水平支撑通常设置在屋架下弦，但三角形屋架及端斜杆为下降式且主要支座设在上弦处的梯形和人字形屋架，也可布置在上弦平面内。当屋架间距大于等于12m时，纵向水平支撑设置在屋架的上弦平面内。

（4）垂直支撑　无论何种屋架均应设置垂直支撑。屋架的垂直支撑应与上、下弦杆横向水平支撑设置在同一柱间。

对于三角形屋架，当屋架跨度小于等于18m时，可仅在跨中设置一道垂直支撑；当跨度大于18m时，宜设置两道垂直支撑。

对于梯形屋架，跨度小于等于30m时，可在屋架中间及两端设置垂直支撑；当屋架跨度大于30m时，可在跨度1/3处及屋架端部设置垂直支撑。

（5）系杆　为保证屋架的整体稳定和传递水平荷载，在屋架上弦及下弦平面内均应设置系杆。系杆分为刚性系杆和柔性系杆。刚性系杆是指能承受压力和拉力的杆件；柔性系杆是指只能承受拉力的杆件。一般情况下，屋架主要支撑节点处的系杆、屋架上弦屋脊处的系杆为刚性系杆。当横向水平支撑设在第二柱间，第一柱间的所有系杆均为刚性系杆，其他情况可使用柔性系杆。通常刚性系杆采用由双角钢组成的十字形截面，而柔性系杆采用单角钢。

四、内力计算

1. 荷载汇集

屋架上的荷载有永久荷载和可变荷载。永久荷载包括屋架及支撑自重、屋面材料自重；可变荷载包括屋面均布活荷载、风荷载、雪荷载和积灰荷载等。荷载的取值及计算按《建筑结构荷载规范》（GB 50009—2012）确定。

2. 内力计算

屋架属于桁架，因此屋架中各杆件内力的求解可采用结构力学中学习的求解桁架方法：节点法、截面法或图解法中的任何一种，视具体情况而定。

五、杆件内力组合

屋架的不同荷载情况会引起不同的杆件内力。设计时考虑各种可能的荷载组合，找出杆件的最不利内力。对于桁架中的轴心受力杆件，其最不利内力是指：拉杆的最大轴心拉力；压杆的最大轴心压力；既可能受压也可能受拉的杆件的最大轴心压力和最大轴心拉力。因此屋架设计时应考虑以下三种荷载组合：

1）组合一：全跨永久荷载+全跨可变荷载。

2）组合二：全跨永久荷载+半跨可变荷载。

3）组合三：全跨屋架及支撑自重+半跨大型屋面板重+半跨屋面活荷载。

六、杆件截面设计

1. 杆件的计算长度

屋架中的杆件受轴心力作用，轴心受力构件的计算首先要确定构件的计算长度，杆件计算长度包括：平面内计算长度和平面外计算长度。

（1）平面内计算长度 l_{ox}　在理想的桁架中，各节点为铰接，杆件的计算长度取节点中心的距离及杆件的几何长度。但实际构件中，桁架的节点处具有一定的刚度，对杆件有弹性嵌固作用，限制杆件的平面内转动。理论与实践研究表明，节点处的刚度主要来源于与节点相连的拉杆。汇交于节点的拉杆数量越多，产生的约束作用越大，压杆在节点处的嵌固程度越大，杆件计算长度越小。其原因是节点的嵌固程度确定各杆件的平面内计算长度。上、下弦杆，支座竖杆和支座斜杆节点嵌固程度较小，可以不考虑，计算长度取杆件的几何尺寸 l，即 $l_{ox}=l$。其他杆件考虑到节点处的牵制作用，计算长度适当折减，取 $l_{ox}=0.8l$。

（2）平面外计算长度 l_{oy}　上、下弦杆取侧向支撑的间距；腹杆因节点平面外刚度较小，对杆件嵌固作用很弱，可忽略不计，取 $l_{oy}=l$。

（3）中央竖杆　中央竖杆一般采用两个角钢组成的十字形截面，因截面两个主轴都不在桁架平面内，有可能产生斜向失稳，此时与杆件相连的节点板对其两个轴方向的失稳均有一定的嵌固作用。因此，斜截面计算长度稍作折减，取 $l_{ox}=l_{oy}=0.9l$。

总之，桁架中各杆件的计算长度应按表5-1桁架弦杆和腹杆的计算长度表的规定采用。

表 5-1　桁架弦杆和腹杆的计算长度表

项　次	弯曲方向	弦杆	腹　杆	
			支座斜杆和支座竖杆	其他腹杆
1	在桁架平面内	l	l	$0.8l$
2	在桁架平面外	l_1	l	l
3	斜平面	—	l	$0.9l$

注：l 为杆件的几何长度，l_1 为桁架弦杆的侧向支撑点间距。

2. 杆件的容许长细比

桁架杆件长细比的大小直接影响杆件的使用。当构件的长细比太大时，将使构件产生以下一些不利影响。

1）使用期间因自重的作用产生过大挠度。

2）在运输安装过程中因刚度不足产生弯曲。

3）在动力荷载作用下引起较大的振动，影响使用。

《钢结构设计标准》（GB 50017—2017）分别规定了受拉和受压构件的容许长细比，见表5-2和表5-3的相应规定。

表 5-2　受拉杆件的容许长细比

项次	构 件 名 称	承受静力荷载或间接承受动力荷载的结构		直接承受动力荷载的结构
		一般建筑结构	有重级工作制吊车的厂房	
1	桁架的杆件	350	250	250
2	吊车梁或吊车桁架以下的柱间支撑	300	200	—
3	其他拉杆、支撑、系杆等（张紧的圆钢除外）	400	350	—

表 5-3　受压杆件的容许长细比

项　次	构　件　名　称	容许长细比
1	柱、桁架和天窗架构件	150
	柱的缀条、吊车梁或吊车梁桁架以下的柱间支撑	
2	支撑（吊车梁或吊车梁桁架以下的柱间支撑除外）	200
	用以减小受压构件长细比的杆件	

3. 杆件的截面设计

（1）杆件截面选择的原则　杆件截面选择的原则应考虑以下几点：

1）宽肢薄壁。在面积相同的条件下，优先选用肢宽而薄的肢件组成的截面，使截面面积的分布尽量开展，以增加截面的惯性矩和回转半径，提高构件的刚度和整体稳定性。

但是为了满足构件局部稳定性的要求，一般情况下，板件或肢件的最小厚度为 5mm，对于跨度较小的屋架最小可用到 4mm。

2）等稳定性。使两个主轴方向的整体稳定性相等，即 $\phi_x = \phi_y$，以达到经济的效果。

3）制造省工、构造简便，满足经济性的要求。

4）便于与其他构件进行连接。

5）同一屋架中的型钢规格不宜太多，以便订货。如果选用的型钢规格过多，可将数量较少的小型号钢进行调整，同时尽量避免选用相同肢长而厚度相差很小的型钢，以免施工时产生混料错误。

（2）截面形式的选择　轴心受力构件的截面形式分为型钢截面和组合截面两种。普通屋架杆件的截面一般选用两个角钢组成的 T 形组合截面，受力较为合理。中央竖杆由于力较小及考虑屋架的对称性，宜采用两角钢组成的十字形截面。两角钢的拼接方式有等肢角钢相拼、不等肢角钢长肢相拼和不等肢角钢短肢相拼三种形式。角钢的拼接方式决定了截面两个轴的回转半径的关系，要做到截面绕两个轴转动等稳定，就必须根据平面内和平面外长细比，并结合截面特性，合理地选择角钢的拼接方式。

（3）截面设计　根据各杆件的最不利荷载进行截面设计，具体见设计实例。

七、屋架节点设计

1. 节点设计一般要求

1）桁架应以杆件的形心线为轴线并在节点处相交于一点，以避免杆件承受偏心力。为制造方便，通常取角钢肢背至轴线的距离为 5mm 的倍数。

2）在屋架节点处，为了避免焊缝集中而使钢材材质变脆，腹杆与弦杆或腹杆与腹杆之间的焊缝净距离不小于 10mm，杆件之间的孔隙不小于 20mm。

3）节点板的外形应尽可能的简单而规则，宜至少有两边平行，一般采用矩形、平行四边形和直角梯形等。节点板边缘与杆件轴线的夹角不应小于 15°。

2. 桁架的节点设计

节点设计宜结合屋架施工图的绘制进行。其程序为首先按杆件的截面绘出杆件轴线和各杆件角钢外形线，以确定节点板的构造形式，并根据腹杆内力确定腹杆和节点板连接焊缝的焊脚尺寸和焊缝长度，然后按所需焊缝长度和杆件之间应留的间隙，适当考虑制造装配误差，确定节点板的合理形状和尺寸；最后验算弦杆和节点板的连接焊缝是否满足要求。

八、绘制施工图

工程设计的最终结果需要用施工图表达出来。施工图是设计者的主旨、意图的体现，是工程师的语言。同时，施工图更是钢结构制造厂加工制造的主要依据，必须十分重视。当屋架对称时，可仅绘制半榀屋架的施工图，大型屋架则需按运输单元绘制。钢屋架施工图的绘制依据《房屋建筑制图统一标准》（GB/T 50001—2017）和《建筑结构制图标准》（GB/T 50105—2010）进行。现将钢屋架施工图的绘制内容及绘制要求说明如下：

1. 图面布置

一幅钢屋架施工图包含的内容主要有：

（1）屋架的索引图　用以表示各杆件的几何长度、各杆件内力设计值以及拱度（如需要起拱）。

（2）屋架的正面图　用以表示各个杆件的编号、定位尺寸、填板的布置、各个节点的详图（包括节点板的尺寸、定位尺寸、各个杆件与节点板的相互几何关系、焊缝几何尺寸），以及支撑连接件的位置等。

（3）屋架的上下弦杆投影图　用以表示上、下的支撑连接件的位置及锚栓的布置情况等。

（4）屋架的剖面图　一般绘制屋架的端竖杆和中竖杆的剖面图，用以表示竖杆、弦杆、节点板和支撑的连接情况。

（5）支座节点详图

（6）大样图　用以表示某些特殊零件的几何尺寸。

（7）材料表　材料表中列出所有杆件、节点板以及连接件的编号、截面形式、长度、数量和重量等。

（8）说明　说明内容可多可少，一般说明钢材种类、焊条型号以及一些在图中未注明的事项。

屋架施工图的图面布置应力求紧凑、便于识图，常用的布图方式如图 5-1 所示。

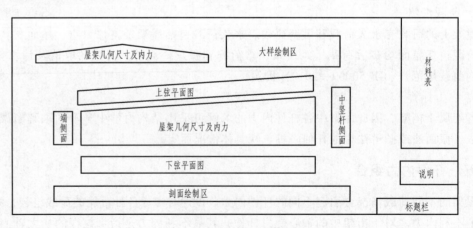

图 5-1　钢屋架施工图的布置

2. 屋架索引图

屋架索引图通常布置在图样的左上角，比例视图样的大小而定，一般采用 1：100 或 1：150。在屋架索引图中，一半标注屋架各杆件的几何长度（mm），另一半标注各杆件的计算内力设计值（kN）。当梯形屋架跨度 L>24m 或三角形屋架跨度 L>15m 时，屋架挠度较大，影响使用和外观，制造时应考虑起拱，拱度约为 $L/500$，起拱值可在屋架索引图中绘出。

3. 屋架正面图

施工图的主要图面用于绘制屋架正面图，上、下弦平面图，必要的侧面图和剖面图，以及某些安装节点或特殊零件的大样图。屋架施工图通常采用两种比例尺：杆件轴线一般为 1：20 或 1：30，以免图幅太大，但为了较清楚地表达节点的细部构造，节点（包括杆件截面、节点板和小零件）一般采用 1：10 或 1：15。

4. 安装单元或运送单元

安装单元或运送单元是构件的一部分或全部，在安装过程或运输过程中，作为一个整体进行安装或运输。一般屋架可划分为两个或三个运送单元，但可作为一个安装单元进行安装。因此，在钢屋架的施工图中应注明各构件的型号和尺寸，并根据结构布置方案、工艺施工要求、各部位的连接方法及具体尺寸等情况，对构件进行详细编号。

编号的原则是：

1）只有所有零件的形状、尺寸、加工记号、数量和装配位置等全部相同的构件，才能用相同的编号。编号一般按主次顺序，从上到下、从左到右，同时注意同一榀屋架中各杆件的编号尽量连续。

2）不同种类的构件（如屋架、天窗架、支撑等），还应在其编号前加上不同的字母代码，以示区别，例如屋架用 W、天窗架用 TJ、支撑用 C 表示等。

3）有支撑、系杆连接的屋架和没有支撑、系杆连接的屋架，应在连接孔和连接件上有区别，应给予不同的编号，如 GWJ-1、GWJ-2 等，但可以只绘一张施工图在图中加以注明。如果将有支撑和连接件的屋架都做得相同，则只需一个编号，而且施工时吊装简便。

5. 在钢屋架的施工图中应注意的问题

1）全部注明各杆件的定位尺寸、孔洞的位置，以及对工厂加工和对工地施工的所有要求。定位尺寸主要有：杆件轴线至角钢肢背的距离，节点板中心至所连腹杆的近端端部距离，节点中心至节点板上、下、左、右的距离等。

2）在钢屋架的施工图中应注明各零件的型号和尺寸，对所有零件也必须进行详尽的编号，并附材料表。表中角钢要注明型号和长度，节点板要注明长度、宽度和厚度。完全相同的零件统一编号，两个零件的形状和尺寸完全相同而开孔位置等不同但呈对称布置时，可用同一编号，不过应在材料表中注明正、反的字样以示区别。

3）施工图的说明应包括所用钢材的钢号、焊条型号、连接方法和质量要求以及图中未注明的焊缝和螺栓孔尺寸、油漆、运输、加工要求等。

九、参考资料

1. 规范

《建筑结构荷载规范》（GB 50009—2012）

《钢结构设计标准》（GB 50017—2017）

2. 图集

《钢屋架施工图集》

3. 参考书

《钢结构原理与设计》

《土木工程专业课程设计指导书》

第三节　钢屋架设计实例

一、选择材料、确定屋架形式及几何尺寸

1. 选材

根据该地区的温度及屋架的荷载性质，钢材选用 Q235-AF，焊条选用 E43 型，手工焊。构件与支撑的联接采用 M20 普通螺栓。

2. 确定屋架形式及几何尺寸

（1）屋架跨中高度 H

$$H = (1/10 \sim 1/8)L = (1/10 \sim 1/8) \times 24\mathrm{m} = (2.4 \sim 3)\mathrm{m}$$

取 $H = 3.0\mathrm{m}$。

（2）屋架端部高度 H_0

$$H_0 = H - i \times 12 = (3.0 - 0.1 \times 12)\mathrm{m} = 1.8\mathrm{m}$$

屋架几何尺寸如图 5-2 所示。

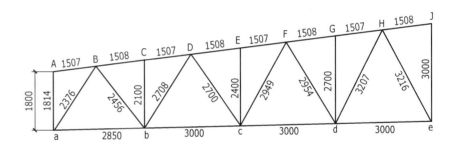

图 5-2　屋架杆件尺寸详图

二、布置屋架支撑

（1）上弦横向水平支撑　在房屋两端和温度区段两端设置上弦横向水平支撑。

（2）下弦横向水平支撑　由于屋架间距小于 12m，在屋架下弦设置横向水平支撑以增加屋架的整体刚度，下弦横向水平支撑与上弦横向水平支撑布置在同一柱间。

（3）纵向水平支撑　厂房吊车吨位较小，可不设置纵向水平支撑。

（4）垂直支撑　该屋架跨度为 24m，大于 18m，因此在屋架两端及中间共设置三道垂直支撑。

（5）系杆　为保证屋架的整体稳定和传递水平荷载，在屋架上弦及下弦平面内均设置了系杆。如图 5-3 为屋架支撑布置图。

三、荷载计算

1. 永久荷载

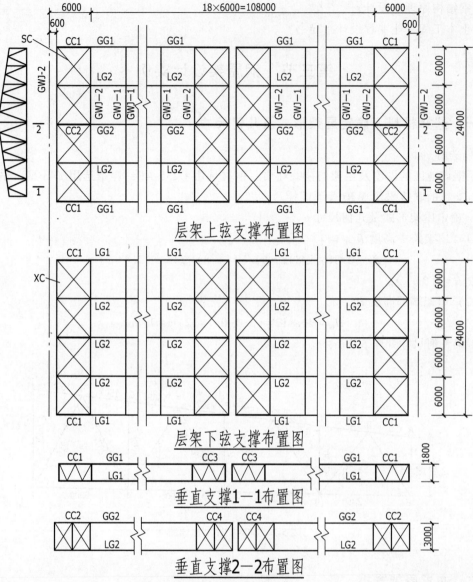

层架上弦支撑布置图

层架下弦支撑布置图

垂直支撑1—1布置图

垂直支撑2—2布置图

图 5-3 屋架支撑布置图

GWJ—钢屋架 SC—上弦支撑 XC—下弦支撑

CC—垂直支撑 GG—刚性支撑 LG—柔性系杆

标准值	
防水层（弹塑性改性沥青八层做法）	$0.35 kN/m^2$
找平层（20mm 厚水泥砂浆）	$0.02 \times 20 kN/m^2 = 0.4 kN/m^2$
保温层（60mm 厚苯板）	$0.17 kN/m^2$
找坡层（20mm 厚水泥砂浆）	$0.02 \times 20 kN/m^2 = 0.4 kN/m^2$
预应力混凝土大型屋面板	$1.4 kN/m^2$
屋架及支撑自重	$0.12 + 0.26 = 0.38 kN/m^2$
管道设备自重	$0.1 kN/m^2$
总计	$3.20 kN/m^2$

2. 可变荷载

由《建筑结构荷载规范》（GB 50009—2012）（以下简称《荷载规范》）可知

屋面活荷载（不上人） $S_{1K} = 0.5 kN/m^2$

积灰荷载 $S_{2K} = 0.75 kN/m^2$

雪荷载 $S_{3K} = 0.45 kN/m^2$

3. 荷载效应组合

由《荷载规范》第 5.3.3 条：不上人屋面活荷载不与雪荷载同时组合。第 5.4.3 条：积灰荷载应与雪荷载或不上人屋面活荷载两者中的较大值同时考虑。故采用以下几种组合方式进行荷载效应组合，并取其最大值作为设计值。

永久荷载控制：

由《荷载规范》第 3.2.3-2 式可得

$$P = [(1.35 \times 3.2 + 1.4 \times 0.7 \times 0.5 + 1.4 \times 0.9 \times 0.75) \times 1.5 \times 6] kN = 51.80 kN$$

可变荷载控制：

由《荷载规范》第 3.2.3-1 式可得

$$P = [(1.2 \times 3.2 + 1.4 \times 1.0 \times 0.75 + 1.4 \times 1.0 \times 0.7 \times 0.5) \times 1.5 \times 6] kN = 48.42 kN$$

故取永久荷载控制的荷载组合值

4. 荷载汇集

（1）屋架上弦节点总荷载设计值

$$P_{总} = [(1.35 \times 3.2 + 1.4 \times 0.7 \times 0.5 + 1.4 \times 0.9 \times 0.75) \times 1.5 \times 6] kN = 51.80 kN$$

（2）屋架上弦节点永久荷载设计值

$$P_1 = (1.35 \times 3.2 \times 1.5 \times 6) kN = 38.88 kN$$

（3）屋架上弦节点可变荷载设计值

$$P_2 = [(1.4 \times 0.9 \times 0.75 + 1.4 \times 0.7 \times 0.5) \times 1.5 \times 6] kN = 12.92 kN$$

（4）施工阶段屋架及支撑产生的节点永久荷载设计值

$$P_3 = (1.35 \times 0.38 \times 1.5 \times 6) kN = 4.62 kN$$

（5）施工阶段大型屋面板及施工荷载产生的节点可变荷载设计值

$$P_4 = [(1.35 \times 1.4 + 1.4 \times 0.7 \times 0.5) \times 1.5 \times 6] kN = 21.42 kN$$

四、杆件内力计算及内力组合

1. 杆件内力计算

采用图解法（图 5-4）求出各杆件在单位力作用下的内力系数。

2. 内力组合

屋架设计时应考虑以下三种荷载组合：

（1）组合一 全跨永久荷载+全跨可变荷载。

（2）组合二 全跨永久荷载+半跨可变荷载。

（3）组合三 全跨屋架及支撑自重+半跨大型屋面板重+半跨屋面活荷载。

屋架杆件最不利内力见表 5-4 屋架杆件内力组合表。

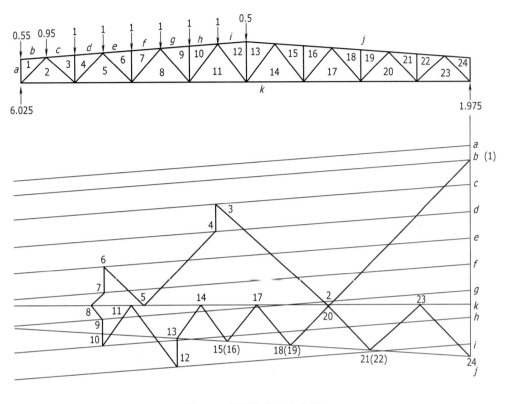

图 5-4 图解法求解内力图

表 5-4 屋架杆件内力组合表

杆件名称		内力系数（P=1）			组合一	组合二	组合三	计算内力 /kN
		全跨 ①	左半跨 ②	右半跨 ③	$P_总 × ①$	$P_1 × ① + P_2 × ②$ $P_1 × ① + P_2 × ③$	$P_3 × ① + P_4 × ②$ $P_3 × ① + P_4 × ③$	
上弦杆	AB	0.0	0.0	0.0	0.0	0.0	0.0	0.0
	BCD	-9.49	-6.79	-2.70	-491.58	-456.70 -403.86	-189.29 -101.68	-491.58
	DEF	-14.58	-9.74	-4.84	-755.24	-692.71 -629.40	-275.99 -171.03	-755.24
	FGH	-16.30	-9.80	-6.50	-844.34	-760.36 -717.72	-285.22 -214.54	-844.34
	HJ	-15.68	-7.84	-7.84	-812.22	-710.93 -710.93	-240.37 -240.37	-812.22
下弦杆	ab	5.18	3.79	1.39	268.32	250.37 219.36	105.11 53.71	268.32
	bc	12.47	8.65	3.82	645.95	596.59 534.19	242.89 139.44	645.95
	cd	15.71	10.02	5.69	813.78	740.26 684.32	287.21 194.46	813.78
	de	16.16	8.99	7.17	837.09	744.45 720.94	267.23 228.24	837.09

杆件名称		内力系数（P=1）			组合一	组合二	组合三	计算内力 /kN
		全跨 ①	左半跨 ②	右半跨 ③	$P_总 × ①$	$P_1 × ① + P_2 × ②$ $P_1 × ① + P_2 × ③$	$P_3 × ① + P_4 × ②$ $P_3 × ① + P_4 × ③$	
腹杆	Ba	-9.05	-6.66	-2.39	-468.79	-437.91 -382.74	-184.47 -93.00	-468.79
	Bb	7.25	4.86	2.14	375.55	344.67 309.53	137.60 79.33	375.55
	Db	-5.47	-3.43	-2.04	-283.35	-256.99 -239.03	-98.74 -68.97	-283.35
	Dc	3.65	1.87	1.78	189.07	166.07 164.91	56.92 54.99	189.07
	Fc	-2.38	-0.65	-1.73	-123.28	-100.93 -114.89	-24.92 -48.05	-123.28
	Fd	1.02	-0.52	1.52	52.85	32.94 59.30	-6.43 37.27	59.30
	Hd	0.14	1.64	-1.5	7.25	26.63 -13.94	35.78 31.48	26.63
	He	-1.2	-2.55	1.35	-6.22	-37.61 12.78	-55.18 28.36	-37.61
竖杆	Aa	-0.55	-0.55	0.0	-28.49	-28.49	-14.32	-28.49
	Cb	-1.0	-1.0	0.0	-51.80	-51.80	-26.04	-51.80
	Ec	-1.0	-1.0	0.0	-51.80	-51.80	-26.04	-51.80
	Gd	-1.0	-1.0	0.0	-51.80	-51.80	-26.04	-51.80
	Je	2.12	1.06	1.06	109.82	96.12	32.50	109.82

五、杆件截面设计

支座处节点板厚度取 12mm，其他节点板厚度取 10mm。

1. 上弦杆

整个杆件采用同一截面，按最大内力计算，$N = 820.05kN$（压）。

计算长度：

屋架平面内取节间轴线长度 $l_{ox} = 150.8cm$。

屋架平面外取侧向支撑间距，两个大型钢筋混凝土屋面板相当于一个侧向支撑，$l_{oy} = 2 × 150.8 = 301.6cm$。

因为 $2l_{ox} = l_{oy}$，故截面宜选用两个不等肢角钢，且短肢相拼。

设长细比 $λ = 60$，查轴心受力稳定系数表，$φ = 0.807$，

需要截面积：

$$A = \frac{N}{φf} = \frac{844.34 × 10^3}{0.807 × 215} mm^2 = 4866mm^2$$

需要回转半径：

$$i_x = \frac{l_{ox}}{λ} = \frac{150.8}{60} cm = 2.51cm$$

$$i_y = \frac{l_{oy}}{λ} = \frac{301.6}{60} cm = 5.03cm$$

根据需要的 A、i_x、i_y 查角钢型钢表，选用 2∟140×90×12，
$A=5280mm^2$，$i_x=2.54cm$，$i_y=6.81cm$。

按所选截面进行验算：

$$\lambda_x=\frac{l_{ox}}{i_x}=\frac{150.8}{2.54}=59.37<[150]$$

$$\lambda_y=\frac{l_{oy}}{i_y}=\frac{301.6}{6.81}=44.29<[150]$$

$\lambda_{max}=59.37$，查轴心受力构件整体稳定系数表得：$\varphi=0.811$

$$\frac{N}{\varphi A}=\frac{844.34\times10^3}{0.811\times5280}N/mm^2=197.18N/mm^2<f=215N/mm^2$$

2. 下弦杆

整个杆件采用同一截面，按最大内力计算，$N=837.09kN$（压）。

计算长度：

屋架平面内取节间轴线长度 $l_{ox}=300cm$。

屋架平面外取侧向支撑间距，根据支撑布置取 $l_{oy}=600cm$。

因为 $2l_{ox}=l_{oy}$，故截面宜选用两个不等肢角钢短肢相拼。

计算所需净截面面积

$$A_n=\frac{N}{f}=\frac{837.09\times10^3}{215}mm^2=3893mm^2$$

查型钢表，选用 2∟125×80×10，

$$A=3942mm^2，i_x=2.26cm，i_y=6.11cm$$

按所选截面进行验算

$$\frac{N}{A_n}=\frac{837.09\times10^3}{3942}N/mm^2=212.35N/mm^2<f=215N/mm^2$$

$$\lambda_x=\frac{l_{ox}}{i_x}=\frac{300}{2.26}=132.74<[350]$$

$$\lambda_y=\frac{l_{oy}}{i_y}=\frac{600}{6.11}=98.2<[350]$$

3. 端斜杆 Ba

已知内力 $N=468.79kN$（压）。

计算长度：$l_{ox}=l_{oy}=237.6cm$

因为 $l_{ox}=l_{oy}$，故截面宜选用两个不等肢角钢长肢相拼。

设 $\lambda=60$，查轴心受力稳定系数表，$\varphi=0.807$，

需要截面积：

$$A=\frac{N}{\varphi f}=\frac{468.79\times10^3}{0.807\times215}mm^2=2702mm^2$$

需要回转半径：

$$i_x=\frac{l_{ox}}{\lambda}=\frac{237.6}{60}cm=3.96cm$$

$$i_y=\frac{l_{oy}}{\lambda}=\frac{237.6}{60}cm=3.96cm$$

根据需要的 A、i_x、i_y 查角钢型钢表，选用 2∟125×80×8，$A=3200mm^2$，$i_x=4.01cm$，$i_y=3.27cm$。

按所选截面进行验算

$$\lambda_x=\frac{l_{ox}}{i_x}=\frac{237.6}{4.01}=59.25<[150]$$

$$\lambda_y=\frac{l_{oy}}{i_y}=\frac{237.6}{3.27}=72.66<[150]$$

$\lambda_{max}=72.66$，查轴心受力构件整体稳定系数表得：$\varphi=0.735$。

$$\frac{N}{\varphi A}=\frac{468.79\times10^3}{0.735\times3200}N/mm^2=199.32N/mm^2<f=215N/mm^2$$

4. 中间竖杆

已知内力 $N=109.82kN$，选用两个角钢组成的十字形截面。

$l_{ox}=l_{oy}=0.9l$，

所需净截面面积为

$$A_n=\frac{N}{f}=\frac{109.82\times10^3}{215}mm^2=511mm^2$$

查型钢表，选用 2∟63×5，

$$A=1228mm^2，i_{min}=2.45cm$$

按所选截面进行验算：

$$\frac{N}{A_n}=\frac{109.82\times10^3}{1228}N/mm^2=89.43N/mm^2<f=215N/mm^2$$

$$\lambda=\frac{l_0}{i_{min}}=\frac{270}{2.45}=110.2<[350]$$

各杆件截面详见截面选择表 5-5。

表 5-5　杆件截面选择表

杆件名称	编号	内力/kN	截面规格	面积/cm²	计算长度/cm		回转半径/cm		长细比	λ	φ_{min}	应力/(N/mm²)
					l_{ox}	l_{oy}	i_x	i_y	λ_{max}			
上弦		-844.34	短肢相拼 2140×90×12	52.80	150.8	301.6	2.54	6.81	59.37	150	0.811	197.18
下弦		837.09	短肢相拼 125×80×10	39.24	300	600	2.26	6.11	132.74	350	—	212.35
斜腹杆	Ba	-468.79	长肢相拼 125×80×8	32.00	237.6	237.6	4.01	3.27	72.66	150	0.735	199.32
	Bb	375.55	等肢角钢 80×6	18.80	197.2	246.5	2.47	3.65	79.84	350	—	188.31
	Db	-283.35	等肢角钢 90×6	21.27	216.7	270.9	2.79	4.05	77.68	150	0.702	-189.68

（续）

杆件名称	编号	内力/kN	截面规格	面积/cm²	计算长度/cm l_{ox}	计算长度/cm l_{oy}	回转半径/cm i_x	回转半径/cm i_y	长细比 λ_{max}	λ	φ_{min}	应力/(N/mm²)
斜腹杆	Dc	189.07	等肢角钢 63×5	12.28	215.9	269.9	1.94	2.97	111.30	350	—	153.97
	Fc	-123.28	等肢角钢 80×6	18.80	237.1	296.4	2.47	3.65	95.99	150	0.581	-112.86
	Fd	59.30	等肢角钢 63×5	12.28	236.2	295.3	1.94	2.97	121.75	150	0.427	48.29
	Hd	26.63	等肢角钢 63×5	12.28	258.1	322.6	1.94	2.97	133	150	0.374	21.68
	He	-37.61	等肢角钢 63×5	12.28	257.2	321.5	1.94	2.97	132.6	150	0.376	-277.16
竖杆	Aa	-28.49	等肢角钢 63×5	12.28	181.5		1.94	2.97	93.56	150	0.597	-38.86
	Cb	-51.80	等肢角钢 56×5	10.83	168.0	210.0	1.72	2.69	97.67	150	0.571	-83.75
	Ec	-51.80	等肢角钢 56×5	10.83	192.0	240.0	1.72	2.69	116.28	150	0.456	-104.89
	Cd	-51.80	等肢角钢 56×5	10.83	216.0	270.0	1.72	2.69	125.58	150	0.408	-117.23
	Je	109.82	等肢角钢 63×5	12.28	270.0		2.45		110.2	350	—	89.43

六、屋架节点设计

1. 计算屋架各杆件与节点板连接所需焊缝

以端斜杆 Ba 为例：

内力设计值 $N=468.79$kN（压），焊缝内力分配系数为：肢背 $\alpha_1 = \frac{2}{3}$，肢尖 $\alpha_2 = \frac{1}{3}$，角

焊缝强度设计值 $f_f^w = 160$N/mm²。

肢背角焊缝所能承受的内力：$N_1 = \frac{2}{3}N = \frac{2}{3} \times 468.79$kN $= 312.53$kN。

肢尖角焊缝所能承受的内力：$N_2 = \frac{1}{3}N = \frac{1}{3} \times 468.79$kN $= 156.26$kN。

肢背所需要的焊缝面积为：$h_{f1}l_{w1} = \frac{N_1}{2 \times 0.7 \times 160} = \frac{312.53}{2 \times 0.7 \times 160}$mm² $= 1395.22$mm²。

肢尖所需要的焊缝面积为：$h_{f2}l_{w2} = \frac{N_2}{2 \times 0.7 \times 160} = \frac{156.26}{2 \times 0.7 \times 160}$mm² $= 697.59$mm²。

端斜杆截面为 2∟125×80×8，节点板厚为 10mm，根据焊缝构造要求确定焊脚高度。

肢背：
$$h_{fmin} = 1.5\sqrt{t_{max}} = 1.5\sqrt{10}\text{mm} = 4.74\text{mm}$$
$$h_{fmax} = 1.2t_{min} = 1.2 \times 8\text{mm} = 9.6\text{mm}$$

肢尖：
$$h_{fmin} = 1.5\sqrt{t_{max}} = 1.5\sqrt{10}\text{mm} = 4.74\text{mm}$$
$$h_{fmax} = t - (1 \sim 2) = [8 - (1 \sim 2)]\text{mm} = (6 \sim 7)\text{mm}$$

因此，取 $h_{f1} = 8$mm，$h_{f2} = 6$mm，故

肢背所需要的焊缝长度为
$$l_{w1} = \frac{1395.22}{8} + 2h_{f1} = (174.40 + 2 \times 8)\text{mm} = 190\text{mm}$$

取 $l_{w1} = 190$mm，满足构造要求：$l_{wmin} = 8h_f = 8 \times 8\text{mm} = 64\text{mm}$；$l_{wmax} = 60h_f = 60 \times 8\text{mm} = 480\text{mm}$。

肢尖所需要的焊缝长度为
$$l_{w2} = \frac{697.59}{6} + 2h_{f2} = (116 + 2 \times 6)\text{mm} = 128\text{mm}$$

取 $l_{w2} = 150$mm，满足构造要求：$l_{wmin} = 8h_f = 8 \times 6\text{mm} = 48\text{mm}$；$l_{wmax} = 60h_f = 60 \times 6\text{mm} = 360\text{mm}$。

各杆件与节点板连接所需焊缝见表 5-6。

表 5-6 屋架各杆件与节点板连接所需焊缝表

杆件		内力设计值 N/kN	需要焊缝面积/mm² 肢背 $h_{f1}l_{w1}$	需要焊缝面积/mm² 肢尖 $h_{f2}l_{w2}$	实际采用焊缝/mm 肢背 h_{f1}-l_{w1}	实际采用焊缝/mm 肢尖 h_{f2}-l_{w2}
斜杆	Ba	-468.79	1395	697	8-190	6-150
	Bb	375.55	1117	559	6-200	5-120
	Db	-283.35	843	422	6-160	5-100
	Dc	189.27	566	281	6-110	5-80
	Fc	-123.28	367	—	6-80	—
	其他	<118	—	—	—	—
竖杆		<118	—	—	—	—

注："—"表示按构造施焊，取构造角焊缝 h_f-l_w 为 5-80。

2. 节点设计

选有代表性的节点进行设计，本例选择一般节点 b、上部有集中力的节点 B、屋脊节点 J、下弦跨中节点 e、支座节点 a 进行设计，如图 5-5 所示。

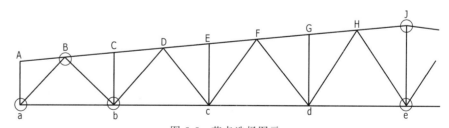

图 5-5 节点选择图示

（1）节点一 一般节点 b。

一般节点是指无集中荷载和无弦杆拼接的节点，其构造如图 5-6 所示，各腹杆与节点板连接的角焊缝尺寸见表 5-6，用作图法，按一定比例围出节点板，量取下弦杆与节点板的焊缝长度为 445mm，该处弦杆内力差 $\Delta N = N_1 - N_2 = (645.95 - 268.37)$kN $= 377.58$kN，验算焊缝是否满足要求。

根据构造要求，设肢背和肢尖的焊脚尺寸分别为 10mm 和 8mm。所需焊缝长度为

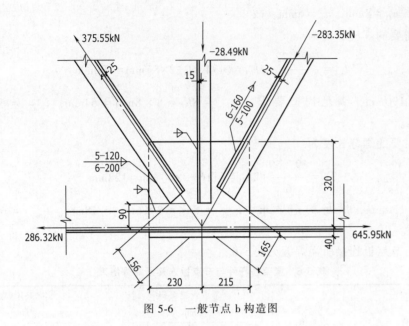

图 5-6 一般节点 b 构造图

$$肢背：l_{w1}=\frac{\frac{2}{3}\Delta N}{2\times0.7h_{f1}f_f^w}+2h_{f1}=\left(\frac{\frac{2}{3}\times377.58\times10^3}{2\times0.7\times10\times160}+2\times10\right)mm=132mm<445mm。$$

$$肢尖：l_{w2}=\frac{\frac{1}{3}\Delta N}{2\times0.7h_{f2}f_f^w}+2h_{f2}=\left(\frac{\frac{1}{3}\times377.58\times10^3}{2\times0.7\times8\times160}+2\times8\right)mm=86mm<445mm。$$

（2）节点二　上部有集中力作用的节点 B。

同节点一，用作图法确定节点板尺寸，如图 5-7 所示，量得上弦杆与节点板焊缝长度为 455mm，节点受到竖向集中力 P 与轴向力 ΔN 共同作用，验算焊缝。

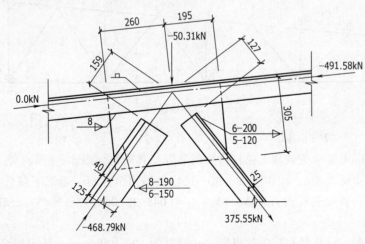

图 5-7　节点 B 构造图

屋架上弦节点为便于搁置屋面构件，常将节点板缩近弦杆角钢背一定距离，并采用槽焊缝。设计时，槽焊缝可视为 $h_{f1}=t/2$ 的两条角焊缝。由于槽焊缝质量变异性大，不够可靠，因此，在计算时认为竖向集中力由槽焊缝承担。

已知：$P=51.80kN$，$h_{f1}=5mm$，$f_f^w=160N/mm^2$

槽焊缝所需焊缝长度为

$$l_{w1}=\frac{P}{\beta_f\times2\times0.7h_{f1}f_f^w}+2h_{f1}=\left(\frac{51.80\times10^3}{1.22\times2\times0.7\times5\times160}+2\times5\right)mm=48mm<455mm$$

水平杆力差 ΔN 由肢尖焊缝承担，把力向肢尖焊缝轴线简化，转化成轴心剪力和弯矩共同作用。

已知：肢尖焊缝承受的内力差为

$$\Delta N=N_1-N_2=(491.58-0)kN=491.58kN$$

偏心距 $e=(90-21.2)mm=68.8mm$，

弯矩 $M=\Delta Ne=491.58\times68.8\times10^3N\cdot mm=33.8\times10^6N\cdot mm$。

设肢尖焊缝焊脚高度 $h_{f2}=8mm$，已知 $l_w=455mm$，则

$$\tau_f=\frac{\Delta N}{2\times0.7h_fl_w}=\frac{491.58\times10^3}{2\times0.7\times8\times(455-16)}N/mm^2=99.98N/mm^2$$

$$\sigma_f=\frac{M}{W_f}=\frac{6\times491.58\times10^3\times68.8}{2\times0.7\times8\times(455-16)^2}N/mm^2=94.01N/mm^2$$

$$\sqrt{\left(\frac{\sigma_f}{\beta_f}\right)^2+\tau_f^2}=\sqrt{\left(\frac{94.01}{1.22}\right)^2+99.98^2}N/mm^2=126.2N/mm^2<f_f^w=160N/mm^2$$

（3）节点三　屋脊节点 J。

1）确定拼接角钢的长度。弦杆用与杆件同型号的角钢进行拼接。为使拼接角钢与弦杆之间能够密合，并便于施焊，须将拼接角钢进行切肢、切棱，切掉部分占角钢面积的 15%，部分界面削弱由节点板来补偿。屋脊节点构造如图 5-8 所示。

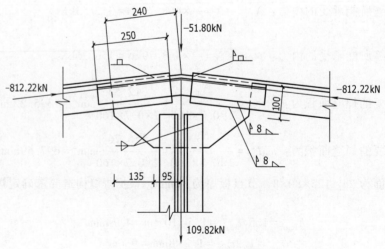

图 5-8　屋脊节点 J 构造图

计算拼接一侧的焊缝长度，已知内力 $N=844.34kN$，由四条焊缝承担，设角钢肢尖、肢背焊脚高度 8mm，则

$$l_w = \frac{N}{4 \times 0.7 h_f f_f^w} + 2h_f = \left(\frac{844.34 \times 10^3}{4 \times 0.7 \times 8 \times 160} + 2 \times 8 \right) mm = 252mm$$

取 $l_w = 250mm$。

拼接角钢长度：

$$L = 2l_w + 50 = (2 \times 245 + 50) mm = 540mm$$

2）上弦杆与节点板的连接焊缝计算。上弦杆肢背与节点板用槽焊缝，承受节点竖向荷载，验算从略。

上弦杆肢尖与节点板用角焊缝连接，承担15%的内力。

$N = 844.34 \times 15\% kN = 127kN$。

偏心距 $e = (90 - 21.2) mm = 68.8mm$。

设肢尖焊缝焊脚高度 $h_{f2} = 8mm$，焊缝一侧 $l_w = 200mm$，则

$$\tau_f = \frac{\Delta N}{2 \times 0.7 h_f l_w} = \frac{127 \times 10^3}{2 \times 0.7 \times 8 \times (200-16)} N/mm^2 = 61.63N/mm^2$$

$$\sigma_f = \frac{M}{W_f} = \frac{6 \times 127 \times 10^3 \times 68.8}{2 \times 0.7 \times 8 \times (200-16)^2} N/mm^2 = 138.3N/mm^2$$

$$\sqrt{\left(\frac{\sigma_f}{\beta_f}\right)^2 + \tau_f^2} = \sqrt{\left(\frac{138.3}{1.22}\right)^2 + 61.63^2} N/mm^2 = 129.03N/mm^2 < f_f^w = 160N/mm^2$$

（4）节点四　下弦跨中节点 e。

1）确定拼接角钢的长度同上弦杆，用同型号的角钢进行拼接。为使拼接角钢与弦杆之间能够密合，并便于施焊，须将拼接角钢进行切肢、切棱，切掉部分占角钢面积的15%，部分界面削弱由节点板来补偿。节点构造如图5-9所示。

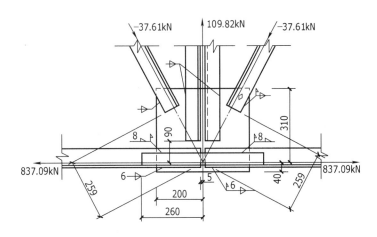

图5-9　下弦拼接节点 e 构造图

计算拼接一侧的焊缝长度，已知内力 $N = 837.09kN$，由四条焊缝承担，设角钢肢尖、肢背焊脚高度8mm，则

$$l_w = \frac{N}{4 \times 0.7 h_f f_f^w} + 2h_f = \left(\frac{837.09 \times 10^3}{4 \times 0.7 \times 8 \times 160} + 2 \times 8 \right) mm = 250mm$$

取 $l_w = 250mm$。

拼接角钢长度：

$$L = 2l_w + 10 = (2 \times 250 + 10) mm = 510mm$$

2）下弦杆与节点板的连接焊缝计算。如图5-9所示，各腹杆与节点板连接的角焊缝尺寸见表5-6，用作图法，按一定比例围出节点板，量取下弦杆与节点板的焊缝长度为360mm，节点板承担15%的内力，

$N = 837.09 \times 15\% kN = 125.56kN$。

设肢尖、肢背焊脚高度均为6mm，则

肢背所需焊缝长度

$$l_{w1} = \frac{\frac{2}{3}N}{2 \times 0.7 h_{f1} f_f^w} + 2h_{f1} = \left(\frac{\frac{2}{3} \times 125.56 \times 10^3}{2 \times 0.7 \times 6 \times 160} + 2 \times 6 \right) mm = 74mm < 360mm$$

肢尖所需焊缝长度

$$l_{w2} = \frac{\frac{1}{3}N}{2 \times 0.7 h_{f2} f_f^w} + 2h_{f2} = \left(\frac{\frac{1}{3} \times 125.56 \times 10^3}{2 \times 0.7 \times 6 \times 160} + 2 \times 6 \right) mm = 43.1mm < 400mm$$

（5）节点五　支座节点 a。

屋架支座中线缩进柱外边缘150mm，柱宽400mm，取支座底板三面与柱边距离10mm，内侧按对称布置，则底板尺寸为 $2a \times 2b$，$a = 140mm$；$b = 190mm$。锚栓采用M22，支座中线处加设劲肋 $90mm \times 10mm$。支座构造如图5-10所示。

1）支座底板计算。计算时，底板尺寸偏安全，仅考虑节点板加筋肋范围内面积，加筋肋以外部分底板刚度较差，认为受反力较小而忽略不计。底板支座受力面积：$A = 2 \times 140 \times 2 \times 96mm^2 = 53760mm^2$，支座反力：$R = 402.48kN$，混凝土抗压强度 $f_c = 10N/mm^2$，柱顶混凝土承受的压应力：

$$q = \frac{R}{A} = \frac{402.48 \times 10^3}{53760} N/mm^2 = 7.49N/mm^2 < f_c = 10N/mm^2$$

确定底板厚度：节点板和加筋肋将底板分隔成四个两相邻边支承而另两相邻边自由的板。每块板的单位宽度的最大弯矩为：

$$M = \beta q a_2^2$$

式中　q——底板下的平均反应力，$q = 7.49N/mm^2$；

a_2——两支承边对角线长度，$a_2 = \sqrt{(140-5)^2 + 90^2} mm = 162.25mm$；

β——系数，由 b_2/a_2 决定，b_2 为两支承边交点到对角线的垂直距离。

$$b_2 = \frac{140 \times 90}{162.25} mm = 77.66mm，$$

$b_2/a_2 = \frac{77.66}{162.25} = 0.48$，查表得：$\beta = 0.053$，

$M = \beta q a_2^2 = 0.053 \times 7.49 \times 162.25^2 \, \text{N} \cdot \text{mm} = 10450.26 \, \text{N} \cdot \text{mm}$

$$t \geq \sqrt{\frac{6M}{f}} = \sqrt{\frac{6 \times 10450.26}{215}} \, \text{mm} = 17.1 \, \text{mm}, \ \text{取} \ t = 20 \, \text{mm}$$

2）加筋肋与节点板的连接焊缝计算。通过弦杆与节点板的焊缝计算，围成节点板，量得节点板高度为 450mm，加筋肋取同样高度，其尺寸为 90mm×10mm×450mm。为了避免焊缝集中，对加筋肋进行切角，切角后加筋肋净高为 400mm，净宽为 60mm，如图 5-10 所示。

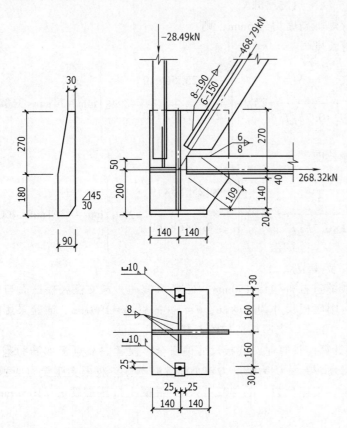

图 5-10 支座节点构造图

计算时，偏安全按每个加筋肋承受支座反力的四分之一，并假设此合力作用于切角后净宽的中点。则：

$$V = \frac{R}{4} = \frac{402.48}{4} \, \text{kN} = 100.62 \, \text{kN}$$

偏心距：

$$e = \left(\frac{60}{2} + 30 \right) \, \text{mm} = 60 \, \text{mm}$$

焊缝承受的弯矩：$M = Ve = 100.62 \times 60 \, \text{kN} \cdot \text{mm} = 6037.2 \, \text{kN} \cdot \text{mm}$

$$\tau_f = \frac{V}{2 \times 0.7 h_f l_w} = \frac{100.62 \times 10^3}{2 \times 0.7 \times 8 \times (400-16)} \, \text{N/mm}^2 = 23.40 \, \text{N/mm}^2$$

$$\sigma_f = \frac{M}{W_f} = \frac{6 \times 6037.2 \times 10^3}{2 \times 0.7 \times 8 \times (400-16)^2} \, \text{N/mm}^2 = 21.93 \, \text{N/mm}^2$$

$$\sqrt{\left(\frac{\sigma_f}{\beta_f} \right)^2 + \tau_f^2} = \sqrt{\left(\frac{23.40}{1.22} \right)^2 + 21.93^2} \, \text{N/mm}^2 = 29.13 \, \text{N/mm}^2 < f_f^w = 160 \, \text{N/mm}^2$$

3）节点板、加筋肋与底板的连接焊缝计算。节点板、加筋肋与底板的连接焊缝总长度

$$\Sigma l_w = [2 \times (280-16) + 4 \times (60-16)] \, \text{mm} = 704 \, \text{mm}$$

$$\sigma_f = \frac{R}{\beta_f \times 0.7 h_f \Sigma l_w} = \frac{402.48 \times 10^3}{1.22 \times 0.7 \times 8 \times 704} \, \text{N/mm}^2 = 83.68 \, \text{N/mm}^2 < f_f^w = 160 \, \text{N/mm}^2$$

3. 绘制施工图

施工图如图 5-11 所示（见书后插页）。

第六章　地基与基础设计实训

第一节　墙下条形基础设计任务书

一、设计题目

某教学楼采用毛石条形基础，教学楼建筑平面如图 6-1 所示，试设计该基础。

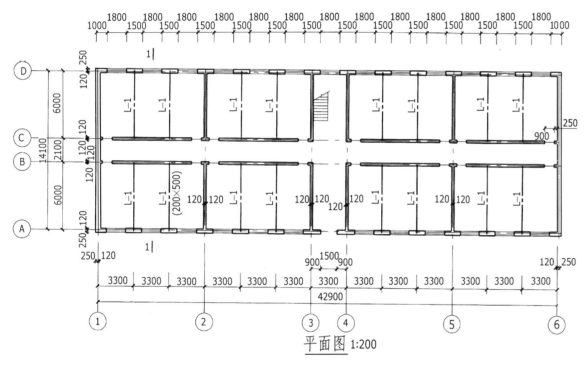

平面图 1:200

图 6-1　平面图

二、设计资料

1）该地区地形平坦，工程地质条件如图 6-2 所示，地下水位在天然地表下 8.5m，水质良好，无腐蚀性。

2）室外设计地面 -0.6m，室外设计地面标高同天然地面标高。

3）梁 L-1 截面尺寸为 200mm×500mm，伸入墙内 240mm，梁间距为 3.3m，外墙及山墙的厚度为 370mm，双面粉刷。

4）由上部结构传至基础顶面的竖向力值分别为外纵墙 $\sum F_{1k} = 558.57kN$，山墙 $\sum F_{2k} = 168.61kN$，内横墙 $\sum F_{3k} = 162.68kN$，内纵墙 $\sum F_{4k} = 1533.15kN$。

5）基础采用 M5 水泥砂浆砌毛石，标准冻深为 1.2m。

三、设计内容

1）荷载计算（包括选计算单元、确定其宽度）。

2）确定基础埋置深度。

3）确定地基承载力特征值。

4）确定基础的宽度和剖面尺寸。

5）软弱下卧层强度验算。

6）绘制施工图（平面图、详图）。

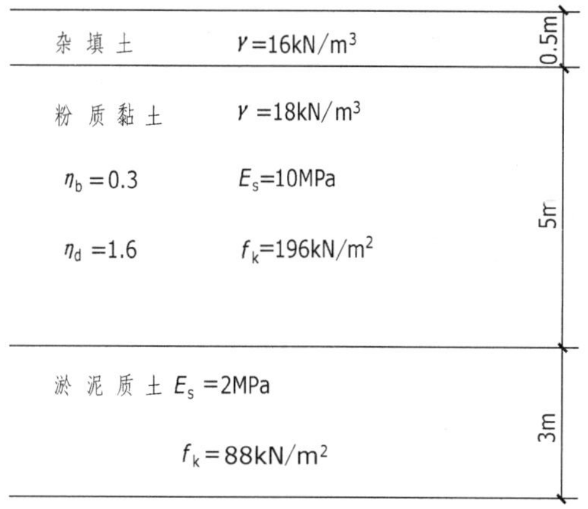

四、设计要求

1）计算书要求书写工整、数字准确、图文并茂。

2）制图要求所有图线、图例尺寸和标注方法均应符合国家现行的制图标准，图样上所有汉字和数字均应书写端正、排列整齐、笔画清晰，中文书写为长仿宋体。

3）设计时间为三天。

杂填土	$\gamma = 16kN/m^3$	0.5m
粉质黏土	$\gamma = 18kN/m^3$	
$\eta_b = 0.3$	$E_s = 10MPa$	5m
$\eta_d = 1.6$	$f_k = 196kN/m^2$	
淤泥质土 $E_s = 2MPa$		3m
	$f_k = 88kN/m^2$	

图 6-2　工程地质剖面图

第二节　墙下条形基础设计指导书

一、荷载计算

1. 选定计算单元

对有门窗洞口的墙体，取洞口间墙体为计算单元；对无门窗洞口的墙体，则可取 1m 为计算单元（在计算书上应表示出来）。

2. 荷载计算

计算每个计算单元上的竖向力值（已知竖向力值除以计算单元宽度）。

二、确定基础埋置深度 d

《建筑地基基础设计规范》（GB 50007—2011）规定 $d_{min} = Z_d - h_{max}$ 或经验确定 $d_{min} = Z_0 + (100 \sim 200)mm$。

$$Z_d = Z_0 \psi_{zs} \psi_{zw} \psi_{ze}$$

式中　Z_d——设计冻深（m）；

Z_0——标准冻深（m）；

ψ_{zs}——土的类别对冻深的影响系数，按规范中表 5.1.7-1；

ψ_{zw}——土的冻胀性对冻深的影响系数，按规范中表 5.1.7-2；

ψ_{ze}——环境对冻深的影响系数，按规范中表 5.1.7-3。

三、确定地基承载力特征值 f_a

$$f_a = f_{ak} + \eta_b \gamma (b-3) + \eta_d \gamma_m (d-0.5)$$

式中　f_a——修正后的地基承载力特征值（kPa）；

f_{ak}——地基承载力特征值（已知）（kPa）；

η_b、η_d——基础宽度和埋深的地基承载力修正系数（已知）；

γ——基础底面以下土的重度，地下水位以下取浮重度（kN/m³）；

γ_m——基础底面以上土的加权平均重度，地下水位以下取浮重度（kN/m³）；

b——基础底面宽度（m），当 $b<3$m 时，按 3m 取值；$b>6$m 按 6m 取值；

d——基础埋置深度（m）。

四、确定基础的宽度、高度

$$b \geqslant \frac{F_k}{f_a - \overline{\gamma}\, \overline{h}}$$

$$H_0 \geqslant \frac{b - b_0}{2\tan\alpha} = \frac{b_2}{[b_2 / H_0]}$$

式中　F_k——相应于荷载效应标准组合时，上部结构传至基础顶面的竖向力值（kN）。当基础为柱下独立基础时，轴向力算至基础顶面；当为基础墙下条形基础时，取1m 长度内的轴向力（kN/m）算至室内地面标高处；

$\overline{\gamma}$——基础及基础上的土重的平均重度，取 $\overline{\gamma} = 20$kN/m³；当有地下水时，取 $\overline{\gamma}' = 20 - 9.8 = 10.2$kN/m³；

$\overline{h}$——计算基础自重及基础上的土自重 G_k 时的平均高度（m）；

b_2——基础台阶宽度（m）；

H_0——基础高度（m）。

五、软弱下卧层强度验算

如果在地基土持力层以下的压缩层范围内存在软弱下卧层，则需按下式验算下卧层顶面的地基强度，即

$$p_z + p_{cz} \leqslant f_{az}$$

式中　p_z——相应于荷载效应标准组合时，软弱下卧层顶面处的附加应力值（kPa）；

p_{cz}——软弱下卧层顶面处土的自重压力标准值（kPa）；

f_{az}——软弱下卧层顶面处经深度修正后的地基承载力特征值（kPa）。

六、绘制施工图（2 号图纸一张）

合理确定绘图比例（平面图 1:100、详图 1:20~1:30）、图幅布置；符合《建筑制图

标准》（GB/T 50104—2010）有关要求。

七、参考资料

1. 规范

《建筑地基基础设计规范》（GB 50007—2011）

《砌体结构设计规范》（GB 50003—2011）

2. 参考书

《土力学与地基基础》

《地基与基础》

第三节　墙下条形基础设计实例

1. 荷载计算

（1）选定计算单元　取房屋中有代表性的一段作为计算单元，如图 6-3 所示。

外纵墙：取两窗中心间的墙体。

内纵墙：取①、②轴线之间两门中心间的墙体。

山墙、横墙：分别取 1m 宽墙体。

（2）荷载计算

外纵墙：取两窗中心线间的距离 3.3m 为计算单元宽度，则

$$F_{1k} = \frac{\Sigma F_{1k}}{3.3} = \frac{558.57}{3.3} \text{kN/m} = 169.26 \text{kN/m}$$

山墙：取 1m 为计算单元宽度，则

$$F_{2k} = \frac{\Sigma F_{2k}}{1} = \frac{168.61}{1} \text{kN/m} = 168.61 \text{kN/m}$$

内横墙：取 1m 为计算单元宽度，则

$$F_{3k} = \frac{\Sigma F_{3k}}{1} = \frac{162.68}{1} \text{kN/m} = 162.68 \text{kN/m}$$

内纵墙：取两门中心线间的距离 8.26m 为计算单元宽度，则

$$F_{4k} = \frac{\Sigma F_{4k}}{8.26} = \frac{1533.15}{8.26} \text{kN/m} = 185.61 \text{kN/m}$$

2. 确定基础的埋置深度 d

$$d = Z_0 + 200 = (1200 + 200)\text{mm} = 1400\text{mm}$$

3. 确定地基承载特征值 f_a

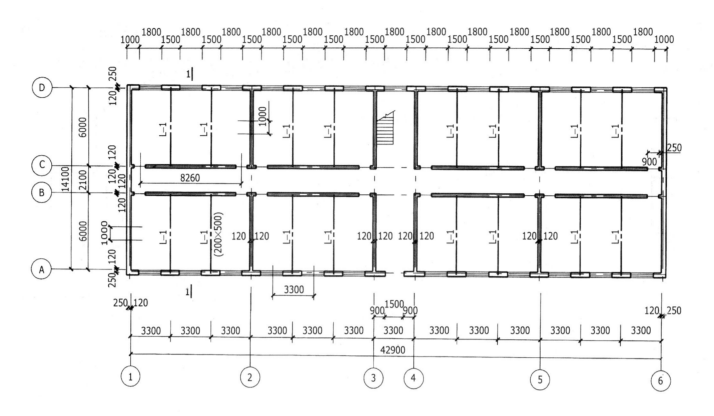

图 6-3　墙的计算单元

假设 $b<3\mathrm{m}$，因 $d=1.4\mathrm{m}>0.5\mathrm{m}$，故只需对地基承载力特征值进行深度修正。

$$\gamma_{\mathrm{m}}=\frac{16\times0.5+18\times0.9}{0.5+0.9}\mathrm{kN/m^3}=17.29\mathrm{kN/m^3}$$

$$f_{\mathrm{a}}=f_{\mathrm{ak}}+\eta_{\mathrm{d}}\gamma_{\mathrm{m}}(d-0.5)=[196+1.6\times17.29\times(1.4-0.5)]\mathrm{kPa}=220.90\mathrm{kPa}$$

4. 确定基础的宽度、高度

（1）基础宽度

外纵墙：

$$b_1\geqslant\frac{F_{1\mathrm{k}}}{f_{\mathrm{a}}-\overline{\gamma}\times\overline{h}}=\frac{169.26}{220.89-20\times\left(1.4+\dfrac{0.6}{2}\right)}\mathrm{m}=0.906\mathrm{m}$$

山墙：

$$b_2\geqslant\frac{F_{2\mathrm{k}}}{f_{\mathrm{a}}-\overline{\gamma}\times\overline{h}}=\frac{168.61}{220.89-20\times\left(1.4+\dfrac{0.6}{2}\right)}\mathrm{m}=0.902\mathrm{m}$$

内横墙：

内纵墙：

$$b_3\geqslant\frac{F_{3\mathrm{k}}}{f_{\mathrm{a}}-\overline{\gamma}\times\overline{h}}=\frac{162.68}{220.89-20\times2.0}\mathrm{m}=0.899\mathrm{m}$$

内纵墙：

$$b_4\geqslant\frac{F_{4\mathrm{k}}}{f_{\mathrm{a}}-\overline{\gamma}\times\overline{h}}=\frac{185.61}{220.89-20\times2.0}\mathrm{m}=1.026\mathrm{m}$$

故取 $b=1.2\mathrm{m}<3\mathrm{m}$，符合假设条件。

（2）基础高度

基础采用毛石，M5 水泥砂浆砌筑。

内横墙和内纵墙基础采用三层毛石，则每层台阶的宽度为

$$b_2=\left(\frac{1.2}{2}-\frac{0.24}{2}\right)\times\frac{1}{3}\mathrm{m}=0.16\mathrm{m}\ （符合构造要求）$$

查《建筑地基基础设计规范》（GB 50007—2011）允许台阶宽高比 $[b_2/H_0=1/1.5]$，则每层台阶的高度为

$$H_0\geqslant\frac{b_2}{[b_2/H_0]}=\frac{0.16}{1/1.5}\mathrm{m}=0.24\mathrm{m}$$

综合构造要求，取 $H_0 = 0.4\text{m}$。

最上一层台阶顶面距室外设计地坪为

$$(1.4 - 0.4 \times 3)\text{m} = 0.2\text{m} > 0.1\text{m}$$

故符合构造要求。内墙基础详图如图 6-4 所示。

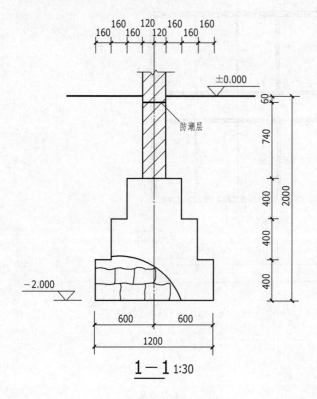

图 6-4　内墙基础详图

外纵墙和山墙基础仍采用三层毛石，每层台阶高 0.4m，则每层台阶的允许宽度为 $b \leqslant$

$[b_2/H_0] H_0 = \dfrac{1}{1.5} \times 0.4\text{m} = 0.267\text{m}$。

又因单侧三层台阶的总宽度为 $(1.2 - 0.37)\text{m}/2 = 0.415\text{m}$，故取三层台阶的宽度分别为 0.115m、0.15m、0.15m，均小于 0.2m（符合构造要求）。

最上一层台阶顶面距室外设计地坪为

$(1.4 - 0.4 \times 3)\text{m} = 0.2\text{m} > 0.1\text{m}$ 符合构造要求。（如图 6-5 所示）

5. 软弱下卧层强度验算

（1）基底处附加压力

取内纵墙的竖向压力计算

$$p_0 = p_k - p_c = \frac{F_k + G_k}{A} - \gamma_m d$$

$$= \left(\frac{185.61 + 20 \times 1.2 \times 1 \times 1.4}{1.2 \times 1} - 17.29 \times 1.4 \right) \text{kN/m}^2$$

$$= 158.47\text{kN/m}^2$$

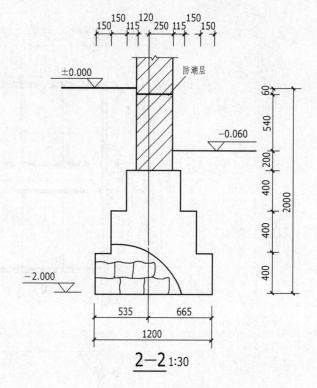

图 6-5　外墙基础详图

（2）下卧层顶面处附加压力

因 $Z/b = 4.1/1.2 = 3.4 > 0.5$，$E_{s1}/E_{s2} = 10/2 = 5$

故由《建筑地基基础设计规范》（GB 50007—2011）中表 5.2.7 查得 $\theta = 25°$，则

$$p_z = \frac{bp_0}{b + 2z\tan\theta} = \frac{1.2 \times 158.47}{1.2 + 2 \times 4.1 \times \tan 25°}\text{kN/m}^2 = 37.85\text{kN/m}^2$$

（3）下卧层顶面处自重压力

$$p_{cz} = (16 \times 0.5 + 18 \times 5)\text{kN/m}^2 = 98\text{kN/m}^2$$

（4）下卧层顶面处修正后的地基承载力特征值

$$\gamma_m = \frac{16 \times 0.5 + 18 \times 5}{0.5 + 5}\text{kN/m}^3 = 17.82\text{kN/m}^3$$

$f_{az} = f_{ak} + \eta_d \gamma_m (d + z - 0.5) = [88 + 1.0 \times 17.82 \times (0.5 + 5 - 0.5)]\text{kN/m}^2 = 177.1\text{kN/m}^2$

（5）验算下卧层的强度

$$p_z + p_{cz} = (37.85 + 98)\text{kN/m}^2 = 135.85\text{kN/m}^2 < f_{az} = 177.1\text{kN/m}^2$$

符合要求。

6. 绘制施工图

条形基础施工图如图 6-6 所示。

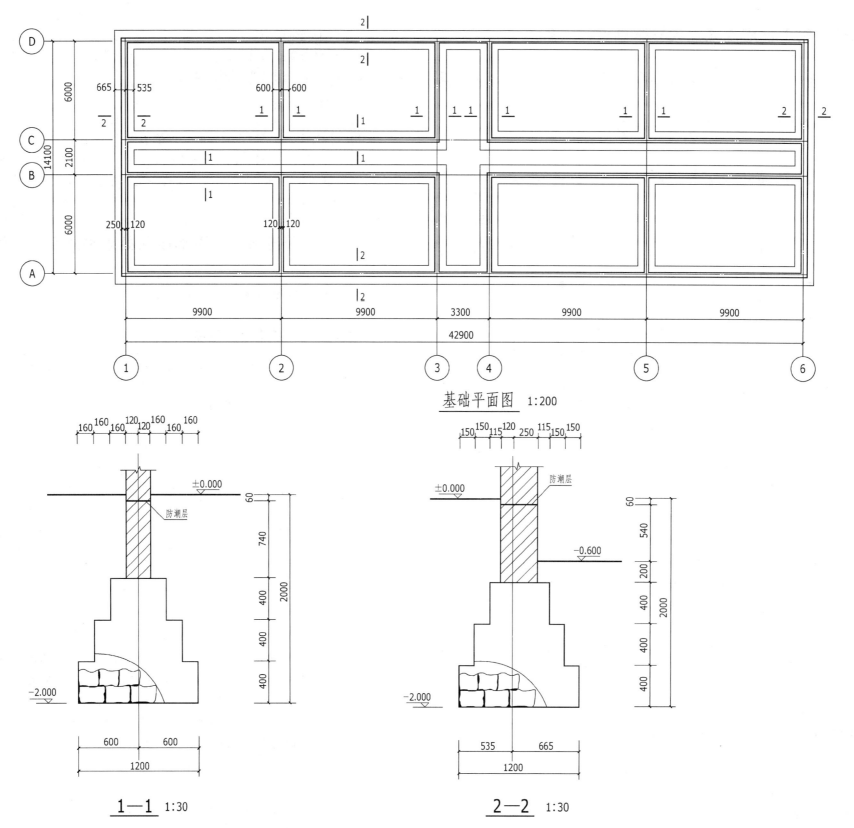

基础平面图　1:200

1—1　1:30

2—2　1:30

图 6-6　条形基础施工图

第四节　柱下钢筋混凝土独立基础设计任务书

一、设计题目

某教学楼为四层钢筋混凝土框架结构，采用柱下独立基础，柱网布置如图6-7所示，试设计该基础。

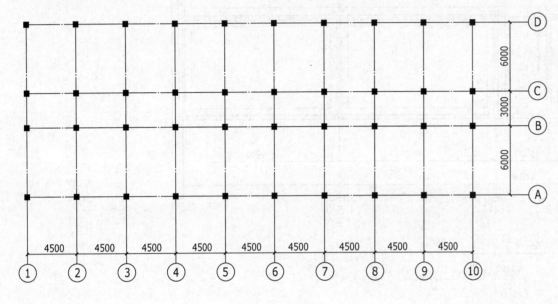

图6-7　柱网布置图

二、设计资料

1. 工程地质条件

该地区地势平坦，无相邻建筑物，经地质勘察：持力层为黏性土，土的天然重度为18kN/m³，地基承载力特征值 $f_{ak}=230$kN/m²，地下水位在-7.5m处，无侵蚀性，标准冻深为1.0m（根据地区而定）。

2. 给定参数

柱截面尺寸为350mm×500mm，在基础顶面处的相应于荷载效应标准组合，由上部结构传来轴心荷载为680kN，弯矩值为80kN·m，水平荷载为10kN。

3. 材料选用

1) 混凝土：采用C20（$f_t=1.1$N/mm²）（可以调整）。

2) 钢筋：采用HPB300（$f_y=270$N/mm²）（可以调整）。

三、设计内容

1) 确定基础埋置深度。

2) 确定地基承载力特征值。

3) 确定基础的底面尺寸。

4) 确定基础的高度。

5) 基础底板配筋计算。

6) 绘制施工图（平面图、详图）。

四、设计要求

1) 计算书要求书写工整、数字准确、图文并茂。

2) 制图要求所有图线、图例尺寸和标注方法均应符合国家现行的制图标准，图样上所有汉字和数字均应书写端正、排列整齐、笔画清晰，中文书写为长仿宋体。

3) 设计时间为3天。

第五节　柱下钢筋混凝土独立基础设计指导书

一、基础埋置深度 d（同本章第二节）

二、确定地基承载特征值 f_a（同本章第二节）

$$f_a = f_{ak} + \eta_b \gamma (b-3) + \eta_d \gamma_m (d-0.5)$$

三、确定基础的底面面积

$$A \geqslant \frac{F_k}{\bar{f_a} - \bar{\gamma} \times \bar{h}}$$

式中各符号意义同本章第二节。

四、持力层强度验算

$$p_{kmin}^{kmax} = \frac{F_k + G_k}{A} \left(1 \pm \frac{6e_0}{b} \right) \leqslant 1.2 f_a$$

$$p_k = \frac{p_{kmax} + p_{kmin}}{2} \leqslant f_a$$

式中　p_k——相应于作用的标准组合时，基础底面处的平均压力值（kPa）；

p_{kmax}——相应于作用的标准组合时，基础底面边缘的最大压力值（kPa）；

p_{kmin}——相应于作用的标准组合时，基础底面边缘的最小压力值（kPa）；

F_k——相应于作用的标准组合时，上部结构传至基础顶面的竖向力值（kN）；

G_k——基础自重和基础上的土重（kN）；

A——基础底面面积（m²）；

e_0——偏心距（m）；

f_a——修正后的地基承载力特征值（kPa）；

b——力矩作用方向基础底面边长（m）。

五、确定基础的高度

$$F_l \leqslant 0.7\beta_{hp}f_t a_m h_0$$

式中　　F_l——相应于荷载效应基本组合时作用在 A_l（冲切验算时，取用的部分基底面积）上的地基土净反力设计值（kN）；

　　β_{hp}——受冲切承载力截面高度影响系数，当 h 不大于 800mm 时，β_{hp} 取 1.0；当 h 大于等于 2000mm 时，β_{hp} 取 0.9，其间按线性内插法取用；

　　f_t——混凝土轴心抗拉强度设计值（kPa）；

　　a_m——冲切破坏锥体最不利一侧计算长度（m）；

　　h_0——基础冲切破坏锥体的有效高度（m）。

六、底板配筋计算

$$A_S = \frac{M}{0.9 f_y h_0}$$

$$M_I = \frac{1}{12}a_1^2\left[(2l+a')\left(p_{max}+p-\frac{2G}{A}\right)+(p_{max}-p)l\right]$$

$$M_{II} = \frac{1}{48}(l-a')^2(2b+b')\left(p_{max}+p_{min}-\frac{2G}{A}\right)$$

式中　　A_S——分别为平行于 l、b 方向的受力钢筋（mm²）；

　　M——分别为任意截面Ⅰ-Ⅰ、Ⅱ-Ⅱ处相应于荷载效应基本组合时的弯矩设计值（kN·m）；

　　h_0——基础冲切破坏锥体的有效高度（m）；

M_I、M_{II}——相应于作用的基本组合时，任意截面Ⅰ-Ⅰ，Ⅱ-Ⅱ处的弯矩设计值（kN·m）；

　　a_1——任意截面Ⅰ-Ⅰ至基底边缘最大反力处的距离（m）；

　　a'——平行于基础长边的柱边长（m）；

　　l——垂直于力矩作用方向的基础底面边长（m）；

　　b——力矩作用方向基础底面边长（m）；

　　b'——平行于基础短边的柱边长（m）；

p_{max}、p_{min}——相应于作用的基本组合时的基础底面边缘最大和最小地基反力设计值（kPa）；

　　p——相应于作用的基本组合时在任意截面Ⅰ-Ⅰ处基础底面地基反力设计值（kPa）；

　　G——考虑作用分项系数的基础自重及其上的土自重（kN）；当组合值由永久作用控制时，作用分项系数可取 1.35；

　　A——基础底面面积（m²）。

七、绘制施工图（2号图纸一张）

合理确定绘图比例（平面图为 1∶100、详图为 1∶20～1∶30）、图幅布置；符合《建筑制图标准》的有关要求。

第六节　柱下钢筋混凝土独立基础设计实例

1. 确定基础的埋置深度 d

$$d = Z_0 + 200 = (1000+200)\,\text{mm} = 1200\text{mm}$$

根据《建筑地基基础设计规范》（GB 50007—2011）规定，将该独立基础设计成阶梯形，取基础高度为 650mm，基础分二级，室内外高差 300mm，如图 6-8 所示。

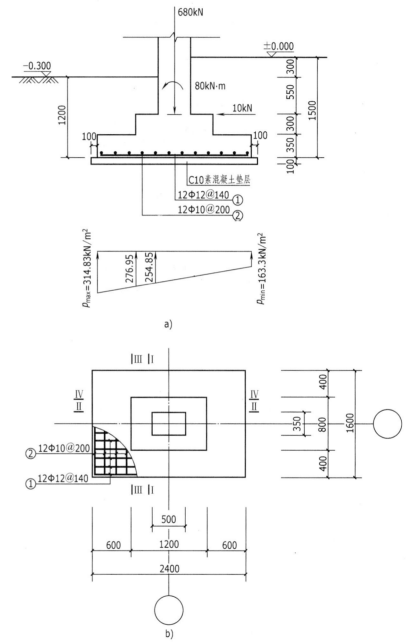

图 6-8　基础高度和底板配筋示意

a) 基础高度　b) 基础底板配筋

2. 确定地基承载特征值 f_a

假设 $b<3$m，因 $d=1.2$m>0.5m，故只需对地基承载力特征值进行深度修正，

$$f_a = f_{ak} + \eta_d \gamma_m (d-0.5) = [230+1.0\times18\times(1.2-0.5)]\,\text{kN/m}^2 = 242.6\,\text{kN/m}^2$$

3. 确定基础的底面面积

$$\bar{h} = \frac{1.2+1.5}{2}\text{m} = 1.35\text{m}$$

$$A \geqslant \frac{F_k}{f_a - \gamma \times \bar{h}} = \frac{680}{242.6-20\times1.35}\text{m}^2 = 3.15\text{m}^2$$

考虑偏心荷载影响，基础底面积初步扩大 20%，于是

$$A' = 1.2A = 1.2\times3.15\text{m}^2 = 3.78\text{m}^2$$

取矩形基础长短边之比 $l/b = 1.5$，即 $l = 1.5b$

$$b = \sqrt{\frac{A}{1.5}} = \sqrt{\frac{3.78}{1.5}}\text{m} = 1.59\text{m}$$

取 $b = 1.6\text{m}$，则 $l = 2.4\text{m}$。

$$A = l\times b = 2.4\text{m}\times1.6\text{m} = 3.84\text{m}^2$$

4. 持力层强度验算

作用在基底形心的竖向力值、力矩值分别为

$$F_k + G_k = 680\text{kN} + \gamma A\bar{h} = (680+20\times3.84\times1.35)\text{kN} = 783.68\text{kN}$$

$$M_k = M + Vh = (80+10\times0.65)\text{kN}\cdot\text{m} = 86.5\text{kN}\cdot\text{m}$$

$$e_0 = \frac{M_k}{F_k+G_k} = \frac{86.5}{783.68}\text{m} = 0.11\text{m} < \frac{l}{6} = \frac{2.4}{6} = 0.4\text{m}$$

符合要求。

$$p_{kmin}^{kmax} = \frac{F_k+G_k}{A}\left(1\pm\frac{6e_0}{b}\right) = \frac{783.68}{3.84}\times\left(1\pm\frac{6\times0.11}{2.4}\right)\text{kN/m}^2 = \begin{matrix}260.21\text{kN/m}^2 \\ 147.96\text{kN/m}^2\end{matrix} < 1.2f_a = 1.2\times$$

242.6kN/m² $= 291.12$kN/m²

$$p_k = \frac{p_{kmax}+p_{kmin}}{2} = \frac{260.21+147.96}{2}\text{kN/m}^2 = 204.09\text{kN/m}^2 < f_a = 242.6\text{kN/m}^2$$

故持力层强度满足要求。

5. 基础高度验算

现选用混凝土强度等级 C20，HPB300 钢筋，查规范表格得 $f_t = 1.1\text{N/mm}^2 = 1100\text{kN/m}^2$，$f_y = 270\text{N/mm}^2$。

地基净反力

$$p_{jmax} = p_{max} - \frac{G}{A} = 1.35p_{kmax} - \frac{1.35G_k}{A}$$

$$= \left(1.35\times260.21 - \frac{1.35\times20\times3.84\times1.35}{3.84}\right)\text{kN/m}^2$$

$$= 314.83\text{kN/m}^2$$

$$p_{jmin} = p_{min} - \frac{G}{A} = 1.35p_{kmin} - \frac{1.35G_k}{A}$$

$$= \left(1.35\times147.96 - \frac{1.35\times20\times3.84\times1.35}{3.84}\right)\text{kN/m}^2$$

$$= 163.3\text{kN/m}^2$$

由图 6-8 可知，$h = 650\text{mm}$，$h_0 = 610\text{mm}$；下阶 $h_1 = 350\text{mm}$，$h_{01} = 310\text{mm}$；拟采用阶形基础，剖面尺寸如图 6-8 所示。

（1）柱边截面

$$a_t + 2h_0 = (0.35+2\times0.61)\text{m} = 1.57\text{m} < l = 1.6\text{m}$$

取 $a_b = 1.57\text{m}$

$$a_m = \frac{a_t+a_b}{2} = \frac{0.35+1.57}{2}\text{m} = 0.96\text{m}$$

$$A_l = \left(\frac{b}{2}-\frac{b_t}{2}-h_0\right)l - \left(\frac{l}{2}-\frac{a_t}{2}-h_0\right)^2$$

$$= \left[\left(\frac{2.4}{2}-\frac{0.5}{2}-0.61\right)\times1.6 - \left(\frac{1.6}{2}-\frac{0.35}{2}-0.61\right)^2\right]\text{m}^2$$

$$= 0.5438\text{m}^2$$

$$F_l = A_l p_{jmax} = 0.5438\times314.83\text{kN} = 171.2\text{kN}$$

$$0.7\beta_{hp}f_t a_m h_0 = 0.7\times1.0\times1100\times0.96\times0.61\text{kN} = 450.91\text{kN} > F_l = 171.2\text{kN}$$

符合要求。

（2）变阶处截面　由图 6-8 知：$a_{t1} = 0.8\text{m}$，$b_{t1} = 1.2\text{m}$

取　$a_b = 1.42\text{m}$

$$a_m = \frac{a_t+a_b}{2} = \frac{0.8+1.42}{2}\text{m} = 1.11\text{m}$$

$$a_t + 2h_{01} = (0.8+2\times0.31)\text{m} = 1.42\text{m} < l = 1.6\text{m}$$

$$A_l = \left(\frac{b}{2}-\frac{b_{t1}}{2}-h_{01}\right)l - \left(\frac{l}{2}-\frac{a_{t1}}{2}-h_{01}\right)^2$$

$$= \left[\left(\frac{2.4}{2}-\frac{1.2}{2}-0.31\right)\times1.6 - \left(\frac{1.6}{2}-\frac{0.8}{2}-0.31\right)^2\right]\text{m}^2$$

$$= 0.4559\text{m}^2$$

$$A_2 = (b_{z1}+h_{01})h_{01}$$

$$= (0.8+0.31)\times0.31\text{m}^2$$

$$= 0.3441\text{m}^2$$

$$F_l = A_l p_{max} = 0.4559\times314.83\text{kN} = 143.53\text{kN}$$

$$0.7\beta_{hp}f_t a_m h_0 = 0.7\times1.0\times1100\times1.11\times0.31\text{kN} = 264.96\text{kN} > F_l = 143.53\text{kN}$$

符合要求。

6. 基础底板配筋计算

1）计算基础的长边方向，Ⅰ—Ⅰ 截面

柱边地基净反力

$$p_{j1} = p_{jmin} + \frac{b+b_c}{2l}(p_{jmax}-p_{jmin})$$

$$= \left[163.3 + \frac{2.4+0.5}{2\times2.4} \times (314.83-163.3) \right] kN/m^2$$

$$= 254.85 kN/m^2$$

$$p_{jmax} = p_{max} - \frac{G}{A}$$

$$M_{\text{I}} = \frac{1}{12} a_1^2 \left[(2l+a')\left(p_{max}+p-\frac{2G}{A}\right) + (p_{max}-p)l \right]$$

$$= \frac{1}{12} a_1^2 \left[(2l+a')(p_{jmax}+p_{j\text{I}}) + (p_{jmax}-p_{j\text{I}})l \right]$$

$$= \frac{1}{12} \times 0.95^2 \times \left[(2\times1.6+0.35)\times(314.83+254.85) + (314.83-254.85)\times1.6 \right] kN\cdot m$$

$$= 159.31 kN\cdot m$$

$$M_{\text{III}} = \frac{1}{12} a_1^2 \left[(2l+a')\left(p_{max}+p-\frac{2G}{A}\right) + (p_{max}-p)l \right]$$

$$= \frac{1}{12} \times 0.6^2 \times \left[(2\times1.6+0.8)\times(314.83+254.85) + (314.83-254.85)\times1.6 \right] kN\cdot m$$

$$= 71.24 kN\cdot m$$

$$A_{s\text{I}} = \frac{M_{\text{I}}}{0.9f_y h_0} = \frac{159.31\times10^6}{0.9\times270\times610} mm^2 = 1074.68 mm^2$$

III - III 截面:

$$p_{j\text{III}} = p_{jmin} + \frac{b+b_{t1}}{2b}(p_{jmax}-p_{jmin})$$

$$= \left[163.3 + \frac{2.4+1.2}{2\times2.4} \times (314.83-163.3) \right] kN/m^2$$

$$= 276.95 kN/m^2$$

$$M_{\text{III}} = \frac{1}{48}(l-a_{z1})^2(2b+b_{z1})(p_{jmax}+p_{j\text{III}})$$

$$= \left[\frac{1}{48} \times (2.4-1.2)^2 \times (2\times1.6+0.8)\times(314.83+276.95) \right] kN\cdot m$$

$$= 71.01 kN\cdot m$$

$$A_{s\text{III}} = \frac{M_{\text{III}}}{0.9f_y h_0} = \frac{71.24\times10^6}{0.9\times270\times310} mm^2 = 945.71 mm^2$$

比较 $A_{s\text{I}}$ 和 $A_{s\text{III}}$，应按 $A_{s\text{I}}$ 配筋，在平行于 b 方向 1.6m 宽度范围内配 10φ12@160（$A_s = 1131 mm^2 > 1074.68 mm^2$）。

2）计算基础的短边方向，II — II 截面

$$M_{\text{II}} = \frac{1}{48}(l-a')^2(2b+b')\left(p_{max}+p_{min}-\frac{2G}{A}\right)$$

$$= \frac{1}{48}(l-a')^2(2b+b')(p_{jmax}+p_{jmin})$$

$$= \left[\frac{1}{48} \times (1.6-0.35)^2 \times (2\times2.4+0.5)\times(314.83+163.3) \right] kN\cdot m$$

$$= 82.49 kN\cdot m$$

$$A_{s\text{II}} = \frac{M_{\text{II}}}{0.9f_y h_0} = \frac{82.49\times10^6}{0.9\times210\times610} mm^2 = 715.5 mm^2$$

IV — IV 截面

$$M_{\text{IV}} = \frac{1}{48}(l-a_{t1})^2(2b+b_{t1})(p_{jmax}+p_{jmin})$$

$$= \left[\frac{1}{48} \times (1.6-0.8)^2 \times (2\times2.4+1.2)\times(314.83+163.3) \right] kN\cdot m$$

$$= 38.25 kN\cdot m$$

$$A_{s\text{IV}} = \frac{M_{\text{IV}}}{0.9f_y h_0} = \frac{38.25\times10^6}{0.9\times210\times310} mm^2 = 652.84 mm^2$$

比较 $A_{s\text{II}}$ 和 $A_{s\text{IV}}$，应按 $A_{s\text{II}}$ 配筋，但面积仍较小，故在平行于 l 方向 2.4m 宽度范围内按

构造配 12φ10@200（$A_s = 942 mm^2 > 715.5 mm^2$）。

7. 绘制施工图

独立基础施工图如图 6-9 所示。

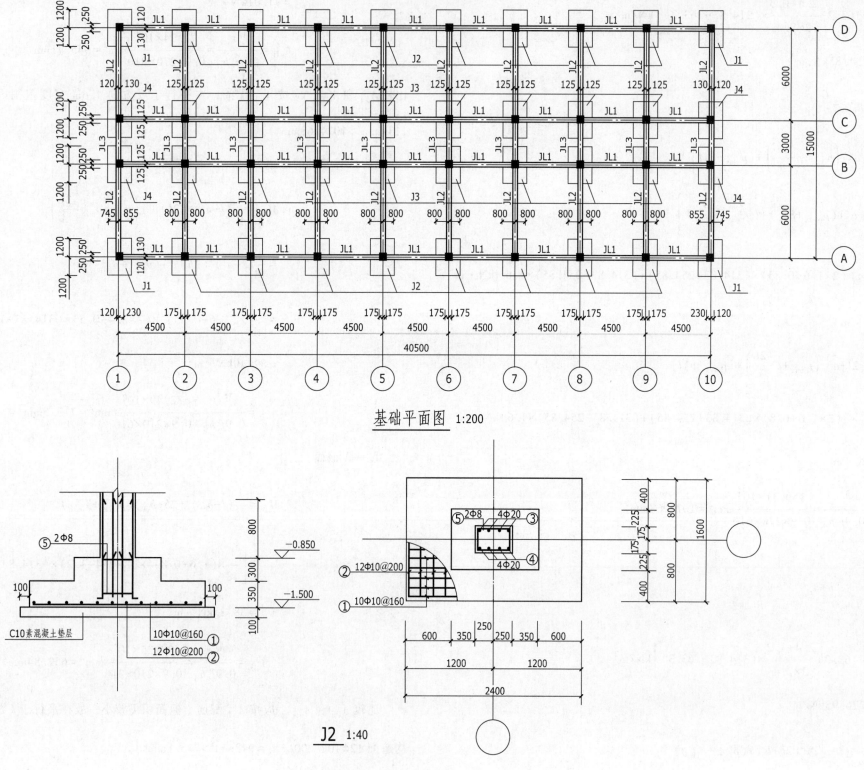

基础平面图 1:200

J2 1:40

图 6-9 独立基础平面图、剖面图

施 工 预 算 篇

第七章　住宅楼施工组织设计实训

第一节　住宅楼施工组织设计任务书

一、设计题目

某住宅楼施工组织设计，施工现场平面布置如图7-1所示。

二、设计资料

1. 工程概况

某市地方税务局职工住宅小区第六标段，该标段为3号、4号楼，共2栋。住宅楼建筑面积为12330m²，该工程为砖混结构。

2. 装饰概况

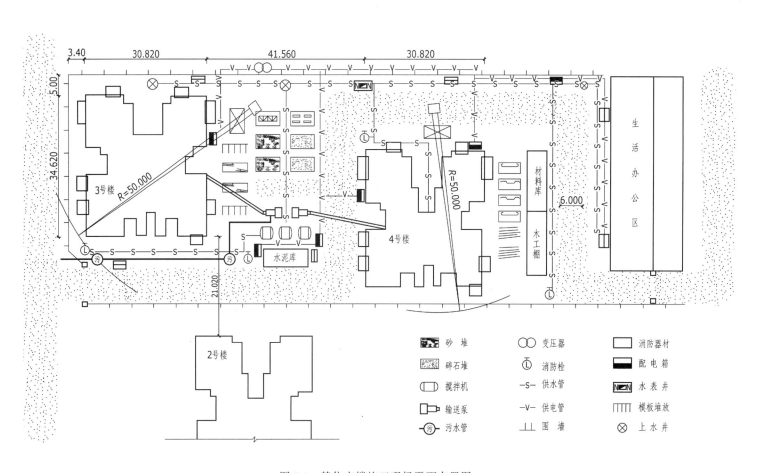

图7-1　某住宅楼施工现场平面布置图

内墙刮腻子，外墙为彩色弹涂，厨卫墙面瓷砖到顶，塑料板吊顶，窗户均为塑钢窗，屋顶采用 SBS 防水，卫生间地面全部为防滑地砖，其余为毛地面。

3. 施工条件

1）本工程位于市区，交通运输方便，水电均由原有建筑引出，现场不设变压器，现场已平整。

2）施工日期从 2013 年 4 月 1 日至 2014 年 1 月 17 日，共计 9.5 个月。地基土为二类土，地下水位-4.0m，主导风向为西北风，本地区 7 月份为雨季，应考虑冬期施工。

4. 施工项目工程量

施工项目工程量见表 7-1。

表 7-1　施工项目工程量

序号	施工过程名称	单位	工　程　量					
			底层	二层	三层	四层	五层	六层
1	土方开挖	m³	3916					
2	毛石基础	m³	2300					
3	地梁	m³	124					
4	120mm 墙	m³	75	75	75	75	75	75
5	240mm 墙	m³	344	344	344	344	344	344
6	370mm 墙	m³	433	433	433	433	433	433
7	构造柱混凝土	m³	108	108	108	108	108	108
8	现浇板	m³	176	176	176	176	176	189
9	楼梯	m²	37	37	37	37	37	37
10	聚苯板	m³						144
11	找平层	m²						1035
12	防水层	m²						1300
13	木门安装	m²	153	153	153	153	153	153
14	窗安装	m²	375	375	375	375	375	375
15	楼地面	m²	1305	1305	1305	1305	1305	1305
16	内墙抹灰	m²	3544	3544	3544	3544	3544	3544
17	顶棚抹灰	m²	1305	1305	1305	1305	1305	1305
18	外墙抹灰	m²	990	990	990	990	990	990
19	外墙弹涂	m²	990	990	990	990	990	990
20	玻璃油漆	m²	190	190	190	190	190	190
21	刮腻子	m²	4849	4849	4849	4849	4849	4849
22	散水台阶	m²	240					

三、设计内容

1. 单位工程施工进度计划

1）按照图样内容、合同工期及现场实际情况绘制横道图一张。

2）根据各施工过程间的逻辑关系，绘制双代号施工网络图一张，确定总工期，指出关

键线路。

2. 编制各种资源需要量计划（注明工种数量、规格、型号、进场时间）

1）劳动力需要量计划。

2）主要材料需要量计划。

3）主要施工机械需要量计划。

3. 绘制施工现场平面图（1∶200 或 1∶500）

施工现场平面图应包括以下主要内容：

1）建筑总平面图上已建和拟建的地上和地下的一切建筑物、构筑物和其他设施的位置和尺寸。

2）移动式起重机开行路线和垂直运输设施的位置。

3）材料、成品、半成品和机具的堆场。

4）生产、生活用临时设施的位置、面积。

5）现场运输道路。

6）临时供水、排水、供电管线的位置。

7）安全和消防设施的位置。

四、设计时间安排及要求

1）设计时间为 1 周。

2）说明书简明扼要，重点突出，内容丰富完整，文字、图、表齐全。

3）设计中所采用的施工工艺必须符合《砌体结构工程施工质量验收规范》（GB 50203—2011）及相应的验收规范要求。

第二节　住宅楼施工组织设计指导书

施工组织设计是综合应用本专业课的有关知识，联系各种实习活动接触过的生产实际情况，检验所学的理论知识，解决施工过程中的实际问题，并用以指导施工全过程的纲领性的技术性综合文件。

一、设计程序

熟悉施工图样及有关资料→介绍工程概况→确定施工方案，选择施工方法和施工机具→用已计算好的工程量初排各分部工程施工进度计划（横道图）→连接各分部工程进度并进行优化调整→依据调整好的进度编制施工网络计划→根据进度计划编制主要资源需用量计划→根据总平面内容计算仓库面积、加工棚面积及临时建筑面积→绘制施工平面图→装订整理。

二、设计准备

在熟悉图样的基础上认真阅读任务书、指导书及有关技术资料，收集借阅有关参考书。

三、设计内容及步骤

1. 工程概况

单位工程施工组织设计中的工程概况是对拟建单位工程的工程特点、地质特征和施工条件等所作的简明扼要的说明，它是选择施工方案、编制进度计划、设计施工平面图的前提。为了弥补文字叙述的不足，可绘制拟建工程的平、立、剖面简图。

工程概况应针对工程的特点，重点介绍工程建设特点、建筑、结构及施工特点。

2. 施工方案及施工方法

（1）施工方案　施工方案的选择是单位工程施工组织设计的核心，一般包括确定工程的施工程序、施工起点及流向、施工段的划分、分部分项工程的施工顺序。

1）施工程序是指单位工程中各分部工程或施工阶段的先后次序及相互制约关系，主要解决时间搭接上的问题。因此，需要熟悉施工内容，弄清各分部工程间的界限，从工艺关系上分析各分部工程可能的搭接关系。如主体施工进行到一定楼层时，内装修可穿插进行，屋面与装修同步进行，框架结构中主体施工与围护结构施工的搭接等。要求尽可能综合利用时间，缩短工期，加快施工进度。

2）施工起点及流向是指单位工程在平面及空间上开始施工的部位及流动方向。一般来说，对单层建筑物，只需要按其工段、跨间分区分段来确定在平面上的施工流向；对多层建筑物，除了应确定每层在平面上的施工流向外，还需确定其楼层在竖向上的施工流向；框架结构基础一般可考虑由场地一端开始；主体应尽量满足连续施工的要求，有高低层时，考虑自层数较多的一端开始。不同的施工流向可产生不同的质量、进度和成本效果。在不破坏施工工艺流程的前提下，尽可能为施工提供方便。

3）施工段的划分是为了满足流水施工的需要，将单一而庞大的建筑物（或建筑群）划分成多个部分，便于组织流水施工。划分施工段时，应注意不可破坏结构的整体性，尽量利用变形缝、平面有变化部位、允许留施工缝的部位等。施工段不宜过多，避免出现过多的施工缝。若现浇结构每层面积较小时，混凝土浇筑应连续进行。基础混凝土浇筑及屋面工程施工一般不分段。

4）确定各分部分项工程的施工顺序时，必须先熟悉施工工艺，然后合理安排施工顺序。

① 砖混结构的施工工艺。

基础：基槽开挖→验槽钎探→砌基础→回填土→地圈梁（钢筋、支模、浇筑混凝土）。

主体：绑扎构造柱钢筋→砌墙→圈过梁（模板、钢筋、混凝土）→楼板→楼梯。

屋面及装饰工程按一般的构造层次及工艺要求组织施工。

② 框架结构的施工工艺。

基础：基坑开挖→验槽钎探→混凝土垫层→钢筋混凝土基础→基础墙→回填土。

主体：柱筋绑扎→柱模安装→浇筑混凝土→支梁、板模板→绑扎梁、板钢筋→浇梁、板混凝土→混凝土养护。

屋面及装饰工程基本同砖混结构。

（2）施工方法及施工机械的选择　由于建筑产品的多样性、地区差异性和施工条件的不同，施工方法和施工机械的选择也是不相同的，选择时应注意两者的协调统一，即相应的施工方法要求选用适宜的施工机械；不同的施工机械适用于不同的施工方法。

基础土方尽量采用机械开挖，在熟悉机械性能及各项参数的情况下，可根据土方土质、基础类型及地质水文等情况选择挖土机械的种类、型号和数量。

主体施工应着重考虑砖砌体的砌筑及钢筋混凝土的施工方法；脚手架及安全网的搭设；

垂直及水平运输机械的选择；模板及支撑应尽量选择大模板、竹丝板、组合钢模板、桁架及钢管支撑。

装饰工程施工应对内外装饰施工工艺作简单说明。

3. 施工进度计划

单位工程施工进度计划是在已确定的施工方案的基础上，根据要求的工期和技术资源供应条件，遵循工程的施工顺序，对工程各个项目的施工持续时间以及相互搭接和穿插的配合关系、工程开工、竣工时间及总工期等作出安排，并用横道图或网络图表示出来。

1）首先根据规定工期，按分部工程劳动量与总劳动量的比例，充分考虑各分部工程施工的可能搭接时间，确定各个分部工程施工期限。

2）在分部工程施工期限内，首先应按施工工艺过程确定的施工顺序，按流水施工的需要确定施工段，用下式计算各施工段的劳动量：

$$P = QH \quad 或 \quad P = Q/S$$

式中　P——工作项目所需要的劳动量（工日）；

Q——工作项目的工程量（m^3，m^2，t……）；

S——工作项目所采用的人工产量定额（m^3/工日，m^2/工日，t/工日……）；

H——工作项目所采用的时间产量定额（工日/m^3，工日/m^2，工日/t……）。

然后根据现场工人情况及工作面的大小，用下式计算主要施工段的流水节拍：

$$t = P/RB$$

式中　t——流水节拍；

R——班组人数；

B——工作班数。

根据主要施工段的流水节拍，确定流水施工的方式，初排分部工程施工进度计划，绘制横道图。

3）把初排的各分部工程施工进度计划连接成单位工程施工进度计划。根据进度表画出主要阶段的劳动力动态曲线图，并进行分析，对资源需要过分集中的区段，应适当调整。调整的方法是在施工进度表上，在工期允许范围内和工艺流程不变的情况下，调整部分施工过程的起始时间，逐渐均衡资源供应。

4）根据各施工过程间的逻辑关系，绘制施工网络图，并计算时间参数，确定总工期和关键线路（总工期应与横道图相符）。

4. 主要资源需用量计划

1）单位工程施工进度计划编制好后，即可着手进行编制施工准备工作计划和各项资源需用量计划。这些计划也是施工组织设计的组成部分，是保证施工进度计划顺利进行及施工企业安排施工准备计划及资源供应的依据。

2）施工准备工作计划及各主要资源需用量计划可参考教材中的有关表格内容填写。填写时特别要注意资源的进场（或供应）时间应与进度计划相一致。

5. 施工现场平面图

单位工程施工平面图及一幢建筑物（或构筑物）的施工现场平面图是在建筑总平面上结合现场实际情况布置出来的。它是施工方案在现场空间上的体现，反映着已建工程和拟建工程之间以及各种临时建筑、设施相互之间的空间关系。其设计是结合工程特点和现场条件，按照一定的设计原则，对施工机械、施工道路、加工棚、材料构件堆场、临时设施、水电管线等进行平面的规划和布置，并按一定的比例绘制成图。它是单位工程施工组织设计的主要组成部分。

1）图上应首先在单位工程或施工区域内标出地上、地下已建成或拟建建筑物位置、尺寸、地形尺寸等高线；测量放线的桩位、位置；指北针等。

2）布置拟建工程的垂直运输机械的位置及服务半径。布置时应方便施工，充分考虑材料、工具堆放，混凝土运输道路；混凝土搅拌机布置应靠近拟建建筑物，道路畅通有利于原材料的堆放。

3）施工现场交通道路的出入口应尽量临近主要场外交通道路。场内主要道路应形成环行道路。其他次要道路应根据仓库及材料堆放位置就近布置。施工道路应符合技术要求。

4）钢筋、水泥、砂、石等主要材料应有足够的堆放场地。混凝土原材料应靠近搅拌站，加工棚应布置在场地边缘。

5）临时设施的布置应考虑生产的需要和生活的方便。生产用房靠近施工现场，并方便与外界的联系及出入；生活用房尽量离工地现场远一些，方便工人休息。

6）水、电管线应尽量采用埋地布置，电线可考虑架空，但一定要满足安全距离。管线尽量采用环状布置。

7）消防设施一定要布置在路口、门口或显要位置，同时应考虑离水源近些。

8）其他应考虑的内容及有关说明。

四、参考资料

1）完整施工图样一套、施工图预算书及工程量统计。

2）《施工定额》《工期定额》。

3）《施工手册》《建筑施工工程师手册》。

4）《建筑施工组织》《建筑施工技术》。

5）其他原始设计资料及有关合同文件。

第三节　住宅楼施工组织设计实例

一、施工部署

1. 原则要求

本工程因工程量大，工期较紧，中间又隔一个冬季，给施工带来较大的不便。因此，该工程必须妥善安排，合理组织，确保总工期的实现。

2. 总工期及分部工期控制进度

1）总工期控制：2013 年 4 月 1 日至 2014 年 1 月 17 日。

2）分部工期控制：

① 基础工程：2013 年 4 月 1 日至 2013 年 5 月 9 日。

② 主体工程：2013 年 5 月 9 日至 2013 年 8 月 22 日。

③ 内装修：2013 年 8 月 22 日至 2013 年 12 月 20 日。

④ 外装修：2013 年 8 月 23 日至 2013 年 11 月 20 日。

3. 施工准备

1）尽快清理现场，确保按时开工。

2）尽快熟悉图样，了解现场情况，清除地上、地下障碍物。

3）按时进行放线，及时通知甲方、监理单位、设计单位的有关人员验槽。

4）按现场进度需求，尽快组织主要劳动力及施工机具设备进场。

5）通知有关人员，保证材料的及时进场。

6）修筑临时道路，接通水源、电源，保证工地交通及用水、用电畅通。

7）搭设临时设施，满足生产和生活需要。

4. 施工组织机构设置

为保证本工程的顺利进行，特组织"地税局住宅楼工程项目指挥部"，下设一、二项目部负责履行合同，统一指挥，协调两项目部组织生产，解决施工中出现的各种问题，按期、优质地完成施工任务。同时分别组织两个项目部具体实施：第一项目部负责 3 号楼；第二项目部负责 4 号楼。两项目部平行施工。

5. 技术和劳动力组织安排

各项目部选派具有专业知识、从事多年施工技术工作的技术人员组织成现场管理机构，其中包括施工员、技术员、材料员、质检员、预算员、统计员、安全员等，组成该项目部的管理人员。各班班长及操作者，定期及不定期地学习图样、规范以及施工操作要求。

施工中各工种配备齐全，有混凝土工组、木工组、钢筋工组、架子工组、焊工组、抹灰工组、瓦工组、水电工组、机械工组、装饰队伍等，各工种均选用经过专业培训的工人，特殊工种的工人应具有上岗证，而且有丰富施工经验的专业队伍。

二、施工方案

1. 方案选择原则

技术要先进，工期要高速，成本讲效益，质量保全优，施工机械化。

2. 主要部位的施工方案

（1）基础工程　基槽采用机械大开挖，人工修槽，自卸汽车外运土。

（2）模板工程

1）构造柱采用倒模，顶板采用大面积脱模，梁采用脱落式模板。

2）梁柱模板采用定型组合钢模板，现浇板采用竹丝板。

3）支撑采用钢管支撑。

（3）混凝土工程

1）浇筑方式：混凝土采用现场集中搅拌，柱采用人工浇筑，梁板采用泵送混凝土浇筑。

2）振捣方式：梁、柱采用插入式振捣器振捣，楼板采用板式振捣器振捣。

3）养护方式：自然养护法，温度过高时，采用适当的方式，如塑料布等覆盖养护。

4）马道形式：采用架空马道。

（4）钢筋工程　钢筋在现场加工，现场设置钢筋切断机、弯曲机各二台，并按照需要设置拉伸机械。

（5）垂直运输机械

1）泵送机两台，主要用于主体梁、板混凝土浇筑。

2）塔式起重机两台，主要用于砌筑、装饰等工程。

3）外装饰采用双排钢管脚手架。

（6）施工用水

1）水管线根据现场平面布置确定主管，尽量采用埋地，支管考虑用塑料软管，根据需要布置。

2）消防用水及生活用水另接。

（7）施工用电　根据甲方提供电源情况，满足施工现场的需要，布置方式采用埋地或架空。

（8）流水分段　每个项目部分别组织流水施工。地梁、主体每层楼划分为两个流水段，按工种平行搭接穿插施工。装饰阶段每栋楼按楼层分为六个施工段，采用自上而下、逐层向下流水施工。外装修也采用自上而下的施工顺序。

（9）安全防护

1）主体装修施工时按规定搭设安全防护网并检查合格。

2）外脚手架用密目安全网封闭。

3）楼梯口、预留洞口应做好安全防护，防止坠落。

4）高空作业时要有防雷电、防风措施。

3．施工顺序

（1）基础工程　基坑挖土→验槽钎探→毛石基础→检查验收→回填土→地圈梁。

（2）主体工程　构造柱钢筋→砌墙→浇构造柱混凝土→支圈梁、楼板模板→绑钢筋→检查验筋→浇筑混凝土。

（3）装修工程　顶棚抹灰→门窗框安装→墙面抹灰→楼地面垫层→楼地面面层→油漆、腻子、玻璃等，穿插进行外墙抹灰、外墙装修、涂料等。

（4）屋面工程　隔气层→保温层→找平层→防水层。

三、施工方法

1．施工测量及找平放线

（1）测设主轴控制网　以现场定位的每栋楼四面的四条轴线为主，测设点设在距坑边1～5m便于支设经纬仪且通视条件良好的位置。

（2）永久水准点测设　可测设在周围固定建筑物上或埋地予以保护，其作法是在墙、杆上画红色▲，标注标高，永久水准点设在便于观察立杆尺和通视条件较好且便于保护的部位，但东、西、南、北每侧不少于两处。

（3）沉降观察点　设在每栋楼的四角和变形缝处，采用预埋铁件焊角钢的方法，确定其原有标高，并加以标记。观察点应牢固稳定，并与固定水准点有良好的通视条件。

2．土方开挖及回填

（1）土方开挖

1）机械大开挖，人工修槽，挖出的土方视场地情况除留足基槽房心回填土外，其余土全部外运。

2）在人工清槽和挖槽过程中，随时测设槽底标高并及时修坡。土方挖完后，会同设计和勘探、监理部门进行验槽。

3）基坑开挖尺寸，考虑到砌毛石基础，所以槽底每边放出250mm工作面，坑边坡的坡度选用1：0.5。

（2）回填土方

1）回填土方分为两部分。第一部分是基础砌完后，回填基础空隙；第二部分是房心回填土。

2）基底若有换土，则应严格按照设计要求进行施工，回填夯实后应作检测，合格后方可进行施工。回填土应分层夯实，每层厚度不大于300mm，并及时取样试验。

3）挖土采用放坡方法，既安全又节约资金。边坡坡度按施工规范放坡。

3．基础

毛石基础在砌筑之前，重新复核轴线桩、标高及基底无误后，方可砌筑。

（1）原材料

1）进入现场的片石强度、外观应符合要求，不允许风化、水锈、山皮薄片的毛石进入现场，中部厚度小于15cm的毛石不允许上墙。

2）砂浆：水泥强度等级不低于32.5级，砂过筛，配合比以实验室试配结果为准。保证砂浆和易性，当天砂浆随拌随用。

（2）施工要点

1）砌第一层石块时，基底要座浆，石块大面朝下。

2）每层石块上下错缝，内外搭砌，避免出现包馅基础。

3）每0.7m² 面积或2m 长度内不少于一块拉结石。毛石每日砌筑高度不超过1.2m。

4．钢筋工程

（1）钢筋检验　凡进入现场的钢筋必须具有钢材合格证和试验报告，同时要按规定取样复验，没有合格证、试验报告的钢筋严禁使用。

（2）钢筋加工

1）各个部位的钢筋必须按下料单进行加工，合理使用，避免浪费。

2）下料加工后分类堆放，注有标牌，不得混放。

（3）钢筋运输

1）水平人工运输。

2）垂直使用龙门架运输。

（4）钢筋绑扎

1）绑扎程序：划线→摆筋→穿箍→绑筋→安放垫块等。

2）划线时应注意钢筋间距、数量、标明加密箍筋的位置。

3）钢筋搭接长度按规范及图样要求执行。

4）钢筋的交点用20#、22#铅丝扎牢。板的钢筋网片外围两行相交点全部扎牢。中间部分相交点可交错扎牢，但双向受力钢筋网片，每个交点必须全部扎牢。

5）支座处的负筋或板中双层钢筋网片，每隔800mm设马凳，马凳按梅花状布置。

6）用水泥块控制混凝土保护层厚度。

7）钢筋施工完毕经自检后，报甲方和监理工程师进行钢筋隐蔽检查验收。

检查时应注意下列几点：

① 根据设计图样检查钢筋的级别、直径、形状、尺寸、根数、间距、箍筋加密和锚固长度是否正确。

② 检查混凝土保护层是否符合要求。

③ 检查钢筋接头位置及搭接长度是否符合要求。

④ 检查钢筋绑扎是否牢固，钢筋是否有锈蚀等。

⑤ 检查验收合格后，由有关人员签字后方可开始浇筑混凝土。

5. 模板工程

（1）模板要求

1）模板要保证工程结构和构件各部位形状、尺寸和相互位置的正确。

2）模板要具有足够的强度、刚度和稳定性。

3）模板应能够承受新浇混凝土自重和侧压力以及施工荷载。

4）接缝应严密，不漏浆。

（2）模板安装

1）采用定型组合钢模板和竹模板，适当配备木模板。

2）模板安装前必须清理干净，涂刷隔离剂。

3）柱、梁采用钢模板，楼板采用大型竹模板。

4）梁、板跨度大于等于 4m，底模板中部起拱，起拱高度为跨度的 0.2%～0.3%。

5）模板支撑牢固，支撑钢管间距符合要求，并设拉杆，防止倾覆。

（3）模板拆除

1）侧模板在混凝土强度能保证其表面及棱角不因侧模板拆除而受损时，即可拆除。

2）底模板应在与混凝土结构同条件养护的试件达到规范规定强度时，方可拆除。具体规定如下：

板：跨度小于等于 2m，不低于设计强度的 50%。

梁、板：跨度小于等于 8m，不低于设计强度的 75%。

梁、板：跨度大于 8m，不低于设计强度的 100%。

悬臂构件：不低于设计强度的 100%。

6. 混凝土工程

（1）选材要求

1）水泥应有出厂合格证和试验报告，同时按规定进行复验，并注意出厂日期。

2）砂石必须符合国家普通混凝土用砂和石子质量标准。砂用中砂，石用砾石或碎石（最好用碎石），最大粒径不大于 40mm。砂、石含泥量应符合要求，并应送试。

3）外加剂应具有出厂合格证及检验报告，并注意其有效期。

（2）施工要点

1）在搅拌第一盘混凝土时，考虑到筒壁上的砂浆损失，石子用量应按配合比规定减半。

2）要严格控制配合比、水灰比和坍落度，砂石必须车车过磅，配合比要挂牌明示，试块要按规定留设，保证混凝土的搅拌时间。

3）雨季施工期间要勤测粗细集料的含水量，随时调整用水量和粗细集料的用量。

4）在浇筑混凝土前，模板内的杂物要清除干净。特别是构造柱根部应清理干净，防止出现烂根现象。

5）梁和板应同时浇筑。加强振捣，做到快插慢拔，振捣要密实。

6）浇筑竖向结构前，底部先填 5～10cm 厚与混凝土配合比相同的水泥砂浆，加强新旧混凝土结合。

7）浇筑混凝土时，应派木工、钢筋工专人观察模板、支架、钢筋、预埋件和预埋孔洞

的情况，发现问题立即处理。

8）混凝土浇筑完毕后，及时覆盖养护。

9）输送泵的管道在每日首次使用时，应采用同标号水泥浆湿润管道，并不得将此砂浆用于工程，用完后应及时用水清洗，防止堵塞。

（3）施工缝设计

1）施工缝的设计应根据分段图确定，但应保证结构的安全，即设在结构剪力较小且便于施工的部位。

2）施工缝形式：柱留水平缝；梁板留垂直缝。

3）在施工缝处继续浇筑混凝土时，应清除垃圾、水泥薄膜、表面松动的砂石，表面凿毛，用水冲洗干净，并将积水处理干净，并浇筑 50～100mm 厚同配合比的水泥砂浆后方可浇筑混凝土，并加强振捣和养护。

7. 砌体工程

（1）原材料

1）进入现场的砖和砌块应有出厂合格证，且应有抗压、抗折试验报告，外观标准不得有缺棱、掉角、弯曲等缺陷。

2）砂浆：水泥强度等级不低于 32.5 级，砂宜过筛，砂浆配比应以试验室试配结果为准，保证砂浆和易性，当天砂浆随拌随用，不超过规定允许时间。

（2）施工要点

1）砌筑前，首先应抄平、弹线、摆角、排砖、立皮数杆。

2）砖应提前浇水湿润，含水率宜为 10%～15%。

3）砂浆应饱满，饱满度不低于 80%，砖采用"铺灰法"砌筑，由专职检验员检查。

4）墙体每日砌筑高度不超过 1.8m，雨季不超过 1.2m，每层砌筑都要双面拉线。

5）与构造柱连接处砌成马牙槎，五进五退，先退后进，并按规定每 8 皮砖设拉结筋，拉结筋的长度每边伸入墙内不少于 1m，两端设弯钩。构造柱上下层接头处防止出现烂根现象，每层构造柱浇筑一定要高出楼板面 5～10cm，在支模板之前设专人清理，质检员专门对此项工作进行检测。

6）由专职质检员随时检查墙体质量、平整度、垂直度，允许偏差应在规范规定之内，超出偏差者，一经发现立即拆除重砌。

7）当气温连续 5d 低于 5℃ 以下时，严格按冬期施工规定执行，砂子不得有冰块，适当加热水的温度，可掺入外加剂，掺量按冬期施工规程的有关规定执行。

（3）质量要求　横平竖直，砂浆饱满，组砌得当，接槎可靠，砂浆饱满，薄厚均匀，上下错缝，内外搭砌。

8. 防水工程

1）防水分为屋面防水和卫生间地面防水，不论哪一种防水均要按照材料说明及规定程序严格施工，不得偷工减料。

2）防水施工前对基层进行检查验收，看其平整度及坡度以及干燥程度等，合格后方可施工。

3）防水做完后也应进行验收，看是否有起泡现象，搭接长度是否符合规范规定，铺设方法是否正确，是否有局部积水等现象，泛水高度是否满足要求，封口处理是否严密，同时应进行 24h 蓄水试验和泼水试验或雨后检查。

4）各种防水材料，应有厂家化验报告、合格证及当地建工局签发的准用证等，进入现场后，还应进行外观检验和抽样化验，合格后方可使用。

5）防水施工所用火源应远离易燃品，随用随开。

6）在防水层上继续施工面层时，应注意对防水层的保护，无意中损坏的应及时修补，不得留隐患。

9. 垂直运输方案

1）垂直运输采用两台塔式起重机，每栋楼设一台塔式起重机，并要设专人负责操作和维修保养。同时在3号楼和4号楼之间各设一台泵送机。

2）起吊重物时，要将重物绑牢，设专人指挥作业，现场人员必须戴安全帽，以防落物伤人。

3）起吊的重物严禁超载，较重时要缓慢进行，遇大风或大雨天气，应停止作业，要严格遵守安全技术操作规程和现场"吊装十不准"规定。

10. 脚手架工程

（1）脚手架

1）外侧装修采用双排钢管脚手架。

2）内部装修采用铁马凳钢管脚手架。

（2）安全防护

1）作业层的外侧挂护身安全网。

2）升降设备必须有可靠的制动安装。

3）加强使用过程中的检查，发现问题及时解决。

11. 装饰工程

（1）抹灰工程

1）外墙窗台、雨篷、阳台、压顶等，上面应做流水坡度，下面应做滴水槽、线。

2）柱、墙垛、墙面、檐口、门窗口、勒脚等处，都要在抹灰前在水平和垂直两个方向挂通线，找好规矩。

3）外墙抹灰应由屋檐开始自上而下进行。

（2）楼地面工程

1）毛地面：在结构层上抹找平层时，首先应将结构层清理干净，然后刷一层素水泥浆，并随刷随抹灰。

2）水泥地面：

① 水泥砂浆面层铺压前应先刷一遍掺胶的水泥。

② 水泥浆面层抹好后应采用适当材料加以覆盖，并在7~10d内每天浇水不少于4次。

（3）油漆工程

1）基层要按要求进行必要的处理，基层含水率不大于8%。

2）施工前应做样板或样板间。

3）施工现场有良好的通风条件。

4）在喷涂易挥发性、易燃性涂料、稀释剂时，不准使用明火。

（4）涂料工程

1）弹涂前基层必须干燥、干净、平整，所有油垢、砂浆流痕以及其他杂物均应清除干净。

2）在喷涂过程中，涂料的稠度应适中，空气压力在0.4~0.8MPa之间，喷射距离以400~600mm为宜。

3）施工前所用的一切机具必须事先清除，不得将灰尘、油垢等杂物带入涂料中，施工完毕时，机具、用具应及时清洗，以便后用。

（5）吊顶工程

1）板材的表面应平整、规格、边缘整齐、无翘曲。

2）顶棚应由中间向两边对称进行，墙面与顶棚阴角成一条水平线。

3）吊顶在室内墙面、柱面抹灰及管线等安装完毕后进行。

（6）加强监督和检查　其他由专业施工队伍施工的内外装修工程均应符合施工验收规范的要求，现场加强监督和检查。

12. 配套设施安装工程

（1）给排水工程

1）认真熟悉图样，与土建对照核实图样问题，弄清给排水管道走向。

2）给水管采用铝塑复合管，埋地部分外加塑料套管，排水管采用UPVC管粘接。地沟部分刷防锈漆，保温同采暖管，明装部分清理干净。

3）雨水排水管采用PVC管 *DN*100 粘接。

4）施工中提前做出计划单，并与土建密切配合，提前预留洞口及卡具，严禁后凿。

5）做好自检、互检、交接检记录以及施工记录，及时办理隐蔽工程验收手续。

（2）采暖工程

1）采暖工程按甲方布置，由有关专业队伍实施，项目部做好监督检查。

2）安装及施工必须遵守《建筑给水排水及采暖工程施工质量验收规范》（GB 50242—2002）。

3）严格按照规范施工，设专职质检员检查验收，各种隐蔽工程验收及时办理手续，管道安装时，洞口提前预留，不得后凿，尤其不得损坏主体钢筋。

4）系统打压应做好跑水、漏水、泄水的防护工程，防止对其他工种作业造成影响，以及对成品造成破坏。

（3）电气工程

1）认真会审图样，做好对操作人员的图样交底工作。

2）密切配合土建施工，及时准确预埋好各种管线。

3）接地保护线应严格按图样要求施工，并做好隐蔽记录。

4）预埋管线和已穿电线应有保护措施，防止其他工种对它的损坏。

5）装饰中的电气穿线、高空作业及用电调试应注意安全，以及对其他成品的保护。

6）各种材料必须有厂家合格证，并提供详细的使用说明。

四、施工进度时标网络图（图7-2）（见书后插页）

五、施工进度横道图（图7-3）（见书后插页）

六、施工现场平面布置图

施工现场平面布置如图7-1所示。

七、主要材料、劳动力、机械进场计划

主要材料、劳动力、机械进场计划见表7-2～表7-4。

表7-2 主要材料需用量

序 号	名 称	规 格	单 位	数 量	进场时间
1	毛石		m³	2300	2013.4.8
2	水泥	42.5级	t	1078	2013.4.8
3	水泥	52.5级	t	840	2013.5.1
4	砂	中砂	m³	5340	2013.4.8
5	石	砾石	m³	6000	2013.5.1
6	砖	机砖	千块	4530	2013.5.10
7	钢筋		t	365	2013.5.10
8	SBS改性沥青		m²	1035	2013.8.10
9	聚苯板		m³	288	2013.8.10
10	铝合金窗		m²	2254	2013.8.15
11	外墙涂料		m²	5942	2013.8.10

注：进场时间为计划时间，需用量为工程的计划总量，实际用量按现场进度随时调整。

表7-3 劳动力需用量计划

工种	级别	工程施工阶段投入劳动力情况/人							进场时间
		施工准备	基础工程	主体工程	屋面工程	室内装饰	室外装饰	扫尾	
瓦工	6.5	20	80	150	6		3		2013.5.10
木工	6.5	10	40	80	8	6		5	2013.5.15
混凝土工	5.5		60	60					2013.5.15
钢筋工	6		40	65					2013.5.15
抹灰工	6					40	180	60	30	2013.8.20
防水工	7				30	30		5	2013.9.1
铝合金	7					20	20	5	2013.9.10
架子工	6	10	20	30	10	30	21	8	2013.5.20
电工	6			18		36		12	2013.5.10
焊工	5.5	3	6	9					2013.5.15
水暖工	7.5	3	16	16	16	24		6	2013.5.5
普工	2	20	60	10	10	15	15	10	2013.3.25
机械工	6	6	15	35	30	30	30	15	2013.5.1
合计		69	337	473	176	395	146	96	

注：瓦、木、抹灰均为本公司长期雇用工人，其余辅助工种及装饰工种，通过做样板，招投标考察等途径进行选择，选出最具实力的队伍。

表7-4 主要施工机械设备表

序号	机械或设备名称	型号规格	数量	国别产地	制造年份	额定功率/kW	进场时间
1	挖掘机	200型	1	韩国	2012		2013.3.25
2	塔式起重机	QT4-10型	2	上海	2012		2013.5.10
3	混凝土搅拌机	JZC350	3	扬州	2012	5.25	2013.3.25
4	砂浆搅拌机	UJ325	2	扬州	2011	3	2013.3.25
5	电焊机	AX5-500	4	上海	2011	26	2013.4.25
6	钢筋弯曲机	GWJ-1404	2	上海	2010	10	2013.4.25
7	钢筋切断机	GJ-40	2	上海	2010	7.5	2013.4.25
8	振捣机	HZ6X-50	6	河南	2011	2.5	2013.3.25
9	打夯机		2	呼和浩特	2011	2.5	2013.3.25
10	泵送机		2		2010		2013.4.25
11	水准仪	DSJ-200	2	北京	2011		2013.3.25
12	经纬仪		2		2011		2013.3.25
13	木工电锯	MJ104	2	呼和浩特	2011	3	2013.3.25
14	自卸汽车	解放143	2	长春	2012		2013.3.25

注：进场时间为计划时间，需用量为工程的计划总量，实际用量按现场进度随时调整。

八、施工组织管理

1. 质量管理

（1）质量目标

1）全面达到设计和国家现行施工规范、规程的有关要求，保证达到优质工程，争创优质样板工程。

2）按照ISO 9002质量体系，全面进行质量管理，保证实现预定质量目标。

（2）质量检查

1）每道分项工程施工前，首先要求各施工班组做样板或样板间，并对样板或样板间进行评审，合格后方可进行分项工程施工。实行样板引路制度。

2）分项工程施工前，施工员向班组长作全面质量交底，在施工中，施工员和质检员按书面交底进行检查。

3）班组工人要按规程操作，随时自检，施工员要组织进行互检和交接检。如上道工序不符合质检要求，下道工序有权不予接收。

4）上道工序未经检查签证，下道工序不得进行。

5）按时进行隐蔽工程检查验收，并办理签证手续。

（3）质量验收

1）进场的材料质量验收，应按公司质检部门以及材料试验的有关规定执行，主要由材料供应部门、现场质检人员、监理工程师负责验收，谁验收谁签字，对不合格的或没有技术资料的材料绝对不允许使用。

2）成品、半成品验收，主要由加工单位提供质量证明，施工单位检查验收。

3）结构隐蔽工程验收，应由设计单位、监理单位和公司有关人员对单位工程进行结构

验收，并办理验收手续。

4）专业项目验收，如水暖、电气工程安装之后，应由监理单位和公司有关部门进行检查、验收，并做好记录。

5）为保证使用功能要求，凡卫生间、厨房以及有防水要求的地面均作地面灌水试验。

6）竣工验收。单位工程竣工后，应由总监理工程师进行预验，发现问题及时解决。预验合格后，应由建设单位邀请设计单位、监理单位和施工单位共同进行竣工验收，质检部门对工程验收情况进行全面监督，并办理验收手续。

2. 技术管理

1）施工现场技术人员、工人都要认真学习和正确掌握贯彻国家的技术政策及各种技术规定、规范和强制性条文，结合本工程实际情况，严格遵照执行。

2）做好技术交底工作。分项工程施工前，必须按工种或部位层层进行书面技术交底，技术交底由技术负责人对各级班组长进行交底，应逐条逐句讲解清楚，个别情况应在操作场地进行演示。接收人和交底人双方互相签字后执行。

3）材料、构件的试验和检验

① 一般建筑材料均应有产品出厂证照或合格证。

② 除备有出厂证照或合格证外，一般建筑材料如砖、砂、石、水泥、钢材等应根据使用要求，由工地进行取样试验，合格后方可使用。监理单位代表对取样和试验全过程监督。

③ 暖卫、电气材料也必须有出厂合格证，并按规定取样试验，合格后方可敷设和安装。

④ 混凝土、砂浆的配比应以实验室的配比结果为准。现场留取砂浆和混凝土试块，精心养护，及时送试，试验报告及时送有关人员。

4）施工过程中，认真收集和积累技术资料，按有关部门技术档案要求进行归档。

3. 保证质量技术措施

按合同约定，该工程保证优质工程，具体措施如下：

（1）土方工程

1）人工挖土过程，应随时检验标高，不得扰动地基土，并进行地质土验证。

2）基础回填土时，必须分层夯实，并按规定取样试验。地基换土应严格按照设计要求进行施工，经检验合格后方可进行基础施工。

3）挖土过程中，应保护好轴线桩，不得随便磕碰。

（2）主体工程

1）所有预埋件及孔洞，必须按图样尺寸与钢筋网做可靠连接。

2）模板支撑具有足够的强度和刚度，并互相拉结，要支撑于坚硬的地面上，以保证构件的设计尺寸和位置。

3）混凝土搅拌应严格过秤，保证配合比准确。混凝土浇灌应分层，并应振捣密实，要注意不碰撞各种埋件。对混凝土有缺陷的要及时修补。

4）混凝土外加剂的掺入与保管要设专人负责。用计量器具加入，搅拌时间应适当延长。外加剂必须有合格证及试验报告。

5）混凝土的养护要设专人负责，必须加强养护，防止水分流失。

6）不同强度等级混凝土相交处，应首先确保高强度混凝土进入低强度混凝土中。

（3）装修工程

1）为使内外墙装修不空鼓、不裂缝、粘结牢固，内墙面用火碱清洗油污，外墙刷一道

素水泥浆。

2）底层砂浆和面层砂浆的配比基本相同。

3）外饰面基层作业时，上下口用铅丝拉通线。

4）室内抹灰前应将各种管线预埋好，避免返工。

（4）地面工程

1）做垫层找平时，应将基层清理干净，并要求及时敷设水暖、电气、管线。

2）找平层应拉线找平，有地漏的房间应找准坡度。

3）要加强保护。

（5）屋面工程

1）为防止屋面开裂，屋面找平层应每隔 6m 设一道 20mm 宽的分割缝，找平层应平整、不起砂。保温材料材质、厚度应符合设计要求。

2）铺贴防水卷材时，基层必须干燥。

3）铺设屋面瓦应满足要求。

（6）管道工程

1）每层排水立管应做灌水试验，系统试压分环路进行。给水系统进行水压试验，避免"跑、冒、滴、漏"。

2）采暖通风干管或支管的固定支架处要安装制动件，防止热膨胀时管道变形或下滑。

3）通风管道的加工预制，按图样要求进行实测，按实测数据加工。

（7）其他　建筑物的标高传递，应用经纬仪测设，把标高垂直传递上去，并与下层标高进行校核，不允许逐层传递，以免造成累积误差。

4. 两期施工

（1）雨期施工措施

1）做好雨期施工的准备工作，提高执行雨期施工的自觉性。

2）在雨期施工期间，保证现场运输道路畅通，路面应做好硬化处理，挖好排水沟，纵向坡度 0.3%。

3）进入雨期，基槽四周设小护提及排水沟，防止雨水流入基槽。

4）配电室要有防雨、防潮保护。

5）雨天进行混凝土施工时，应减小坍落度，必要时可将水泥单方用量提高一倍。要经常测定集料的含水率，及时调整水量，混凝土浇筑后，要及时覆盖。暴雨时应停工，防止雨水对新浇混凝土的冲刷。

6）外墙涂刷遇雨停工，雨后及时修补被冲坏的墙面。

7）所有堆放构件处支座必须坚固。

8）备好雨期防护用品，保证职工及物品的安全。

9）龙门架顶安装避雷装置，接地电阻不大于 10Ω。塔式起重机、龙门架下部均应在搭设时高出自然地坪 100mm，以防雨水浸泡造成悬空或下陷。

10）现场中小型机械必须按规定加防雨罩或搭防雨棚。闸箱防雨漏电保护装置应灵活有效，每星期检查一次线路绝缘情况。

（2）冬期施工措施

本工程因工期较紧，部分工程进入冬期施工，因此，视冬季气温及施工内容，制订冬施方案：

1）项目部建立专门领导小组，负责全面冬期施工。应加强对测温工作的领导，及时掌握天气变化，掌握混凝土入模温度和早期强度情况，如有特殊情况要及时报告领导小组。

2）加强混凝土搅拌运输、浇筑、养护全过程的保温防冻措施。保证混凝土受冻前达到临界强度，拆模时混凝土强度不低于4MPa，拆模时间以现场同条件试块为准。

3）采用蓄热法施工，对混凝土、砂浆所用的水、砂、石进行加热。首先加热水，温度不够再加热砂、石。为避免出现假混凝现象，水及砂石的加热温度要符合规范规定。

4）安排测温工，保证混凝土出机温度不低于10℃，入模温度不低于5℃；并且保证每24h测温次数不少于4次，做好记录。

5）设置锯末、塑料布、草袋等保温材料，加强养护过程中的保温防冻措施。

6）砌筑砂浆按比例掺氯盐，采用掺盐砂浆法砌筑，并保证砌筑质量。

7）做好冬期施工各项技术资料的收集与记载，并及时与甲方、监理工程师取得联系，确保工程质量。

8）对工地临时供水管道及材料、机具做好保温防冻工作，搅拌机棚做保温封闭。

5. 安全管理

（1）保证体系

1）施工现场成立安全领导小组，由项目部经理担任安全组长，下设经上岗培训的专职安全员，现场管理人员均应有安全意识，并成为安全领导小组成员之一。

2）各班组长为安全小组负责人，自上而下进行层层交底。

3）制定安全管理实施细则，并应有安全施工交底书，班前进行交底，交底人与被交底人均应签字，作为安全方面技术资料存档。

4）"三宝""四口"防护应有措施、有布置、有检查，发现问题或隐患及时整改。

5）高空作业或特殊工种人员均应检查其身体状况。特殊工种作业人员应持证上岗。

6）制订严格的切实可行的安全奖罚措施，调动职工安全生产的积极性。严格安全生产责任制，作为考核项目领导班子的重要依据之一。

（2）保证措施

1）成立安全管理委员会，组织安全教育培训，制订安全防范措施。

2）施工作业前，做好安全技术交底，并办理交底手续存档备案。

3）安全消防保卫器材、工具要齐全，有效，数量充足。

4）现场道路要畅通，宽度满足最小防火要求，路面平整、防滑，楼内入口要有防护措施，并有明显标志。

5）搭拆架子上下要有人专门负责看守周围行人。

6）进入现场的人员必须带安全帽，高空作业系安全带，不得穿高跟鞋。

7）严格执行各专业工种持证上岗，非本专业人员不得操作。

8）易燃易爆物品堆放要远离火源，且设专人看管，并有标牌指示。

9）现场内外的通道上空要搭设安全防护棚，晚间应有灯光照明。危险处应红灯指示，周围应加围护。

6. 文明施工

1）严格执行文明施工管理条例的各项规定，加强文明施工教育，认识文明施工的重要性。

2）做到"工完、场清、料净"。每日收工后将现场收拾干净，工具整理入库。

3）施工现场的平面布置要合理，材料堆放要整齐有序，并有标志。

4）施工现场的道路要平坦、坚实且有回路。

5）宿舍、食堂、厕所等公共居住环境应达到文明施工的具体要求。

6）设置专人负责文明施工，定期不定期组织检查，建立必要的奖罚制度。

7）为安全生产创造良好的文明施工环境。

7. 工期保证措施

1）严格按既定的施工进度计划组织施工，每一工种、每一施工过程的衔接，尽量减少时间。

2）组织强有力的领导班子，分段、分层分别组织流水施工。

3）各工序、各工种衔接要有序，安排好主体交叉作业，既不窝工，又没有空闲作业面，控制各承包作业队的总体时间。

4）提前报送材料的供应计划，做好材料的进场工作，保证材料始终走在各分部分项工程施工的前面。

5）在施工过程中，随时掌握施工进度，对原进度计划及时调整、优化，保证施工工期的按时完成。

8. 成品保护措施

1）加强成品保护教育，贯彻成品保护条例。

2）存放运输中，对成品钢筋应加以保护，以防变形。

3）严格按顺序施工，先上后下，先湿后干，先管道试压后装饰，对已完工程应有保护方法。

4）建立成品保护奖罚制度，谁破坏谁负责。

9. 降低环境污染和噪声的措施

1）施工现场用水应设排水沟、集水坑。

2）建筑垃圾在现场集中堆放，定期清理干净。

3）民工宿舍周围设垃圾点、厕所、水房，并设专人负责清理。

4）为保证居民的正常休息，施工时，将有噪声的工序如混凝土的浇筑、支模、木加工等，放在居民上班的时间。

5）注意节水、节电，停工后应设专人负责关闭。

10. 做好技术资料的收集整理工作

设专职资料员，加强资料的收集和整理。资料的整理应严格按有关部门规定执行，工长、技术员及有关人员应予以积极配合，做到工程进行到什么部位，资料做到什么部位，有关资料应及时送交建设单位和监理工程师审阅签字。

工程备案资料应符合国家有关部门的规定，按要求填写准确，装订规范，应在竣工验收之前达到要求。做到工完场清、料清、资料齐全，符合要求。

第八章　建筑施工技术实训

第一节　建筑施工技术实训任务书

一、实训题目

某高层建筑主体结构标准层施工技术（钢筋配料单设计）。

二、实训资料

对某高层建筑主体结构进行钢筋配料单设计。工程的梁板平法施工图如图8-1、图

8-2所示。设计环境类别为一类环境，结构为二级抗震等级。现场一级钢为盘条，二级钢为9m定尺。混凝土设计强度等级为C30，柱截面尺寸为600mm×600mm，钢筋采用机械连接。

三、实训内容和步骤

本课程设计仅由所给梁板平法施工图，计算某一层梁板（如标高15.870m）的钢筋配料，并编制钢筋配料单。其他项目的施工内容可不考虑。其编制的方法和步骤如下：

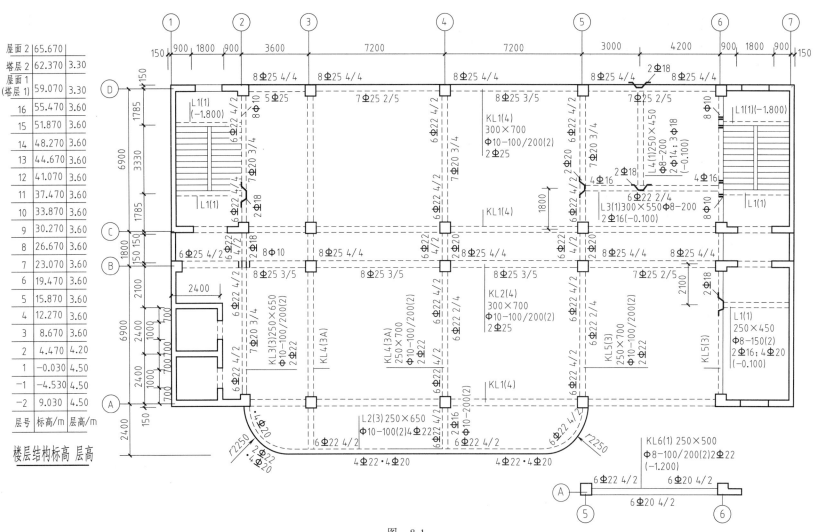

图　8-1

1）识读《混凝土结构施工图平面整体表示方法制图规则和构造详图（现浇混凝土框架、剪力墙、梁、板）》（16G101-1）图集；掌握梁、板平法识图及构造详图的应用。

2）熟悉本课程设计的梁、板平法施工图，弄清该梁、板中每一构件的钢筋的直径、规格、种类、形状和数量，以及在构件中的位置和相互关系。按每一构件进行编号、整理。

3）分构件绘制钢筋简图或断开显示图，满足实际下料要求。

4）计算每种规格的钢筋下料长度、质量。

5）填写钢筋配料单。

6）填写钢筋料牌。

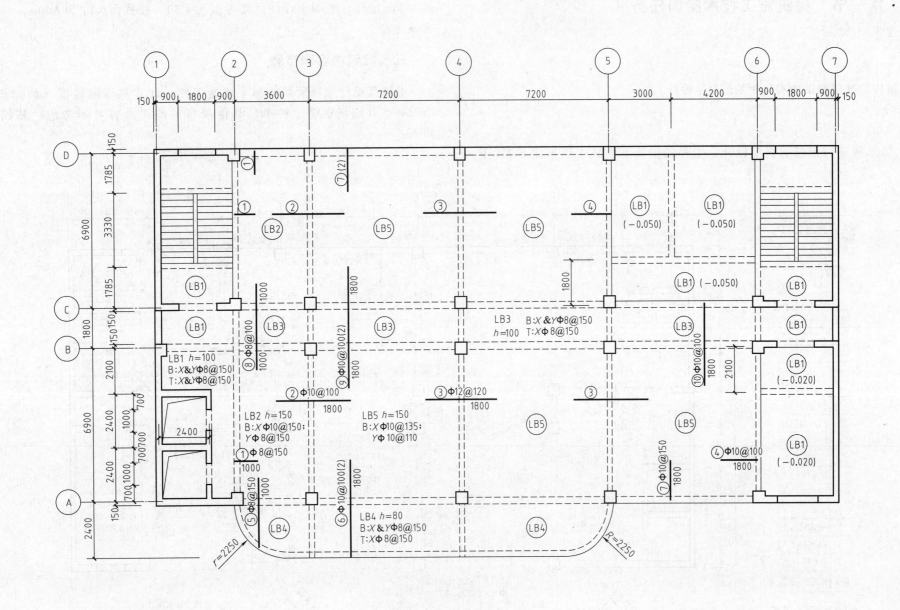

图 8-2

注：未注明分布筋为φ8@250。

第二节　建筑施工技术实训指导书

一、钢筋配料单

钢筋配料单是根据施工设计图标定钢筋的品种、规格及外形尺寸、数量并进行编号，计算下料长度，并用表格形式表达的技术文件。表中的下料长度是施工现场钢筋加工（切断、弯曲）过程的实际反映，必须表明钢筋切断部位，满足钢筋工下料作业要求。

（1）钢筋配料单的作用　钢筋配料单是确定钢筋下料加工的依据，是提出材料计划，签发施工任务单和限额领料单的依据。它是钢筋施工中钢筋下料、弯曲成形的重要工序。合理的钢筋配料单，能节约材料、简化施工操作。

（2）钢筋配料单的形式　钢筋配料单一般用表格的形式反映，其内容由构件名称、钢筋部位、钢筋编号、简图、直径、级别、下料长度及质量等内容组成。

二、施工现场钢筋下料单编制的方法和步骤

（一）阅读建筑施工图和参与图纸会审

1）熟悉施工图，了解建筑高度、楼层层高、结构标高、建筑标高，建立对设计工程的立体概念。

2）参与工程图纸会审，将图纸矛盾解决于工程施工之前。因为涉及结构、构件改动时，会影响钢筋下料单的准确性。

（二）了解钢筋采购入场的方案

钢筋有定尺与乱尺，盘条与线材之分，大直径钢筋现场一般要选择定尺线材钢筋，有9m、12m之分，小直径钢筋（Ⅰ、Ⅱ钢筋）有盘条与直条线材两种形式。

编制钢筋下料单要依据入场钢筋形式，考虑施工方便、钢筋连接位置、接头形式，优化钢筋断料、节约用材，满足结构安全、使用功能。

（三）深入阅读结构施工图

1）认真阅读图纸结构总说明，理解结构设计意图，分析图纸包含内容和要求。

2）查明或确定工程的抗震等级，明确钢筋下料的细部做法。

3）查明设计图纸采用的环境类别，以确定钢筋保护层厚度。注意地下结构与地上结构一般环境条件不同，则钢筋保护层厚度也不同。同样构件在不同环境中，钢筋计算长度可能不同。

4）确定工程设计遵循的标准、规范、规程和标准图集。当前图纸设计采用平法制图，掌握《混凝土结构施工图平面整体表示方法制图规则和构造详图（现浇混凝土框架、剪力墙、梁、板）》的（16G101-1）识读应用，是钢筋加工、安装、验收的基本保证。平法图集包含了设计图纸应遵循的标准、规范、规程基本内容。一套图纸按平法制图绘制而有与平法规则不一致之处，在图纸结构总说明中一定要有具体说明。尤其钢筋构造做法，有可能与平法规则发生差异，应认真审查。

5）确定混凝土强度等级。混凝土强度等级影响钢筋细部做法，如钢筋锚固长度。

6）结构总说明中零星构件的做法，一般应有设计详图。如后浇带、洞口加筋、边角部加筋、构造柱、圈梁、门窗过梁、抱框柱、砌体拉结筋、砌体与主体结构连接方式等做法，

应全面、仔细阅读。在钢筋下料单中，一般不做零星构件钢筋料单。

三、16G101—1相关内容简介

（一）混凝土保护层厚度（表8-1）

表8-1　混凝土保护层的最小厚度　　（单位：mm）

环境类别	板、墙	梁、柱
一	15	20
二 a	20	25
二 b	25	35
三 a	30	40
三 b	40	50

注：1. 表中混凝土保护层厚度是指最外层钢筋外边缘至混凝土表面的距离，适用于设计使用年限为50年的混凝土结构。

2. 构件中受力钢筋的保护层厚度不应小于钢筋的公称直径。

3. 设计使用年限为100年的混凝土结构，一类环境中，最外层钢筋的保护层厚度不应小于表中数值的1.4倍；二、三类环境中，应采取专门的有效措施。

4. 混凝土强度等级不大于C25时，表中保护层厚度数值应增加5mm。

5. 基础底面钢筋的保护层厚度，有混凝土垫层时应从垫层顶面算起，且不应小于40mm。

（二）钢筋锚固长度（表8-2～表8-4）

表8-2　受拉钢筋基本锚固长度 l_{ab}、l_{abE}

钢筋种类	抗震等级	混凝土强度等级								
		C20	C25	C30	C35	C40	C45	C50	C55	≥C60
HPB300	一、二级（l_{abE}）	45d	39d	35d	32d	29d	28d	26d	25d	24d
	三级（l_{abE}）	41d	36d	32d	29d	26d	25d	24d	23d	22d
	四级（l_{abE}）非抗震（l_{ab}）	39d	34d	30d	28d	25d	24d	23d	22d	21d
HRB335 HRBF335	一、二级（l_{abE}）	44d	38d	33d	31d	29d	26d	25d	24d	24d
	三级（l_{abE}）	40d	35d	31d	28d	26d	24d	23d	22d	22d
	四级（l_{abE}）非抗震（l_{ab}）	38d	33d	29d	27d	25d	23d	22d	21d	21d
HRB400 HRBF400 RRB400	一、二级（l_{abE}）	—	46d	40d	37d	32d	32d	31d	30d	29d
	三级（l_{abE}）	—	42d	37d	34d	30d	29d	28d	27d	26d
	四级（l_{abE}）非抗震（l_{ab}）	—	40d	35d	32d	29d	28d	27d	26d	25d
HRB500 HRBF500	一、二级（l_{abE}）	—	55d	49d	45d	41d	39d	37d	36d	35d
	三级（l_{abE}）	—	50d	45d	41d	38d	36d	34d	33d	32d
	四级（l_{abE}）非抗震（l_{ab}）	—	48d	43d	39d	36d	34d	32d	31d	30d

表 8-3　受拉钢筋锚固长度 l_a、抗震锚固长度 l_{aE}

非抗震	抗震
$l_a = \zeta_a l_{ab}$	$l_{aE} = \zeta_{aE} l_{aE}$

注：1. l_a 不应小于 200mm。
　2. 锚固长度修正系数 ζ_a 按表 8-4 取用，当多于一项时，可按连乘计算，但不应小于 0.6。
　3. ζ_{aE} 为抗震锚固长度修正系数，对一、二级抗震等级取 1.15，对三级抗震等级取 1.05，对四级抗震等级取 1.00。

表 8-4　受拉钢筋锚固长度修正系数 ζ_a

锚固条件		ζ_a	
带肋钢筋的公称直径大于 25mm		1.10	
环氧树脂涂层带肋钢筋		1.25	
施工过程中易受扰动的钢筋		1.10	
锚固区保护层厚度	3d	0.80	注：中间时按内插值，d 为锚固钢筋直径
	5d	0.70	

注：1. HPB300 级钢筋末端应做 180°弯钩，弯后平直段长度不应小于 3d，但作受压钢筋时可不做弯钩。
　2. 当锚固钢筋的保护层厚度不大于 5d 时，锚固钢筋长度范围内应设置横向构造钢筋，其直径不应小于 d/4（d 为锚固钢筋的最大直径）；对梁、柱等构件间距不应大于 5d，对板、墙等构件间距不应大于 10d，且均不应大于 100（d 为锚固钢筋的最小直径）。

（三）平面整体配筋图梁的编号（表 8-5）

表 8-5　平面整体配筋中梁编号表

梁类型	代号	序号	跨数及是否带有悬挑
楼层框架梁	KL	××	(××)、(××A) 或 (××B)
屋面框架梁	WKL	××	(××)、(××A) 或 (××B)
框支梁	KZL	××	(××)、(××A) 或 (××B)
非框架梁	L	××	(××)、(××A) 或 (××B)
悬挑梁	XL	××	(××)、(××A) 或 (××B)
井字梁	JZL	××	(××)、(××A) 或 (××B)

（四）相关标准构造详图（图 8-3～图 8-10）

四、参考资料

1. 《混凝土结构施工图平面整体表示方法制图规则和构造详图（现浇混凝土框架、剪力墙、梁、板）》（16G101-1）。

2. 现行钢筋混凝土施工验收规范。

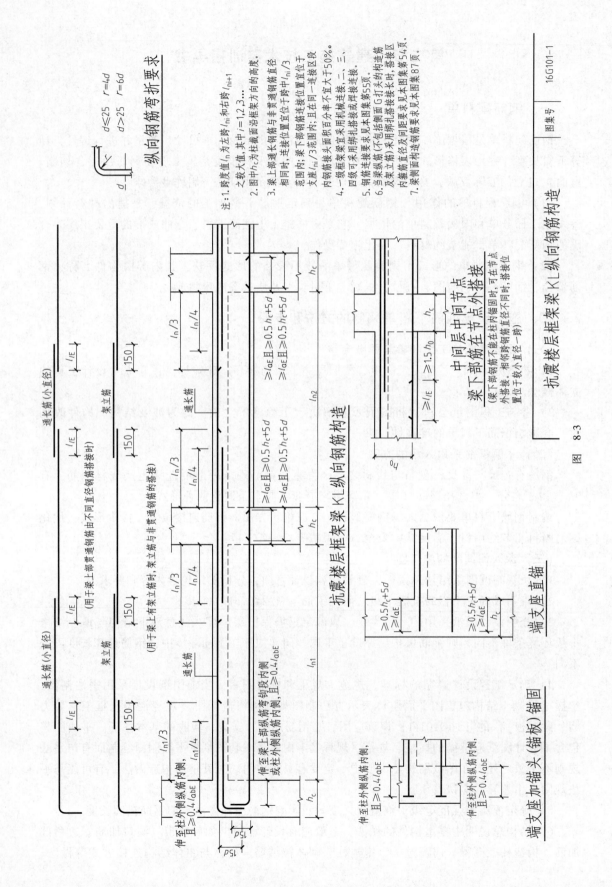

图 8-3

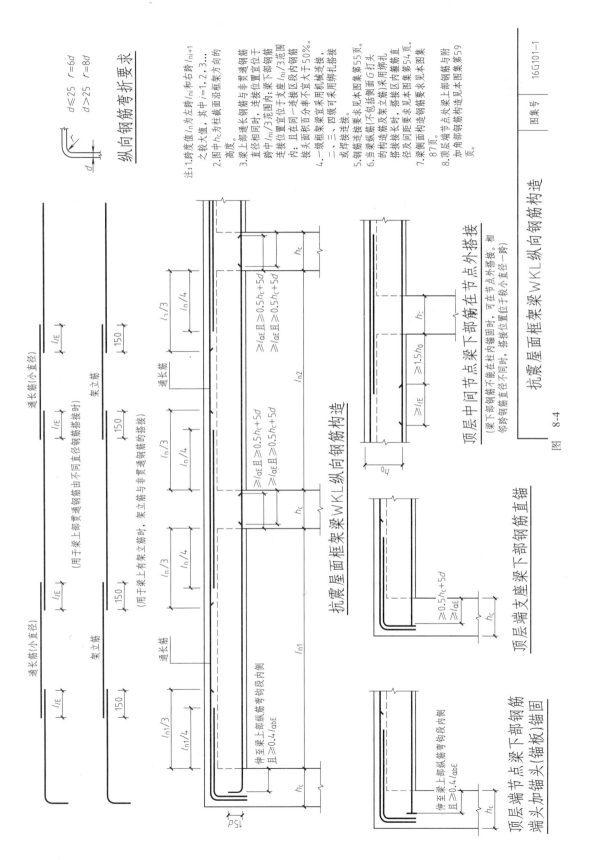
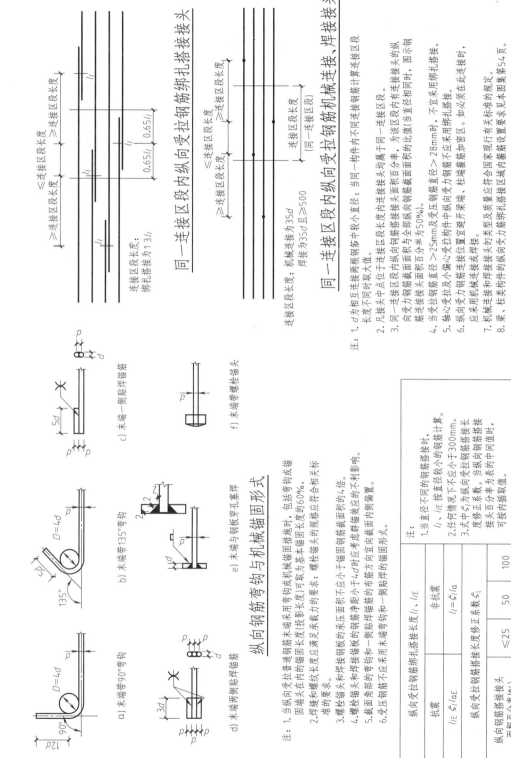
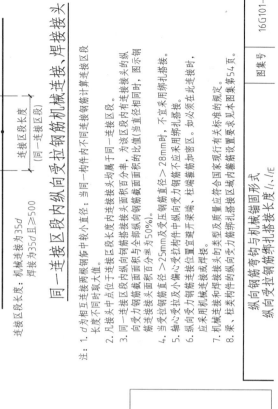

纵向钢筋弯折要求

$d \leq 25$ $r=6d$
$d > 25$ $r=8d$

顶层端支座梁下部钢筋直锚

顶层端支座梁下部钢筋端头加锚头(锚板)锚固

抗震屋面框架梁WKL纵向钢筋构造

顶层中间节点梁下部筋在节点外搭接

（梁下部钢筋不能在柱内锚固时，可在节点外搭接，相邻跨钢筋直径不同时，搭接位置位于较小直径一跨）

图 8-4

纵向钢筋弯钩与机械锚固形式

a) 末端带90°弯钩
b) 末端带135°弯钩
c) 末端一侧贴焊锚筋
d) 末端两侧贴焊锚筋
e) 末端与钢板穿孔塞焊
f) 末端带螺栓锚头

注：1.当纵向受拉普通钢筋末端采用弯钩与机械锚固措施时，包括弯钩或锚固端头在内的锚固长度(投影长度)可取为基本锚固长度的60%。
2.焊缝和螺纹长度应满足承受钢筋拉力的要求。
3.螺栓锚头和焊接锚板的承压净面积不应小于锚固钢筋截面积的4倍。
4.螺栓锚头的规格应符合相关标准的要求。
5.螺栓锚头和焊接锚板的钢筋净距不宜小于4d，当小于4d时应考虑群锚效应的不利影响。
6.受压钢筋不应采用末端弯钩的锚固形式。

纵向受拉钢筋弯钩与机械锚固搭接头、焊接接头

同一连接区段内纵向受拉钢筋机械连接、焊接接头

图 8-5

图集号 16G101-1
图号 16G101-1

纵向受拉钢筋绑扎搭接长度 l_l、l_{lE}			
抗震	$l_{lE}=\zeta_l l_{aE}$		
非抗震	$l_l=\zeta_l l_a$		
纵向受拉钢筋搭接长度修正系数 ζ_l			
纵向钢筋搭接接头面积百分率(%)	≤25	50	100
ζ_l	1.2	1.4	1.6

注：
1.当直径不同的钢筋搭接时，l_l、l_{lE}按较小直径计算。
2.任何情况下 l_l 不应小于300mm。
3.式中 ζ_l 为纵向受拉钢筋搭接长度修正系数。当纵向钢筋搭接接头面积百分率为表中的中间值时，搭接长度修正系数 ζ_l 可按内插取值。

101

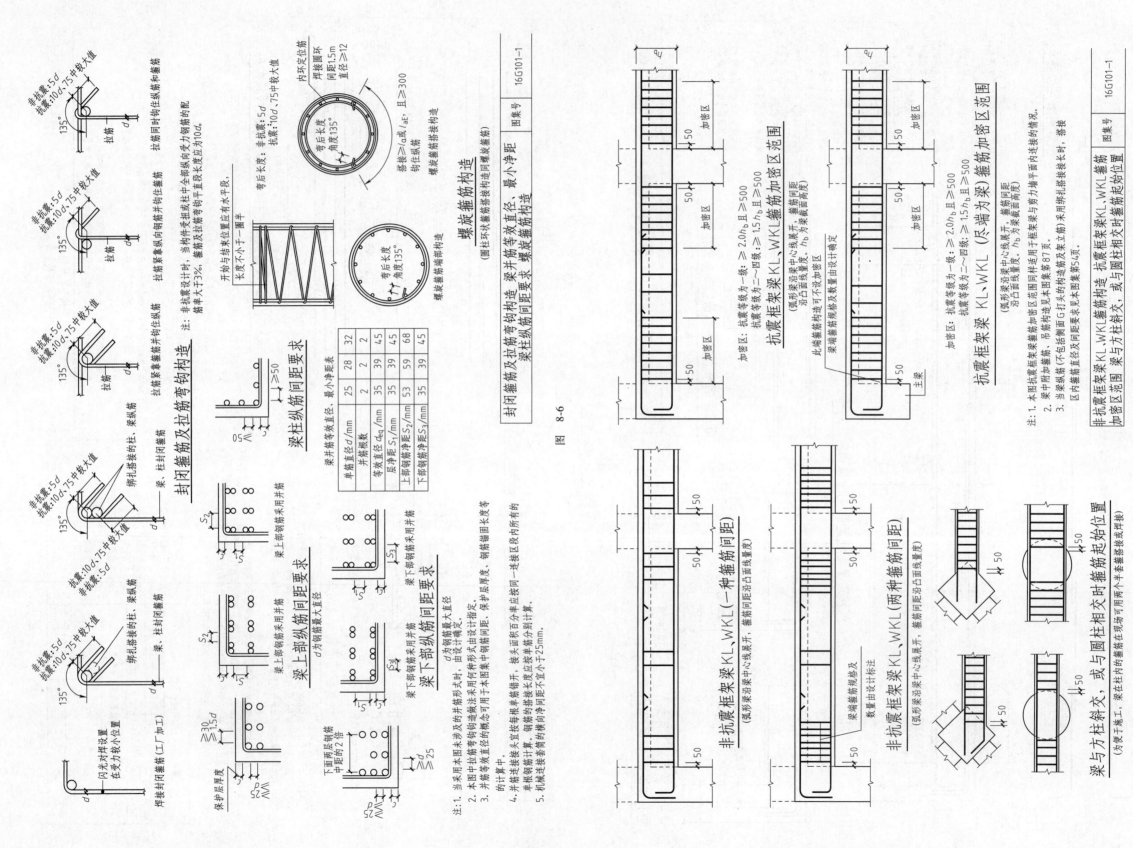

封闭箍筋及拉筋弯钩构造

螺旋箍筋构造
（圆柱环式箍筋搭接构造及纵筋搭接箍筋构造）
封闭箍筋及拉筋弯钩构造、梁并筋等效直径、最小净距、梁柱纵筋间距要求

螺旋箍筋构造

非抗震：5d
抗震：10d、75中较大值

135°
拉筋

内环定位筋
焊接圆环
间距距离1.5m
直径≥12

弯后长度：
非抗震：5d
抗震：10d、75中较大值
长度内≥300
弯钩角度135°

搭接≥la或laE
纵向纵筋
螺旋箍筋端部构造

梁纵筋间距要求

梁并筋等效直径、最小净距表

单筋直径d/mm	25	28	32
并筋根数	2	2	2
等效直径d_eq/mm	35	39	45
层净距S_1/mm	35	39	45
上部钢筋净距S_2/mm	53	59	68
下部钢筋净距S_3/mm	35	39	45

梁上部纵筋采用并筋

梁下部纵筋间距要求

梁下部纵筋采用并筋

图 8-6

16G101-1

注：
1. 本图中拉筋弯钩及其形式表示。
2. 本图中箍筋弯钩构造采用示意画法，本图箍筋构造可用于本图规定的概念下钢筋锚固图长度等的计算。
3. 并筋等效直径的概念适用于钢筋间距、保护层厚度等。
4. 并筋连接接头错开，接头面积百分率应按单根钢筋计算。
5. 机械连接接头的横向净间距不宜小于25mm。

非抗震框架梁KL、WKL箍筋加密区范围

抗震框架梁KL、WKL箍筋
加密区

抗震框架梁KL、WKL（尽端为梁）箍筋加密区范围

非抗震框架梁KL、WKL（一种箍筋间距）

非抗震框架梁KL、WKL（两种箍筋间距）

梁与方柱斜交，或与圆柱相交时箍筋起始位置

图 8-7

16G101-1

102

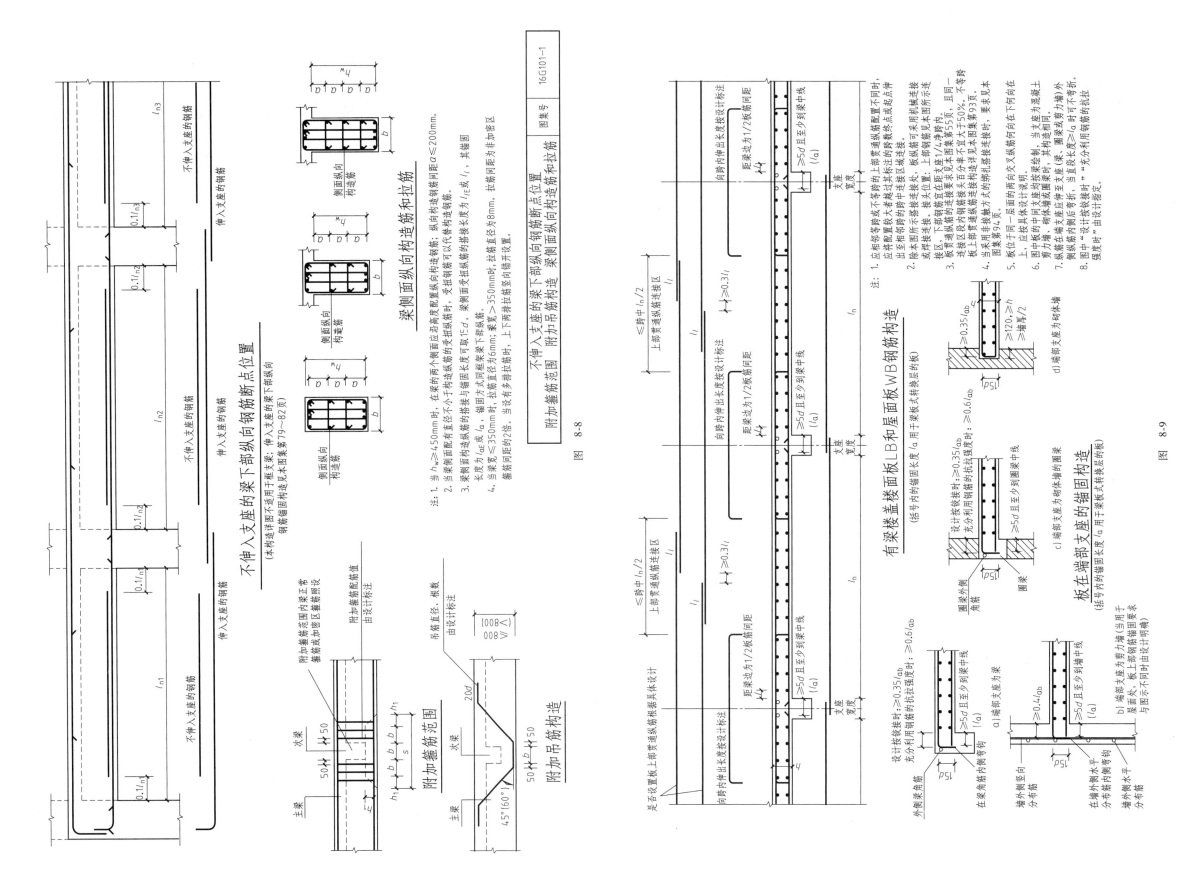

图 8-8

图 8-9

16G101-1

103

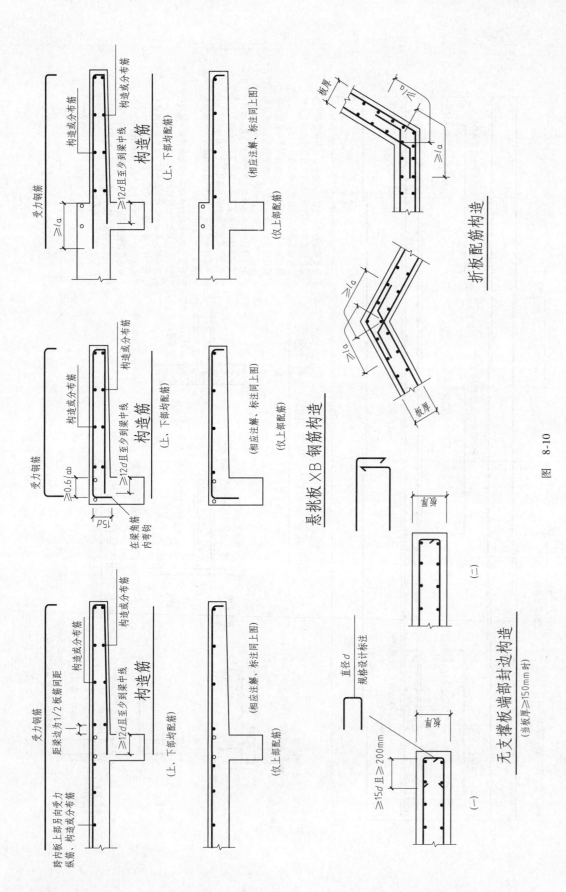

图 8-10

第三节　建筑施工技术实训实例

对图 8-1 中 KL1 进行钢筋下料计算。

1）框梁钢筋锚固长度 $L_{ae}=33d\times1.15=(33\times25\times1.15)mm=948.75mm>$柱截面 600mm；说明框梁钢筋为弯锚。

计算前提：梁锚入柱，距柱外侧边最少 50mm（实际操作要求，避开框架柱主筋），本例不考虑此前提，仅考虑保护层规定，以便简化计算。

2）框梁上部第一皮通长钢筋长度计算。

$L=$构件长度$-$保护层厚度$+$锚固弯折段长度$(15d)-$弯曲调整值$(2.29d)$

$=(300\times2+3600+7200\times3-20\times2+15\times25\times2-2.29\times25\times2)mm=26395.5$mm 取值：26400mm

上部钢筋连接点位于跨中 1/3 范围，钢筋截断长度分别为：7800mm、7200mm、7200mm、4200mm。3 个机械接头连接。

3）框梁上部第一皮负弯矩钢筋长度计算。

计算考虑：第一跨（跨度 3600mm）是通长筋，入第二跨净跨 1/3 长度。

左端跨钢筋长度$=$弯锚长度$+$第一跨长度$+$跨两侧柱截面尺寸$-$弯曲调整值$-$保护层厚度$+$第二跨净跨长度/3

$$=[15\times25+3600+300\times2-2.29\times25-20+(7200-300\times2)/3]\text{mm}$$

$$=6697.75\text{mm}$$

$$\approx6698\text{mm}$$

中间段钢筋长度$=$中柱截面尺寸$+$左右跨净跨长度/3

$$=[600+(7200-300-300)/3+(7200-600)/3]\text{mm}$$

$$=5000\text{mm}$$

右端跨钢筋长度$=$弯锚长度$-$弯曲调整值$+$端柱截面尺寸$-$保护层厚度$+$本跨净跨长度/3

$$=(375-2.29\times25+600-20+6600/3)\text{mm}$$

$$=3097.75\text{mm}$$

$$\approx3098\text{mm}$$

4）框梁上部第二皮负弯矩钢筋长度计算。

左端跨钢筋长度$=$弯折段长度$-$弯曲调整值$+$轴线外柱截面尺寸$-$保护层$-$上皮钢筋直径$-$钢筋净距$+$第一跨长度$+$第二跨半柱截面尺寸$+$第二跨净跨长度/4。

$$=[375-2.29\times25+300-20-25-25+3600+300+(7200-600)/4]\text{mm}$$

$$=6097.75\text{mm}$$

$$\approx6098\text{mm}$$

中间段钢筋长度$=$中柱截面尺寸$+$（左右跨净跨长度/4）$\times2$

$$=\{600+[(7200-600)/4]\times2\}\text{mm}$$

$$=3900\text{mm}$$

右端跨钢筋长度$=$弯锚长度$-$弯曲调整值$+$柱截面尺寸$-$保护层厚度$+$本跨净跨长度/4

$$=(375-2.29\times25+600-20+6600/4)\text{mm}$$

$$=2547.75\text{mm}$$

$$\approx2548\text{mm}$$

5）下部钢筋认识与理解。

采用机械连接，不采用柱间锚固，以节约钢材。均为贯通钢筋；接头位置按规范留设于跨边 1/3 范围的箍筋加密区之外。接头百分率Ⅱ级接头 50%，Ⅰ级接头不考虑。

按照《钢筋机械连接技术规程》（JGJ 107—2016）第 4.0.3 规定：采用Ⅰ、Ⅱ级接头，可在箍筋加密区设置。

本例按规范，留设于跨边 1/3 范围的箍筋加密区之外。

6）下部下皮受力钢筋长度计算。

L = 构件长度 - 保护层厚度 - 上部钢筋所占位置尺寸 - 二者净距 + 锚固弯折段长度 - 弯曲调整值

= （300×2+3600+7200×3-20×2-25×3×2-25×2+15×25×2-2.29×25×2）mm

= 26195.5mm

≈ 26196mm

接头部位确定（下料切断钢筋长度）：

左端长度 ≥（375+300-20-100+3600+300+700×1.5）mm ≥ 5505mm

右端长度 ≤（375+300-120+7200-300-700×1.5）mm ≤ 6405mm

中段总长度 =（26195-5200-6025）mm = 14970mm

决定接头部位，中段 2 根长度相差小于（700×1.5）mm = 1050mm（梁箍筋加密区），即可保证接头位置留设于跨边 1/3 范围的箍筋加密区之外。

中间 2 段直条长度可定为 7500mm、7470mm。下部下皮受力钢筋布置：分段长度（从左到到右）为 5575mm、7500mm、7470mm、6400mm。总长度 26195mm。3 个接头连接。

7）下部上皮受力钢筋计算

总长度 L =（26195-25×2×2）mm = 26095mm

左端长度 = 375mm+5200mm+35d =（375+5200+35×25）mm = 6450mm

右端长度 = 375mm+6025mm-35d =（375+6025-35×25）mm = 5525mm

中间 2 段长度 =（26095-6450mm-5525）mm = 14120mm

中间 2 段直条长度可定为 7000mm、7120mm。

下部下皮受力钢筋布置：分段长度（从左到右）为 6450mm、7000mm、7120mm、5525mm。

总长度 26095mm。3 个接头连接。

8）箍筋计算。

计算设计：90°弯曲调整值 2.25d 取 2d；135°弯钩增加值 12.5d 取 12d；简化计算。梁箍筋设置范围规则：从柱外侧 50mm 起，到另一端柱 50mm 为止。

箍筋长度 = 箍筋外周长 - 弯曲调整值 + 末端弯钩增加值

=［（300-20×2+700-20×2）×2-2×10×3+12×10×2］mm

= 2020mm

KL1 箍筋个数计算：

计算公式：箍筋分布范围长度/箍筋间距+1

梁加密区查附表可知：1.5h_b、500mm 取大值，本例加密区为（1.5×700）mm = 1050mm

从左至右 1～4 跨箍筋个数计算：

1 跨：箍筋分布范围（3600-300×2）mm = 3000mm

箍筋个数 =［（1000/100+1）×2+（3000-1050×2）/200-1］个 =（22+4）个 = 26 个

2 跨：箍筋分布范围（7200-300×2）mm = 6600mm

箍筋个数 =［（1000/100+1）×2+（7200-1050×2）/200-1］个 = 47.5 个 ≈ 47 个

2、3、4 跨相同，箍筋个数均为 47 个。

KL1 箍筋个数 =（26+47×3）个 = 167 个

9）构造筋。

构造筋是防止梁侧面混凝土开裂，其锚固长度、搭接长度均为 150mm；锚固在端柱内，搭接位置可任意，但应避开中间梁柱节点，以方便绑扎固定，同时利于梁柱节点混凝土浇筑。

构造筋长度 = 构件净长度 + 锚固长度 + 搭接长度

北 KL1：构造筋长度 =［（3600-300+7200+7200-300）+150×2+150］mm

= 17850mm

分段长度（按搭接原则可任意）为 9000mm、8850mm。

中、南 KL1：构造筋长度 =［（3600-300+7200×3-300）+150×2+150×2］mm

= 25200mm

分段长度为 9000mm、9000mm、7200mm。

10）抗扭筋。

北 KL1 第 4 跨因 L4 存在，设计为抗扭筋，其锚固长度、搭接长度均为 33d×1.15 =（33×16×1.15）mm ≈ 607mm

抗扭筋长度 = 净跨 + 锚固长度

= 7200mm-600mm+33d×1.15×2

=（7200-600+33×16×1.15×2）mm

≈ 7814mm

11）拉钩。

梁侧面拉钩固定构造筋位置，紧靠梁侧纵向钢筋并钩住箍筋，设置间距是正常箍筋间距的 2 倍。

拉钩长度 = 梁宽 - 保护层 +2d+ 末端弯钩增加值（12.5d）

=（300-20×2+2×6.5+12.5×6.5×2）mm

≈ 435mm

拉钩个数计算 =｛（3600-50×2）/（200×2）+1+［（7200-50×2）/（200×2）+1］×3｝个

=［8.75+1+（17.75+1）×3］个

≈［9+1+（18+1）×3］个

= 67 个

12）吊筋计算。

吊筋设置：吊筋从主梁底部上皮筋之上向上弯起，当主梁高度 ≤ 800mm 时，弯起角度为 45°，弯至主梁上部钢筋上皮位置，呈平直段，平直段长度 20d。

吊筋计算长度 L：

L =（次梁宽+2×50）+2×（主梁高 - 保护层厚度 - 高度缩减）/sin45°-4× 弯曲调整值 +2× 上

部平直段长度
$$=[250+2\times50+2\times[700-(20+10)\times2-25\times4]/\sin45°-4\times0.67\times18+2\times20\times18]\text{mm}$$
$$=2550\text{mm}$$
斜段长度$=[(2550-350-360\times2)/2]\text{mm}=740\text{mm}$

钢筋配料单见表8-6。表单项目中，合计根数、质量为图内3根KL1总计数量。

表8-6 钢筋配料单（范例）

构件名称	钢筋部位	钢筋编号	简图	直径/mm	级别	下料长度/mm	单梁根数	合计根数	质量/kg
KL1	上部贯通钢筋	①	7425 / 375	25	Φ	7800	2	6	180
		②	7200	25	Φ	7200	4	12	333
		③	3825 / 375	25	Φ	4200	2	6	97
	上部一皮钢筋	④	375 / 6323	25	Φ	6698	2	6	155
		⑤	5000	25	Φ	5000	4	12	231
		⑥	2723 / 375	25	Φ	3098	2	6	72
	上部二皮钢筋	⑦	375 / 5723	25	Φ	6098	4	12	282
		⑧	3900	25	Φ	3900	8	24	360
		⑨	2173 / 375	25	Φ	2548	4	12	118
	下部下皮钢筋	⑩	375 / 5200	25	Φ	5575	5	15	322
		⑪	7500	25	Φ	7500	5	15	433
		⑫	7470	25	Φ	7470	5	15	431
		⑬	6025 / 375	25	Φ	6400	5	15	370
	下部上皮钢筋	⑭	375 / 6075	25	Φ	6450	3	9	223
		⑮	7000	25	Φ	7000	3	9	243
		⑯	7120	25	Φ	7120	3	9	247
		⑰	5150 / 375	25	Φ	5525	3	9	191
	箍筋	⑱	660 / 260	10	Φ	2020	167	501	624
	构造筋	⑲	9000	10	Φ	9000	4、8	20	111
		⑳	8850	10	Φ	8850	4	4	22
		㉑	7200	10	Φ	7200	4	8	36

（续）

构件名称	钢筋部位	钢筋编号	简图	直径/mm	级别	下料长度/mm	单梁根数	合计根数	质量/kg
KL1	抗扭筋	㉒	7814	16	Φ	7814	4	4	49
	拉钩	㉓	273	6.5	Φ	435	67	201	23
	吊筋	㉔	360 360 / 740 740 / 350	18	Φ	2250	2	2	10

注：该配料是从工程实际出发，以钢筋下料形式予以断料。

106

第九章　建筑工程概预算实训

第一节　建筑工程概预算设计任务书

一、设计题目

某砖混结构住宅楼工程预算书。

二、设计资料

某地区综合预算定额、费用定额、材差价格文件及一套完整的土建施工图。

三、设计内容

1）根据指导教师所指定的施工图样，熟悉图样内容并依据要求确定出大体的施工方案，从而列出各分部分项工程项目名称，即预算项目。

2）根据所列项目，完成各分项工程量计算，并提交计算书。

3）对各分项工程套用所指定的预算定额计算工程直接费，并提交相应的预算书。

4）计算主要分项工程的用工及用料，进行工料分析，并提交相应的工料分析表。

5）根据指定的费用定额，按照取费程序计取其他直接费及间接费等，并提交费用计算表。

6）最终确定工程造价及相应的单方造价。

7）编写预算说明书，设计预算书封面，并按一定顺序装订成册。

四、设计要求

1）学生应在教师指导下，独立认真完成要求的各项设计内容。

2）预算书要求标准化、规范化、内容完整，无丢项、落项现象，工程量计算正确，套价、取费准确，有条件时可采用工程预算系统软件上机计算。

3）按统一规定，装订成册。

第二节　建筑工程概预算设计指导书

一、施工图预算的编制依据

（1）经批准及会审的全部施工图设计文件　包括全部设计图样（建筑工程专业主要指建筑施工图、结构施工图）、图样会审纪要、标准图集等。其中图样会审纪要是设计人员进行设计意图的技术交底，参加建设的各方人员均应共同参加图样的会审，并做出相应的会审纪要。会审纪要是施工图的补充，是编制施工图预算的重要依据。

（2）经批准的施工组织设计文件　包括施工方案、施工进度计划、施工现场平面布置及各项技术措施等。施工组织设计文件是编制施工图预算的重要依据之一。

（3）施工现场勘察及测量资料

（4）建筑工程预算定额及相应的地区单位估价表　这是进行工程量计算、编制预算的主要依据。

（5）各地区颁发的材料预算价格、工程造价信息及材料调价通知等　材料价格受工程所在地不同、材料来源不同、运输距离及运输方式不同的影响，价格的差别及可变幅度较大，因此，必须按不同情况分别确定合理的材料预算价格，才能比较合理地反映工程造价。

（6）国家或各省、市、地区颁发的费用定额或取费标准　工程间接费随地区不同，其取费标准也不同。根据国家规定，各地区都按地区特点制定了建筑工程间接费用定额，定额规定了各项费用取费标准。这些标准是确定工程预算造价的基础。

（7）工程承包协议或招标文件　它明确了施工单位承包的工程范围，应承担的责任权利和义务。

（8）常用的各种数据、计算公式、材料换算表、各类常用标准图集及各种必备的工具书等。

二、施工图预算的编制原则

施工图预算是建设单位控制单位工程造价的重要依据，也是施工企业及建设单位实现工程价款结算及决算的重要依据。施工图预算的编制工作是一项细致而繁琐的工作，因此编制施工图预算必须遵循以下原则：

1）必须实事求是地计算工程量及工程造价，做到既不高估、冒算，又不漏算、少算。

2）必须充分了解工程情况及施工工艺，做到工程量计算准确，定额套用合理。

3）必须认真执行国家及各省、市、地区的各项现行规范、政策及各项具体规定和有关调整变更通知。

三、施工图预算的编制步骤和方法

土建施工图预算编制步骤一般是按照施工图预算的编制依据，结合工程的实际情况先划分拟编制预算工程的项目分项，按照预算定额中各分项工程量计算说明及计算规则计算出各分部、分项工程量，然后将所计算的工程量进行汇总，同时将同类项目编排在同一分部，以便于套用定额，最后再进行工料分析、计算各类费用。

（一）收集、熟悉有关文件和资料

（1）收集编制施工图预算和基础文件及有关资料　如施工图及设计说明、施工组织设计文件，现行有关规范、预算定额、地区单位估价表、费用定额、材料预算价格等。

（2）熟悉、掌握预算定额中的有关规定　建设工程预算定额是确定工程造价的主要依据，能否正确应用预算定额及其规定是工程量计算的基础，因此必须熟悉现行预算定额的全

部内容与子目划分，了解和掌握各分部工程的定额说明以及定额子目中的工作内容、施工方法、计算单位、工程量计算规则等。

（3）阅读及审查设计图样及设计说明　设计图样和设计说明是编制预算的依据，图样和说明书反映或表达了工程的构造、做法、材料等内容，并为编制工程预算、结合预算定额确定分项工程项目，选择套用定额子目，取定尺寸和计算各项工程量提供了重要数据。因此，必须对设计图样和设计说明书进行阅读和审查。

审查图样和说明书的重点包括检查图样是否齐全，是否具备设计要采用的标准图集，图示尺寸是否有错误。建筑图、结构图、细部大样和各种相应图样之间是否相互对应。

土建工程阅读及审查图样顺序要求如下：

1）总平面图。了解新建工程的位置、地上及地下障碍物、地形、地貌等情况。

2）基础平面图。掌握基础工程的做法、基础底标高、各轴线净空、外边线尺寸、管道及其他布置等情况，结构节点大样、首层平面图，核对轴线、基础墙身、楼梯基础等部位的尺寸。

3）建筑施工图。包括各层平面图、立面图、剖面图、楼梯详图、特殊布置等。要核对其室内开间、进深、层高、檐高、屋面做法、建筑配件细部尺寸有无矛盾，要逐层逐间核对。

4）结构施工图。包括各层平面图、节点大样、结构部件及梁（板、柱）配筋图等，结合建筑平、立、剖面图，对结构尺寸、总长、总高、分段长、分层高、大样详图、节点标高、构件规格数量等数据进行核算；有关构件的标高和尺寸必须交圈对口，以免发生差错。

（4）了解和掌握施工组织设计有关的内容　预算编制人员应到施工现场了解施工条件、周围环境、水文地质条件等情况，还应掌握施工方法、施工机械配备、施工进度安排、技术组织措施及现场平面布置等与施工组织设计有关的内容，这些都是影响工程造价的因素。

总之，预算编制人员通过熟悉图样，要达到对该建筑物的全部构造、构件连接、材料做法、装饰要求及特殊装饰等都有一个清晰的认识，为编制工程预算创造条件。

（二）正确划分分项工程项目，排列预算子目

在掌握图样、施工组织设计及定额的基础上，要正确划分预算分项，按从下到上，先框架后细部的顺序排列工程预算项目。对于建筑工程，其顺序一般为先按基础工程、打桩工程、砖石工程、脚手架工程、混凝土及钢筋工程、木制作工程、楼地面工程、屋面工程、装饰工程、金属结构工程、耐酸防腐、保温、隔热工程、构筑物、室外工程等划分分部工程，然后每个分部再按分项分别划分子目。

（三）准确计算各分项工程量

计算工程量是一项工作量很大而又十分细致的工作。工程量的编制是预算的基本数据，计算的精确程度不仅直接影响到工程造价，而且影响与之关联的一系列数据，如计划、统计、劳动力、材料等。

1. 工程量计算要求

（1）计量单位

1）物理计算单位通常采用法定计量单位，长度以 mm（毫米）和 m（米）为单位，如踢脚线的计量单位；面积以 m^2（平方米）为单位，如建筑面积的计量单位；体积以 m^3（立方米）为单位，如混凝土工程的计量单位；重量以（t）吨为单位，如金属结构工程的计量单位。

2）自然计量单位通常采用十进位自然数计算，如个、樘、台、根、幅、套和组等计量单位。

（2）计算精度　一般施工图设计文件的标志尺寸主要有两种：标高以 m 为单位，其他尺寸以 mm 为单位，在计算工程量时，均应换算成以 m 为单位，在工程量计算过程中，一般要保留三位小数，其计算结果要保留两位小数。

2. 工程量的计算

要根据图样所标的尺寸、数量以及附有的构件明细表来计算。一般应注意下列几点：

1）要严格按照定额规定的工程量计算规则，结合图样尺寸进行计算，不能随意加大或缩小各部位的尺寸。

2）为了便于核对，计算工程量时一定要注明层次、部位、轴线编号及断面符号。通常在列计算式计算体积时，断面面积在前面，长在后面。计算式要力求明了，按一定顺序排列，填入工程量计算表以便查实。

3）尽量采用图中已通过计算注明的数量和附表，如门窗表、预制构件表、钢筋表等。必要时查阅图样进行核对。

4）计算时要防止重复计算和漏算。在比较复杂的工程或工作经验不足时，最容易发生的是漏项漏算。因此在动手前先看懂图样，弄清各页图样的关系及细部说明。一般也可以依照施工顺序，由上而下、由外而内、由左而右，事先草列分部分项名称，依次进行计算。在计算中发现有新的项目，随时补充进去，防止遗誉。也可以采用分页图样逐张清算的办法；也可以先减少一部分图样数量，集中精力计算比较复杂的部分。

3. 工程量计算顺序

（1）计算建筑面积　建筑面积是工程预算的重要指标，具有独立概念和作用，并且是计算其他工程量的主要依据，如计算综合脚手架工程量等。

（2）计算基础工程量　一般土建工程基础形式主要有：条形基础、片筏基础和各种桩基础等形式，除桩基础外，其他基础工程多由挖基槽（坑）土方、做垫层、砌筑基础和回填等分项组成。

（3）计算混凝土及钢筋混凝土工程　混凝土及钢筋混凝土工程通常包括现浇混凝土、预制钢筋混凝土和预应力钢筋混凝土等项目。它与基础和墙体工程量密切相关，它们之间既相互依赖又相互制约。

（4）计算门窗工程量　门窗工程既依赖墙体工程又制约墙体工程，其工程量是墙体和装饰工程量计算的原始数据。

（5）计算墙体工程量　在计算墙体工程量时，一方面尽可能利用上述第（3）步和第（4）步提供的数据，另一方面要为装饰工程量计算准备数据。

（6）计算装饰工程量　在计算装饰工程量时，应充分利用上述第（3）、（4）、（5）步提供的数据，还要为楼地面工程量计算准备数据。

（7）计算楼地面工程量　首先要计算出设备基础和地沟等相应工程量，计算楼地面工程量时，可以顺利地扣除其相应面积或体积，既要充分利用上述第（5）、（6）步所提供的数据，还要为屋面工程量计算准备数据。

（8）计算屋面工程量　计算屋面工程量时应充分利用上述第（1）、（7）步所提供数据。

（9）计算金属结构工程量　金属结构工程量通常与上述计算步骤关系不大，可以单独计算。

（10）计算其他工程量　其他工程量包括水槽、水池、楼梯扶手、栏杆、台阶、散水、坡道、花台等项目。对这些项目，均应按定额规定的计算规则分别计算。

4. 分项工程量的计算顺序

为加快工程量计算速度和提高计算质量，在同一分项工程内部的各组成部分之间，可采用以下工程量计算顺序。

（1）按顺时针方向计算　它是从施工图样左上角开始，按顺时针方向从左向右进行，当计算路线绕图一周后，再重新返回施工图左上角的工程量计算方法。该方法可用于土石方工程、砖石工程、楼地面工程和装饰工程等分部分项工程量计算。

（2）按横竖分割计算　它采用从左至右、先横后竖、从上到下的工程量计算顺序。在同一施工图样上，先计算横向上的工程量，后计算竖向上的工程量。在横向上采用先左后右、从上到下的计算顺序；在竖向上采用先上后下、从左到右的计算顺序。该方法可用于基础和墙体等工程量计算。

图 9-1　工程量计算步骤图

$L_{中}$—外墙中心线长度　$L_{内}$—内墙净长线长度　$L_{外}$—外墙外边线长度

S_1—底层净面积　S_n—二层及二层以上各层净面积

（3）按构件编号计算　它是按结构构件编号顺序计算工程量的方法，主要用于金属结构和钢筋混凝土结构等工程的结构构件工程量计算。

（4）按图样轴线编号计算　对于造型或结构复杂的工程，为工程量计算和审核方便，可按施工图样轴线编号顺序计算工程量。该方法可用于墙体工程量计算。

5. 工程量计算步骤图

工程量计算步骤图如图 9-1 所示。

四、确定分项工程单价和直接费

1. 正确套用定额单价

在工程量计算完成核实无误后，即可套用定额单价。在套用定额单价时，应注意以下几点：

1）分项工程的工作内容，材料选用、规格、型号和计量单位必须与所套用的定额子目完全一致。

2）施工图样中的施工方法、工作内容、材料规格、品种数量与定额不同时，如定额说明中规定可进行换算或调整时，要按定额中有关规定换算或调整。

3）对于施工图设计中内容与定额内容不一致，且定额中规定不允许换算的项目，应重新编制补充定额或单位估价表。

2. 填列分项工程单价

通常按照预算定额顺序或施工顺序，在工程预算表上逐项填列分项工程单价。

3. 确定分项工程直接费

分项工程直接费按以下公式计算：

$$分项工程直接费 = 预算定额单价 \times 分项工程工程量$$

五、费用计取及土建工程预算造价计算

按照费用定额及地区有关规定，正确计取工程费用并计算工程预算造价。下面以内蒙地区建设工程费用定额为例，进行工程费用的计取。

1. 确定直接费

直接费可由下式确定：

$$A = A_1 + A_2$$

式中　A——直接费（元）。

A_1——直接工程费，由工程量套用定额及有关规定计算；

A_2——措施项目费，包括安全文明施工费、临时设施费、雨季施工增加费、已完未完工程及设备保护费等，按"通用措施项目费率表"计算，计算基础为直接工程费中的人工费、机械费之和；

2. 确定间接费

间接费可由下式确定：

$$B = B_1 + B_2$$

式中　B——工程间接费；

B_1——规费，包括工程排污费、社会保障费、住房公积金、危险作业意外伤害保险、工伤保险、水利建设基金等，按"规费费率表"计算，计算基础为不含税工程

造价；

B_2——企业管理费，按"企业管理费费率表"计算，企业管理费是综合测算的，其计算基础为人工费（不含机上人工费）与机械费之和。

3. 确定利润

利润按"利润率表"计算，利润是按行业平均水平测算，其计算基础为人工费（不含机上人工费）与机械费之和。

4. 确定税金

税金税率根据工程所在地区的不同，实行差别税率，分别为：市区 3.44%，县城（镇）3.38%，城镇以外 3.25%，计算方法为直接费、间接费、利润三项之和乘以税率。

5. 确定一般土建工程预算造价

$$Y = 直接费 + 间接费 + 利润 + 税金$$

式中 Y——土建工程预算造价（元）。

六、计算单位工程技术经济指标

在单位工程预算造价确定后，应当结合工程特点计算各项指标。其计算公式为

$$技术经济指标 = \frac{工程预算造价}{规定计量单位的工程量}$$

七、进行工料分析

工料分析是在各分部分项工程中，根据定额中的单位用工量及材料消耗量乘以各分项工程的工程量，计算汇总出各分项工程的用工量及材料消耗量的方法。由于在编制预算过程中，材料调整及材料和人工差价的计算需要以工料分析的结果为基础，同时施工企业管理和经济核算也要以工料分析为依据，因此工料分析在施工图预算中就显得十分重要。

（一）工料分析的作用和内容

1. 工料分析的作用

1）工料分析是编制预算时，进行材料调整、材料及人工差价计算的依据。

2）工料分析是施工企业内部管理过程中编制施工计划、安排生产及劳动力分配的依据。

3）工料分析是材料管理部门编制材料计划、储备材料、安排订货的依据。

4）工料分析是进行成本核算及经济分析的基础。

2. 工料分析的内容

施工图预算中，工料分析的内容主要包括分部工程工料分析表、单位工程工料分析汇总

表和有关文字说明等。

（二）工料分析的步骤和方法

1. 分项工程的工料分析

每一个分部工程都由许多分项工程组成，因此只要将各分项工程的用工料进行汇总，就得到分部工程的工料总量。其方法是：从预算定额中查出分项工程项目各种工料的单位定额、用工料数量，再分别乘以相应分项工程工程量。

其中：人工消耗 = $\sum$（每一分项定额用工量×分项工程工程量）

某种材料消耗量 = $\sum$（该材料定额用量×含该材料的分项工程工程量）

2. 工料的数量分析

（1）配合比材料数量分析　在砖石工程、混凝土及钢筋混凝土工程、楼地面工程和装饰工程等分部工程中，一般只能查出砂浆和混凝土的定额消耗量，为计算出各种配合比材料用量，要根据砂浆和混凝土的强度等级，由预算定额的砂浆及混凝土配合比表查出砂子、石子、水泥和水的单位体积用量，再把它乘以相应砂浆或混凝土的消耗量，最后算出砂子、石子、水泥和水的消耗量。

（2）构件和制品数量分析　主要包括工厂制作和现场安装的各种构件和制品，如预制钢筋混凝土构件、金属结构构件、门窗和五金以及各种建筑制品等项目。

（3）装饰工程数量分析　装饰工程的工料分析要根据建筑工程预算定额及其工程量，按照抹灰项目和油漆项目分别计算和汇总。

3. 编制分部工程的工料分析表

当所有分项工程的人工和材料消耗量都算出后，就应以分部工程为对象进行汇总，编制出分部工程工料分析表。

4. 编制单位工程的工料分析汇总表

完成上述各个分部工程工料分析表后，就应以单位工程为对象，分别将人工和材料汇总，最后得到单位工程人工和材料分析汇总表。

八、编写编制说明

编制说明中主要内容有工程情况、工程造价、技术经济指标、工程预算选用的标准文件、参考文件及编制中需要说明的问题等。

第三节　建筑工程概预算设计实例

本实例根据设计说明和设计施工图（图 9-2 ~ 图 9-20），其定额采用《××省建筑工程综合预算定额》和《××省建筑安装工程费用定额》，具体见表 9-1 ~ 表 9-3。

建 筑 设 计 总 说 明

一、建设单位：某开发公司

二、工程名称：昌盛小区2号楼

三、工程地址：某城市

四、工程概况：

本工程为六层住宅楼，砖混结构，总建筑面积为2939.28m²。

五、本建筑设计方案经建设单位多次讨论修改、审定后方可进行施工图设计。

六、本工程采用标准图集：

1.《12系列建筑标准设计图集》。
2. 推拉铝合金窗12SJ-713。
3. 铝合金地弹簧门12SJ-607。
4. 平开铝合金门12SJ-605。

七、门窗及油漆工程：

1. 该楼外立面窗为双层推拉铝合金窗，窗框为银白色，每个开启扇设纱扇一个。一层窗设护窗栏杆做法详见12J6-63-1（注：双层铝合金窗中间贴瓷砖）。

2. 单元门为镶板门，刷棕色调和漆两道，户门设三防门，内门为夹板门，刷白色调和漆两道。

八、外装修做法均见立面图标注，内装修做法详见室内装修表。

九、该楼二层以上外挑阳台全部为封闭阳台，栏板为40mm厚砂浆板，内外均抹20mm厚1：2.5水泥砂浆。

十、本工程所有预留孔洞、预埋木砖及预埋铁件均应按图样准确留埋；预留孔洞不得后凿，预埋木砖及预埋铁件均应做防腐处理。安装时土建需做好配合施工。

十一、构造柱位置详见结施图，配电箱位置详见电施平面图标注。

十二、室外散水，台阶均增设300mm厚中砂防冻层。

十三、楼梯栏杆扶手均为木扶手，金属栏杆做法详见12J8-9。

十四、楼梯踏步、休息平台及室外楼梯为水泥砂浆面层。

十五、一层住宅室内标高为±0.000，本图中除标高以m计外，其余均以mm计。除特别说明外，各部分做法均按国家有关现行规范、规定执行。

室内装修表

房间名称	地 面	楼 面	踢 脚	内墙面	顶 棚	窗台板
卧室、客厅、餐厅	12J1-61-13-B	12J1-76-12（30）30mm厚面层用户自理	12J1-54-2 120mm高与墙取平	12J1-37-7取消做法1，面层改为满刮腻子两道	12J1-85-5取消做法1，两层改为满刮腻子两道	1：2.5水泥砂浆抹窗台板
厨房	12J1-61-13-B	12J1-76-12（30）30mm厚面层用户自理		12J1-45-35	12J1-85-5取消做法1，面层改为满刮腻子两道	1：2.5水泥砂浆抹窗台贴瓷砖
卫生间、厕所	12J1-61-13-B	12J1-77-14（90）40厚混凝土垫层向地漏找坡，30mm厚面层用户自理		12J1-45-35	12J1-85-5取消做法1，面层改为满刮腻子两道	1：2.5水泥砂浆抹窗台贴瓷砖
楼梯间	12J1-61-13水泥地面	12J1-73-1	12J1-54-2 120mm高与墙取平	12J1-37-7取消做法1，面层改为满刮腻子两道	12J1-85-5取消做法1，面层改为满刮腻子两道	1：2.5水泥砂浆抹窗台板

图 9-2

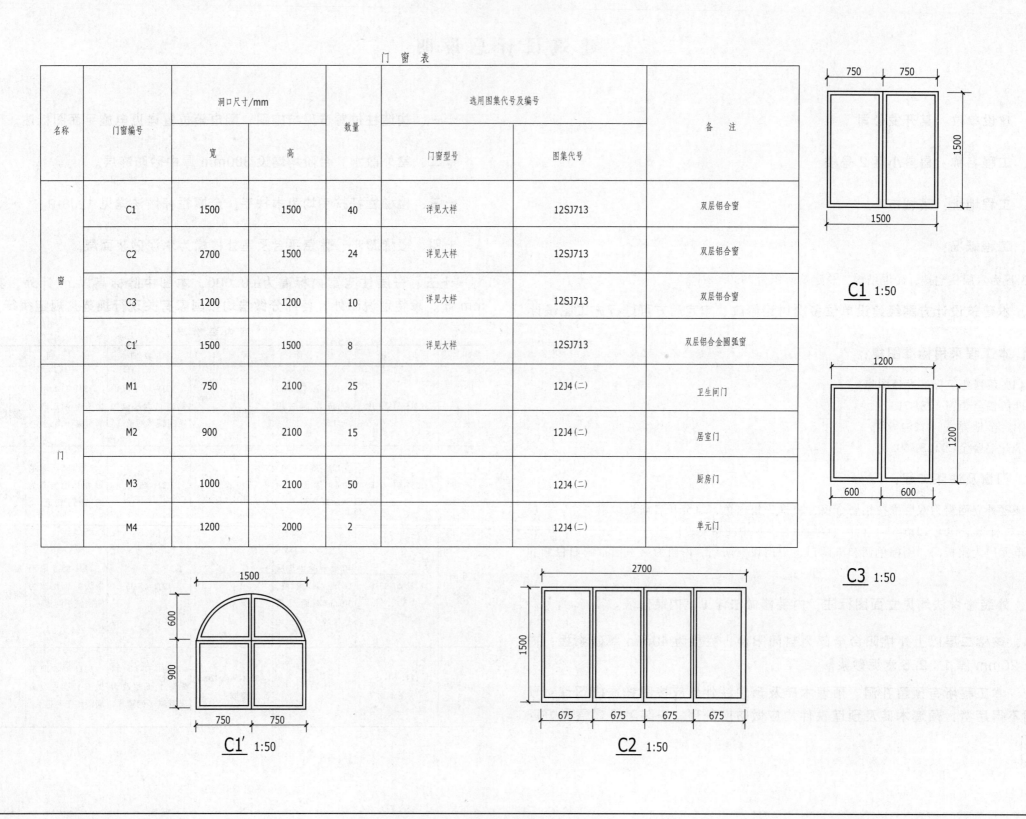

门窗表

名称	门窗编号	洞口尺寸/mm		数量	选用图集代号及编号		备注
		宽	高		门窗型号	图集代号	
窗	C1	1500	1500	40	详见大样	12SJ713	双层铝合窗
	C2	2700	1500	24	详见大样	12SJ713	双层铝合窗
	C3	1200	1200	10	详见大样	12SJ713	双层铝合窗
	C1'	1500	1500	8	详见大样	12SJ713	双层铝合金圆弧窗
门	M1	750	2100	25		12J4(二)	卫生间门
	M2	900	2100	15		12J4(二)	居室门
	M3	1000	2100	50		12J4(二)	厨房门
	M4	1200	2000	2		12J4(二)	单元门

C1 1:50

C3 1:50

C1' 1:50

C2 1:50

图 9-3

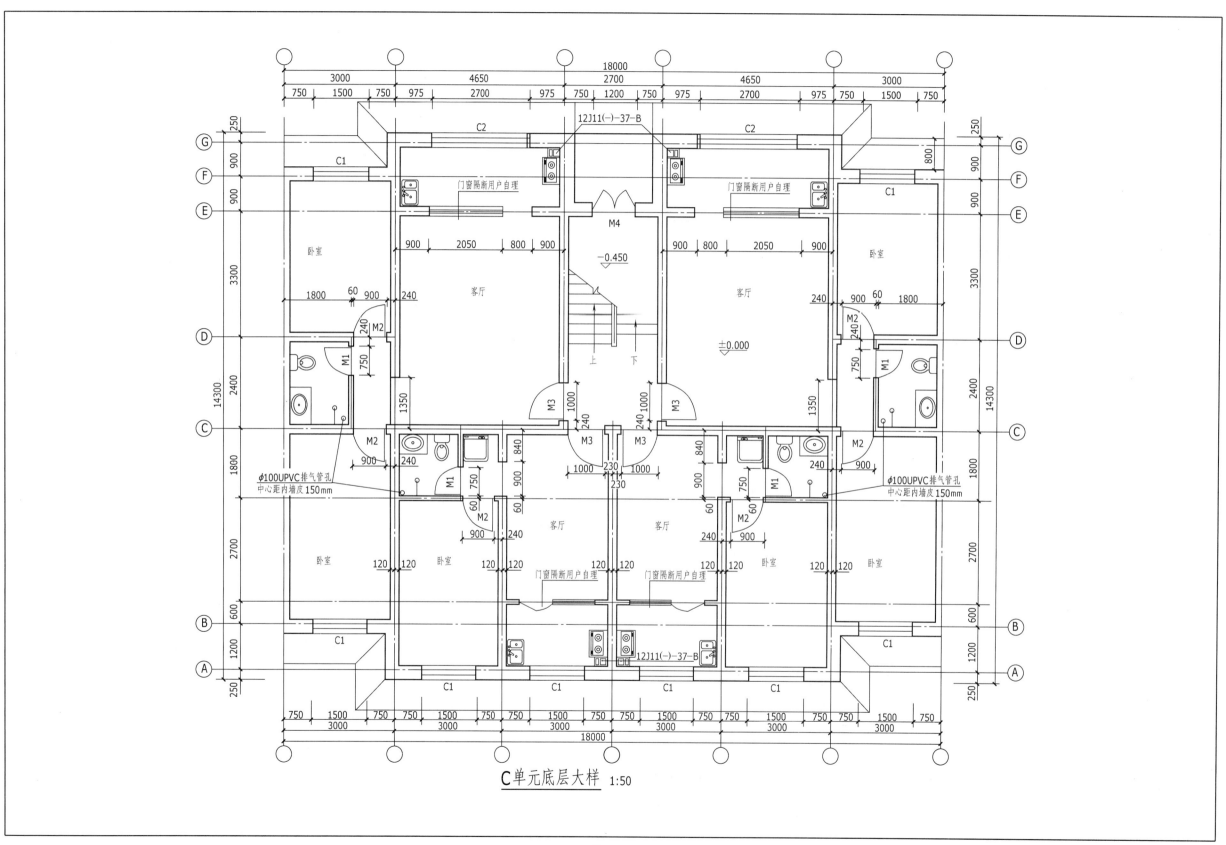

C单元底层大样 1:50

图 9-4

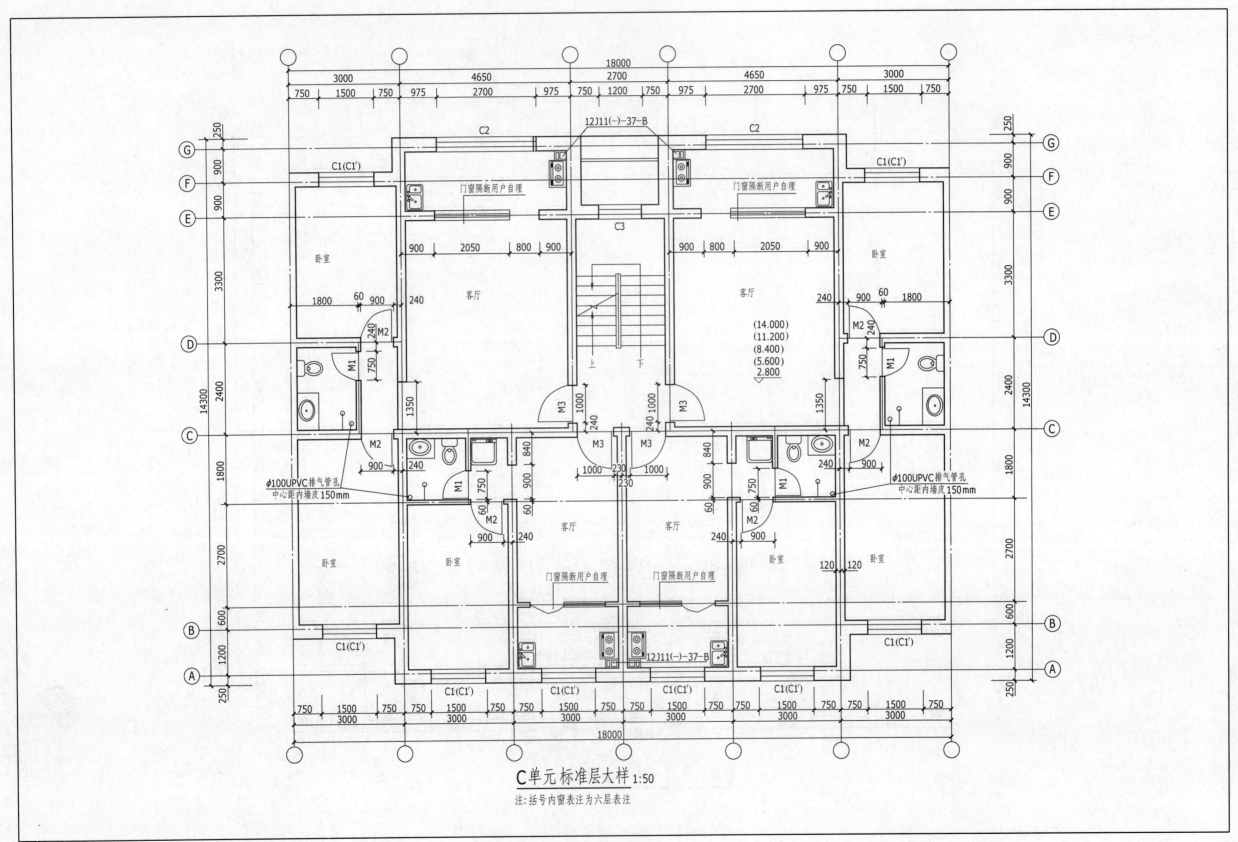

18000

3000 4650 2700 4650 3000

750 1500 750 975 2700 975 750 1200 750 975 2700 975 750 1500 750

C2   12J11(—)-37-B   C2

G   G

C1(C1')   C1(C1')

F   F

250   900   900   900   900   900   900   250

门窗隔断用户自理   门窗隔断用户自理

E   E

C3

900   2050   800   900   900   800   2050   900

卧室   卧室

3300   3300

客厅   上   下   客厅

1800   60   900   240   240   900   60   1800

M2   (14.000)   M2

240   (11.200)   240

D   M1   (8.400)   M1   D

750   (5.600)   750

2.800

14300   1350   M3 1000   1000 M3   1350   14300

2400   2400

M3   M3

C   M2   840   240 240   840   M2   C

900   1000 230 1000   900

φ100UPVC排气管孔   230   φ100UPVC排气管孔

1800   中心距内墙皮150mm   M1 750   900   900   750 M1   中心距内墙皮150mm   1800

M2   60   60   M2

60   240   900   900   240   60

900   客厅   客厅   900

2700   M2   M2   2700

卧室   卧室   卧室   120 120   卧室

门窗隔断用户自理   门窗隔断用户自理

600   600

B   B

C1(C1')   C1(C1')

1200   1200

12J11(—)-37-B

A   A

250   250

C1(C1')   C1(C1')   C1(C1')   C1(C1')

750   1500   750   750   1500   750   750   1500   750   750   1500   750   750   1500   750

3000   3000   3000   3000   3000

18000

C单元 标准层大样 1:50

注:括号内窗表注为六层表注

图 9-5

114

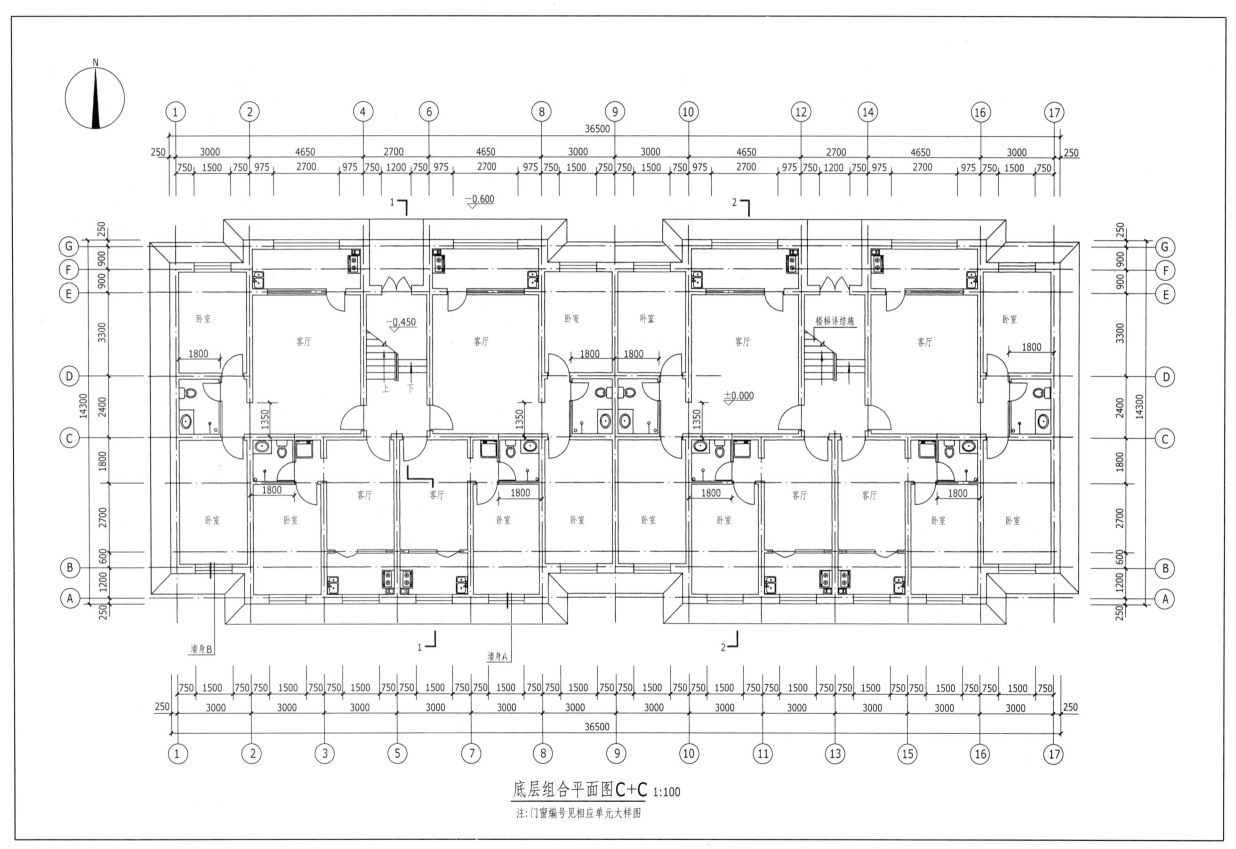

底层组合平面图C+C 1:100

注:门窗编号见相应单元大样图

图 9-6

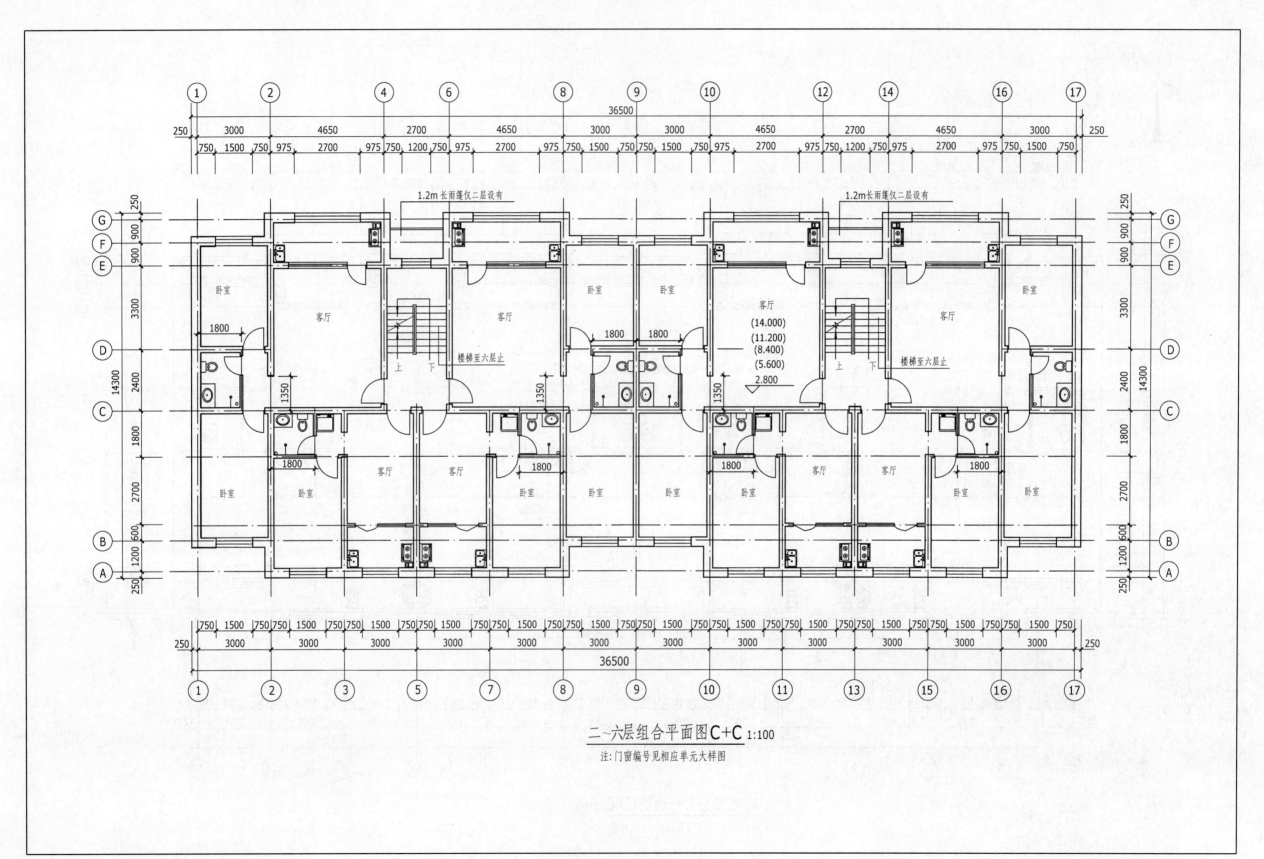

二~六层组合平面图**C+C** 1:100

注:门窗编号见相应单元大样图

图 9-7

116

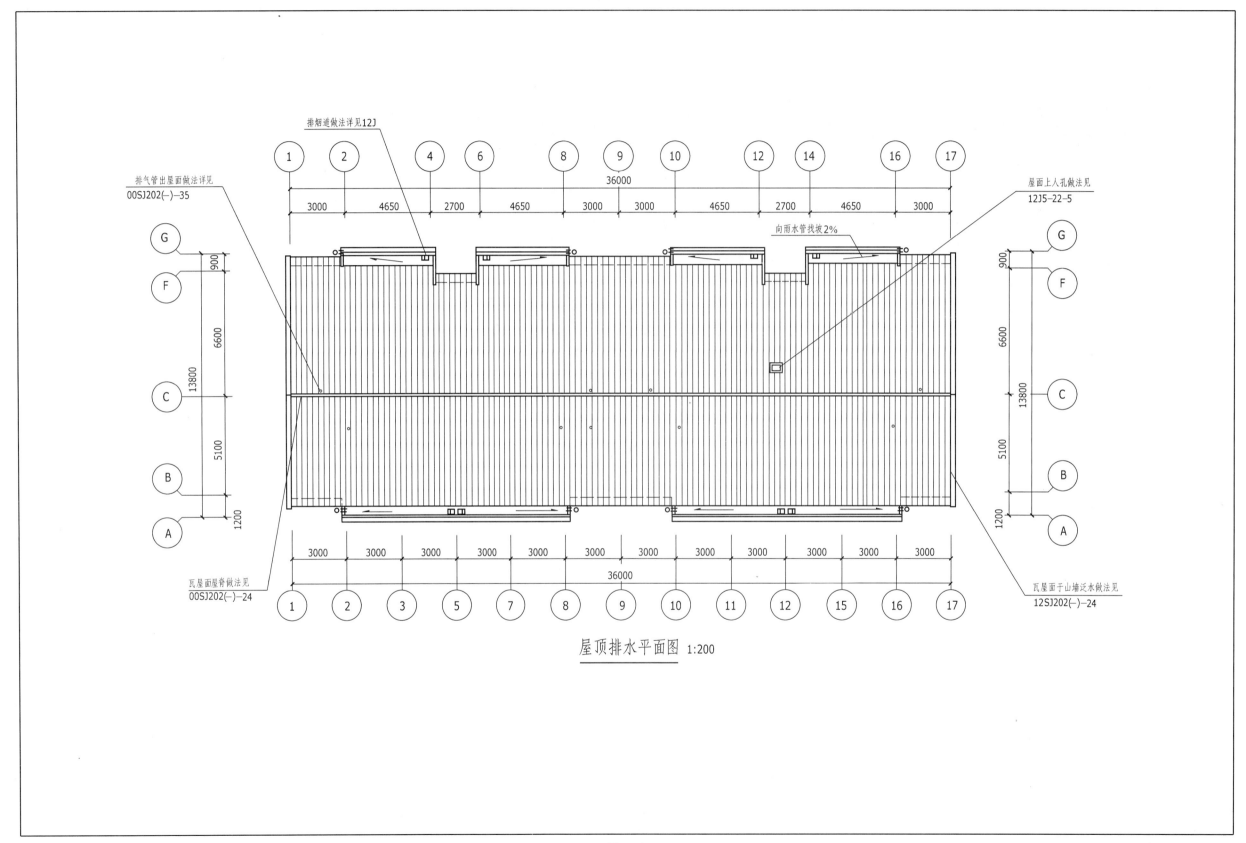

排烟道做法详见12J

排气管出屋面做法详见
00SJ202(一)—35

屋面上人孔做法见
12J5—22—5

向雨水管找坡2%

瓦屋面屋脊做法见
00SJ202(一)—24

瓦屋面于山墙泛水做法见
12SJ202(一)—24

36000

3000 4650 2700 4650 3000 3000 4650 2700 4650 3000

3000 3000 3000 3000 3000 3000 3000 3000 3000 3000 3000 3000

36000

900 6600 5100 1200

13800

屋顶排水平面图 1:200

图 9-8

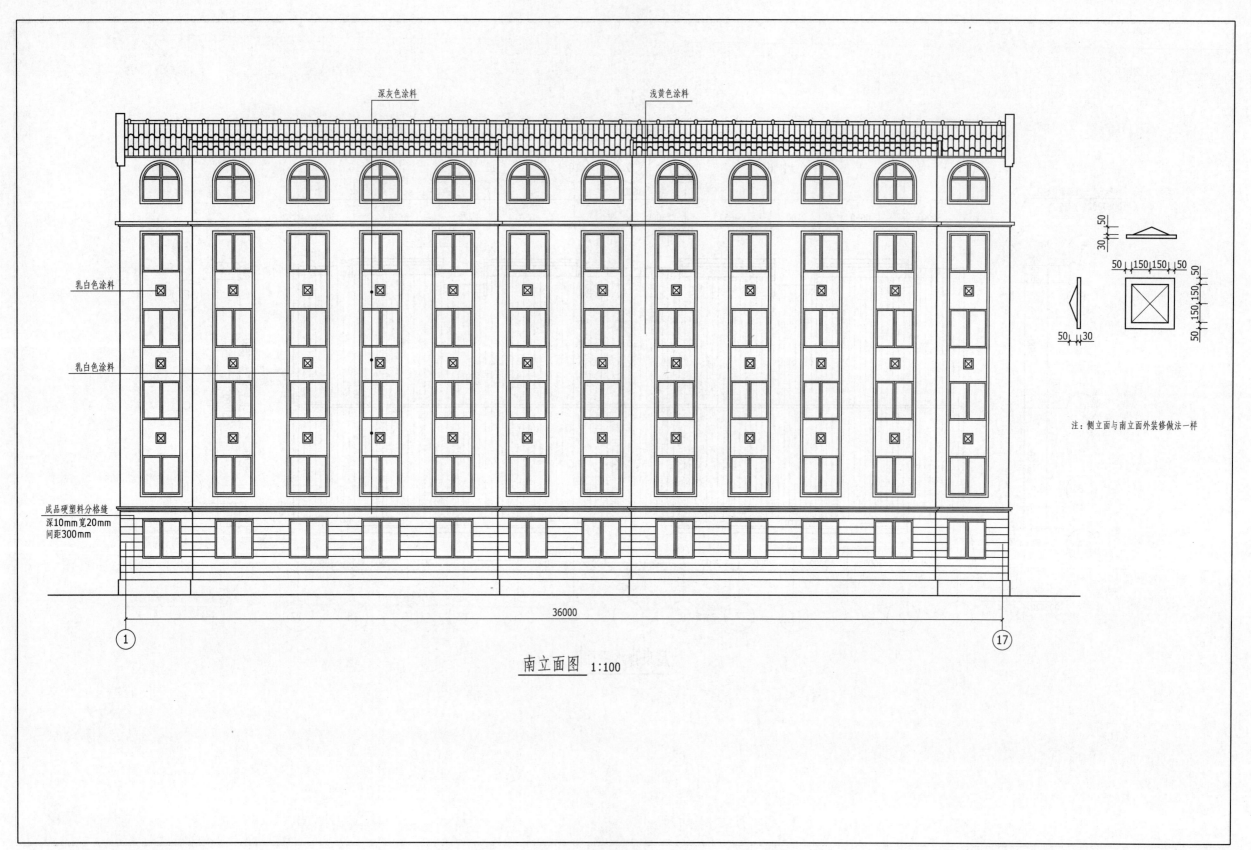

深灰色涂料　　　　　　　　　　　　浅黄色涂料

乳白色涂料

乳白色涂料

成品硬塑料分格缝
深10mm宽20mm
间距300mm

注：侧立面与南立面外装修做法一样

30　50
50　150　150　50
150
150
50　30
50

36000

① 　　　　　　　　　　　　　　　　　　⑰

南立面图 1:100

图 9-9

ϕ50UPVC雨水管
挑出100mm

1—1

北立面图1:100

图 9-10

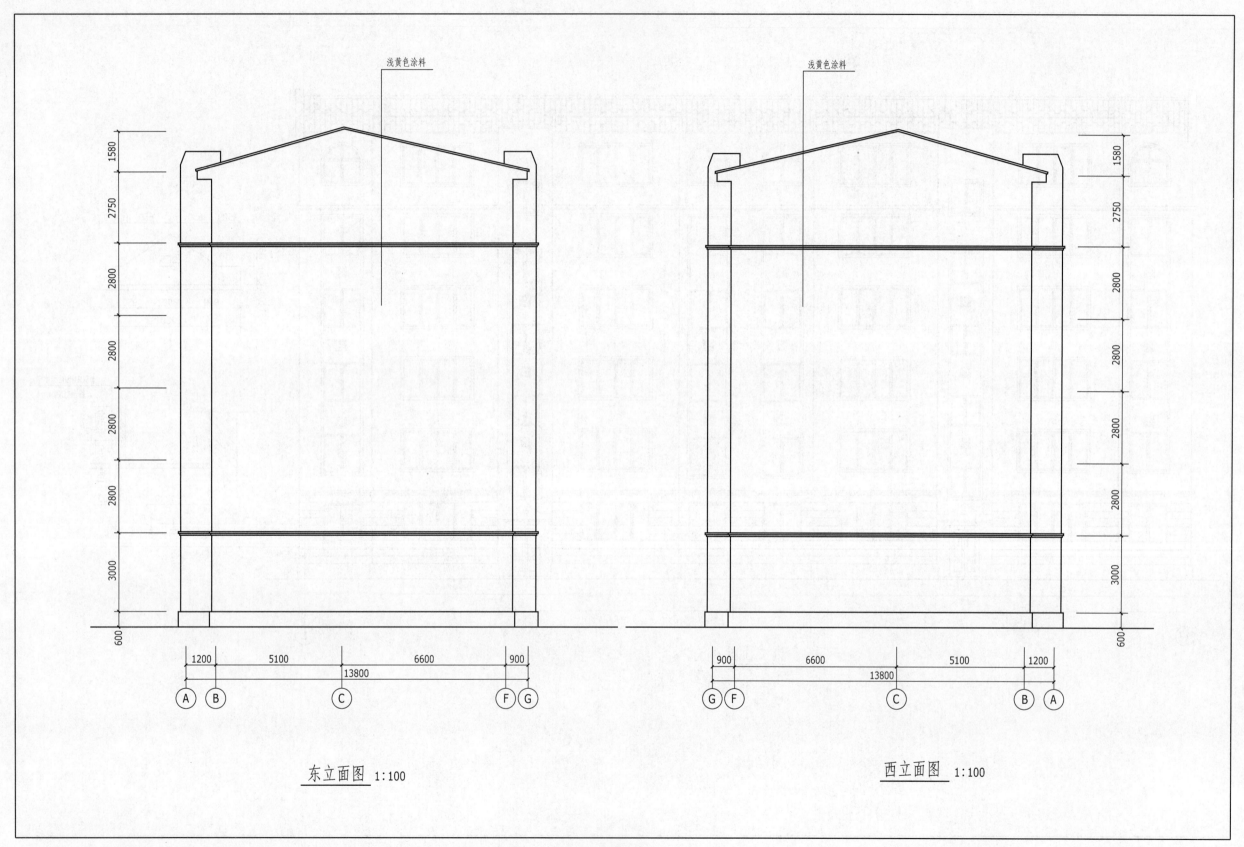

浅黄色涂料

1580
2750
2800
2800
2800
3000
600

1200 5100 6600 900
13800

Ⓐ Ⓑ Ⓒ Ⓕ Ⓖ

东立面图 1:100

浅黄色涂料

1580
2750
2800
2800
2800
3000
600

900 6600 5100 1200
13800

Ⓖ Ⓕ Ⓒ Ⓑ Ⓐ

西立面图 1:100

图 9-11

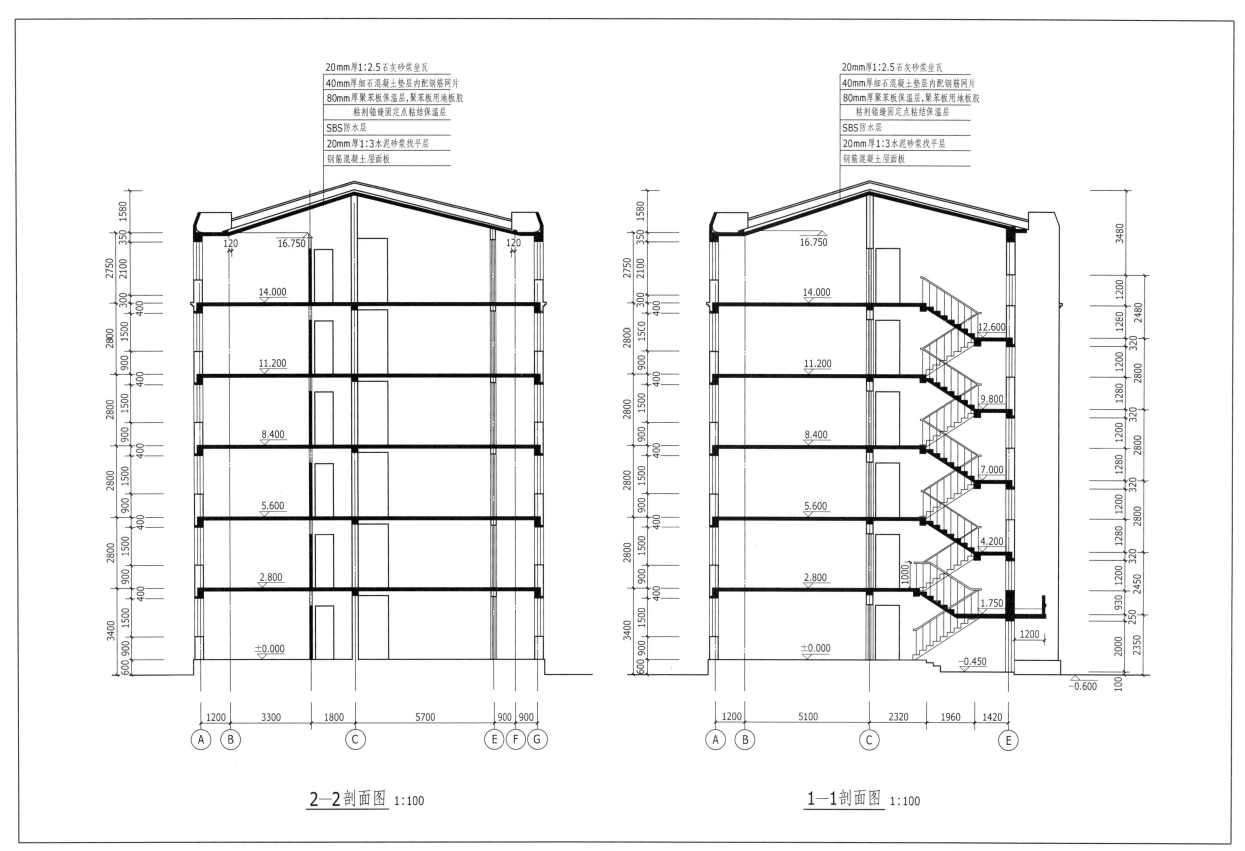

20mm厚1:2.5石灰砂浆坐瓦
40mm厚细石混凝土垫层内配钢筋网片
80mm厚聚苯板保温层,聚苯板用地板胶
粘剂错缝固定点粘结保温层
SBS防水层
20mm厚1:3水泥砂浆找平层
钢筋混凝土屋面板

2—2剖面图 1:100

20mm厚1:2.5石灰砂浆坐瓦
40mm厚细石混凝土垫层内配钢筋网片
80mm厚聚苯板保温层,聚苯板用地板胶
粘剂错缝固定点粘结保温层
SBS防水层
20mm厚1:3水泥砂浆找平层
钢筋混凝土屋面板

1—1剖面图 1:100

图 9-12

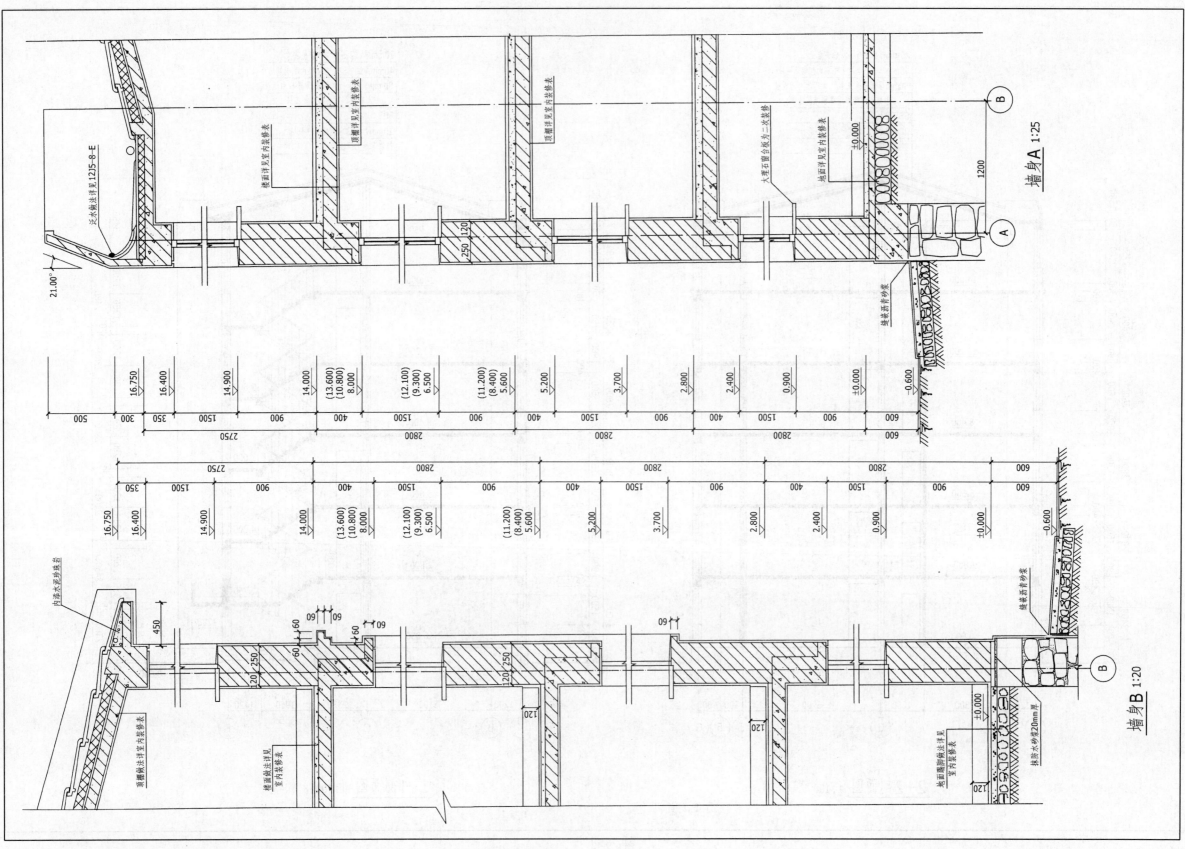

墙身 A 1:25

墙身 B 1:20

图 9-13

结 构 设 计 总 说 明

一、工程概况

1. 本工程为昌盛小区（二期）2 号住宅楼，六层砖混结构住宅楼，抗震设防烈度为 8 度，合理使用期限为 50 年。

2. 本工程混凝土环境类别：室内部分一级，室外部分及地下部分为二级（b）。

3. 建筑物应按图中注明的使用功能使用，未经技术部门鉴定或设计单位许可，不得改变结构的用途和使用环境。

二、设计时所选用规范及图集

《建筑结构可靠性设计统一标准》（GB 50068—2018）、《建筑结构荷载规范》（GB 50009—2012）、《砌体结构设计规范》（GB 50003—2011）、《混凝土结构设计规范（2015 年版）》（GB 50010—2010）、《建筑地基基础设计规范》（GB 50007—2011）、《建筑抗震设计规范（2016 年版）》（GB 50011—2010）。

三、楼面使用荷载

使用荷载标准值取值：卫生间、厨房、卧室、客厅取 2.00kN/m²，楼梯取 2.0kN/m²；不上人的屋面均布活荷载取 0.7kN/m²，上人的屋面均布活荷载取 2.50kN/m²。

四、材料强度

1. 混凝土：所有混凝土构件均采用 C20 混凝土（注明者除外）。

2. 钢筋和型材：φ—HPB235：$f_y = 210N/mm^2$，Φ—HRB335：$f_y = 300N/mm^2$。

3. 砌体：一～四层砖墙均用 M10 混合砂浆砌 MU10 机制红砖。五、六层砖墙均用 M7.5 混合砂浆砌 MU10 机制红砖。

4. 埋件采用 Q235 结构钢，焊条采用 E4301。

五、构造要求

1. 构件（不包括圈梁及构造柱）纵向受力钢筋保护层按以下要求设置，且不应小于主筋直筋。

环境类别	板、墙、壳		梁		柱	
	≤C20	C25～C45	≤C20	C25～C45	≤C20	C25～C45
一	20	15	30	25	30	25
二 b	—	20	—	35	—	35

注：基础中纵向受力钢筋的混凝土保护层厚度不应小于 40mm，当无垫层时不应小于 70mm，圈梁及构造柱钢筋的保护层厚度不应小于 15mm。

2. 钢筋锚固：纵向受拉钢筋的最小锚固长度 $l_a = a(f_y/f_t)d$，详见下表。

钢筋种类 \ 混凝土强度等级	钢筋直径	C20	C25	C30	C35	≥C40
光面钢筋φ—HPB235	$d = 6～25$	31d	27d	24d	22d	20d
带肋钢筋Φ—HRB335	$d ≤ 25$	39d	33d	30d	27d	25d

注：圈梁及构造柱钢筋的锚固长度均详见 98G363。

3. 纵向受拉钢筋锚固

纵向受拉钢筋绑扎搭接长度应根据位于同一连接区段内的钢筋搭接接头面积百分率按下列公式计算：纵向受拉钢筋搭接接长度 $l_1 = Ql_a$

纵向受拉钢筋搭接长度修正系数 Q

纵向受拉钢筋搭接接头面积百分率（%）	≤25	50	100
纵向受拉钢筋搭接长度修正系数 Q	1.20	1.40	1.60

注：在任何情况下，纵向受拉钢筋绑扎搭接接头的搭接长度均不应小于 300mm。

六、施工要求

1. 现浇板下部受力钢筋伸入梁内长度至梁中心且大于 5d，上部受力钢筋伸入长度为 30d（包括弯折部分），连续配筋或注明者除外。

2. 板下部短向钢筋应在长向钢筋之下。

3. 凡在板上直接砌隔墙时，隔墙下板底加 2φ16 通长钢筋。

4. 所有构件的连接均应满足抗震构造图集 16G329-1、16G329-2 及多层砖房钢筋混凝土构造柱抗震节点详见 03G363。

5. 顶层楼梯间的横墙和外墙沿墙高每隔 500mm 设 2φ16 通长钢筋。

6. 过梁遇圈梁、构造柱时改为现浇。

7. 梁、板（短跨方向）大于等于 4m 时宜按 0.3% 起拱，悬挑构件按悬挑长度的 0.5% 起拱。悬挑构件混凝土强度等级达到 100% 方可拆摸。

8. 所有外露混凝土挑檐、女儿墙每 12m 留 30mm 缝，钢筋不断，混凝土断后用沥青麻丝封。

9. 现浇板在施工时，应配合设备工种现场预留孔洞，严禁后期剔凿。孔洞直径小于 300mm 时，钢筋绕行不断，孔洞直径大于 300mm 时，洞边另加钢筋。

10. 图中未注明的内、外墙洞口过梁均为 GL××—2A（a），GL××—2B，其中 ×× 为洞口净宽。配电箱及 120 墙过梁选用 GL××—1B，其中 ×× 为洞口净宽，宽度同墙宽。

11. 一层外纵墙窗台下均设 240mm×180mm 混凝土腰带，内配纵筋 4φ12，箍筋φ6@200。

12. 图中现浇板的负弯矩钢筋所注长度均为轴线一侧长度。

13. 与构造柱相连的小于 180mm 的墙垛改为素混凝土同构造柱同时浇注。

14. 现浇板留孔时应按有关工种预先留准，不得后凿。管道安装完毕后，采用 C20 细石混凝土填实。

15. 所有现浇板上的垫层和面层厚度必须控制在设计允许值以内，如某些部位实际施工确有困难，必须预先向设计单位提出，未经许可，不得在实际施工中增加厚度。

16. 本设计未考虑冬季施工，如工程跨年度施工，在冬季应对所有外露构件及基础采取防护措施，以免影响工程质量。

17. 除总说明外，其他各单项补充说明均须对照执行，且应遵循各有关施工验收规范的具体规定。

图 9-14

123

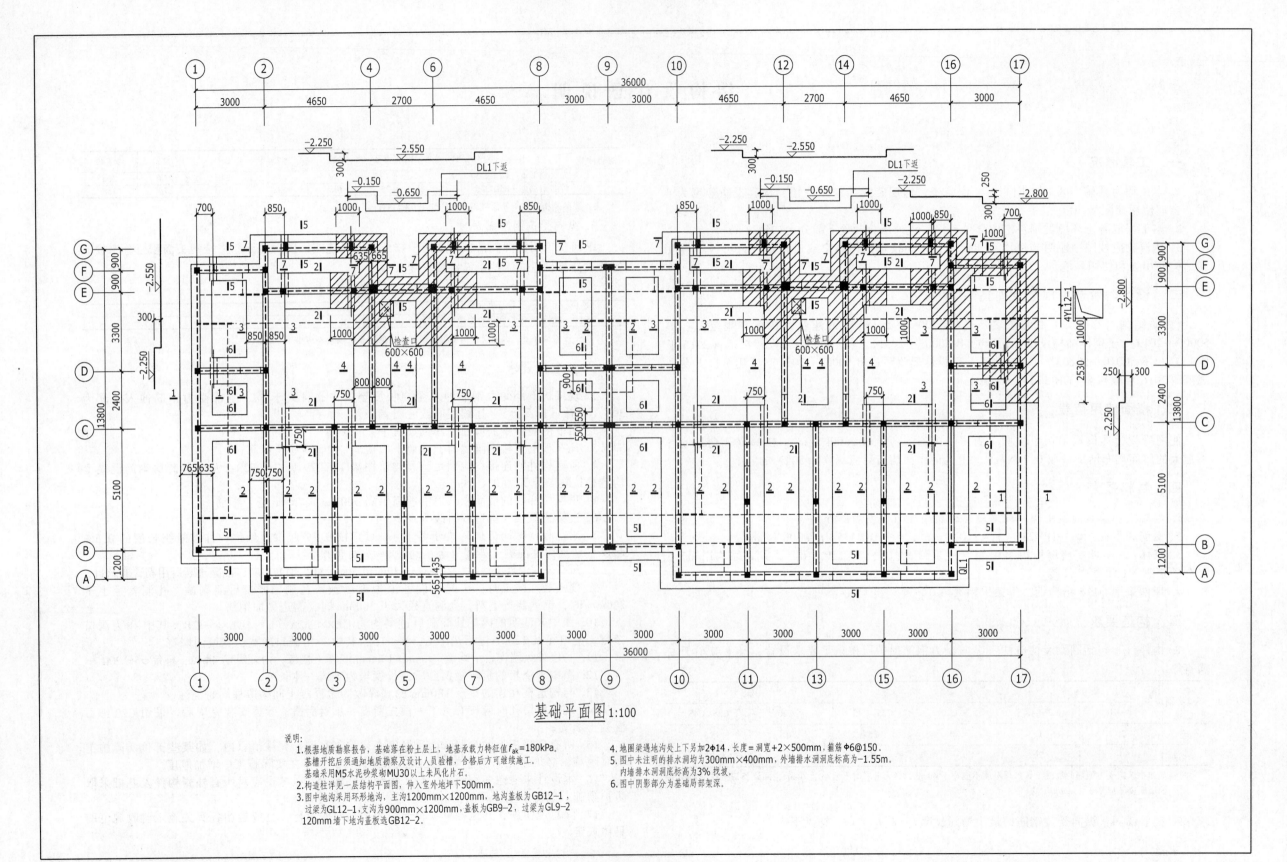

基础平面图 1:100

说明:
1. 根据地质勘察报告,基础落在粉土层上,地基承载力特征值$f_{ak}=180$kPa。
基槽开挖后须通知地质勘察及设计人员验槽,合格后方可继续施工。
基础采用M5水泥砂浆砌MU30以上未风化片石。
2. 构造柱详见一层结构平面图,伸入室外地坪下500mm。
3. 图中地沟采用环形地沟,主沟1200mm×1200mm,地沟盖板为GB12-1,
过梁为GL12-1,支沟为900mm×1200mm,盖板为GB9-2,过梁为GL9-2
120mm墙下地沟盖板选GB12-2。

4. 地圈梁遇地沟处上下另加2ϕ14,长度=洞宽+2×500mm,箍筋ϕ6@150。
5. 图中未注明的排水洞均为300mm×400mm,外墙排水洞洞底标高为-1.55m。
内墙排水洞底标高为3%找坡。
6. 图中阴影部分为基础局部架深。

图 9-15

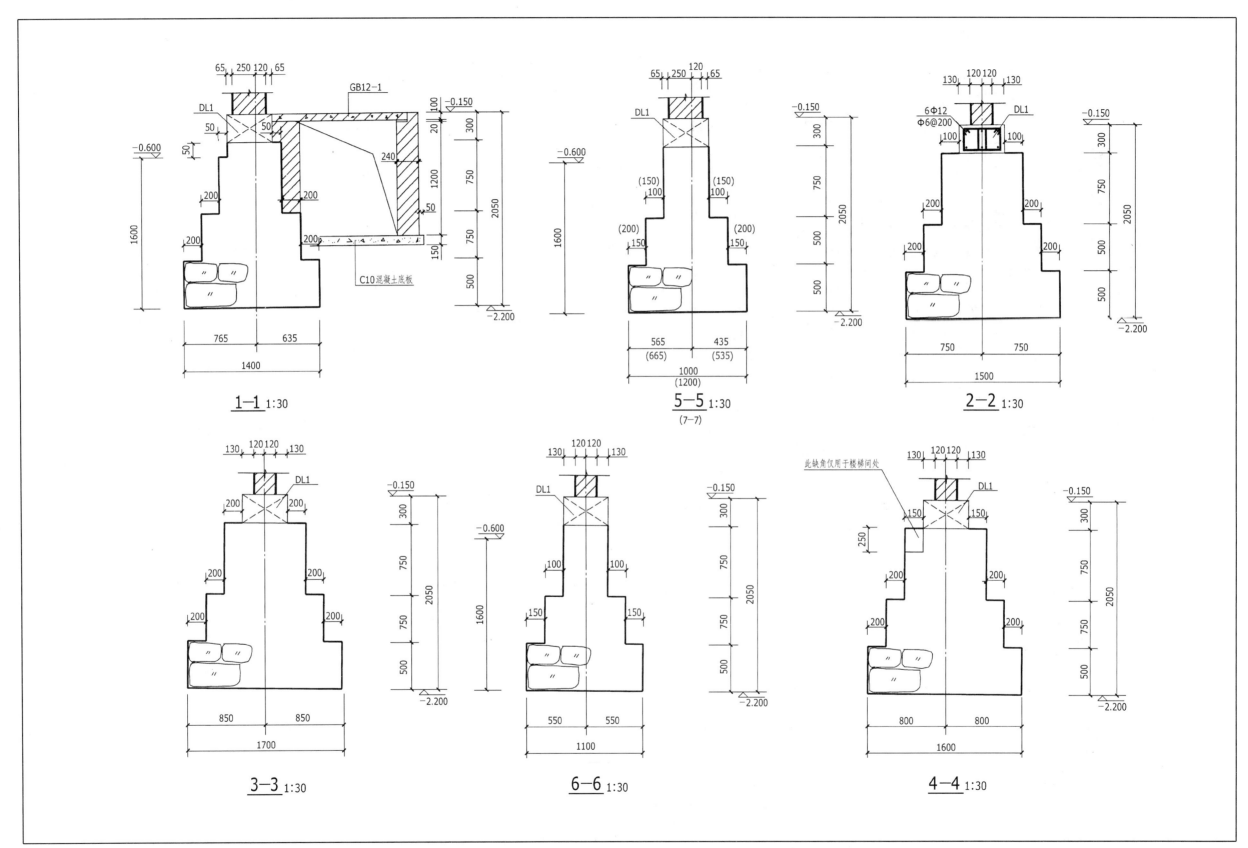

图 9-16

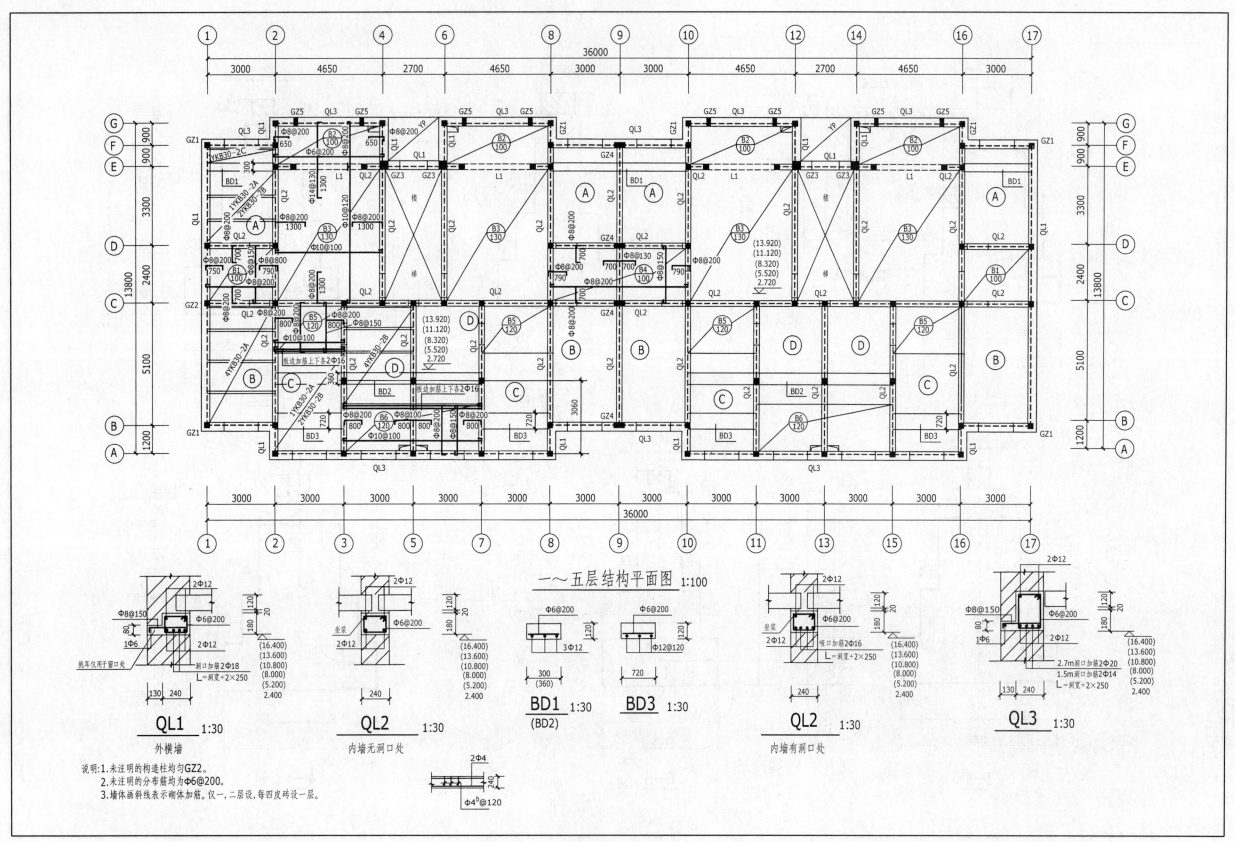

一～五层结构平面图 1:100

QL1 1:30
外横墙

QL2 1:30
内墙无洞口处

BD1 1:30
(BD2)

BD3 1:30

QL2 1:30
内墙有洞口处

QL3 1:30

说明:1.未注明的构造柱均匀GZ2。
2.未注明的分布筋均为Φ6@200。
3.墙体画斜线表示砌体加筋。仅一、二层设,每四皮砖设一层。

图 9-17

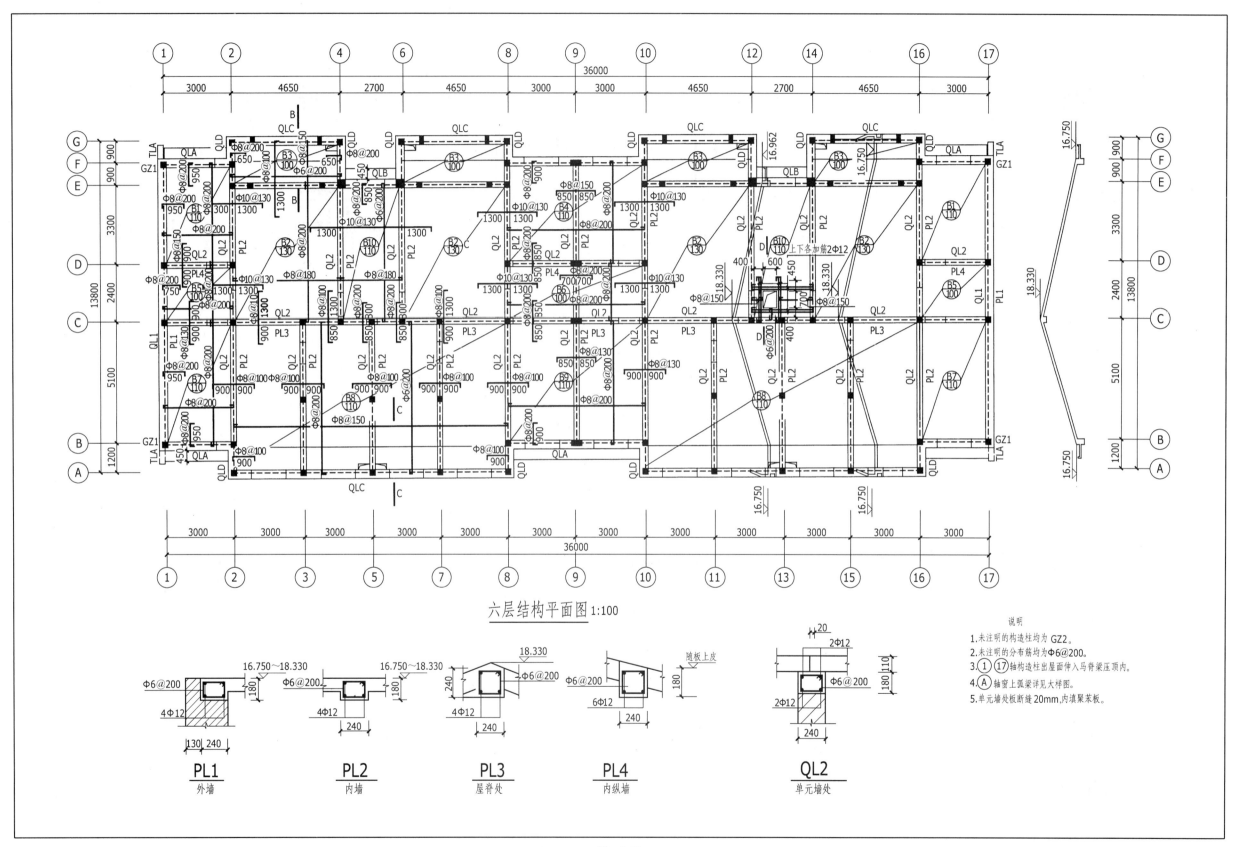

六层结构平面图 1:100

PL1
外墙

PL2
内墙

PL3
屋脊处

PL4
内纵墙

QL2
单元墙处

说明
1.未注明的构造柱均为 GZ2。
2.未注明的分布筋均为Φ6@200。
3.①、⑰轴构造柱出屋面伸入马脊梁压顶内。
4.Ⓐ轴窗上弧梁详见大样图。
5.单元墙处断缝20mm,内填聚苯板。

图 9-18

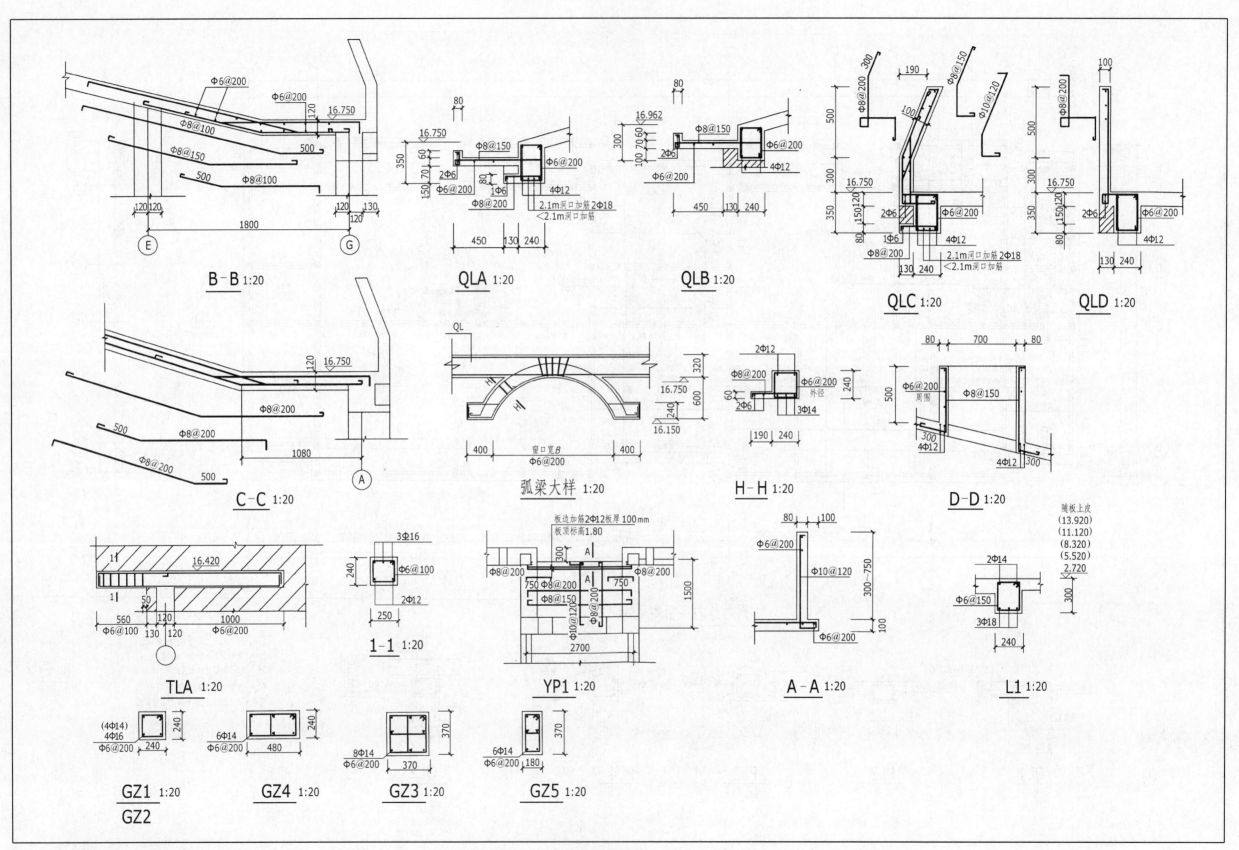

B-B 1:20

QLA 1:20

QLB 1:20

QLC 1:20

QLD 1:20

C-C 1:20

弧梁大样 1:20

H-H 1:20

D-D 1:20

TLA 1:20

1-1 1:20

YP1 1:20

A-A 1:20

L1 1:20

GZ1 1:20
GZ2

GZ4 1:20

GZ3 1:20

GZ5 1:20

图 9-19

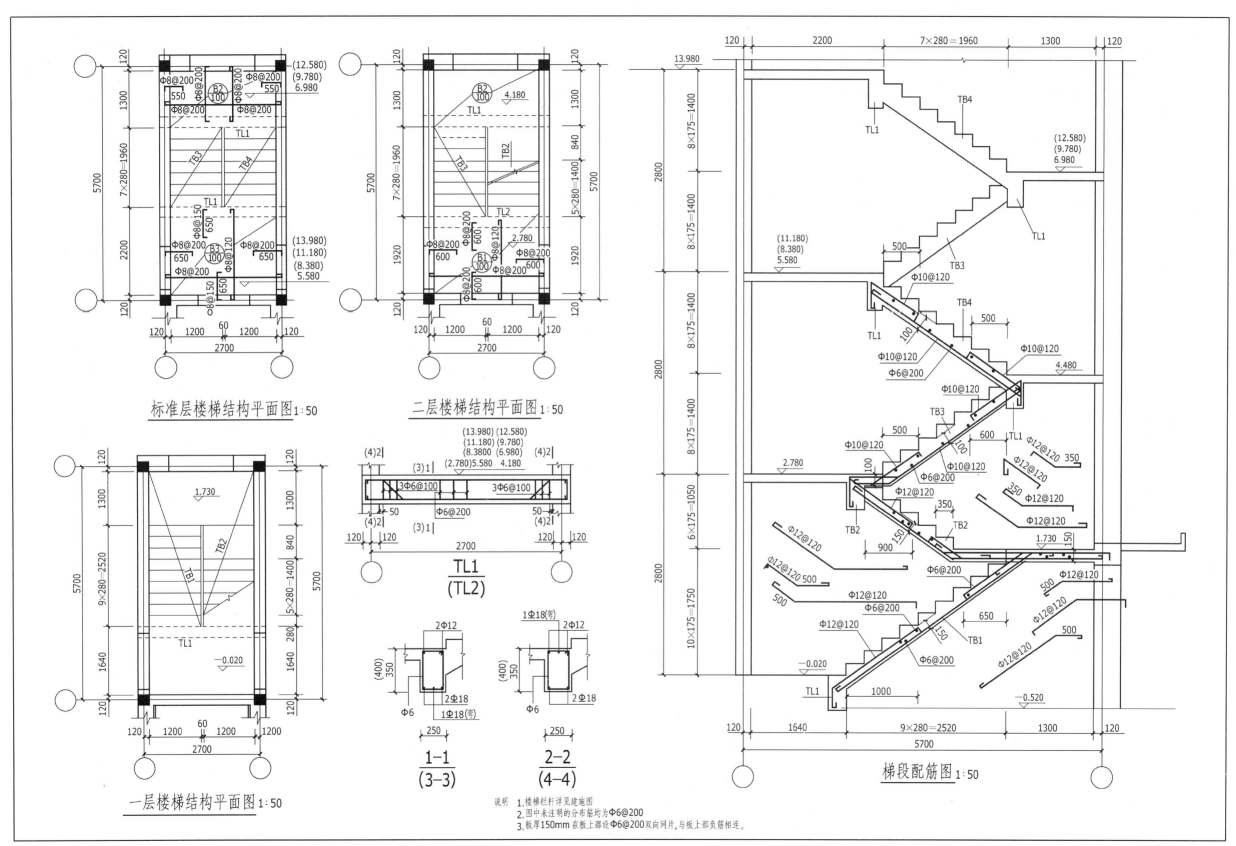

标准层楼梯结构平面图 1:50

二层楼梯结构平面图 1:50

一层楼梯结构平面图 1:50

TL1
(TL2)

1-1
(3-3)

2-2
(4-4)

梯段配筋图 1:50

说明 1.楼梯栏杆详见建施图
2.图中未注明的分布筋均为Φ6@200
3.板厚150mm在板上部设Φ6@200双向网片,与板上部负筋相连。

图 9-20

表 9-1　建安工程预算书（费率计算部分）　　　　　　　　　　　　（续）

工程名称：某住宅楼　　　　　　　　建筑面积：2939.28m²

序号	定额号	定 额 名 称	计 算 公 式	费率(%)	金额/元
1	A₁	定额直接费	按预算定额计算		1415036
2	B	定额人工费	按预算定额计算		264779
3	A₂	定额基价调整	A₁×费率	2.75	38913
4	A	定额直接费合计	A₁+A₂		1453949
5	C	综合取费	A×综合费率	15.32	222745
6		1. 雨期施工增加费	A×费率	0.1	1454
7		2. 安全文明措施费	A×费率	0.6	8724
8		3. 财务费用	A×费率	0.4	5816
9		4. 三项其他直接费	A×费率	0.6	8724
10		5. 临时设施费	A×费率	1	14539
11		6. 管理费	(1)+(2)	5.62	81712
12		(1)现场管理费	A×费率	3.12	45363
13		(2)企业管理费	A×费率	2.5	36349
14		7. 利润	A×费率	7	101776
15	D	材料价差调整	(3)+(4)		32146
16		(3)单项材料调整	明细附后		48139
17		(4)其他材料调整	A×系数	-1.1	-15993
18	E	定额测定费	(A+C+D)×费率	0.15	2563
19	F	劳动保险费	(A+C+D)×费率	3.5	59809
20	G	税金	(A+C+D+E+F)×税率	3.41	60398
21	H	合计	A+C+D+E+F+G		1831610
	I	建筑安装工程造价	壹佰捌拾叁万壹仟陆佰壹拾元整		1831610

表 9-2　建安工程预算书

工程名称：某住宅楼　　　　　　　　建筑面积：2939.28m²

序号	定额号	名 称	单位	工程量	价格/(元/工程量)	直接费/元
1	59	平整场地	m²	731.880	0.90	659
2	60	基础钎探	m²	489.880	1.25	612
3	242 换	毛石带型基础	m³	442.750	109.15	48326
4	172	反铲挖掘机深度 4m 内一、二类土	m³	1021.390	1.93	1971
5	1×j2	人工挖土方(深度 1.5m 内)一、二类土	m³	113.490	7.35	834
6	53	回填土(夯填)	m³	680.500	7.66	5213
7	191	自卸汽车(12t)内运土 5000m 内	m³	454.380	17.85	8111
8	1038	基础垫层增挖运土	m³	183.390	27.35	5016
9	386	室内砖地沟红(青)砖	m³	59.510	281.02	16723
10	182	人工装卸土	m³	164.260	3.18	522

序号	定额号	名 称	单位	工程量	价格/(元/工程量)	直接费/元
11	538	预制钢筋混凝土过梁	m³	0.620	882.42	547
12	554	预制钢筋混凝土地沟盖板	m³	14.420	670.98	9676
13	334 换	红(青)砖 1.5 砖单外墙清水墙混合砂浆 I M10-H-4	m²	1026.540	69.42	71262
14	334 换	红(青)砖 1.5 砖单外墙清水墙混合砂浆 I M7.5-H-4	m²	519.710	68.51	35605
15	329 换	红(青)砖 1 砖双混内墙混合砂浆 I M10-H-4	m²	1587.130	48.51	76992
16	329 换	红(青)砖 1 砖双混内墙混合砂浆 I M7.5-H-4	m²	793.560	47.94	38043
17	328 换	红(青)砖 0.5 砖双混内墙混合砂浆 I M10-H-4	m²	186.300	30.90	5757
18	328 换	红(青)砖 0.5 砖双混内墙混合砂浆 I M7.5-H-4	m²	93.150	30.67	2857
19	334 换	红(青)砖 1.5 砖单外墙清水墙混合砂浆 I M7.5-H-4	m²	20.590	68.51	1411
20	369	扣除嵌入墙体体积红(青)砖	m³	-239.160	143.89	-34412
21	486	钢筋混凝土构造柱	m³	132.350	535.30	70847
22	488	钢筋混凝土基础梁无底模	m³	42.710	615.40	26284
23	493	普形钢筋混凝土圈梁、过梁	m³	103.850	654.04	67922
24	508	钢筋混凝土平板厚 10cm 内	m³	30.170	636.48	19202
25	509	钢筋混凝土平板厚 10cm 外	m³	149.570	549.75	82226
26	577	预应力钢筋混凝土空心板模板短向	m³	61.280	813.18	49831
27	489	钢筋混凝土单梁连续梁框架梁梁高 0.6m 内	m³	1.280	941.92	1206
28	491	钢筋混凝土圆弧形梁	m³	2.960	1066.56	3157
29	514	钢筋混凝土雨篷	m²	8.100	124.91	1012
30	517	钢筋混凝土挑檐天沟	m³	1.080	1320.18	1426
31	519	钢筋混凝土栏板混凝土	m³	6.110	1139.30	6961
32	512	钢筋混凝土普通整体楼梯	m²	134.320	180.08	24188
33	584	现浇构件钢筋调整 I 级钢	t	35.121	2786.84	97877
34	585	现浇构件钢筋调整 II 级钢	t	2.561	199.00	510
35	398	砌体钢筋加固	t	2.910	3261.13	9490
36	406	民用建筑及多层厂房综合脚手架 3.6m 以上	m²	2939.280	12.93	38005
37	589	预埋铁件制安	t	0.350	5843.75	2045
38	806	胶合板门制安	m²	211.680	16.07	3402
39	948	钢栅窗(护窗栏杆)	t	0.390	4190.22	1634
40	960	平开安全防盗门	m²	100.800	176.56	17797
41	1104	彩釉砖楼地面	m²	366.790	40.65	14910
42	1032	无筋混凝土垫层	m³	23.610	140.58	3319
43	1027	砾(碎)石灌浆垫层	m³	59.050	79.26	4680
44	1049	水泥砂浆地面带踢脚线	m²	26.860	7.89	212
45	1040	水泥砂浆找平层混凝土或硬基层面上厚度 20mm	m²	1704.900	5.35	9121
46	1045	细石混凝土找平层基本厚度 30mm	m²	129.050	7.02	906

序号	定额号	名 称	单 位	工程量	价格/（元/工程量）	直接费/元
47	1046×j2	细石混凝土找平层每增加5mm	m²	129.050	2.24	289
48	1304换	聚氨酯涂膜两遍地面、其他面防潮	m²	129.050	48.71	6287
49	1040	水泥砂浆找平层混凝土或硬基层面上厚度20mm	m²	129.050	5.35	690
50	1050	水泥砂浆踢脚线	m	2177.640	1.79	3898
51	516	混凝土台阶	m²	7.920	52.54	416
52	1027	砾（碎）石灌浆垫层	m³	15.130	79.26	1199
53	1020	干铺砂垫层	m³	30.270	33.30	1008
54	1058	砂散水并一次压光	m²	92.960	15.84	1472
55	1038	基础垫层增挖运土	m³	45.400	27.35	1242
56	1053	水泥砂浆抹台阶	m²	9.240	8.66	80
57	1186	型钢栏杆木扶手	m	45.080	103.81	4680
58	1233	水泥瓦	m²	516.530	16.57	8558
59	1031	钢筋混凝土垫层	m³	20.660	261.69	5406
60	1224	聚苯乙烯泡沫板保温层	m³	41.320	376.84	15571
61	1253	SBS改性沥青卷材屋面	m²	516.530	33.68	17397
62	1040	水泥砂浆找平层混凝土或硬基层面上厚度20mm	m²	516.530	5.35	2763
63	1017	屋面上人孔	个	1.000	209.67	210
64	1281	层面铸铁排气孔	个	8.000	13.93	111
65	1273	塑料水落管	m	133.600	14.53	1941
66	1276	镀锌铁皮水斗	个	8.000	30.49	244
67	1279	铸铁雨水口带铅丝球	个	8.000	45.08	361
68	2209	抹灰面满刮腻子二遍	m²	4834.260	1.81	8750
69	1623	砂浆粘贴瓷砖墙面、墙裙	m²	414.670	48.66	20178
70	1756	混凝土天棚混合砂浆	m²	2361.900	7.63	18021
71	2208	混凝土天棚满刮腻子二遍	m²	2361.900	2.08	4913
72	2164	墙、柱、梁面一塑三油大压花	m²	1530.960	14.71	22520
73	1496	水泥砂浆抹灰砖墙面、墙裙	m²	1530.960	8.12	12431
74	1496	水泥砂浆抹灰砖墙面、墙裙	m²	414.670	8.12	3367
75	2199	大白浆三遍	m²	-1394.490	1.28	-1785
76	1530	水泥砂浆砖墙勾缝	m²	-2039.890	2.16	-4406
77	1544	水刷豆石墙面墙裙	m²	50.850	20.49	1042
78	1502	水泥砂浆抹灰装饰线条	m	791.000	4.61	3647
79	1503	水泥砂浆抹灰阳台、雨篷	m²	10.710	24.14	259
80	2167	墙、柱、梁面一塑三油平面	m²	10.710	5.51	59
81	2662	完工清理及二次搬运（住宅楼、宿舍楼、教办楼）	m²	2939.280	5.38	15813
82	2477	卷扬机垂直运输混合结构住宅	m²	2939.280	17.47	51349
		合计				1415036

表9-3 材料价差调整表

工程名称：某住宅楼　　　　　　　　　　建筑面积：2939.28m²

序号	材 料 名 称	单位	数 量	预算价/（元/单位数量）	市场价/（元/单位数量）	调整额/（元/单位数量）	价差合计/元
1	普通硅酸盐水泥32.5级	t	41.667	289.70	260.00	-29.70	-1238
2	普通硅酸盐水泥42.5级	t	186.169	310.10	300.00	-10.10	-1880
3	普通硅酸盐水泥52.5级	t	142.617	340.70	330.00	-10.70	-1526
4	短向空心板（成品）钢模	m³	61.280	550.00	450.00	-100.00	-6128
5	中粗砂	m³	1275.070	16.40	18.00	1.60	2040
6	毛石	m³	46.766	41.00	43.00	2.00	994
7	玻璃3mm	m²	21.740	11.04	13.00	1.96	43
8	扇木材一等	m³	3.738	1506.00	1300.00	-206.00	-770
9	钢板8mm	t	0.189	2869.00	3450.00	581.00	110
10	圆钢Ⅰ级φ10以内	t	36.432	2634.00	3200.00	566.00	20620
11	圆钢Ⅰ级φ10以上	t	36.145	2523.00	3100.00	577.00	20856
12	螺纹钢Ⅱ级φ10以上	t	2.579	2722.00	3230.00	508.00	1310
13	对讲门	樘	2.000		3000.00	3000.00	6000
14	屋面瓦	m²	808.550	0.80	22.00	21.20	17141
15	聚苯板	m³	41.320	352.30	124.00	-228.30	-9433
	合计						48139

第四节　工程量清单的编制

为了适应我国社会主义市场经济发展的需要，规范建设工程造价及计价行为，统一建设工程量的编制和计价方法，维护发包人和承包人的合法权益，国家住房和城乡建设部制定了国家标准《建设工程工程量清单计价规范》（GB 50500—2013）。

根据《建设工程工程量清单计价规范》（GB 50500—2013）的要求，将本章设计实例中建筑工程分部分项及装饰装修分部分项工程量清单部分项目列举如下：

一、建筑工程分部分项工程量清单（表9-4）

表9-4　建筑工程分部分项工程量清单

序号	项目编码	项 目 名 称	计量单位	工程量
		A.1 土石方工程		
1	010101001001	平整场地、建筑物场地厚度±300mm以内的挖、填、运土、二类土	m²	489.88
2	010101003002	挖带形基槽、二类土，槽宽1.4m，深1.9m，弃土运距5km	m³	531.30
		A.3 砌筑工程		
3	010305001003	毛石带形基础、M5水泥砂浆砌筑，深1.9m	m³	442.75

序号	项目编码	项目名称	计量单位	工程量
4	010302001004	370mm 厚 MU10 红砖外墙,M10 混合砂浆砌筑,高度 2.8m,墙面需抹灰	m³	379.82
5	010302001005	240mm 厚 MU10 红砖内墙,M10 混合砂浆砌筑,高度 2.8m,墙面需抹灰	m³	380.91
6	010306002006	MU10 砖地沟,M10 水泥砂浆砌筑,墙高度 1.2m,宽 0.24m,砂垫层	m³	59.51
		A.6 混凝土及钢筋混凝土工程		
7	010403001007	现浇混凝土带形基础梁,C20,截面 300mm×500mm 无底模	m³	42.71
8	010403004008	现浇混凝土圈梁,C20,240mm×180mm 无底模	m³	103.85
9	010405003009	现浇平板,C25,板厚 120mm,板底距楼面及地面高度 2.68m	m³	149.57
10	010412002010	预制混凝土空心楼板,C30,3000mm×1200mm×120mm	m³	61.28
		A.7 屋面及防水工程		
11	010701001011	红色水泥瓦,平瓦 387mm×238mm×15mm,背瓦 460mm×175mm×15mm,SBS,40mm 厚细石混凝土垫层	m²	516.53
		A.8 防腐、隔热、保温工程		
12	010803001012	80mm 厚聚苯板屋面保温,采用地板胶粘剂错缝固定点粘结保温层	m²	516.50

二、装饰装修分部分项工程量清单（表9-5）

表 9-5　装饰装修分部分项工程量清单

序号	项目编码	项目名称	计量单位	工程量
		B.1 楼地面工程		
1	020101001002	C20 细石混凝土垫层 50mm,1∶3 水泥砂浆找平层 20mm,1∶2.5 水泥砂浆面层 20mm	m²	1833.95
2	020102002002	250mm×250mm×10mm 红色彩釉砖,1∶3 水泥砂浆找平层 20mm,C20 细石混凝土垫层 50mm	m²	366.79
3	020107002003	木扶手带栏杆,栏板,扶手桦木,刨光,刷防火漆两遍,栏杆刷聚氨酯清漆两遍,扶手刷聚氨酯清漆两遍	m	45.08
		B.2 墙、柱面工程		
4	020201001004	砖墙面抹灰,1∶3 石灰砂浆厚 18mm	m²	5227.33

注：其他项目略。

第十章　建筑工程施工质量验收实训

第一节　建筑工程施工质量验收任务书

一、实训题目

填写某砖混结构六层住宅楼施工质量验收报告

二、实训资料

1）某砖混结构六层住宅楼设计施工图样（见第九章图）。

2）《砌体结构工程施工质量验收规范》（GB 50203—2011）和相关专业验收规范。

3）单位工程、分部（子分部）工程、分项工程和检验批质量验收记录表。

三、实训内容

1）划分建筑工程分部（子分部）工程、分项工程。

2）填写检验批质量验收记录。

3）填写分项工程质量验收记录。

4）填写分部（子分部）工程质量验收记录。

5）填写施工现场质量管理检查记录。

6）填写质量控制资料检查记录。

7）填写安全和功能检查资料核查及抽查记录。

8）填写观感质量综合检查记录。

9）填写单位工程竣工质量验收记录。

四、实训要求

1. 建筑工程质量验收划分

建筑工程质量验收划分为单位（子单位）工程、分部（子分部）工程、分项工程和检验批。

（1）单位工程划分原则

1）具备独立施工条件并能形成独立使用功能的建筑物为一个单位工程。

2）建筑规模较大的单位工程，可将其能形成独立使用功能的部分作为一个子单位工程。

（2）分部工程划分原则

1）分部工程的划分应按专业性质、建筑部位确定。

2）当分部工程较大或较复杂时，可按材料种类、施工特点、施工程序、专业系统及类别等划分为若干子分部工程。

（3）分项工程划分原则　分项工程应按主要工种、材料、施工工艺、设备类别等进行划分。

（4）分项工程和检验批划分原则　分项工程可由一个或若干个检验批组成，检验批可

根据施工及质量控制和专业验收需要按楼层、施工段、变形缝等进行划分。

2. 建筑工程施工质量验收要求

1）建筑工程施工质量应符合《砌体结构工程施工质量验收规范》（GB 50203—2011）和相关专业验收规范的规定。

2）建筑工程施工应符合工程勘察、设计文件的要求。

3）参加工程施工质量验收的各方人员应具备规定的资格。

4）工程质量的验收均应在施工单位自行检查评定合格的基础上进行。

5）隐蔽工程在隐蔽前应由施工单位通知有关单位进行验收，并应形成验收文件。

6）涉及结构安全的试块、试件以及有关材料，应按规定进行见证取样检测。

7）检验批的质量应按主控项目和一般项目验收。

8）对涉及结构安全和使用功能的重要分部工程应进行抽样检测。

9）承担见证取样检测及有关结构安全检测的单位应具有相应资质。

10）工程的观感质量应由验收人员通过现场检查并应共同确认。

第二节　建筑工程施工质量验收指导书

一、检验批质量验收记录

1）检验批由监理工程师或建设单位项目技术负责人组织项目专业质量检查员进行验收。

2）检验批表的编号按全部施工质量验收规范系列，分部（子分部）工程统编为8位数的数码编号，写在表的右上角，前6位数字均印在表上，后留两个空格，填写检查验收时检验批的顺序号。

3）单位（子单位）工程名称按合同文件上的单位工程名称填写，分部（子分部）工程名称按验收规范划定的分部（子分部）工程名称填写。

4）施工执行标准名称及编号，填写企业标准的名称及编号，不得写简称。

5）施工单位检查评定记录。

① 对定量项目直接填写检查数据。

② 对定性项目，当符合规范规定时，采用画"√"的方法标注；当不符合规范规定时，采用画"×"的方法标注。

③ 有混凝土、砂浆强度等级的检验批，按规定制取试件后，可填写试件编号，待试件试验报告出来后，对检验批进行判定，并在分项工程验收时进一步进行强度评定及验收。

④ 对既有定性又有定量的项目，各个子项目质量均符合规范规定时，采用画"√"来标注；否则采用画"×"来标注，无此项内容的画"/"来标注。

⑤ 对一般项目合格点有要求的项目，应是其中带有数据的定量项目；定性项目必须基本达到要求。定量项目中每个项目都必须有80%以上（混凝土保护层90%）检测点的实测

133

数值达到规范规定，其余 20%按各专业施工质量验收规范规定进行。

⑥ "施工单位检查评定记录"栏的填写。有数据的项目，将实际测量的数值填入格内，超企业标准的数据，而没有超过国家验收规范的用"○"将其圈住；对超过国家验收规范的数据用"△"将其圈住。

6）监理（建设）单位验收记录。在检验批验收时，对主控项目、一般项目应逐项进行验收。对符合验收规范规定的项目，填写"合格"或"符合要求"，对不符合验收规范规定的项目，暂不填写，待处理后再验收，但应做好标记。

7）施工单位检查评定结论。施工单位自行检查评定合格后，应注明"主控项目全部合格"，"一般项目满足规范规定"。专业工长（施工员）和施工班组长栏目由本人签字，以明确责任。专业质检员代表企业逐项检查评定，合格签字后交监理工程师或建设单位项目专业技术负责人验收。

8）监理（建设）单位验收结论。主控项目、一般项目验收合格，混凝土、砂浆试件强度待试验报告出来后判定，其余项目已全部验收合格，则可注明"同意验收"，专业监理工程师或建设单位的专业技术负责人签字。

二、分项工程质量验收记录

1）分项工程验收由监理工程师组织项目专业技术负责人进行。

2）分项工程验收记录在检验批验收的基础上进行，通常起一个归纳整理的作用，是一个统计表，没有实质性验收内容，但要注意以下三点：

① 检查检验批是否将整个工程覆盖，有没有漏掉的部位。

② 检查有混凝土、砂浆强度要求的检验批，到龄期后能否达到规范要求。

③ 将检验批的资料统一，依次进行登记管理。

3）表名填上所验收分项工程的名称，表头及检验批部位、区段，施工单位检查评定结果由施工单位项目专业质量检查员填写，由施工单位的项目专业技术负责人检查后给出评价并签字，交监理单位或建设单位验收。

4）监理单位的专业监理工程师（或建设单位的专业负责人）应逐项审查，同意项填写"合格"或"符合要求"，不同意项暂不填写，待处理后再验收，但应做标记。注明验收和不验收的意见，如同意验收则签字确认，不同意验收应指出存在问题，明确处理意见和完成时间。

三、分部（子分部）工程质量验收记录

1）分部（子分部）工程应由施工单位将自行检查评定合格的项目由项目经理交监理单位或建设单位验收，由总监理工程师组织施工项目经理及有关勘察、设计单位项目负责人进行验收，并按记录表的要求进行记录。

2）表名填上所验收分部（子分部）工程名称，填写要具体，并分别划掉子分部或分部。

3）表头部分的工程名称填写工程全称，与检验批、分项工程、单位工程验收表的工程名称一致。

4）分项工程。按分项工程第一个检验批施工的顺序，将分项工程填写上，在第二格栏内分别填写各分项工程实际的检验批数量。施工单位检查评定栏内，填写施工单位自行检查评定的结果，检查各分项工程是否都通过验收，有龄期试件的合格评定是否达到要求；有全高垂直度或总标高的检验项目应进行检查验收，自检符合要求的可用"√"标注，否则用

"×"标注。有"×"的项目不能交给监理单位或建设单位验收，应进行返修达到合格后再提交验收。监理单位或建设单位由总监理工程师或建设单位项目专业技术负责人组织审查，符合要求后，在验收意见栏内签注"同意验收"。

5）质量控制资料。应按验收表单位（子单位）工程质量控制资料检查记录中的相关内容来确定所验收的分部（子分部）工程的质量控制资料项目，按资料核查的要求逐项进行核查，能基本反映工程质量情况，达到保证结构安全和使用功能的要求，即可通过验收。全部项目都通过即可在施工单位检查评定栏内用"√"标注。

6）安全和功能检验（检测）报告。应按验收表单位（子单位）工程安全和功能检验资料核查，并按主要功能抽查记录中相关内容确定抽查项目。在核查时要注意，在开工之前确定的项目是否都进行了检测；逐一检查每个检测报告，核查检测结果是否达到规范的要求，检测报告的审批程序签字是否完整。每个检测项目都通过审查，即可在施工单位检查评定栏内用"√"标注。

7）观感质量验收。由施工单位项目经理组织进行现场检查，经检查合格后，将施工单位应填写的内容填写好后，由项目经理签字后交监理单位或建设单位验收。监理单位由总监理工程师或建设单位项目专业负责人组织验收，在听取参加检查人员意见的基础上，以总监理工程师或建设单位项目专业负责人为主导共同确定质量评价等级，其等级标准为好、一般、差。由施工单位的项目经理和总监理工程师或建设单位项目专业负责人共同签认并由验收单位签字认可。

四、单位（子单位）工程质量竣工验收记录

1）单位（子单位）工程质量验收由五部分内容组成，每一项内容都有专门的验收记录表，而单位（子单位）工程质量竣工验收记录表是一个综合性的表，是各项目验收合格后填写的。

2）单位（子单位）工程由建设单位（项目）负责人组织施工、设计、监理等单位（项目）负责人进行验收。验收记录由施工单位填写，验收结论由监理（建设）单位填写，综合验收结论由参加验收各方共同商定，建设单位填写，应对工程质量是否符合设计和规范要求及总体质量水平做出评价。

3）验收内容之一是"分部工程"，对所含分部工程逐项检查。首先由施工单位的项目经理组织有关人员逐个分部（子分部）进行检查评定。所含分部（子分部）工程检查合格后，由项目经理提交验收。经验收成员验收后，由施工单位填写"验收记录"栏。注明共验收几个分部，经验收符合标准及设计要求的几个分部。审查验收的分部工程全部符合要求，由监理单位在验收结论栏内写上"同意验收"的结论。

4）验收内容之二是"质量控制资料核查"。先由施工单位检查，合格后，再提交监理单位验收。其全部内容在分部（子分部）工程已经审查。通常单位（子单位）工程质量控制资料核查，也是按分部（子分部）工程逐项检查和审查，经审查也应都符合要求。由监理单位在验收结论栏内写上"同意验收"的结论。

5）验收内容之三是"安全和主要使用功能核查及抽查结果"。这个项目包括两个方面的内容。一是在分部（子分部）工程中进行的安全和功能检测的项目，要核查其检测报告结论是否符合设计要求。二是在单位工程中进行的安全和功能抽测项目，要核查其项目是否与设计内容一致，抽测的程序、方法是否符合有关规定，抽测报告的结论是否达到设计要求和规范规定。这个项目也是由施工单位检查评定合格后再提交监理单位验收。由总监理工程

师或建设单位项目负责人组织审查，按项目逐个进行检查验收。全部合格后由总监理工程师或建设单位项目负责人在验收结论栏内写上"同意验收"的结论。

6）验收内容之四是"观感质量验收"。观感质量检查的方法同分部（子分部）工程，单位工程观感质量检查验收与分部工程不同的是项目比较多，是一个综合性验收。这个项目也是先由施工单位检查评定合格，提交监理单位验收，由总监理工程师或建设单位项目负责人组织审查，按检查的项目数及符合要求的项目数填写在验收记录栏内，如果没有影响结构安全和使用功能的项目，由总监理工程师或建设单位项目负责人为主导共同确定质量评价等级，其等级标准为好、一般、差。

第三节　建筑工程施工质量验收实例

本实训表格见表 10-1～表 10-6。

表 10-1　砖砌体（混水）工程检验批质量验收记录

020301 |0|1|

单位(子单位)工程名称	×××××××××										
分部(子分部)工程名称	主体分部工程						验收部分		一层砌体		
施工单位	××××××××						项目经理		×××		
施工执行标准名称及编号	《砌体结构工程施工质量验收规范》(GB 50203—2011)										

《建筑工程施工质量验收统一标准》(GB 50300—2013)的规定			施工单位检查评定记录								监理(建设)单位验收记录
主控项目	1	砖强度等级	设计要求 MU10			达到 MU10					符合要求
	2	砂浆强度等级	设计要求 M10			试块编号×月×日，达到 M10					
	3	水平灰缝砂浆饱满度	≥80%			85、90、95、83、90、96					
	4	斜槎留置	第 5.2.3 条			√					
	5	直槎拉结筋及接槎处理	第 5.2.4 条			√					
	6	轴线位移	≤10mm			20 处平均 5mm，最大 8mm					
	7	垂直度（每层）	≤5mm			5 处平均 4mm，最大 5mm					
一般项目	1	组砌方法	第 5.3.1 条			√					符合要求
	2	水平灰缝厚度	8～12mm			√					
	3	基础顶面、楼面标高	±15mm	6	5	5	3	7	5	9	6	5
	4	表面平整度（混水）	8mm	3	3	4	6	5	2	5	3	6
	5	门窗洞口高度、宽度	±5mm	2	3	⑤	3	2	4	1	⑤	3	3
	6	外墙上下窗口偏移	20mm	10	8	6	10	5	9	8	11	7
	7	水平灰缝平直度	10mm	5	⚠12	7	5	5	3	7	5	

施工单位检查评定结果	专业工长 （施工员）	×××		施工班组长	×××
	检查评定合格 项目专业质量检查员:×××　　　　　　　　　　×年×月×日				
监理(建设)单位验收结论	同意验收 专业监理工程师:××× (建设单位项目专业技术负责人):×××　　　　　　×年×月×日				

表 10-2　砖砌体分项工程质量验收记录

工程名称	×××住宅楼	结构类型	砖混六层	检验批数	6
施工单位	×××建筑工程公司	项目经理	×××	项目技术负责人	×××
分包单位	/	分包单位负责人	/	分包项目经理	/

序号	检验批部位、区段	施工单位检查评定结果	监理(建设)单位验收结论
1	一层墙体	√	合格
2	二层墙体	√	合格
3	三层墙体	√	合格
4	四层墙体	√	合格
5	五层墙体	√	合格
6	六层墙体	√	合格
7			
8			
9			
10			
11			
12			
13			
14			
15			
16			

检查结论	合格 项目专业质量检查员签字:××× 　　　　　　　　　×年×月×日		验收结论	同意验收 监理工程师 (建设单位项目专业技术负责人) 签字:××× 　　　　　　×年×月×日
	工长	×××	班长	×××

表 10-3　主体分部（子分部）工程质量验收记录 　　　　　　　　　　　　　　　　　　　　　　　　　（续）

工程名称	×××住宅楼	结构类型	砖混	层数	六层
施工单位	×××建筑工程公司	技术部门负责人	×××	质量部门负责人	×××
分包单位	/	分包单位负责人	/	分包技术负责人	/

序号	分项工程名称	检验批数	施工单位检查评定	监理（建设）单位验收意见
1	砖砌体分项工程	6	√	同意验收
2	模板分项工程	6	√	同意验收
3	钢筋分项工程	6	√	同意验收
4	混凝土分项工程	6	√	同意验收
5				
6				
质量控制资料		√		同意验收
安全和功能检验（检测）报告		√		同意验收
观感质量验收		好		同意验收

验收单位	分包单位	项目经理　/		年　月　日
	施工单位	项目经理　×××		×年×月×日
	勘察单位	项目负责人　×××		×年×月×日
	设计单位	项目负责人　×××		×年×月×日
	监理（建设）单位	总监理工程师　××× （建设单位项目专业负责人）		×年　月×日

表 10-4　单位（子单位）工程质量控制资料核查记录

工程名称	×××××住宅楼		施工单位	×××建筑公司	
序号	项目	资料名称	份数	核查意见	核查人
1		图纸会审、设计变更、洽商记录	16	齐全、有效	
2		工程定位测量、放线记录	10	齐全、有效	
3		原材料出厂合格证书及进场检（试）验报告	46	齐全、有效	
4		施工试验报告及见证检测报告	68	齐全、有效	
5	建筑与结构	隐蔽工程验收记录	46	齐全、有效	
6		施工记录	98	齐全、有效	×××
7		预制构件、预拌混凝土合格证	16	齐全、有效	
8		地基基础、主体结构检验及抽样检测资料	6	齐全、有效	
9		分项、分部工程质量验收记录	56	齐全、有效	
10		工程质量事故及事故调查处理资料	3	齐全、有效	
11		新材料、新工艺施工记录	43	齐全、有效	

工程名称		×××××住宅楼	施工单位	×××建筑公司	
序号	项目	资料名称	份数	核查意见	核查人
1		图纸会审、设计变更、洽商记录	1	齐全、有效	
2		材料、配件出厂合格证书及进场检（试）验报告	28	齐全、有效	
3	给排水与采暖	管道、设备强度试验、严密性试验记录	4	齐全、有效	
4		隐蔽工程验收记录	7	齐全、有效	×××
5		系统清洗、灌水、通水、通球试验记录	4	齐全、有效	
6		施工记录	20	齐全、有效	
7		分项、分部工程质量验收记录	26	齐全、有效	
1		图纸会审、设计变更、洽商记录	1	齐全、有效	
2		材料、设备出厂合格证书及进场检（试）验报告	12	齐全、有效	
3	建筑电气	设备调试记录	4	齐全、有效	
4		接地、绝缘电阻测试记录	4	齐全、有效	×××
5		隐蔽工程验收记录	15	齐全、有效	
6		施工记录	26	齐全、有效	
7		分项、分部工程质量验收记录	19	齐全、有效	
1		图纸会审、设计变更、洽商记录			
2		材料、设备出厂合格证书及进场检（试）验报告			
3	通风与空调	制冷空调、水管道强度试验、严密性试验记录			
4		隐蔽工程验收记录			
5		制冷、设备运行调试记录			
6		通风、空调系统调试记录			
7		施工记录			
8		分项、分部工程质量验收记录			
1		土建布置图纸会审、设计变更、洽商记录			
2		设备出厂合格证书及开箱检验记录			
3		隐蔽工程验收记录			
4	电梯	施工记录			
5		接地、绝缘电阻测试记录			
6		负荷试验、安全装置检查记录			
7		分项、分部工程质量验收记录			
1		图纸会审、设计变更、洽商记录、竣工图及设计说明			
2		材料、设备出厂合格证及技术文件及进场检（试）验报告			
3		隐蔽工程验收记录			
4	建筑智能化	系统功能测定及设备调试记录			
5		系统技术、操作和维护手册			
6		系统管理、操作人员培训记录			
7		系统检测报告			
8		分项、分部工程质量验收记录			

结论：

　　　　　　　　　　　齐全、有效、符合要求

施工单位技术负责人：×××　　　　　　　　　　　　　　　　　　总监理工程师：×××
施工单位项目经理：×××　　　　　　　　　　　　　　　　　　　（建设单位项目负责人）
　　　　　　×年×月×日　　　　　　　　　　　　　　　　　　　　×年×月×日

表 10-5 单位（子单位）工程观感质量检查记录

工程名称		xxxxxx住宅楼	施工单位	xxxxxx建筑公司		
序号		项目	抽查质量状况	好	一般	差
1	建筑与结构	室外墙面	√ ○ √ √ √ √ √ √ √ √ √	√		
2		变形缝	√ √ √ √ √ √ √ √ √ √ √	√		
3		水落管、屋面	√ √ √ √ √ √ √ ○ √ √ √	√		
4		室内墙面	√ √ √ √ √ √ √ √ √ √ √	√		
5		室内顶棚	√ √ √ √ √ √ ○ √ √ √	√		
6		室内地面	√ √ √ √ √ √ √ √ √ √ √	√		
7		楼梯、踏步、护栏	○ √ ○ √ ○ √ ○ √ ○ √ ○		√	
8		门窗	√ √ √ √ √ √ √ √ √ √ √	√		
1	给排水与采暖	管道按口、坡度、支架	√ √ √ √ √ √ √ √ √ √ √	√		
2		卫生口、支架、阀门	√ √ √ √ √ √ √ √ √ √ √	√		
3		检查口、扫除口、地漏	○ √ √ √ √ √ √ √ √ √ √		√	
4		散热器、支架	√ √ √ √ √ √ √ √ √ √ √	√		
1	建筑电气	配电箱、盘、板、接线盒	√ √ √ √ √ √ √ √	√		
2		设备器具、开关、插座	√ √ √ √ √ √ √	√		
3		防雷、接地	√ √ √ √ √ √ √	√		
1	通风与空调	风管、支架				
2		风口、风阀				
3		风机、空调设备				
4		阀门、支架				
5		水泵、冷却塔				
6		绝热				
1	电梯	运行、平层、开关门				
2		层门、信号系统				
3		机房				
1	智能建筑	机房设备安装及布局				
2		现场设备安装				
观感质量综合评价（各方商定）			好			

检查结论	观感质量综合评价：好 施工单位项目经理：××× ×年×月×日	同意验收 总监理工程师：××× （建设单位项目负责人） ×年×月×日

表 10-6 ×××住宅楼工程质量竣工验收记录

工程名称	×××住宅楼	结构类型	砖混	层数/建筑面积	6层/4860m²
施工单位	×××建筑公司	技术负责人	×××	开工日期	×年×月×日
项目经理	×××	项目技术负责人	×××	竣工日期	×年×月×日

序号	项目	验收记录（施工单位填写）	验收结论（监理或建设单位填写）
1	分部工程	共6分部，经查6分部符合标准及设计要求6分部	符合施工质量验收规范和设计要求
2	质量控制资料核查	共25项，经审查符合要求25项经核定符合规范要求25项	符合施工质量验收规范和设计要求
3	安全和主要使用功能核查及抽查结果	共核查15项，符合要求15项共抽查15项，符合要求15项经返工处理符合要求0项	符合施工质量验收规范和设计要求
4	观感质量验收	共抽查15项，符合要求15项，不符合要求0项	符合施工质量验收规范和设计要求
5	综合验收结论（建设单位填写）	同意验收	

	建设单位	勘察单位	设计单位	施工单位	监理单位
参加验收单位	（公章） 单位（项目）负责人：××× ×年×月×日	（公章） 单位（项目）负责人：××× ×年×月×日	（公章） 单位（项目）负责人：××× ×年×月×日	（公章） 单位（项目）负责人：××× ×年×月×日	（公章） 单位（项目）负责人：××× ×年×月×日

第十一章 多层框架结构体系办公楼施工图识读

第一节 多层框架结构体系办公楼施工图识读任务书

一、设计题目

某办公楼多层框架结构体系建筑施工图、结构施工图的识读与绘制。

二、设计资料

详见第三节多层框架结构体系办公楼工程实例。

三、设计内容

1）识读第三节多层框架结构体系办公楼工程实例中多层框架结构体系建筑施工图、结构施工图，审查施工图中是否存在问题，并提出相应的处理措施。

2）识读给定的框架结构平法施工图后，按传统框架施工图的表示方法绘制出某号轴框架梁及框架柱等构件详图和节点构造详图。

四、提交成果

1. 识读施工图

识读某框架结构商业楼建筑施工图、结构施工图，审查施工图中存在的问题，并提出相应的处理措施，完成表 11-1～表 11-3，同时绘制部分施工图。

表 11-1 某框架结构商业楼建筑施工图识读任务

(一)建筑设计说明识读					
项目概况					
序号	识读问题	简要说明	序号	识读问题	简要说明
1	工程名称		4	建筑高度	
2	建筑层数		5	建筑使用性质	
3	建筑面积		6	设计使用年限	
墙体工程					
序号	识读问题		简要说明		
1	非承重的外围护墙				
2	内隔墙				
3	墙身防潮层				
屋面工程					
序号	识读问题		简要说明		
1	说明屋面排水方式				

(续)

屋面工程		
序号	识读问题	简要说明
2	说明屋面防水等级及防水做法	
3	说明不上人平屋面的具体做法	
门窗工程		
序号	识读问题	简要说明
1	说明哑口处筒子板做法及图集号	

(二)建筑平面图识读		
序号	识读问题	图集号及做法
1	结合建筑设计说明简述室外无障碍坡道的图集号及具体做法	
2	结合建筑设计说明简述散水的图集号及具体做法	
3	说明本工程外墙变形缝采用的图集号及具体做法	

(三)屋顶平面图识读		
序号	识图问题	简要说明
1	说明图中泛水做法的图集号，并查阅图集说明具体做法	
2	说明图中屋面变形缝做法的图集号，并查阅图集说明具体做法	

(四)建筑立面图识读		
序号	识图问题	简要说明
1	结合建筑做法说明外墙干挂石材的具体做法	
2	结合建筑做法说明外墙弹涂涂料的具体做法	

表 11-2 某框架结构商业楼结构施工图识读任务

（一）结构设计说明识读

序号	识读问题	简要说明
1	阐述本工程结构概况	
2	说明本工程混凝土强度等级选用情况	
3	说明本工程钢筋强度等级选用情况	
4	说明本工程梁、板、柱混凝土保护层厚度，并解释保护层厚度	
5	结合本工程说明钢筋连接的要求	
6	说明纵向受拉钢筋绑扎连接接头范围内箍筋如何设置（间距、直径）	
7	说明纵向受拉钢筋机械连接接头有何要求	
8	楼板及梁宜一次浇筑，间隔2小时应设置施工缝。施工缝处附加插筋的设置有何要求	
9	绘图说明不规则板角加筋的要求	
10	简述本工程当柱、梁混凝土强度不同时如何处理	
11	查阅16G101-1图集说明上下层柱截面尺寸或截面形式发生变化时如何处理	
12	绘图说明柱节点核心区高度取法及做法	
13	简述梁上开洞有何要求，绘图说明本工程具体做法	
14	说明伸缩后浇带和沉降后浇带在宽度、混凝土强度及入模时间等方面的要求	
15	绘图说明底板后浇带一般做法	

（二）基础平面布置图及基础详图识读

序号	识读问题	简要说明
1	说明本工程基础所采用的形式	
2	说明本工程基础中钢筋和混凝土材料的选用	
3	说明 JC-1 或 JC-3 的截面尺寸及配筋情况，并绘制 JC-1 或 JC-3 的施工图	
4	说明 KL1 或 KL2 的截面尺寸及配筋情况，并按传统画法绘制 KL1 的配筋图	
5	绘图说明柱下独立基础的构造要求	

（三）框架柱平面布置图一～三识读

序号	识读问题	简要说明
1	绘图说明本工程框架柱 KZ1 基础顶面至 −0.200m 的截面尺寸及配筋情况	
2	绘图说明本工程框架柱 KZ1 三层顶面至四层顶面的截面尺寸及配筋情况	

（四）地梁平法施工图识读

序号	识读问题	简要说明
1	按传统画法绘图说明本工程地梁 KL5 截面尺寸及配筋情况	
2	按传统画法绘图说明本工程地梁 L2 截面尺寸及配筋情况	

（续）

（五）一层～四层梁平法施工图识读

序号	识读问题	简要说明
1	按传统画法绘图说明本工程一层梁平法施工图 KL7 截面尺寸及配筋情况	
2	按传统画法绘图说明本工程一层梁平法施工图 L1 截面尺寸及配筋情况	

（六）一号～四号楼梯施工图识读

序号	识读问题	简要说明
1	绘图说明四号楼梯 PTL1 配筋情况	
2	绘图说明四号楼梯 TL1 配筋情况	

（七）一层～四层板配筋施工图识读

序号	识图问题	简要说明
1	自选局部绘图说明板的配筋情况，并简述板受力筋及构造筋直径、间距的构造要求	

表 11-3 图纸识读纪要

图纸名称			
序号	图号	问题	处理措施及建议
1			
2			
3			
4			
5			

2. 绘制施工图

内容包括：由指导教师指定按传统框架施工图的表示方法绘制某号轴框架梁及框架柱等构件详图和节点构造详图。

要求每幅图纸布局应均称、运用的线条粗细要合理，线形清晰流畅，尺寸要详尽准确，表达设计意图时要符合行业规范，图面整洁，字体工整规范。要求施工图中的线条、表示方法、尺寸及各种符号、文字标注均遵照现行《建筑结构制图标准》（GB/T 50105—2010）中有关规定。

第二节　多层框架结构体系办公楼施工图识读指导书

一、建筑施工图识读

建筑施工图简称建施，主要包括：建筑设计说明、建筑平面图、建筑立面图、建筑剖面图以及建筑详图等。

1. 建筑设计说明识读

建筑设计说明是建筑施工图的主要文字部分。建筑设计说明主要是针对建筑施工图上未能详细表达或不易用图形表示的内容。阅读时注意如下问题：设计依据、技术经济指标、工程概述、构造做法、用料选择、门窗种类和数量统计等。

2. 建筑平面图识读

建筑平面图主要表示建筑水平方向的平面形状、格局布置及坐落朝向。建筑平面图是进行其他设计的基础，也是施工过程中定位放线、砌筑墙体、安装门窗、室内装修的重要依据。

阅读首层平面图时，注意室外台阶（坡道）、散水的形状、尺寸和位置，剖面的剖切位置方向和编号。

阅读屋顶平面图时注意屋顶形式和坡度、排水组织形式、通风道出屋面、上人孔、变形缝出屋面构造及其他设施的图样。

阅读时应注意先识读建筑施工平面图，再识本层结构施工平面图，检查它们是否一致。识读下一层平面图尺寸时，检查与上一层有无不一致的地方。

3. 建筑立面图识读

建筑立面图主要用于表示建筑物的体形和外观，并提供立面装饰做法及有关的控制尺寸。一般情况下，建筑至少有 4 个立面。阅读时要注意建筑立面的装饰做法，如外墙材料、铺贴方法和色彩等，同时还要注意出建筑的檐口、室外地面、主要门窗洞口的标高，以便于与平面图和剖面图对应阅读。

检查建筑立面图各楼层的标高是否与建筑平面图相同，再检查建筑施工图的标高是否与结构施工图标高相符。建筑施工图各楼层标高与结构施工图相应楼层的标高应不完全相同，因建筑施工图的楼地面标高是工程完工后的标高，而结构施工图中楼地面标高仅为结构面标高，不包括装修面的高度，同一楼层建筑施工图的标高应比结构施工图的标高高几厘米。这一点需特别注意，因有些施工图，把建筑施工图标高标在了相应的结构施工图上，如果不留意，施工中会出错。

熟悉建筑立面图后，要检查门窗顶标高是否与其上一层的梁底标高相一致。

4. 建筑剖面图识读

阅读建筑剖面图时注意熟悉房屋的内部结构、分层情况、竖向交通系统、各层高度、建筑总高度及室内外高差以及各配件在垂直方向上的相互关系等内容。

5. 建筑详图识读

建筑详图包括外墙剖面详图（外墙大样图）和楼梯、阳台、雨篷、台阶、门窗、卫生间、厨房、内外装修节点等内容，阅读时注意结合图集熟悉构造做法。

二、结构施工图识读

结构施工图简称结施，一般由结构设计说明、基础图、结构平面布置图以及墙、柱、梁、板等构件详图组成。

1. 结构设计说明识读

结构设计说明是结构施工图的综合性文件。它是结合现行规范的要求，针对建筑工程结构的通用性与特殊性，将结构设计的依据、选用的结构材料、选用的标准图和对施工的特殊要求等，用文字及表格的表述方式形成的设计文件。识读时注意阅读以下内容：

1）工程概况：如建设地点、抗震设防烈度、结构抗震等级、荷载等级、结构形式等。

2）结构材料：如混凝土的强度等级、钢筋的级别以及砌体结构中块材和砌筑砂浆的强度等。

3）结构的构造要求：如混凝土保护层厚度、钢筋接头形式及要求、纵向钢筋的锚固长度及搭接长度等结构构造要求。

4）地基基础的情况：如地质（包括土质类别、地下水位、土壤冻深等）情况、不良地基的处理方法和要求、对地基持力层的要求、基础的形式、地基承载力特征值或桩基的单桩承载力特征值、试桩要求、沉降观测要求以及地基基础的施工要求等。

5）施工要求：如对施工顺序、方法、质量标准的要求及与其他工种配合施工方面的要求等。

同时要检查结构说明与结构平面、大样、梁柱表中内容以及与建筑施工说明有无存在相矛盾之处。

2. 结构平面布置图识读

结构平面布置图主要包括以下内容：

1）基础平面图及断面图：主要表示基础平面布置及定位关系。了解柱网布置及底层框架柱根部起始标高。

2）楼层结构平面布置图：主要表示各楼层的结构平面布置情况，包括柱、梁、板、楼梯、雨篷等构件的截面尺寸和编号等。

3）屋顶结构平面布置图：主要表示屋盖系统的结构平面布置情况。

3. 各层柱平法施工图识读

明确所绘框架中各框架柱的编号、截面尺寸、与轴线关系、配筋情况、每层柱的柱根及柱顶标高等。

4. 各层梁平法施工图识读

明确所绘框架中各框架梁的编号、截面尺寸、与轴线关系、配筋情况、每层梁的标高等，注意局部标高变化。

三、传统施工图绘制方法

1. 传统梁、柱施工图的表示方法

传统梁、柱施工图分为立面图、断面图。

立面图是假想构件为透明体而画出的一个纵向投影图。它主要表明钢筋的立面形状及其上下排列情况。

断面图是构件用横向剖开的投影图，它反映钢筋的上下和前后排列位置，箍筋形状以及其他钢筋的连接关系。

2. 框架梁施工

框架梁立面图应标注轴线间距离，柱宽度、梁截面高度、标高，纵向钢筋截断点位置以及在节点核心区的锚固要求，梁端箍筋加密区的范围、剖切符号等；标注钢筋编号、数量、规格，梁箍筋加密区以及非加密区的箍筋间距、直径。框架梁断面图应注明截面尺寸、钢筋编号、数量及规格等。

3. 框架柱施工

框架柱立面图应标注柱的总高与分段高度、标高，柱箍筋加密区范围、剖切符号等；标注钢筋编号数量、规格，柱端箍筋加密区以及非加密区箍筋间距、直径，纵向钢筋接头形式以及接头位置，在顶层节点处的锚固等。框架柱断面图应注明截面尺寸，钢筋编号数量及规格等。

第三节　多层框架结构体系办公楼工程实例

多层框架结构体系办公楼工程建筑施工图、结构施工图如图 11-1～图 11-42 所示。

XX住宅小区

配套 1# 商业楼　　　　　　（建筑）XX年XX月

出图专用章：

注册建筑师章：

注册结构工程师章：

图　11-1

建筑设计总说明

1. 设计依据

1.1 经建设单位审定的初步设计方案文件及所签定的设计合同。

1.2 由建设单位提供的地质勘察资料及地形图。

1.3 经批准的本工程方案调整设计及建设方的相关意见。

1.4 国家有关规范：

《民用建筑设计通则》图示（06SJ813）

《建筑设计防火规范》（GB50016-2014）

《无障碍设计规范》（GB50763-2012）

《商店建筑设计规范》（JGJ48-2014）

《屋面工程技术规范》（GB50345-2012）

《公共建筑节能设计标准》（GB50189-2015）

《民用建筑外保温系统及外墙装饰防火暂行规定》（公通字[2009]46号）

《建筑安全玻璃管理规定》（JGJ 113-2015）

《建筑安全玻璃管理规定》发改委运行[2003]2116号

标准做法作减去内蒙古《12系列建筑标准设计图集》和

《建筑内部装修设计防火规范》（GB50222-2017）

2. 项目概况

2.1 xx住宅小区配套1#商业楼。

2.2 本工程总建筑面积：4773.84㎡，基址位于xx市。

2.3 建筑层数：地上3层，局部4层。

2.4 建筑高度（从室外地面至屋檐口）：14.58m，18.18m。

2.5 建筑层数：商业。

2.6 建筑设计使用年限：50年。

2.7 结构形式：框架结构。

2.8 结构抗震设防烈度：8度。

2.9 建筑耐火等级：耐火等级二级。

3. 设计标高

3.1 本工程±0.000m相对相对标高现场定。

3.2 各层标注标高为完成面标高（建筑面标高），屋面标高为结构面标高。

3.3 本工程标高以m为单位，平面尺寸以m为单位，其它尺寸以mm为单位。

4. 墙工程

4.1 承重钢筋混凝土墙体见结施，非承重墙详详墙施，墙体图例如下：

墙体比例	钢筋混凝土墙	蒸压加气块墙	粘土空心砖墙
<1:50			
≥1:50			

4.2 非承重的外围护墙采用300mm厚气泡混凝土砌块，用M5混合砂浆砌筑。

4.3 建筑物的内隔墙为200mm厚蒸压加气混凝土砌块，用M5混合砂浆砌筑，其构造同60mm厚墙块性能等级为B1级的挤塑聚苯板。

4.4 建筑物的防火墙为非承重的均为200mm厚加气混凝土砌块，用M5混合砂浆技术要求详见12J3。

4.5（蒸压加气混凝土空心砌块）墙的构造柱、水平配筋带等做法见结施。砌墙，其构造和技术做法详见12J2J3。

4.6 所有砌体墙，除说明者外，均砌到梁底或板底。

4.7 墙身防潮层：在室内地坪下60mm处做20mm厚1:2水泥砂浆内加5%防水剂的墙身防潮层（此标高为钢筋混凝土构造者，可下为砌筑造时可不做），并在高低差室土一侧墙身做20mm厚1:2水泥砂浆防潮层，并应重叠在距地室内外下平50mm处做墙身水平防潮。

4.8 墙体留洞及封堵的还应以1.5mm厚聚氨酯防水涂料（或其他防潮材料）。

4.8.1 墙顶留洞见设备施工图。

4.8.2 砌筑墙体预留洞过梁见结施说明。

4.8.3 预留洞的封堵：混凝土墙留洞的封堵见结施，其余砌筑墙留洞做管道。

4.9 填充墙的做法应满足《混凝土小型空心砌块填充墙建筑、结构构造》（14J102-214G614）要求。应在双墙分别增设套管，套管与穿墙管之间嵌缝详见12J2。设备安装完毕后，用C15细石混凝土填实；变形缝处及穿墙洞的封堵。

5. 屋面工程

5.1 本工程的屋面工程应符合《屋面工程技术规范》（GB 50345-2012）的要求。

5.2 本工程的屋面防水等级为II级，设防做法为二道防水设防，柔性防水层采用（3+4）厚SBS改性沥青防水卷材，四周卷至泛水高度。

5.3 屋面排水采用有组织排水，详见屋面排水平面图，除图中另有注明者外。

5.4 屋面做法及屋面节点索引见建施"屋面平面图"及各层平面图"等有关详图。

5.5 隔气层做法：本工程的所有屋面顶层为隔气层，其构造详见屋面做法雨水管的公称直径均为DN100。

5.6 屋面各通风道的防水构造见12J5-1。

5.7 屋面上的各各种基础及避雷装置的防水构造见12J5-1。

6. 门窗工程

6.1 建筑外门窗抗风压性能由厂家计算，气密性能，水密性能，保温性能，隔热性能。

门窗代号见下表

C	M	MLC	HC	FMZ
窗	门	门联窗	弧形窗	乙级防火门

6.1 建筑外门窗抗风压性能由厂家计算，气密性能，水密性能，保温性能，隔热性能。

6.2 本工程外门窗的气密性能不低于现行标准《建筑外窗气密、水密、抗风压性能分级及检测方法》（GB/T 7016-2008）应严格执行国家有关质量规范与××的有关建筑工程法规。

6.3 本工程外门窗的水密性能不低于现行标准《建筑外窗气密、水密、抗风压性能分级及检测方法》（GB/T7106-2008）规定的6级水平。

6.4 本工程外门窗的抗风压性能不低于现行标准《建筑外窗气密、水密、抗风压性能分级及检测方法》（GB/T7106-2008）规定的4级水平。

6.5 本工程外门窗的保温性能不低于现行标准《建筑外窗保温性能分级及检测方法》（GB/T 8484-2008）规定的5级水平。

6.6 门窗玻璃的选用应遵循《建筑玻璃应用技术规程》（JGJ113-2015）和《建筑外门窗保温性能分级及检测方法》（GB/T8484-2008）规定的6级水平，本建筑应安以安全玻璃为建筑材料的下列部位必须使用安全玻璃。

6.6.1 面积大于1.5m²的窗玻璃

6.6.2 玻璃幕墙

6.6.3 室内隔断、浴室围护和屏风

6.6.4 楼梯、阳台、平台走廊的栏杆和中庭内拦板

6.6.5 公共建筑物的出入口、门厅等部位

6.6.6 易受撞击、冲击容易造成人体伤害的其他部位。

6.7 门窗立面表示洞口尺寸，门窗加工尺寸要按装装修面层由承包商予以调整。

6.8 门窗详细构造见有关节点图。

6.9 门窗料色、颜色、玻璃见"门窗表"附录，门窗五金件由业主提供。双向平开及单向平开门立樘中。

6.10 门窗垫口均做偶子层，其做法见12J7-1-68-1。

6.11 防火墙和公共走廊上疏散用的平开防火门应设闭门器。

6.12 防火门窗明装信号控制关闭和反馈装置。

6.13 防火卷帘应安装在建筑的承重构件上，卷帘上部如不到顶，上部空间应用部。

侧面土式墙防水的缝隙，均采用不小于三小时耐火极限的材料封堵。

耐火极限与墙体相同的防火材料封堵；防火卷帘采用无机复合卷帘，以背火面升温为条件的耐火极限应满足3小时的规范要求，具体安装和预埋连由厂家配合施工。

7. 外墙工程

7.1 外墙装修设计和做法索引见"立面图"及外墙详图。

7.2 承包商进行二次设计的轻钢结构、装饰物等，经确认后做建筑设计表供施工图

7.3 内装修设计所用的各项材料其材料、规格、颜色等，均由施工单位提供样板，并其提供预埋件的设置做法。

7.4 本工程外装修材料为干挂石材和弹涂涂料，石材和涂料的颜色要求提供样板，经建筑和设计单位确认后进行封样，并据实验收。

由建设单位认可。本工程变形缝的设计应满足防火、抗震、承载、防水、保温的要求，要有较强的耐候性，并在可能的情况下，外露面积尽可能小，以保证结构的连续性和完整性。

8. 室内工程

8.1 室内装修材料应符合《建筑内部装修设计防火规范》（GB50222-2017），楼地面部分执行《建筑地面设计规范》（GB50037-2013），有关材料选用不燃材料；须加防腐、防锈和防火处理，明露及未露明的金属构配件，须经防腐处理。

8.2 本工程构造变形的交接处和地面高度变化处，除图中另有注明者外均位于齐平门开启面处。防锈铝合金板做阳极氧化镀膜处理。

8.3 凡设有地漏的房间应做防水层，图中未注明整个房间做地漏的，均在地漏周围1m范围内做0.5%坡度坡向地漏；卫生间的地面应做闭水试验，有防水要求用建筑防密膏填实。当与楼面地低于相邻房间≥20mm或做挡水口宽，要求房间楼板立面应做排水沟和集水处。

8.4 墙面所有的阳角需做护角处理或成品护角，护角高2000mm。

8.5 窗台板均为花岗岩，板厚30mm，板宽伸出内墙面50mm，板长同窗口宽，板端磨光。

8.6 内装修选用的各项材料，均由施工单位制作样板和选样，确认后封样，所有窗台高度低于800mm的窗加护栏杆，窗户的栏杆做法详见：12J7-1-85-A并具此验收。

9. 油漆涂料工程

9.1 室内装修所用的油漆涂料部位见"室内装修做法表"。

9.2 内木门油漆涂面高级油漆，做法为12J1-103-涂101（合门套构造）。

9.3 室内外各项露明金属件的油漆为刷防锈防漆2道后再做与室内外部位相同颜色的漆。

9.4 室内门窗面油漆做法见：06J403-1-23-A12型。

9.5 各项油漆均由施工单位制作样板，经确认后封样，并据此进行验收。做法详见12J1-103。

10. 室外工程（室外设施）室外台阶详见12J1-155-台6，散水做法详见12J1-152-散2，所有室外坡、散水，台阶下均增加300mm厚中砂防冻层，挡墙做法详见12J9-1-105-4。

11. 建筑设备、设施工程

11.1 卫生器具、成品隔断由建设单位与设计单位商定，并应与施工配合。

11.2 灯具、等影响美观的器具须经建设单位与设计单位确认样板后，方可批量加工、安装。

12. 其它施工中注意事项

12.1 本工程采用标准图集为xx系列建筑标准设计图集和国家建筑标准设计图集。

12.2 本工程所采用的建筑制品及建筑材料必须经有关部门的质量检验证明。

12.3 内外装修材料、幕墙制品、油漆、灯具、风口等，均应在施工前提供生产许可证及使用说明书，必要时由厂家进行施工技术指导。

12.4 由厂家负责详图设计的部分必须征得设计单位及建设单位同意后，并在施工样板，经建设单位确定后方可施工。

12.5 工程施工处须严格执行《钢结构工程施工质量验收规范》（GB 50205-2001）及有关规定进行，施工前提供预留孔洞、预埋件位置及尺寸。施工各工种应紧密配合；如有问题应及时与设计单位协商解决。

12.6 所有设备管线位置及尺寸详见相应施工图纸。孔洞不得后凿。消火栓、许可不得自行更改。配电箱留洞通有穿透墙体时在墙背面要求加设钢板网抹灰，钢板网尺寸见施工图。

12.7 图中所选用标准图中有对结构工种的预埋件、预留洞，如楼梯、平台钢栏较洞口尺寸每边均加大150mm。

12.8 两材料的墙体交接处，应根据饰面材质在做饰面前加钉金属网于施工合后，确认无误方可施工。

12.9 墙面过梁处结施，中部贴玻璃纤维网格布，防止裂缝。

12.10 楼板留洞的封堵：待安装管线安装完毕后，用C20细石混凝土封堵墙洞，管道坚井处应在楼板处用耐火极限不低于同楼层混凝土楼板耐火极限的不燃性材料进行封堵。

13. 无障碍设计

13.1 设计依据-《无障碍设计规范》GB50763-2012）。

13.2 设计范围及主要设施

13.2.1 建筑入口：室外台阶、室外坡道披坡、轮椅披道和扶手、平台、入口。

13.2.2 公共通道：地面防滑。门厅、走道、门宽。

13.2.3 楼梯：供公众使用的主要楼梯按无障碍楼梯设计。

13.2.4 电梯：供公众使用的一部电梯按无障碍电梯设计。

14. 本工程施工图须经施工图审查中心及消防部门审查通过后方才可进行施工。

会签栏

建筑	结构
设备	电气

出图专用章

注册执业章

天出图专用章、图纸无效

建设单位
xx委员会

工程名称
xx住宅小区配套1#商业楼

图名
建筑设计总说明
建筑图纸目录

项目负责
审定
审核
工种负责
校对
设计
设计号
版本 第二版
图号 建施 01 共17张
日期

（建筑）目录

建设单位 xx委员会			
项目名称 xx住宅小区			
分图名称 配套1#商业楼			

设计总号		设计阶段 施工图	
修改版次 第二版		出图日期	

序号	图纸内容	图号-版本号	图幅	备注
1	总图目录	规划 01	A1	
2	建筑设计总说明 建筑图纸目录	建施 01	A1+1/4	
3	建筑做法表	建施 02	A1	
4	节能设计	建施 03	A1	
5	门窗详图、门窗大样 卫生间大样	建施 04	A1	
6	一层平面图	建施 05	A1+1/4	
7	二层平面图	建施 06	A1+1/4	
8	三层平面图	建施 07	A1+1/4	
9	四层平面图	建施 08	A1+1/4	
10	屋顶平面图	建施 09	A1+1/4	
11	①-⑧轴立面图、⑧-①轴立面图	建施 10	A1+1/4	
12	Ⓐ-Ⓖ轴立面图、Ⓖ-Ⓐ轴立面图、1-1剖面图、2-2剖面图	建施 11	A1	
13	LT详图（一）	建施 12	A1	
14	LT详图（二）	建施 13	A1	
15	LT详图（三）	建施 14	A1	
16	LT详图（四）	建施 15	A1	
17	QS详图（一）	建施 16	A1	
18	QS详图（二）	建施 17	A1	

图 11-2

建 筑 做 法

一、楼面工程

楼 1 地砖楼面（120mm厚）
1. 10mm厚铺地砖楼面，干水泥擦缝
2. 撒素水泥面（洒适量清水）
3. 20mm厚1:4干硬性水泥砂浆结合层与找平层
4. 60mm厚豆石混凝土地热采暖管卧层内设铅丝网片
5. 30mm厚聚苯板保温
6. 现浇钢筋混凝土楼板

楼 2 防滑地砖楼面（140mm厚）
1. 10mm厚防滑地砖，稀水泥浆擦缝
2. 撒素水泥面（洒适量清水）
3. 20mm厚1:4干硬性水泥砂浆结合层与找平层
4. 60mm厚豆石混凝土地热采暖管卧层内设铅丝网片
5. 30mm厚聚苯板保温
6. 1.5mm厚聚氨酯防水涂膜，四周沿墙上翻250mm高
7. 20mm厚水泥砂浆找平层
8. 现浇钢筋混凝土基板

楼 3 花岗岩楼面（50mm厚）
1. 20mm厚磨光花岗石铺面，灌稀水泥砂浆擦缝
2. 撒素水泥面（洒适量清水）
3. 30mm厚1:4干硬性水泥砂浆结合层与找平层
4. 现浇钢筋混凝土楼板

二、地面工程

地 1 地砖地面
1. 10mm厚铺地砖楼面，干水泥擦缝
2. 撒素水泥面（洒适量清水）
3. 20mm厚1:4干硬性水泥砂浆结合层与找平层
4. 60mm厚豆石混凝土地热采暖管卧层内设铅丝网片
5. 30mm厚聚苯板保温
6. 20mm厚1:3水泥砂浆找平层
7. 50mm厚挤塑聚苯板
8. 150mm厚C15混凝土垫层
9. 素土夯实

地 2 防滑地砖地面
1. 10mm厚防滑地砖，稀水泥浆擦缝
2. 撒素水泥面（洒适量清水）
3. 20mm厚1:4干硬性水泥砂浆结合层与找平层
4. 60mm厚豆石混凝土地热采暖管卧层内设铅丝网片
5. 30mm厚聚苯板保温
6. 1.5mm厚聚氨酯防水涂膜，四周沿墙上翻250mm高
7. 20mm厚水泥砂浆找平层
8. 50mm厚挤塑聚苯板
9. 150mm厚C15混凝土垫层
10. 素土夯实

三、踢脚工程

踢 1 面砖（25mm厚120mm高）
1. 8～10mm厚地砖稀水泥砂浆擦缝
2. 5mm厚1:1水泥细砂浆结合层
3. 12mm厚1:3水泥细砂浆打底
4. 刷界面处理剂一道

踢 2 花岗岩踢脚（30mm厚120mm高）
1. 10mm厚花岗岩板，水泥浆擦缝
2. 5～6mm厚1:1水泥砂浆加水重20%建筑胶镶嵌
3. 15mm厚2:1:8水泥石灰砂浆，分两次抹灰
4. 刷建筑胶素水泥浆一遍，配合比为建筑胶:水=1:4

四、内墙面工程

内墙 1 刮腻子（15mm厚）
1. 乳胶漆面层
2. 2mm厚面层耐水柔韧腻子二道刮平
3. 12mm厚1:3:9水泥石膏砂浆打底扫毛
4. 素水泥浆一道（内掺建筑胶）

内墙 2 粘贴釉面瓷砖防水墙面（30mm厚）
1. 6～12mm厚釉面瓷砖贴面，白水泥擦缝
2. 5mm厚聚合物水泥砂浆（或专用胶）粘结层
3. 聚合物水泥基防水涂膜1.0mm厚
4. 8mm厚1:2.5 水泥砂浆找平
5. 12mm厚1:3水泥砂浆打底

五、顶棚工程

棚 1 腻子
1. 刷乳胶漆三道
2. BDB耐水柔韧腻子找平
3. 5mm厚1:2.5水泥砂浆罩面
4. 5mm厚1:3水泥砂浆打底
5. 刷素水泥浆一道（内掺水重5%的108胶）

棚 2 铝合金方板吊顶
1. 配套金属龙骨
2. 铝合金方型板

六、屋面工程

块瓦屋面

屋1 块瓦屋面
1. 瓦材：块瓦
2. 卧瓦层：1:3水泥砂浆（配Φ6@500×500钢筋网）
3. 找平层：1:3水泥砂浆（分格缝不大于6m）
4. 保温层：120mm厚挤塑聚苯板
5. 防水层：SBS防水卷材（4+3）mm厚两道防水层砂浆中掺聚丙烯或棉纶-6纤维0.75～0.90kg/m³
6. 找平层：1:3水泥砂浆20mm厚（分格缝不大于6m）砂浆中掺聚丙烯或棉纶-6纤维0.75～0.90kg/m³
7. 结构层：钢筋混凝土现浇屋面板

屋2 不上人平屋面
1. 混凝土面层：40mm厚细石混凝土（配Φ6@500×500钢筋网）
2. 隔离层：满铺0.15mm厚聚乙烯薄膜一层
3. 防水层：SBS防水卷材（4+3）mm厚两道防水层
4. 找平层：1:3水泥砂浆（分格缝不大于6m）
5. 找坡层：膨胀珍珠岩找坡最薄处20mm厚砂浆中掺聚丙烯或棉纶-6纤维0.75～0.90kg/m³
6. 保温层：120mm厚挤塑聚苯板
7. 隔汽层：1.2mm厚聚氨酯隔汽层
8. 找平层：1:3水泥砂浆20mm厚（分格缝不大于6m）砂浆中掺聚丙烯或棉纶-6纤维0.75～0.90kg/m³
9. 结构层：钢筋混凝土现浇屋面板

七、外墙面工程

外墙1 干挂石材墙面
1. 30mm厚石质板材，用环氧树脂胶固定销钉
2. 按石材板高度安装配套不锈钢龙骨，龙骨大石材接缝宽8mm，用硅统密封胶填缝。
小间距由具有设计、施工资质厂家计算确定。
3. 70mm厚挤塑聚苯保温层（干密度30kg/m³）
4. 3～5mm厚聚合物粘结砂浆
5. 20mm厚1:3水泥砂浆找平层
6. 蒸压加气砌块墙体

外墙2 高级弹涂墙面
1. 1.0mm厚抹面胶浆弹涂涂料
2. 弹性底涂面刮柔性耐水腻子
3. 专用聚合物抹面胶浆复合耐碱玻璃网
4. 70mm厚挤塑聚苯板保温层（干密度30kg/m³）
5. 3～5mm厚聚合物粘结砂浆层
6. 20mm厚1:3水泥砂浆找平层
7. 蒸压加气砌块墙体

建 筑 做 法 表

楼层	房间名称	楼、地面		踢脚		内墙面		顶棚		窗台板	备注
一层	商铺	地砖	地1	面砖	踢1	腻子	内墙1	腻子	棚1	大理石	
	楼梯间	花岗岩	楼3	花岗岩	踢2	腻子	内墙1	腻子	棚1	大理石	
	卫生间	地砖	地2			面砖	内墙1	铝方板	棚2	大理石	
二层	商铺	地砖	楼1	面砖	踢1	腻子	内墙1	腻子	棚1	大理石	
	楼梯间	花岗岩	楼3	花岗岩	踢2	腻子	内墙1	腻子	棚1	大理石	
三层	客房	地砖	楼1	面砖	踢1	腻子	内墙1	腻子	棚1	大理石	
	楼梯间	花岗岩	楼3	花岗岩	踢2	腻子	内墙1	腻子	棚1	大理石	
	卫生间	地砖	地2			面砖	内墙1	铝方板	棚2	大理石	
	走廊	地砖	楼1	面砖	踢1	腻子	内墙1	腻子	棚1	大理石	
四层	库房										
	楼梯间										
	电梯机房										
	会议室										

选用图集	12系列建筑标准设计图集 国家建筑标准设计图集

说明：
1. 填充墙抹灰前应清理干净，基层先刷一道108胶水溶液（内掺水重25%的108胶），随刷随抹底灰。
2. 结合层所刷的素水泥浆，宜在水泥浆内掺水重5%的108胶。
3. 块材结合层所撒的素水泥面，其重量配合比为水泥:108胶:水=1:0.05:0.1

变形缝做法见下表：

部位	选用图集	备注
楼地面	12J14-1-③	面层为地砖
内墙	12J14-15-①	面层为刮腻子
内墙、顶棚	12J14-18-①	保温材料为A级
吊顶	12J14-19-①	憎水性岩棉
外墙	12J14-21-①	面层为外墙涂料

图 11-3

143

会签栏

建筑	结构
设备	电气

出图专用章

无出图章，图纸无效

注册执业章

建设单位
xx委员会

工程名称
xx住宅小区配套1#商业楼

图名
建筑做法
建筑做法表

项目负责	
审 定	
审 核	
工种负责	
校 对	
设 计	

设计号

版本	第二版
图号	建施 02 共17张
日	

节 能 设 计 说 明

<table>
<tr><td>

1 设计依据
1.1《民用建筑热工设计规范》(GB50176-2016)
1.2《公共建筑节能设计标准》(GB50189-2015)
1.3《居住建筑节能设计标准》(DB11/891-2012)及国家有
关建筑的其他规范、规定和标准

</td><td>

2 节能设计概况
2.1 本工程建设地点在xx市,建筑节能设计严格遵循
《公共建筑节能设计标准》(GB50189-2015),节能率为65%
2.2 本工程项目地处严寒(C)区;采暖方式为地暖

</td><td>

2.3 本工程采用外墙外保温体系
2.4 按规定方法进行节能设计,节能具体数据详见"建筑节能计算书"
3 本工程围护结构采用的保温材料、构造做法及所达到的设计指标见右表
4 外墙的门窗框与墙体之间缝隙用岩棉或保温材料填实,其洞口周边的内外侧采用硅酮系列建筑胶密封
5 挑檐等外墙挑出及附墙构件抹30厚硅酸铝保温浆料

</td><td>

6 围护结构保温应严格按照成套保温体系技术标准施工,以保证保温系统的质量
7 节能工程除按以上设计要求施工外,围护结构采用的保温材料进场后需做好检查合格方可施工;其构造做法及节点细部等竣工后进行检验,按照现行的节能验收标准验收,以保证施工质量,达到节能的要求
8 外墙外保温的合理使用年限为25年

</td></tr>
</table>

严寒C区甲类公共建筑围护结构节能设计判定表

工程建设地点	xx市		工程名称	xx住宅小区配套1#商业楼		建筑分类		甲类公共建筑
体型系数	工程设计值	0.21	建筑层数		地上3层,局部4层	建筑面积/m²		4773.84
	本标准限值	0.40		外门窗/透明幕墙气密性等级			6级/3级	

外围护结构热工性能

项目		做法说明	传热系数K/[W/(m².k)]	
			工程设计值	本标准限值
屋顶		120mm厚B1级挤塑聚苯板	0.28	≤0.28
外墙	南	70mm厚B1级挤塑聚苯板	0.37	≤0.38
	北	70mm厚B1级挤塑聚苯板	0.37	≤0.38
	东	70mm厚B1级挤塑聚苯板	0.37	≤0.38
	西	70mm厚B1级挤塑聚苯板	0.37	≤0.38
底面接触室外空气的架空或外挑楼板				≤0.38
地下车库与供暖房间之间的楼板				≤0.7
非采暖楼梯间与供暖房间之间的隔墙				≤1.5
围护结构部位			保温材料层热阻 R[(m².k)/W]	
周边地面		50mm厚挤塑聚苯板	1.39	≥1.1
供暖、空调地下室外墙(与土壤接触的墙)				≥1.1
变形缝(两侧墙内保温时)		满填100mm厚挤塑聚苯板	2.78	≥1.2

朝向	窗墙面积比	窗框材质及玻璃品种规格	传热系数	
外窗	南	0.19	隔热金属框+中空玻(6mm中透光Low-E+12mm氩气+6mm透明)	2.3	≤2.7
	北	0.23	隔热金属框+中空玻(6mm中透光Low-E+12mm氩气+6mm透明)	2.3	≤2.4
	东	0.03	隔热金属框+中空玻(6mm中透光Low-E+12mm氩气+6mm透明)	2.3	≤2.7
	西	0.12	隔热金属框+中空玻(6mm中透光Low-E+12mm氩气+6mm透明)	2.3	≤2.7

结论:该建筑维护结构经权衡判断后满足标准规定,为节能建筑(具体可详见节能计算书及备案登记表)。

注:保温材料的性能指标
燃烧性能等级为B1级,容重为32kg/m³,抗压强度不小于350kP/m²。

2.挤塑聚苯板的性能指标

项目	单位	指标	
		带表皮	不带表皮
导热系数	W/(m².K)	≤0.030	≤0.035
吸水率(浸水96h)	%	≤1.0	≤2.0
透湿系数	ng/(pa.m.s)	≤2.5	≤3.0
干密度	Kg/m³	25~32	
压缩强度	Mpa	0.15~0.25	
抗拉强度	Map	≥0.20	
尺寸稳定性	%	≤0.30	
蓄热系数	W/(m².K)	≥0.32	
氧指数	%	≥26	
燃烧性能	级	不低于B1	
使用温度范围	℃	≤75	
保温材料的合理使用年限	年	25	
降解时间(自然条件)	d	≥45	

严寒C区甲类公共建筑围护结构节能设计表

建筑围护结构		采用的节能措施与构造		传热系数/[W/(m²·k)]	备注
屋面				0.28	120mm厚挤塑聚苯板
屋面防火隔离带		500mm宽岩棉板		0.36	
外墙				0.28	70mm厚挤塑聚苯板外保温系统详厂方工艺
外墙防火隔离带		300mm高岩棉板		0.48	
非采暖房间与采暖房间之间的隔墙					
非采暖房间与采暖房间之间的户门					
单一朝向外窗(包括透明幕墙)	南	隔热金属框+中空玻(6mm中透光Low-E+12mm氩气+6mm透明)	窗墙面积比	0.19	2.3	各朝向最大窗墙比	0.6
	东	隔热金属框+中空玻(6mm中透光Low-E+12mm氩气+6mm透明)		0.03	2.3		0.6
	西	隔热金属框+中空玻(6mm中透光Low-E+12mm氩气+6mm透明)		0.12	2.3		0.6
	北	隔热金属框+中空玻(6mm中透光Low-E+12mm氩气+6mm透明)		0.23	2.3		0.6
地面	周边			1.39	热阻值(m²·k)/W 以保温层热阻计算
变形缝两侧墙体		满填挤塑聚苯板(ρ=30)100		2.78	

地面构造做法标注:
铺10mm厚防滑地砖,撒水泥浆擦缝
素水泥浆一道(掺建筑胶水)
20mm厚1:2.5干硬性水泥砂浆贴结层
素水泥浆结合层一道
100mm厚C15细石混凝土
周边地面沿墙向铺50mm厚挤塑聚苯板,非周边地面铺50mm厚挤塑聚苯板
150mm厚压实石屑M2.5混合砂浆垫层
素土夯实

图 11-4

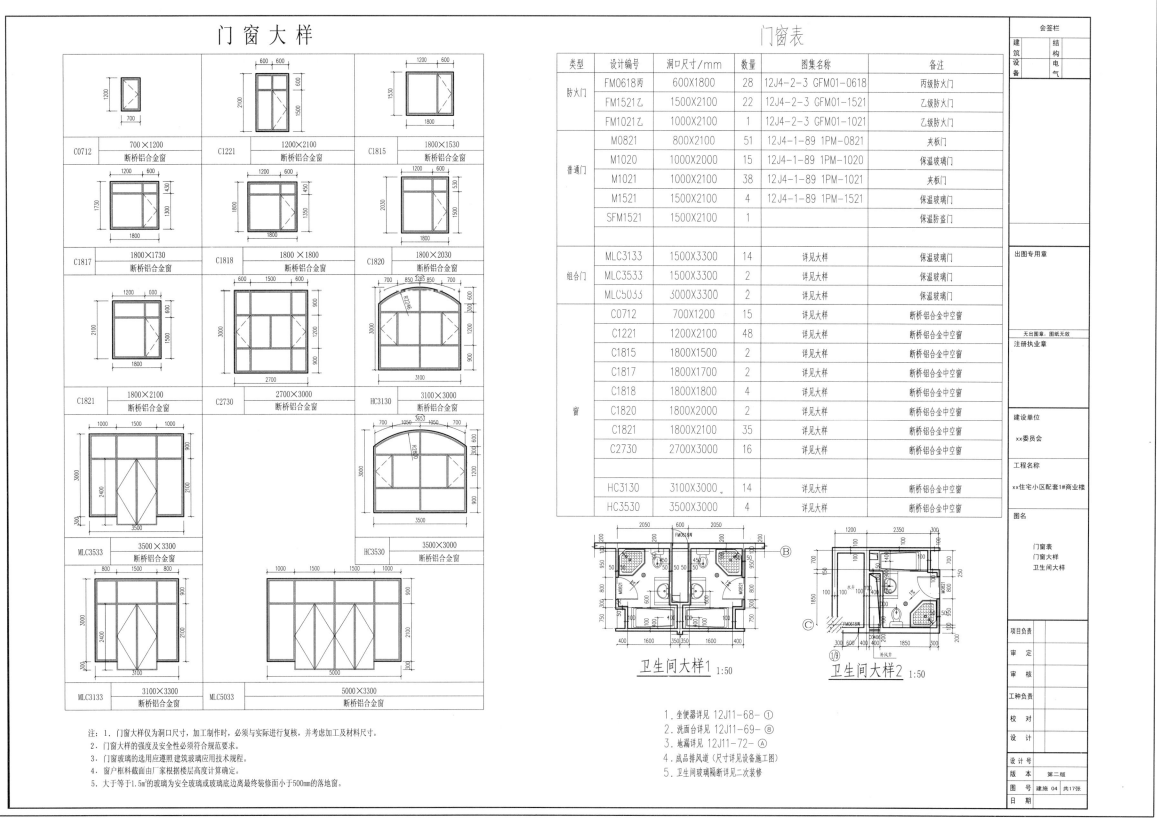

门窗大样

类型	设计编号	洞口尺寸/mm	数量	图集名称	备注
防火门	FM0618丙	600X1800	28	12J4-2-3 GFM01-0618	丙级防火门
	FM1521乙	1500X2100	22	12J4-2-3 GFM01-1521	乙级防火门
	FM1021乙	1000X2100	1	12J4-2-3 GFM01-1021	乙级防火门
普通门	M0821	800X2100	51	12J4-1-89 1PM-0821	夹板门
	M1020	1000X2000	15	12J4-1-89 1PM-1020	保温玻璃门
	M1021	1000X2100	38	12J4-1-89 1PM-1021	夹板门
	M1521	1500X2100	4	12J4-1-89 1PM-1521	保温玻璃门
	SFM1521	1500X2100	1		保温防盗门
组合门	MLC3133	1500X3300	14	详见大样	保温玻璃门
	MLC3533	1500X3300	2	详见大样	保温玻璃门
	MLC5033	3000X3300	2	详见大样	保温玻璃门
窗	C0712	700X1200	15	详见大样	断桥铝合金中空窗
	C1221	1200X2100	48	详见大样	断桥铝合金中空窗
	C1815	1800X1500	2	详见大样	断桥铝合金中空窗
	C1817	1800X1700	2	详见大样	断桥铝合金中空窗
	C1818	1800X1800	4	详见大样	断桥铝合金中空窗
	C1820	1800X2000	2	详见大样	断桥铝合金中空窗
	C1821	1800X2100	35	详见大样	断桥铝合金中空窗
	C2730	2700X3000	16	详见大样	断桥铝合金中空窗
	HC3130	3100X3000	14	详见大样	断桥铝合金中空窗
	HC3530	3500X3000	4	详见大样	断桥铝合金中空窗

卫生间大样1 1:50

卫生间大样2 1:50

1. 坐便器详见 12J11-68- ①
2. 洗面台详见 12J11-69- ⑧
3. 地漏详见 12J11-72- ⓐ
4. 成品排风道（尺寸详见设备施工图）
5. 卫生间玻璃隔断详见二次装修

注: 1. 门窗大样仅为洞口尺寸,加工制作时,必须与实际进行复核,并考虑加工及材料尺寸。
2. 门窗大样的强度及安全性必须符合规范要求。
3. 门窗玻璃的选用应遵照建筑玻璃应用技术规程。
4. 窗户框料截面由厂家根据楼层高度计算确定。
5. 大于等于1.5㎡的玻璃为安全玻璃或玻璃底边距离最终装修面不小于500mm的落地窗。

图 11-5

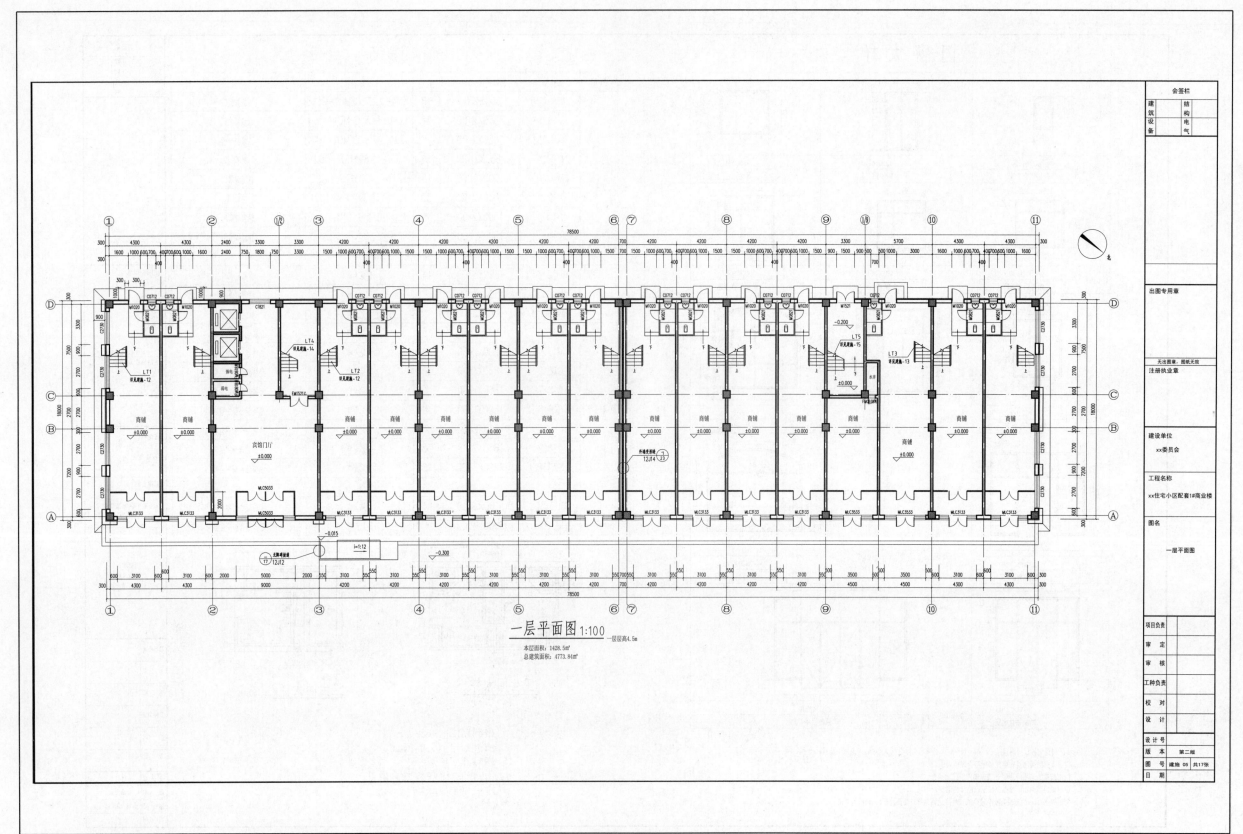

一层平面图 1:100

本层面积：1428.5㎡
总建筑面积：4773.84㎡

一层层高4.5m

图 11-6

146

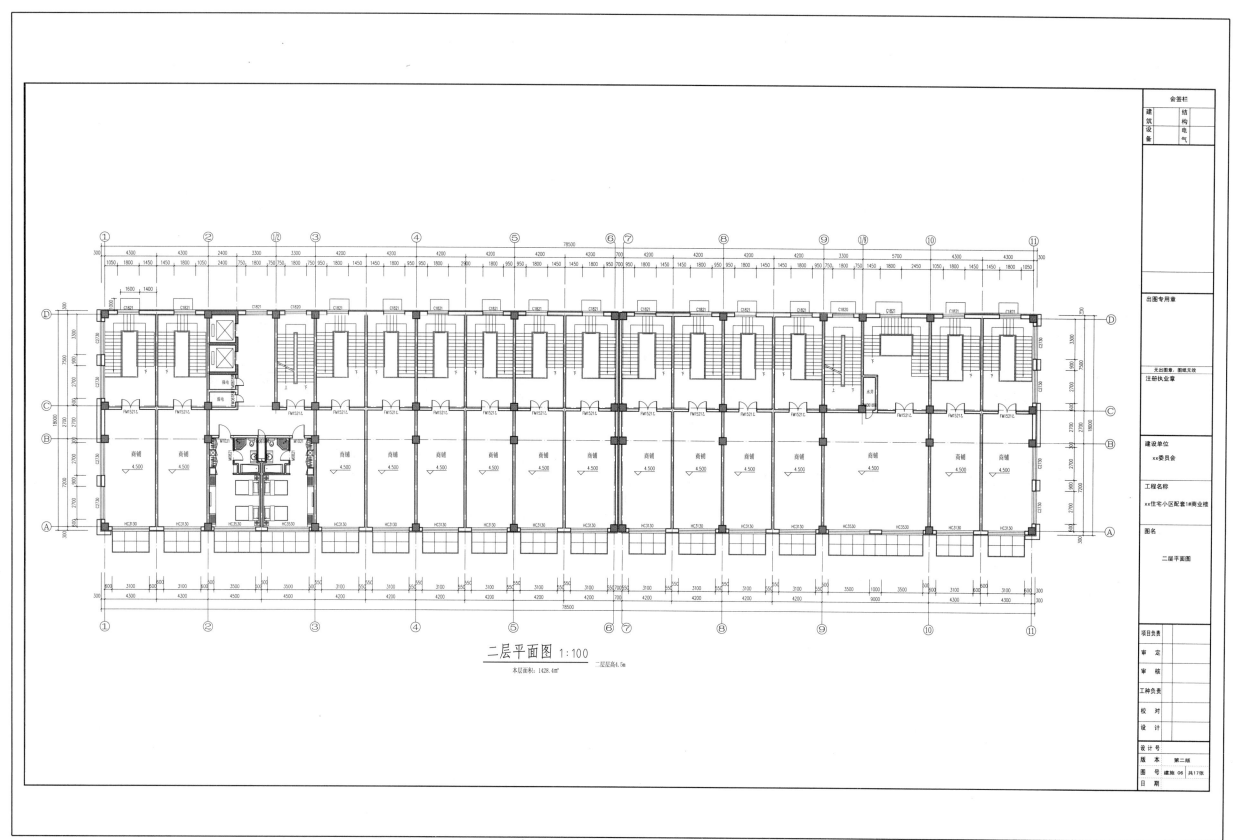

二层平面图 1:100

本层面积: 1428.4m²　　二层层高4.5m

图　11-7

147

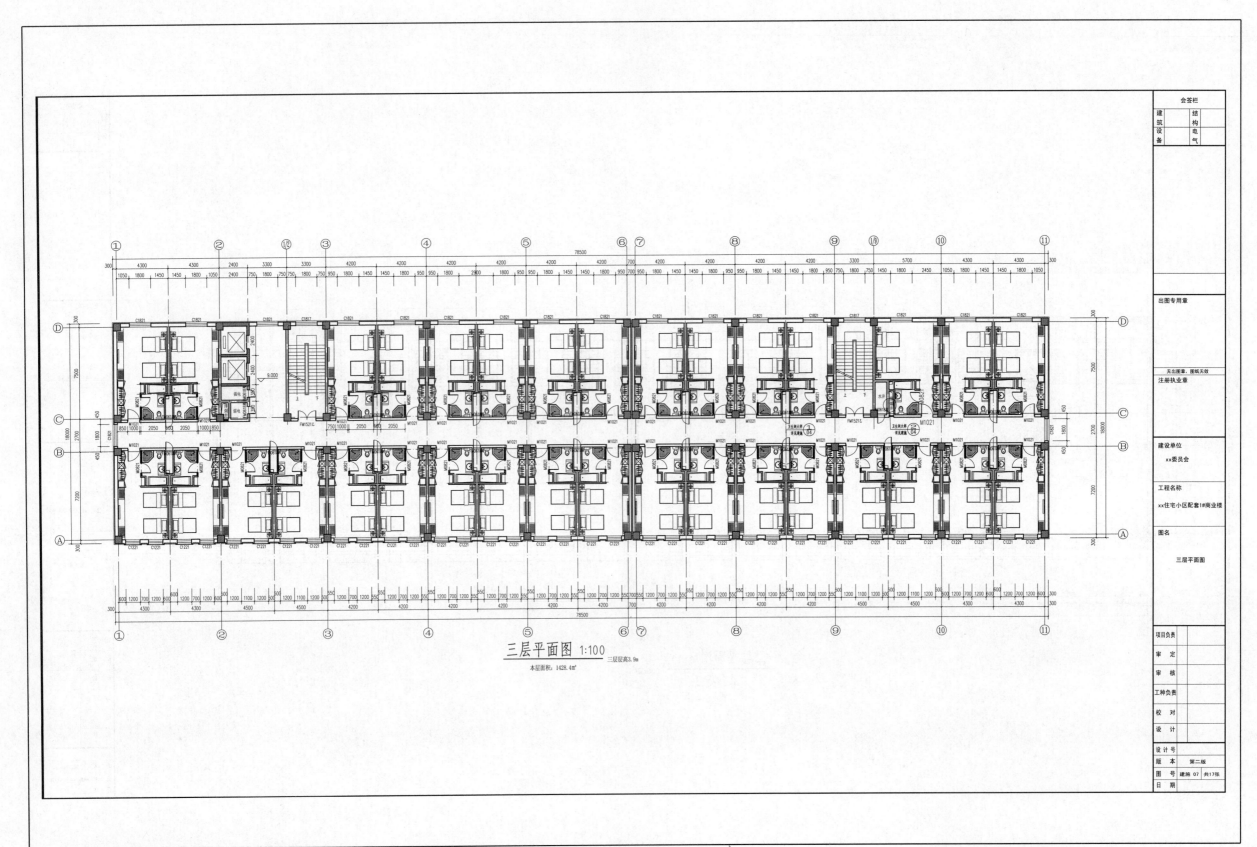

三层平面图 1:100
本层层面积：1428.4㎡   三层层高3.9m

图 11-8

148

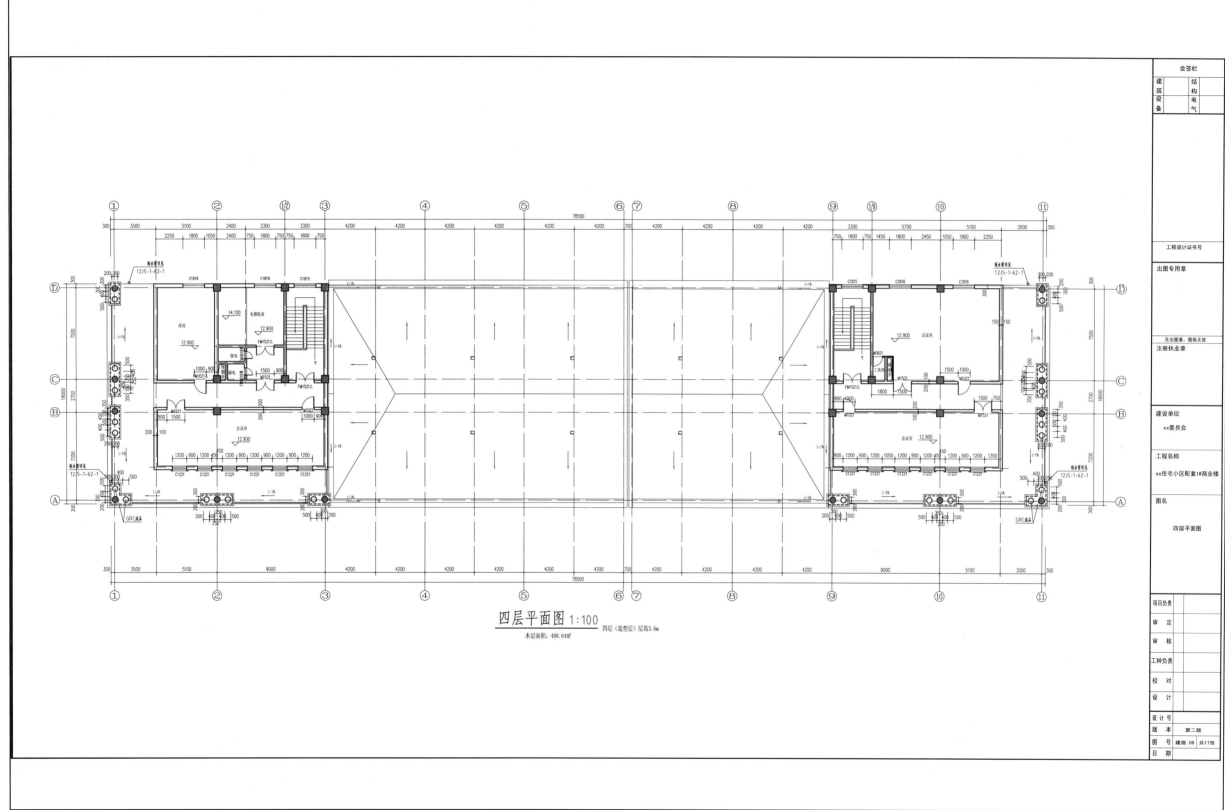

四层平面图 1:100

本层面积：488.64㎡　　四层（造型层）层高3.6m

图　11-9

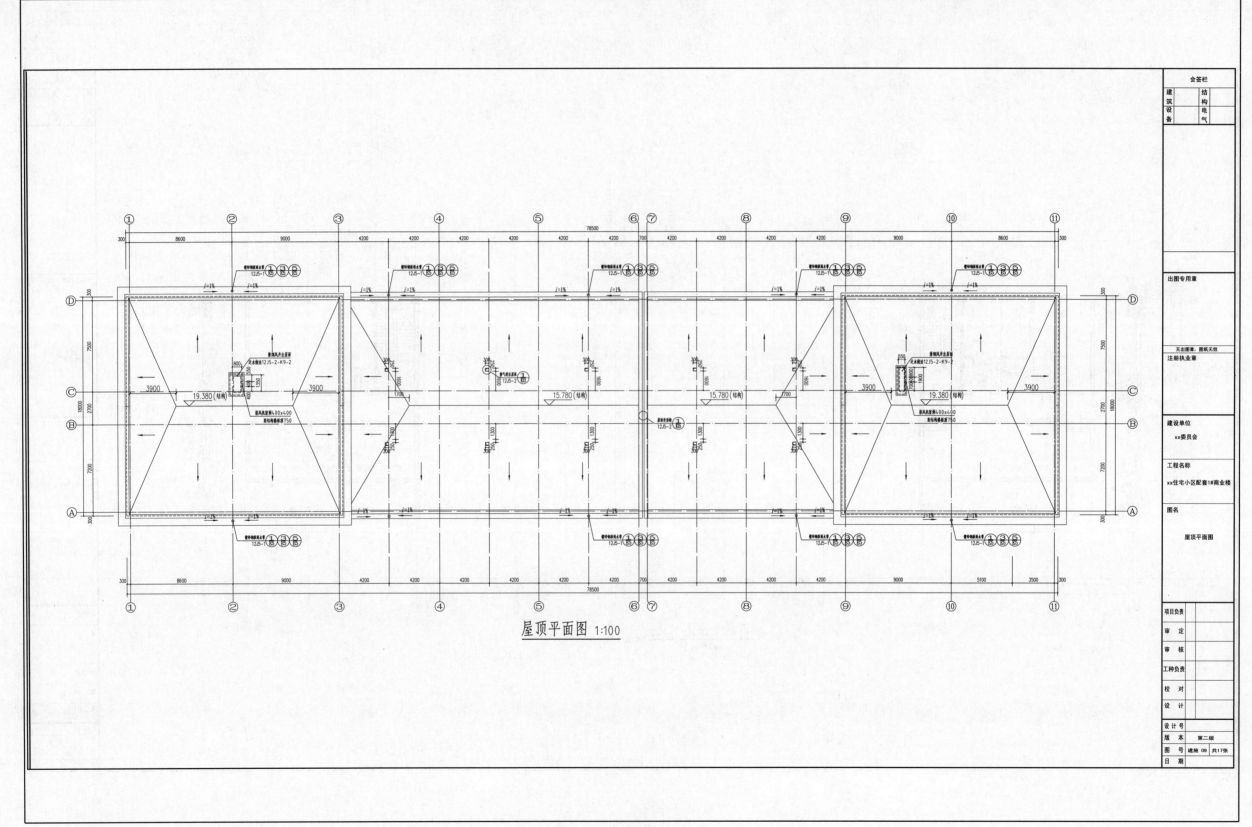

屋顶平面图 1:100

图 11-10

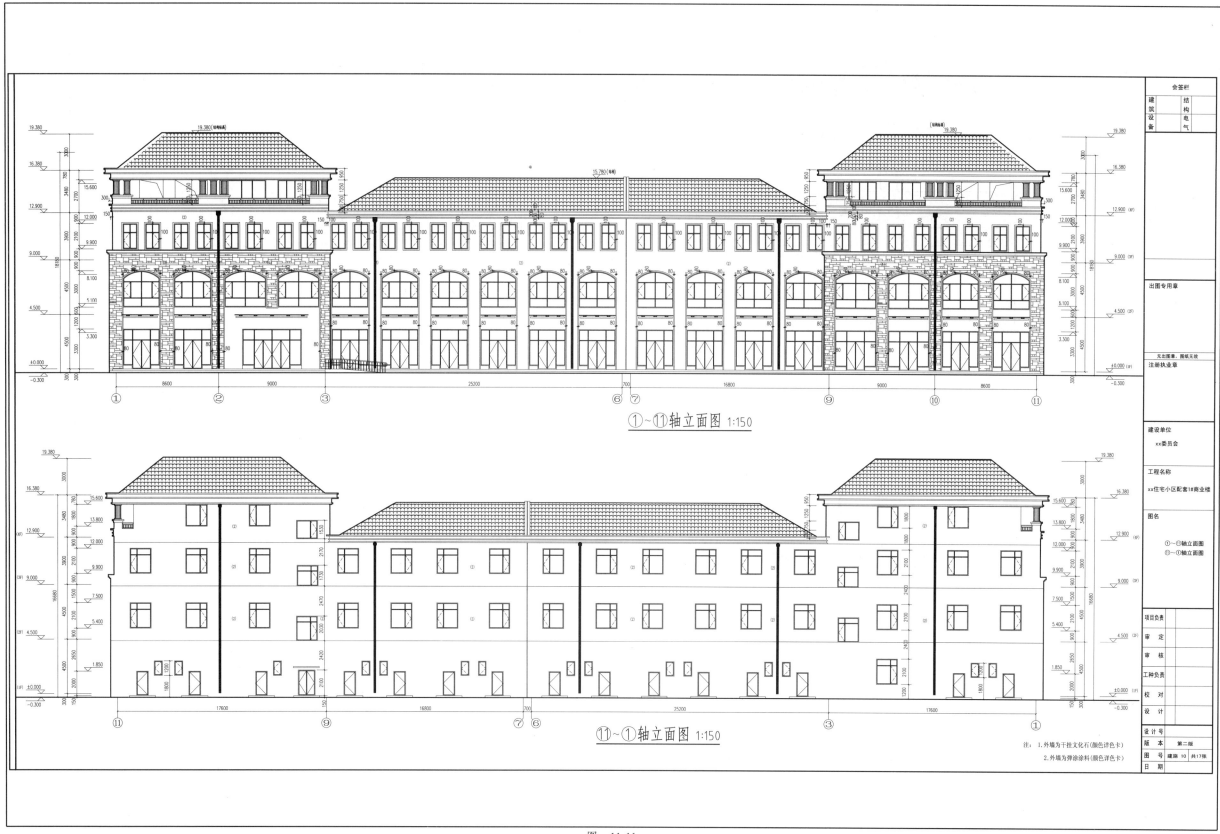

①~⑪轴立面图 1:150

⑪~①轴立面图 1:150

注：1.外墙为干挂文化石(颜色详色卡)
2.外墙为弹涂涂料(颜色详色卡)

会签栏

建筑设备	结构
	电
	气

出图专用章

无出图章、围城无效

注册执业章

建设单位
xx委员会

工程名称
xx住宅小区配套1#商业楼

图名
①~⑪轴立面图
⑪~①轴立面图

项目负责
审　定
审　核
工种负责
校　对
设　计
版　本　第二版
图　号　建施 10　共17张
日　期

图　11-11

151

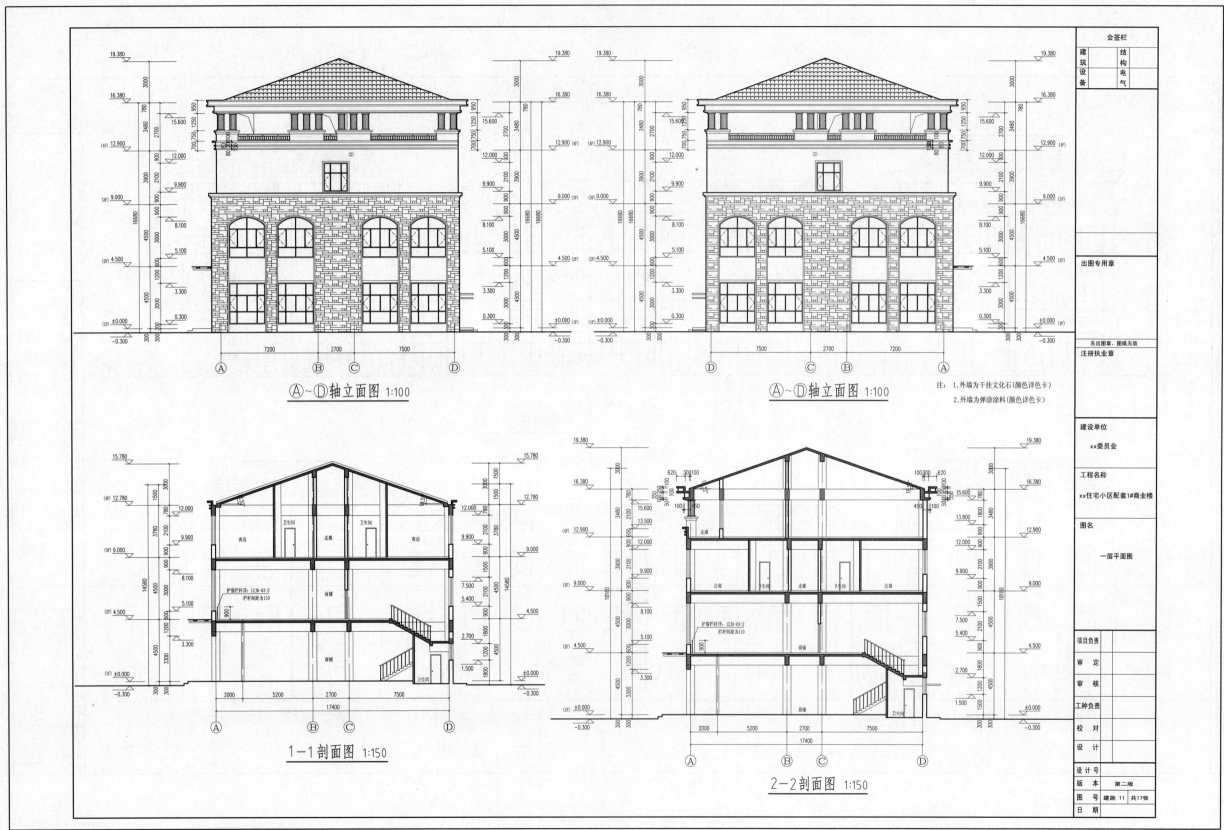

Ⓐ~Ⓓ轴立面图 1:100

Ⓐ~Ⓓ轴立面图 1:100

注：1.外墙为干挂文化石(颜色详色卡)
2.外墙为弹涂涂料(颜色详色卡)

护窗栏杆详:12J6-63-2
栏杆间距为110

1-1剖面图 1:150

护窗栏杆详:12J6-63-2
栏杆间距为110

2-2剖面图 1:150

图 11-12

152

会签栏
建筑 结构
设备 电气

出图专用章

无出图章，图纸无效
注册执业章

建设单位
xx委员会

工程名称
xx住宅小区配套1#商业楼

图名
一层平面图

项目负责
审 定
审 核
工种负责
校 对
设 计
设计号
版 本 第二版
图 号 建施 11 共17张
日 期

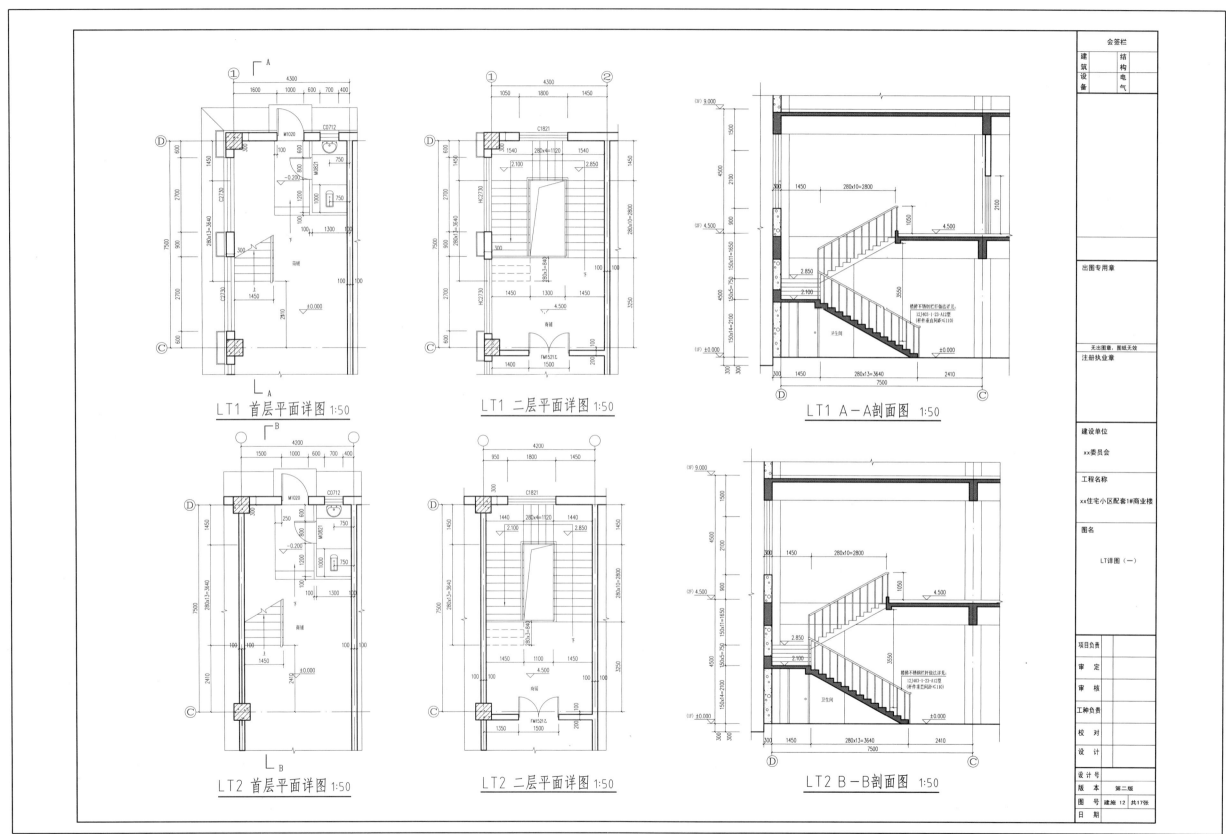

LT1 首层平面详图 1:50

LT1 二层平面详图 1:50

LT1 A-A剖面图 1:50

LT2 首层平面详图 1:50

LT2 二层平面详图 1:50

LT2 B-B剖面图 1:50

会签栏

| 建筑 | | 结构 | |
| 设备 | | 电气 | |

出图专用章

无出图章，图纸无效
注册执业章

建设单位
xx委员会

工程名称
xx住宅小区配套1#商业楼

图名
LT详图（一）

项目负责
审　定
审　核
工种负责
校　对
设　计

设计号
版　本　第二版
图　号　建施 12　共17张
日　期

图　11-13

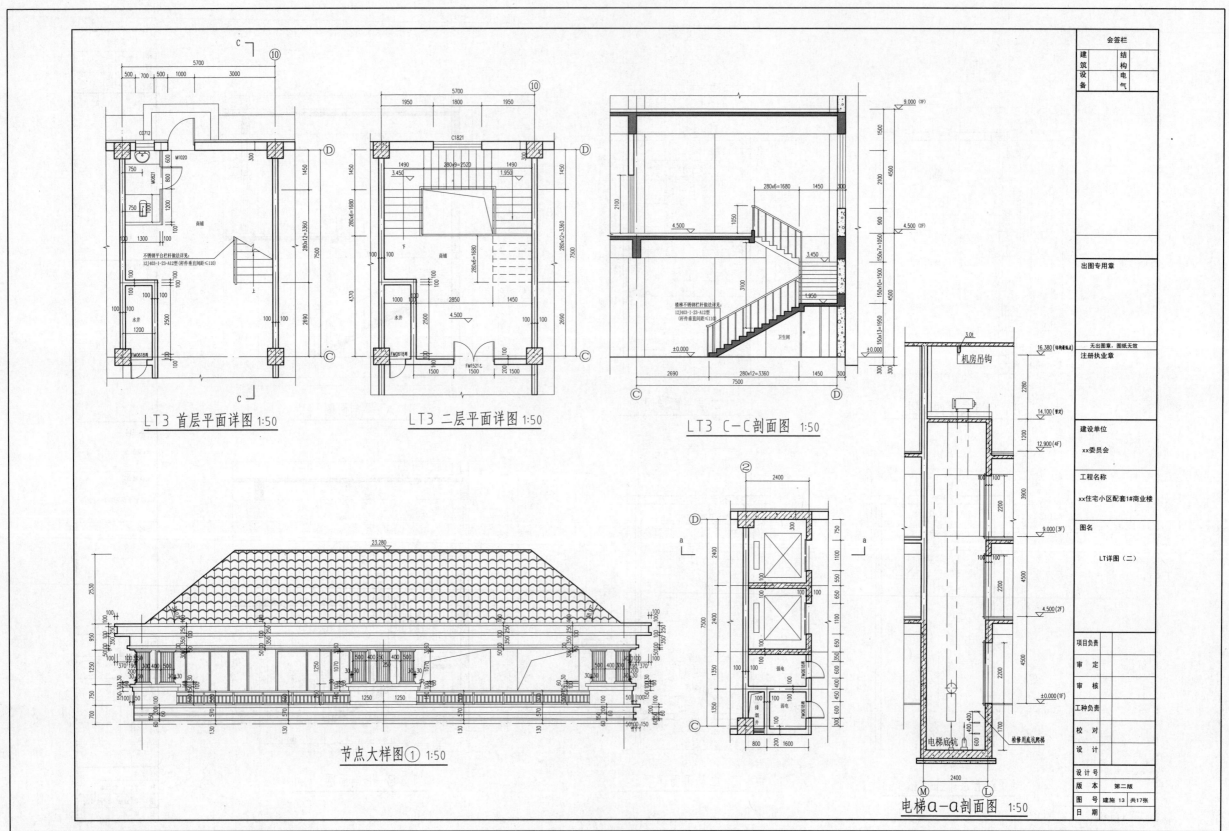

LT3 首层平面详图 1:50

LT3 二层平面详图 1:50

LT3 C-C剖面图 1:50

节点大样图① 1:50

电梯a-a剖面图 1:50

机房吊钩

图 11-14

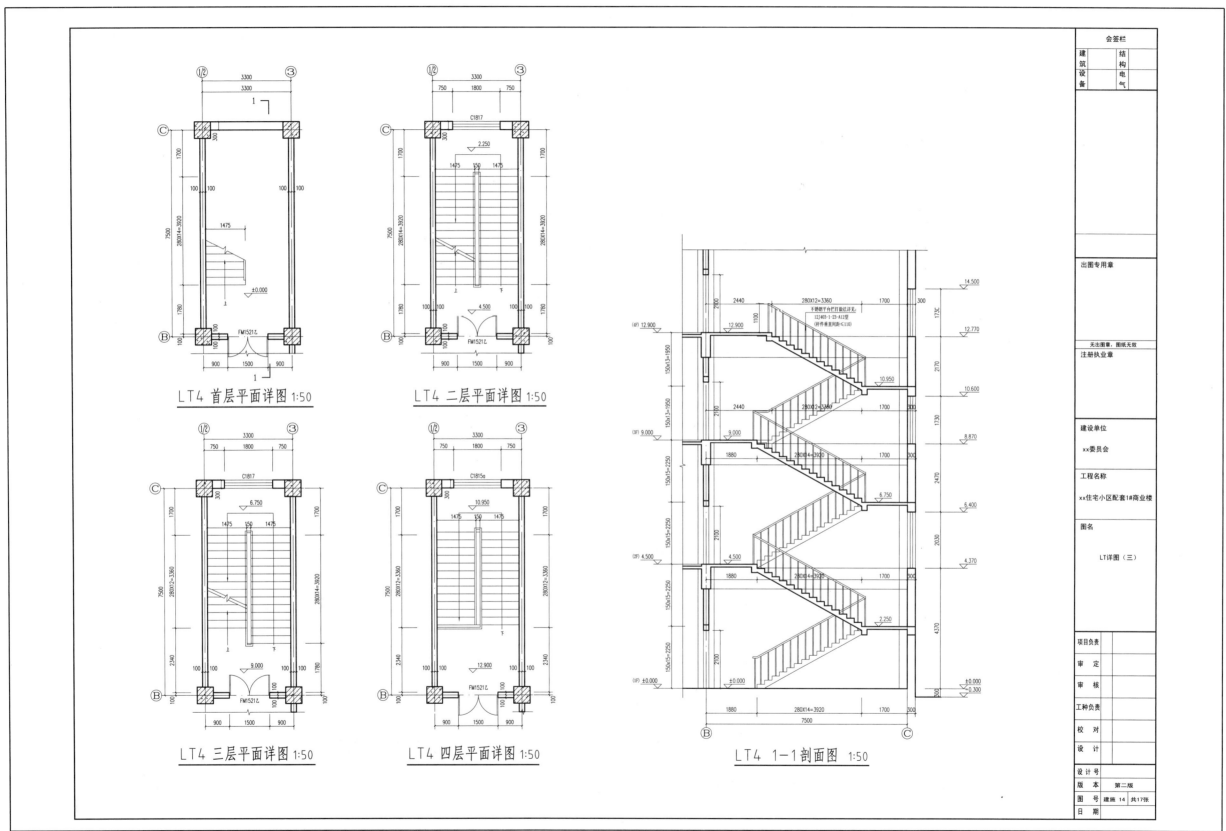

LT4 首层平面详图 1:50

LT4 二层平面详图 1:50

LT4 三层平面详图 1:50

LT4 四层平面详图 1:50

LT4 1-1剖面图 1:50

图 11-15

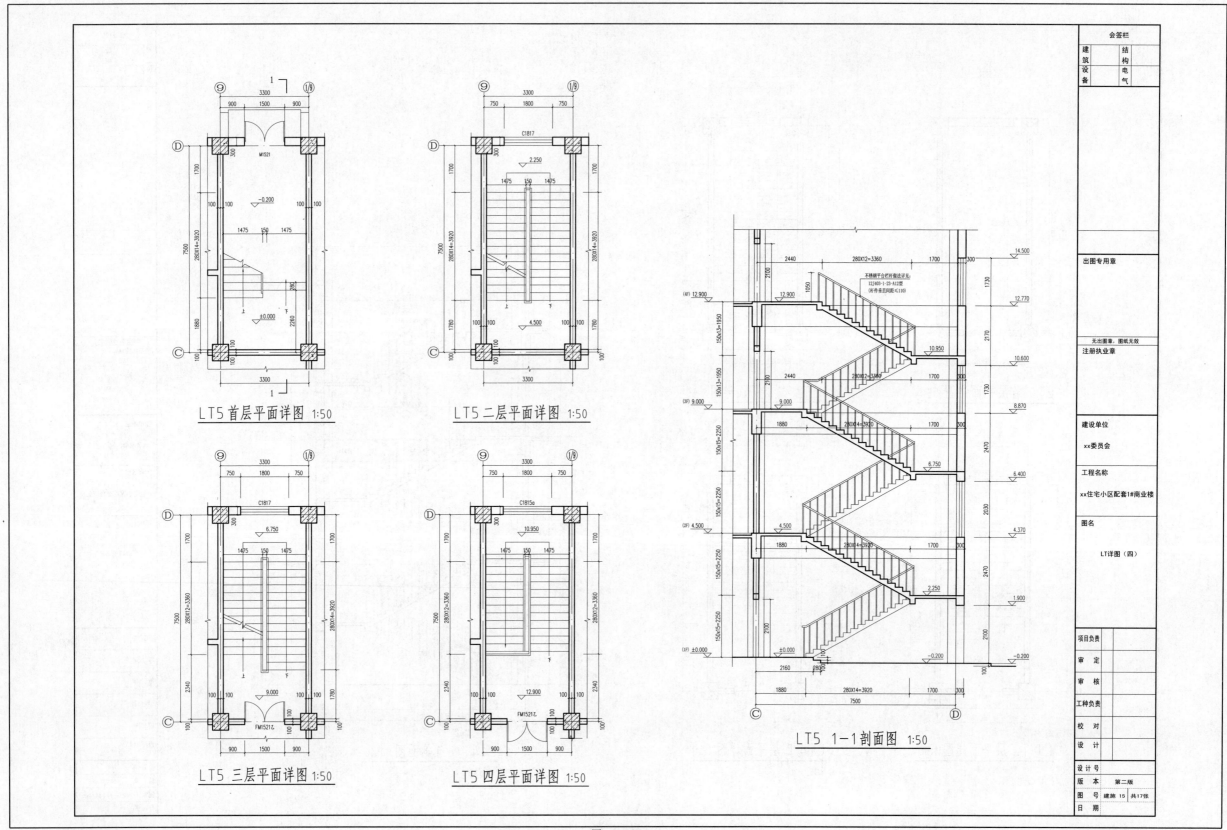

LT5首层平面详图 1:50

LT5二层平面详图 1:50

LT5三层平面详图 1:50

LT5四层平面详图 1:50

LT5 1—1剖面图 1:50

图 11-16

图 11-17

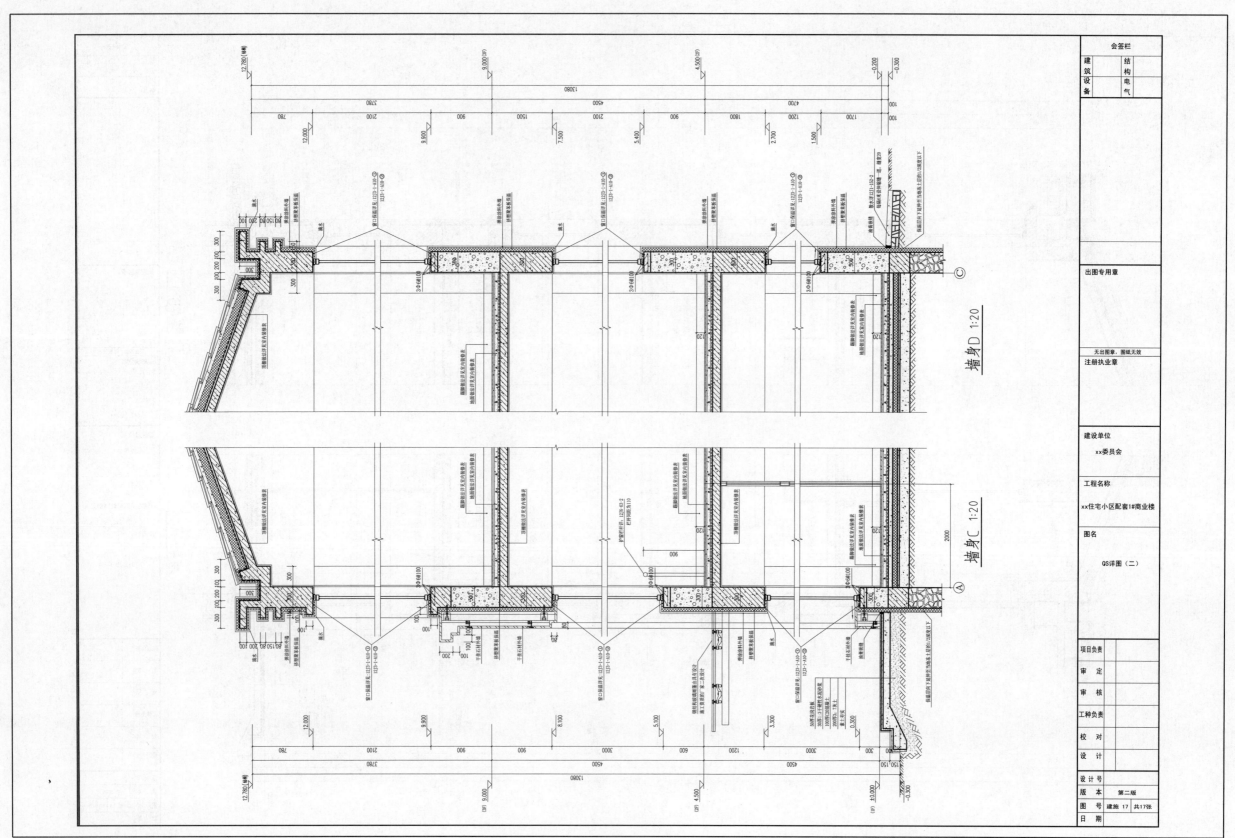

墙身D 1:20

墙身C 1:20

图 11-18

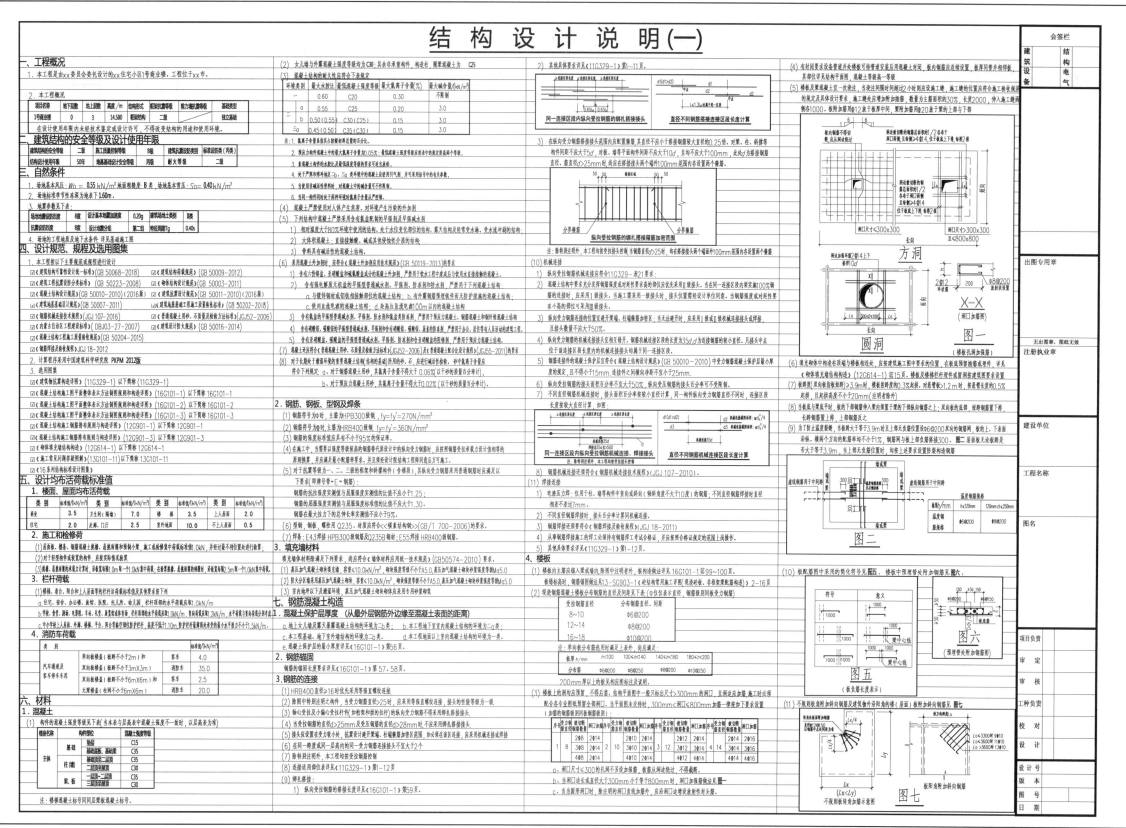

图 11-19

结 构 设 计 说 明 (二)

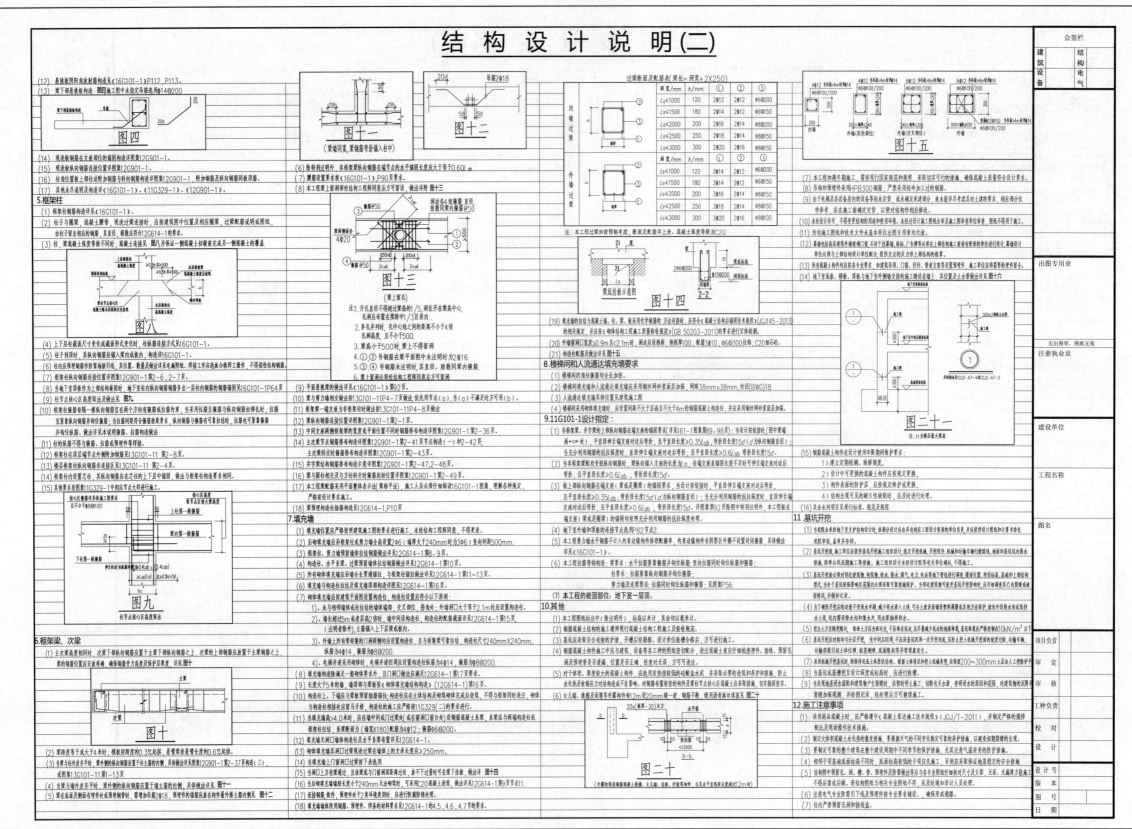

图 11-20

160

结 构 设 计 说 明（三）

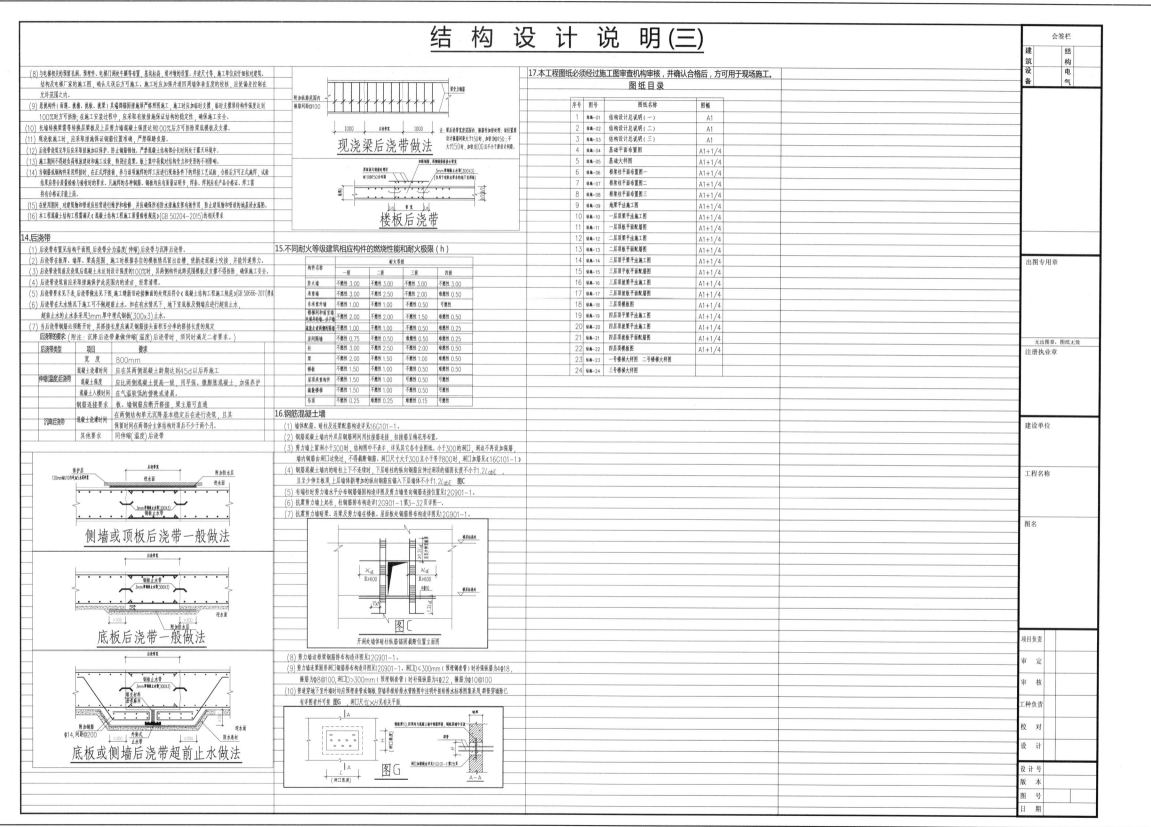

(8) 与电梯相关的预留孔洞、预埋件、电梯门网孔牛腿等位置、标高、规冲做的设置、井道尺寸等，施工前应仔细核对建筑、结构及电梯厂家的施工图，施工时与无误后方可施工。施工时应加强井道四周墙体垂直度的校核，应使偏差控制在允许范围之内。

(9) 悬挑构件（雨篷、挑檐、挑板、挑梁）其端部锚固措施须照施工图，施工时应加临时支撑，当支撑构件保护达到100%时方可拆除；在施工及安装过程中，应采取有效措施保证结构的稳定性，确保施工安全。

(10) 托梁结构换梁等转换层梁板及上层高力墙混凝土强度达到100%后方可拆除梁板及支撑。

(11) 现浇板施工时，应采取措施保证钢筋位置准确，严禁踩踏负筋。

(12) 后浇混凝土浇筑前应采用后浇施加养护。严禁混凝土结构部分长时间外露于露天环境中。

(13) 施工期间不得超载荷堆放建材施工荷载。加上集中荷载。施工时应注意。防止集中荷载或大量堆放材料等超过楼板承载力。

(14) 钢筋或焊接件采用闪光对焊接时，在正式焊接前，参与对焊施工的同时工应在现场条件下的焊接工艺试验，合格后正式施工，试验结果及质量检验与验收符合要求。凡采用的各种钢筋、钢板均应具有质量证明书，焊条、焊剂均应有产品合格证，焊工需持有合格证后上岗。

(15) 在使用周期内，对建筑物都应经常性进行维护和修补，并应确保所有排水及冷暖设及屋内有效的利用，防止建筑物积的地基基础被水浸湿。

(16) 本工程混凝土结构工程应满足《混凝土结构工程施工质量验收规范》GB 50204-2015）的要求。

14.后浇带
(1) 后浇带布置见结构平面图，后浇带分为温度（伸缩）后浇带与沉降后浇带。
(2) 后浇带在板厚、墙厚、梁高范围，当后浇带部分的模板须留出使其缝断结构，使新老混凝土咬合，并能传递应力。
(3) 后浇带浇筑前及浇筑后混凝土未达到设计强度的100%时，其两侧构件此处跨范围模板及支撑不得拆除，确保施工安全。
(4) 后浇带浇筑前应采取措施保护此处的清洁，经理清理。
(5) 后浇带浇筑前后做法见下图，混凝土墙新旧的接触的处理应符合《混凝土结构施工工程规范》GB 50666-2011）的要求。
(6) 后浇带在无水情况下施工可不做地面止水，如有水的情况下，地下室底板及侧墙应止水超前止水，超前止水的止水条采用3mm厚埋式钢板（300×3）止水。
(7) 当后浇带钢筋需必须开断时，其搭接长度应满足接接头截面百分率的接头长度的规定。

后浇带类型	项目	要求
	宽度	800mm
伸缩（温度）后浇带	混凝土浇灌时间	应在其两侧混凝土龄期达到45d以上再施工
	混凝土强度	应比两侧混凝土提高一级，用早强、微膨胀混凝土，加强养护
	混凝土入模时间	在气温较低的傍晚或清晨
	钢筋连接要求	板、墙钢筋宜断开搭接，梁主筋宜贯通
沉降后浇带	混凝土浇灌时间	在两侧结构单元沉降基本稳定后进行浇筑，且其保留时间在两者部分主体结构封顶后不少于两个月。
	其他要求	同伸缩（温度）后浇带

现浇梁后浇带做法
楼板后浇带

侧墙或顶板后浇带一般做法
底板后浇带一般做法
底板或侧墙后浇带超前止水做法

15.不同耐火等级建筑相应构件的燃烧性能和耐火极限（h）

构件名称	一级	二级	三级	四级
防火墙	不燃性 3.00	不燃性 3.00	不燃性 3.00	不燃性 3.00
承重墙	不燃性 3.00	不燃性 2.50	不燃性 2.00	难燃性 0.50
非承重外墙	不燃性 1.00	不燃性 1.00	不燃性 0.50	可燃性
楼梯间和前室的墙 电梯井的墙	不燃性 2.00	不燃性 2.00	不燃性 1.50	不燃性 0.50
疏散走道两侧的隔墙	不燃性 1.00	不燃性 1.00	不燃性 0.50	难燃性 0.25
房间隔墙	不燃性 0.75	不燃性 0.50	难燃性 0.50	难燃性 0.25
柱	不燃性 3.00	不燃性 2.50	不燃性 2.00	难燃性 0.50
梁	不燃性 2.00	不燃性 1.50	不燃性 1.00	难燃性 0.50
楼板	不燃性 1.50	不燃性 1.00	不燃性 0.50	可燃性
屋顶承重构件	不燃性 1.50	不燃性 1.00	难燃性 0.50	可燃性
疏散楼梯	不燃性 1.50	不燃性 1.00	不燃性 0.50	可燃性
吊顶	不燃性 0.25	难燃性 0.25	难燃性 0.15	可燃性

16.钢筋混凝土墙
(1) 墙体配筋、暗柱及连梁配筋构造详见16G101-1。
(2) 钢筋混凝土墙的双层双排钢筋网用用拉接筋连接，拉接筋呈梅花形布置。
(3) 剪力墙上留洞小于300时，结构图中不表示，详见其它各专业图纸。小于300的洞口，洞边不再设加强筋。墙内钢筋由洞口处绕过，不得截断钢筋。洞口尺寸大于300且小于等于800的墙，洞口加强筋按16G101-1。
(4) 钢筋混凝土墙暗柱上下不连续时，下层墙柱的纵向钢筋应伸过现浇的锚固长度不小于1.2LabE，且至少伸至板顶，上层墙新增加的纵向钢筋应伸入下层墙内的锚固长度不小于1.2LabE。图C
(5) 有墙柱时剪力墙水平分布钢筋锚固构造详见2G901-1。
(6) 抗震剪力墙上起柱、柱纵筋排布构造详见12G901-1第3-32页详图。
(7) 抗震剪力墙暗梁、连梁及剪力墙在楼板、屋面板处钢筋排布构造详见12G901-1。

图C
开洞处墙体暗柱纵筋锚固截断位置立面图

(8) 剪力墙边框梁箍筋排布构造详见12G901-1。
(9) 剪力墙连梁周边开口钢筋排布构造详见12G901-1，洞口D<300mm（预理钢套管）时补强纵筋为4φ18，箍筋为8φ100，洞口D>300mm（预理钢套管）时补强纵筋为4φ22，箍筋为10φ100。
(10) 管道穿地下室剪力墙时均应预理套管或钢板，穿墙单根给排水管路图中注明外按给排水标准图集采用，群管穿墙做已有详图说者外可按 图G，洞口尺寸b×H见有关剖面。

图G

(17) 本工程图纸必须经过施工图审查机构审核，并确认合格后，方可用于现场施工。

会签栏 | 建筑 设备 | 结构 电气

出图专用章

无出图章、图纸无效

注册执业章

建设单位

工程名称

图名

项目负责
审 定
审 核
工种负责
校 对
设 计
设计号
版 本
图 号
日 期

图 11-21

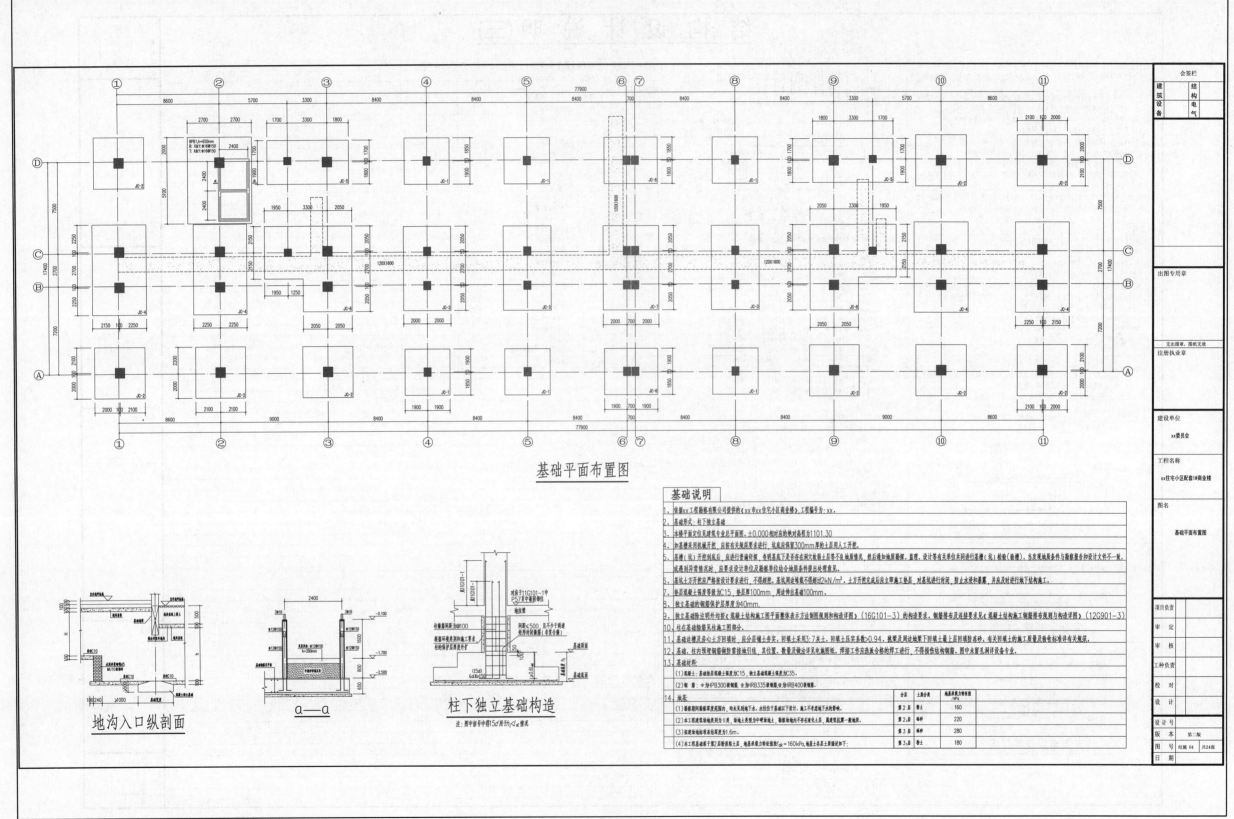

基础平面布置图

地沟入口纵剖面

a—a

柱下独立基础构造

注：图中括号中带5d用于ld的情况。

基础说明

1、依据xx工程勘察有限公司提供的《xx市xx住宅小区商业楼》，工程编号为：xx。
2、基础形式：柱下独立基础。
3、本楼平面定位见建筑专业总平面图。±0.000相对应的绝对高程为1101.30
4、如基槽采用机械开挖，应按有关规范要求进行，坑底应预留300mm厚的土层用人工开挖。
5、基槽（坑）开挖到位后，应进行普遍钎探，查明是否存在洞穴软弱土层等不良地质情况，然后通知地质勘探、监理、设计等有关单位共同进行基槽（坑）验槽（验槽），当发现地基条件与勘察报告和设计文件不一致，或遇异常情况时，应要求设计单位及勘察单位给出提出处理意见。
6、基坑土方开挖应严格按设计要求进行，不得超挖。基坑周边堆载不得超过2hN/m²。土方开挖完成后应立即垫层施工，对基坑进行封闭，防止水浸和暴露，并应尽时进行地下结构施工。
7、垫层混凝土强度等级为C15，钎底厚100mm，四周伸出基础100mm。
8、独立基础的钢筋保护层厚度为40mm。
9、独立基础设计时均按《混凝土结构施工图平面整体表示方法制图规则和构造详图》（16G101-3）的构造要求，钢筋排布及连接要求见《混凝土结构施工钢筋排布规则与构造详图》（12G901-3）。
10、柱在基础顶面见柱施工图部分。
11、基础边槽及中心土方回填时，应分层铺土夯实。回填土采用3:7灰土。回填土压实系数≥0.94。垫梁及周边地梁下回填土最上层回填防冻砂，有关回填土的施工质量及验收标准详有关规范。
12、基础、柱均预埋钢筋做防雷接地地引线，其位置、数量及做法详见电施图纸，焊接工作应选选合格的焊工进行，不得损伤结构钢筋。
13、基础材料：
　（1）混凝土：基础垫层混凝土强度为C15，独立基础混凝土强度为C35。
　（2）钢筋：φ为HPB300级钢筋，Φ为HRB335级钢筋，Φ为HRB400级钢筋。
14、地基：

	分层	土层分类	地基承载力特征值fₐₖ/kPa
（1）勘察期间勘察揭露范围内，均未见到地下水，水位位于基础以下可忽略，施工不考虑地下水的影响。	第2层	黏土	160
（2）本工程建筑场地地类别为Ⅱ类，场地土类型为中硬场地土，勘察场地内不存在液化土层，属建筑抗震一般地段。	第2层	粉砂	220
	第3层	粉砂	280
（3）拟建场地标准冻结深度为0.1.6m。	第2层	黏土	180
（4）本工程基础底面于第2层黏质黏性土层，地基承载力特征值fₐₖ=160kPa，地基土各土质描述如下：			

图 11-22

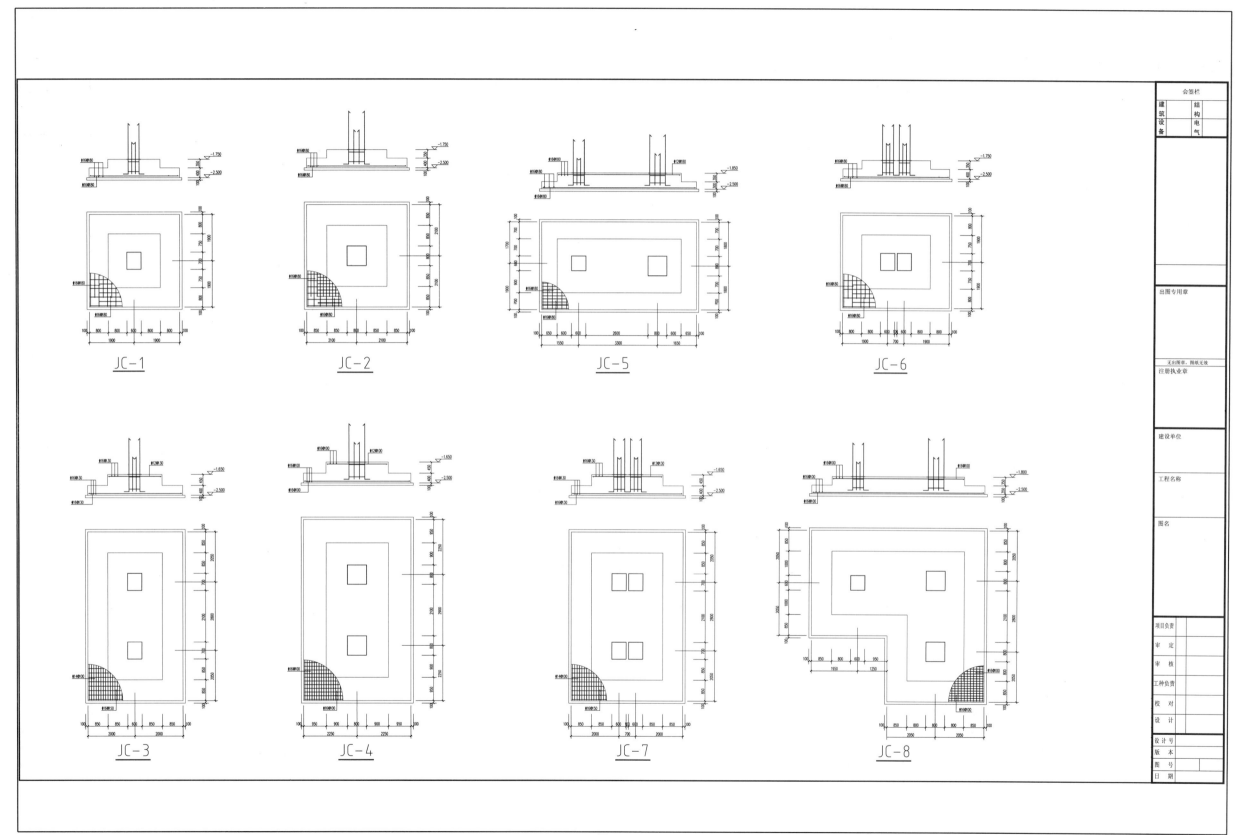

图　11-23

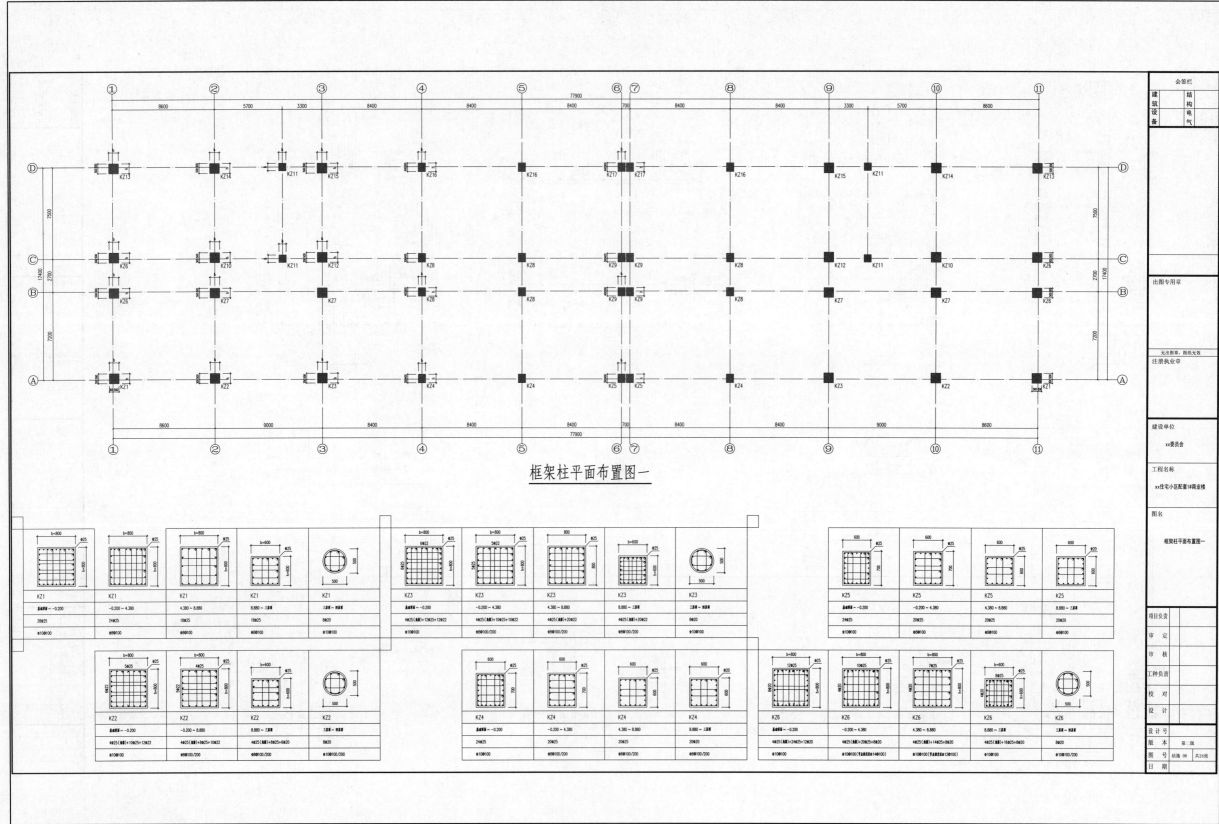

框架柱平面布置图一

图 11-24

164

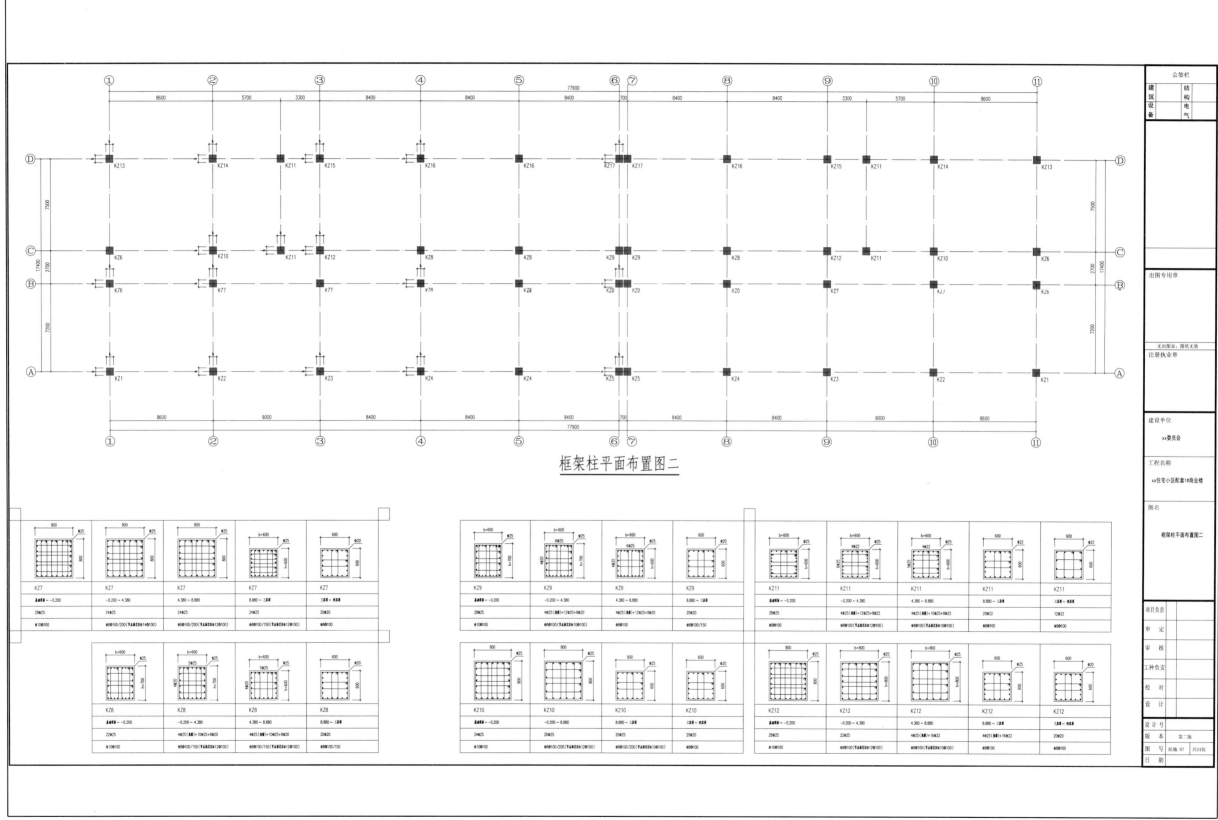

框架柱平面布置图二

图 11-25

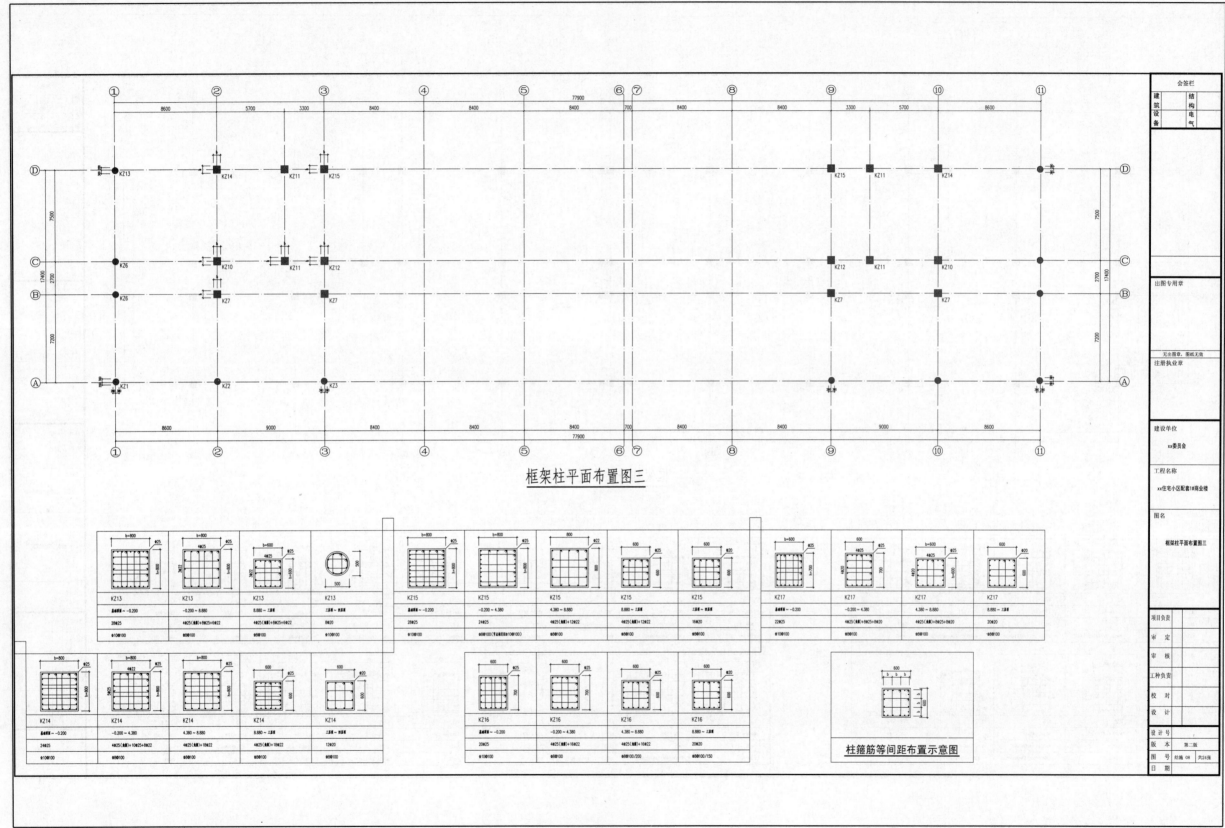

框架柱平面布置图三

柱箍筋等间距布置示意图

图 11-26

166

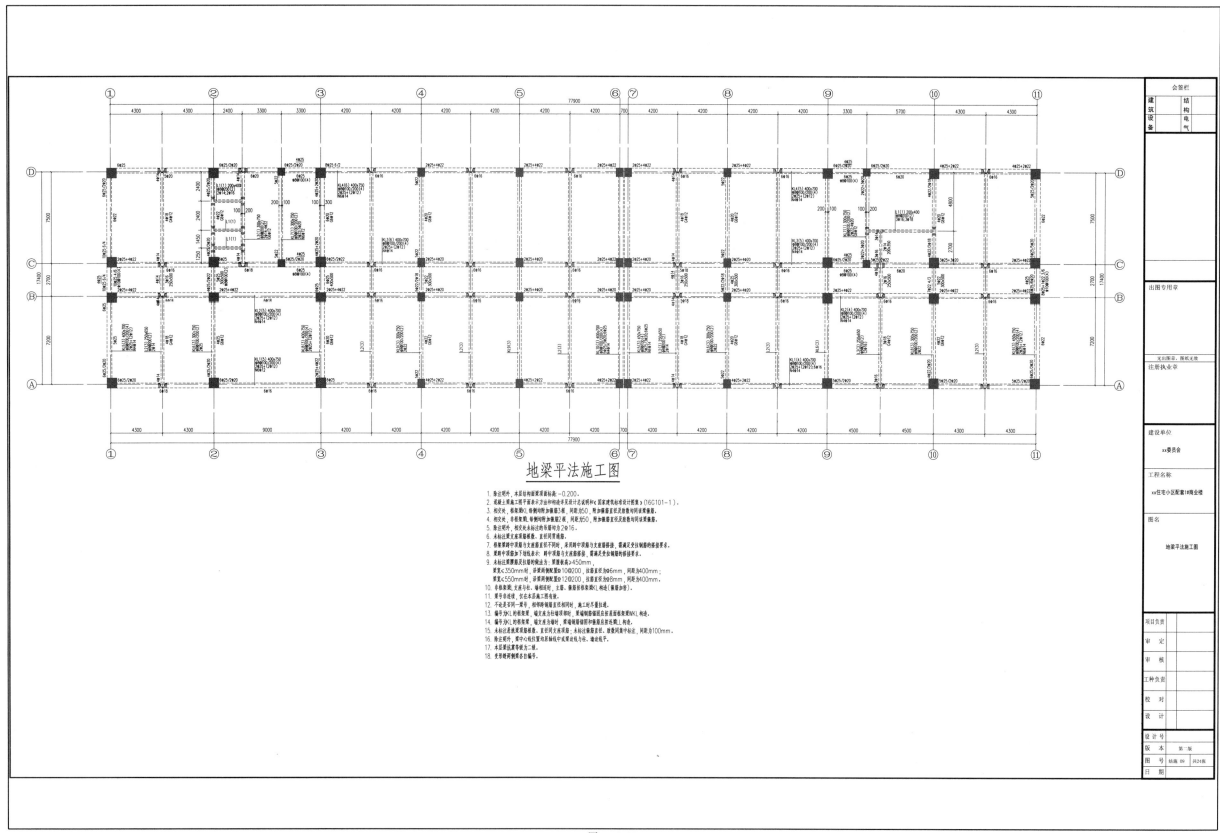

地梁平法施工图

1. 鲁注明外，本层结构面梁顶面标高 −0.200。
2. 混凝土梁施工图平面表示方法和构造详见设计总说明和《国家建筑标准设计图集》(16G101−1)。
3. 相交次、框架梁KL每侧均附加箍筋3根，间距为50。
4. 相交次、非框架梁、每侧均附加箍筋2根，间距为50，附加箍筋直径及根数均同该梁箍筋。
5. 鲁注明外，相交处此未标注的吊筋均为2φ16。
6. 未标注梁支座顶面板筋、直径同贯通筋。
7. 框架梁跨中顶筋与支座筋直径不同时，采用跨中顶筋与支座筋搭接，需满足受拉钢筋的搭接要求。
8. 梁跨中顶筋向下弯线表示：跨中顶筋与支座筋搭接，需满足受拉钢筋的搭接要求。
9. 未标注梁腰筋及拉筋的做法为：梁腹板高≥450mm：
    梁宽≤350mm时，梁两侧腰筋置10@200，拉筋直径为φ6mm，间距为400mm；
    梁宽≤550mm时，梁两侧腰筋置12@200，拉筋直径为φ8mm，间距为400mm。
10. 非框架梁、支座与柱、墙相连时，主筋、腰筋按框架梁KL构造（箍箍加密）。
11. 梁号杂连续，仅在本层施工图有效。
12. 不论是否同一梁号，相邻跨钢筋直径相同时，施工时尽量拉通。
13. 编号为KL的框架梁，端支座为边墙顶端时，梁端钢筋锚固应按屋面框架梁WKL构造。
14. 编号为KL的框架梁，端支座方墙时，梁端钢筋锚固和垫筋应按连续KL构造。
15. 未标注是楼梁顶面板筋、直径同支座顶筋；未标注墙筋直径、膜筋网双中标注，间距为100mm。
16. 鲁注明外，梁中心位置均按轴线中或梁进线为准。
17. 本层梁抗震等级为二级。
18. 变形缝两侧梁各自编号。

图 11-27

167

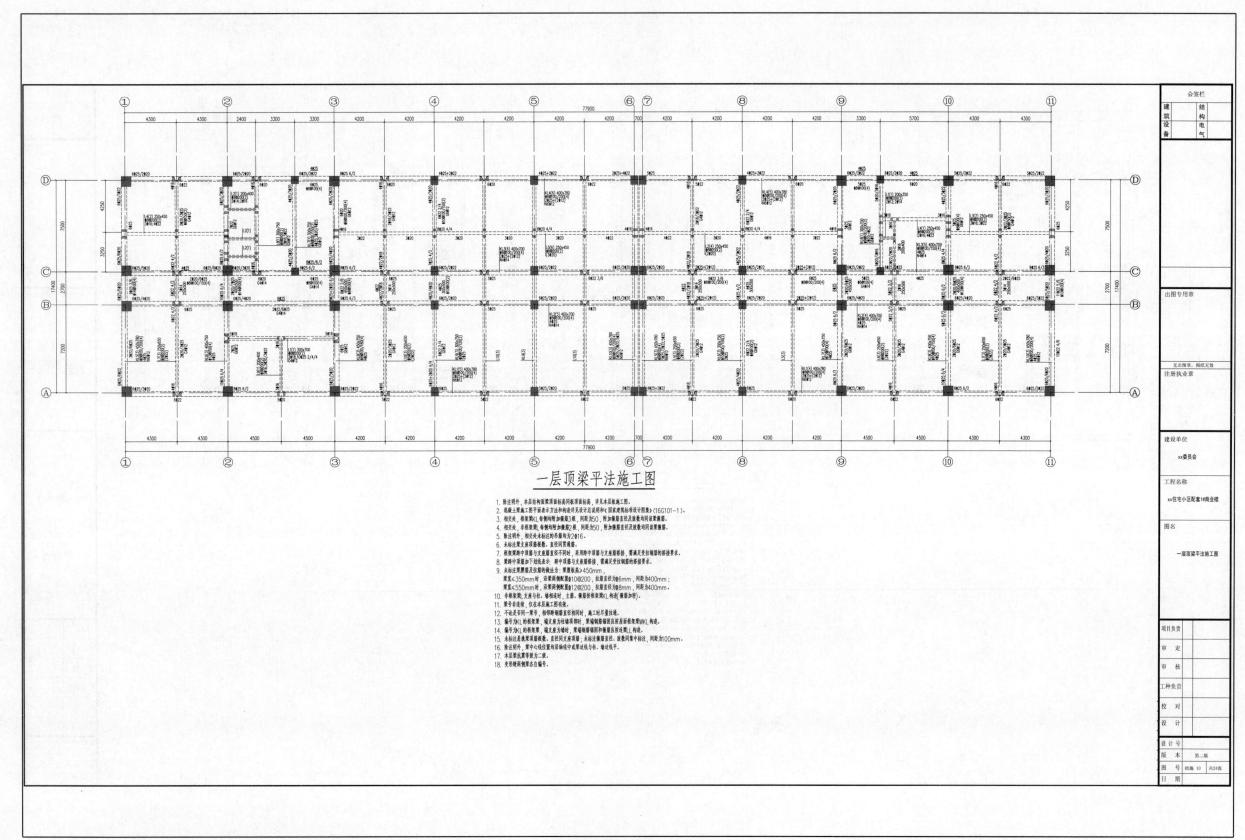

一层顶梁平法施工图

1. 临注明外，本层结构面梁顶面标高同板顶面标高，详见本层板施工图。
2. 混凝土梁施工图平面表示方法和构造详见设计总说明和《国家建筑标准设计图集》(16G101-1)。
3. 相交处，框架梁KL每侧均附加箍筋3道，间距为50，附加箍筋直径及根数均同该梁箍筋。
4. 相交处，非框架梁每侧均附加箍筋2道，间距为50，附加箍筋直径及根数均同该梁箍筋。
5. 除注明外，相交处未标注均吊筋均为2φ16。
6. 未标注梁支座顶面箍筋，直径同贯通筋。
7. 梁面箍筋中顶筋与支座顶筋直径不同时，采用跨中顶筋与支座顶筋搭接，需满足受拉钢筋的搭接要求。
8. 梁面中顶筋加下划线表示，跨中顶筋与支座顶筋搭接，需满足受拉钢筋的搭接要求。
9. 未标注梁箍筋及拉筋的做法为：梁箍截高≥450mm；
   梁宽≤350mm时，采用两侧箍筋φ10@200，拉筋直径为φ6mm，间距为400mm；
   梁宽≤550mm时，采用两侧箍筋φ12@200，拉筋直径为φ8mm，间距为400mm。
10. 非框架梁，支座与柱、墙连接时，主筋、箍筋按框架梁(KL)构造(搁置加密)。
11. 梁号不连续，仅以本层施工图为准。
12. 不论是否同一梁号，相邻跨钢筋直径相同时，施工尽量拉通。
13. 编号为KL的框架梁，端支座为柱顶时附时，梁端钢筋锚固且应按屋面框架梁WKL构造。
14. 编号为WKL的框架梁，端支座为柱或墙时附，梁端钢筋锚固和箍梁应按L构造。
15. 未标注造梁梁顶箍筋，直径同支座顶筋；未标注箍筋直径，股数同中标注，间距为100mm。
16. 临注明外，梁中心线位置与原轴线或成梁边线与柱、墙边线平。
17. 本层抗震等级为二级。
18. 梁形缝两侧梁念自编号。

图 11-28

168

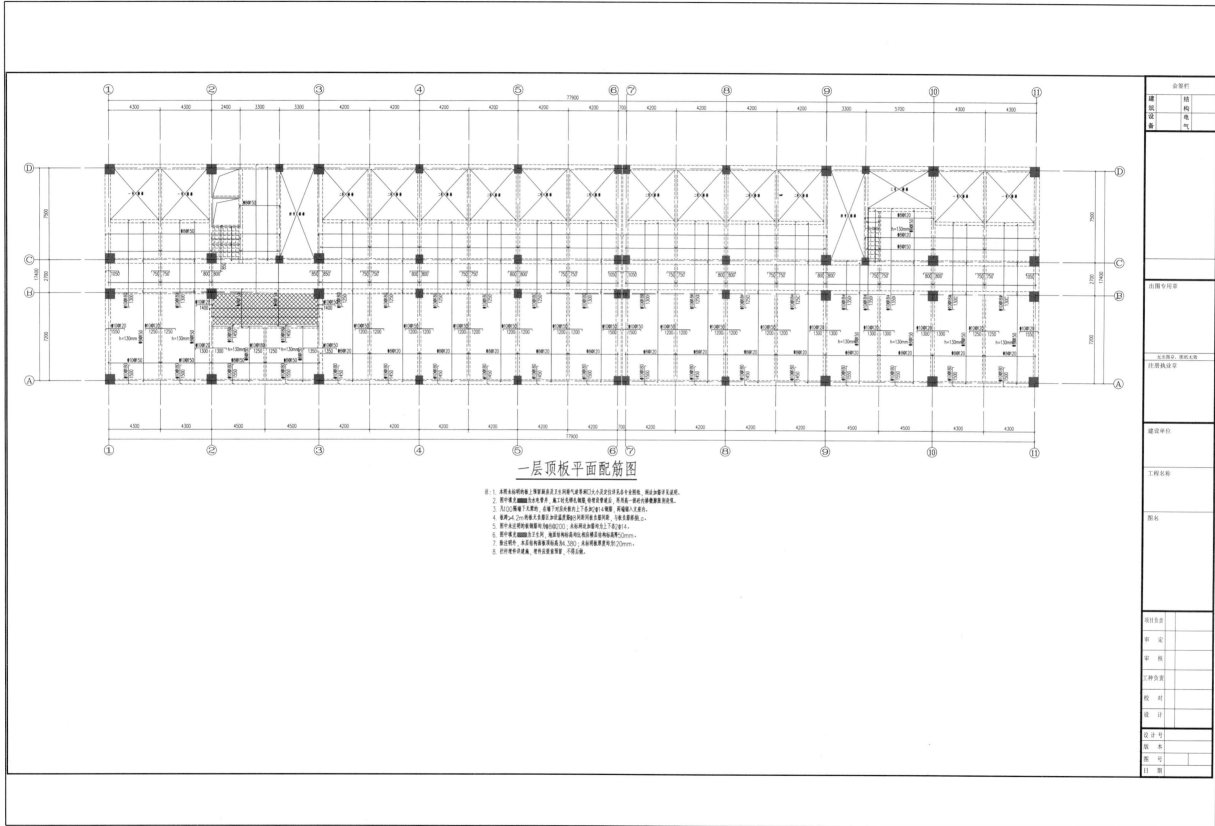

一层顶板平面配筋图

注：1. 本图未标明的板上钢筋厨房及卫生间排气道等洞口大小及定位详见各专业图纸，洞边加筋详见说明。
   2. 图中填充■■■■为水电管井，施工时先绑扎钢筋，待埋设管道后，再用同一级钢筋将敲断板剖切之。
   3. 凡≥100隔墙下无梁的，在墙下对应处板内上下各加2ф14钢筋，两端锚入支座内。
   4. 短跨≥4.2m的板无负筋区加设温度筋为8ф间距同板内负筋问距，与板负筋搭拉。
   5. 图中未注明的板钢筋均为8ф200；未标洞边加筋均为上下2ф14。
   6. 图中填充■■■■为卫生间，地面结构标高均比相应楼层结构标高降50mm。
   7. 除注明外，本层结构面板标高为4.380；未标钢板厚度均加120mm。
   8. 栏杆埋件详建施，埋件应预留预留，不得后做。

图　11-29

169

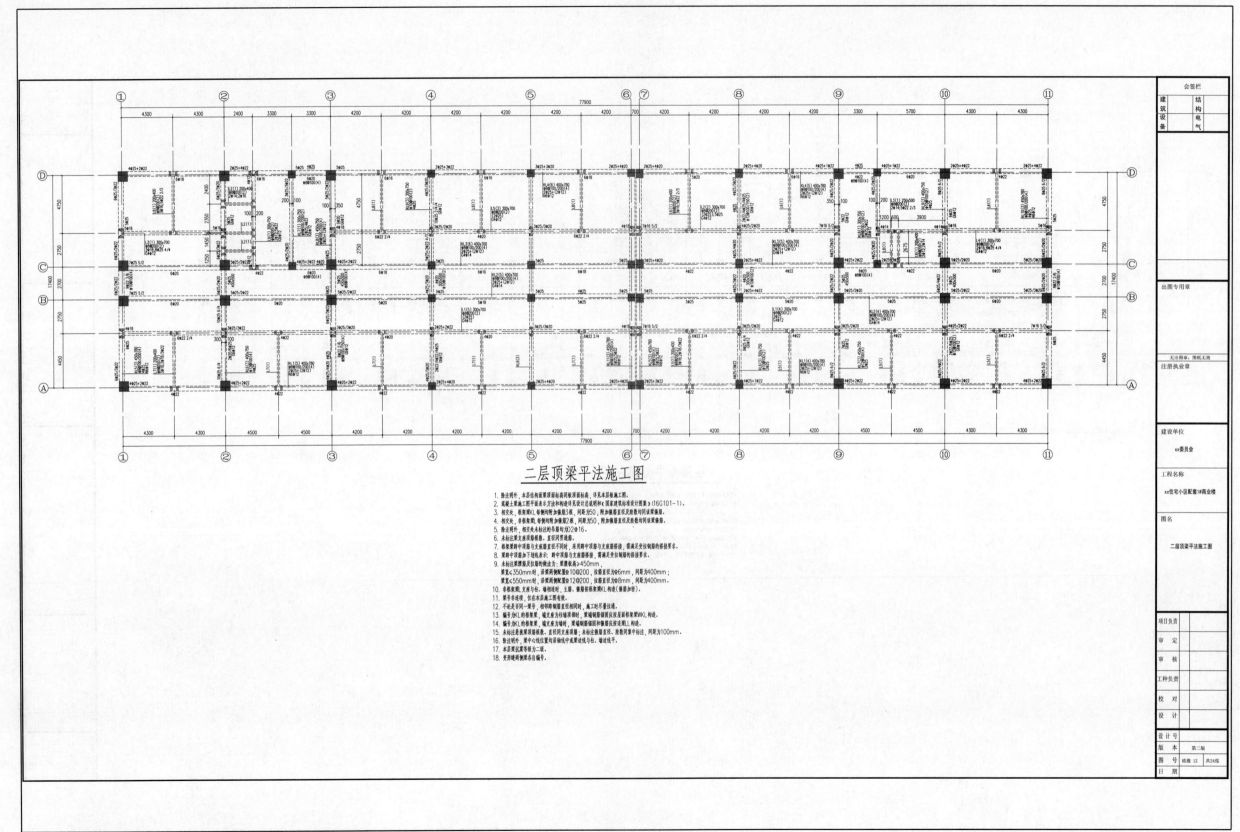

二层顶梁平法施工图

1. 除注明外，本层结构面梁顶面标高同板顶面标高，详见本层板施工图。
2. 混凝土梁施工图平面整体表示方法和构造详见设计总说明和《国家建筑标准设计图集》(16G101-1)。
3. 相交处，框梁顺KL每侧均附加箍筋3道，间距为50，附加箍筋直径及根数同该梁箍筋。
4. 相交处，非框架梁JL每侧均附加箍筋2道，间距为50，附加箍筋直径及根数同该梁箍筋。
5. 除注明外，相交处未标注的吊筋均为2Φ16。
6. 未标注某支座顶部筋数、直径均贯通通。
7. 框架梁跨中顶筋与支座面筋直径不同时，采用跨中顶筋与支座筋搭接，需满足受拉钢筋的搭接要求。
8. 架梁中顶筋加下划线表示，跨中顶筋与支座筋搭接，需满足受拉钢筋的搭接要求。
9. 未标注某梁箍筋及拉筋的做法为：梁顶板高≥450mm；
    梁宽≤350mm时，沿梁两侧配置10@200，拉筋直径为Φ6mm，间距为400mm；
    梁宽≤550mm时，沿梁两侧配置12@200，拉筋直径为Φ8mm，间距为400mm。
10. 非框架梁、支座与柱、墙相接时，主筋、箍筋按框架梁KL构造（锚固加密）。
11. 梁号非连续，仅标本层有效。
12. 不论是否同一梁号，相邻梁钢筋直径相同时，施工时尽量拉通。
13. 编号为KL的框架梁，端支座为抗震剪力墙时，梁端钢筋按锚固及屋面框架梁WKL构造。
14. 编号为WKL的框架梁，端支座为抗震墙时，梁端钢筋锚固和锚固及抗震屋L构造。
15. 未标注悬臂梁箍筋根数、直径同支座顶筋；未标注箍筋直径、根数同梁筋中标注，间距均为100mm。
16. 除注明外，梁中心线位置与原轴线中或柱边线与柱、墙边线平。
17. 本层梁抗震等级为二级。
18. 梁形楼两侧梁各自编号。

图 11-30

170

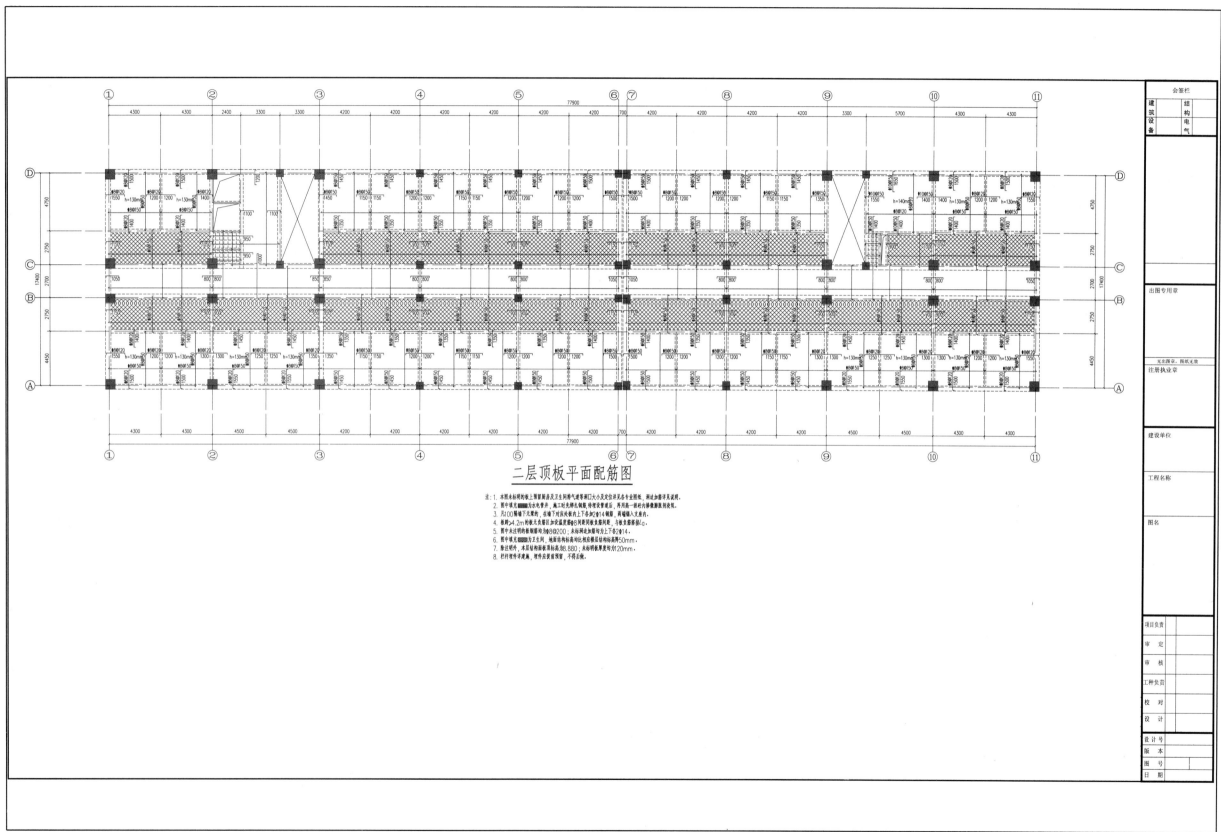

二层顶板平面配筋图

注：1. 本图未标明的板上预留洞房及卫生间静气道等洞口大小及定位详见各专业图纸，洞边加筋详见说明。
2. 图中填充 ▨▨▨▨ 为水电预埋并，施工时先绑扎钢筋，待埋设管道后，再用高一级砼内掺微膨胀剂浇筑。
3. 凡以⑩隔墙下无梁的，在墙下对应处板内上下各加2Φ14钢筋，两端锚入支座内。
4. 板跨≥4.2m的板无负筋区加设温度筋Φ8@间距同板负筋同，与板负筋搭接la。
5. 图中未注明的板钢筋均为Φ8@200；未标洞边加筋均为上下各2Φ14。
6. 图中填充 ▨▨▨▨ 为卫生间，地面结构标高均比相应楼层结构标高降50mm。
7. 除注明外，本层结构面板顶标高8.880；未标明板厚度均为120mm。
8. 栏杆埋件详建施，埋件应按前预留，不得后做。

图 11-31

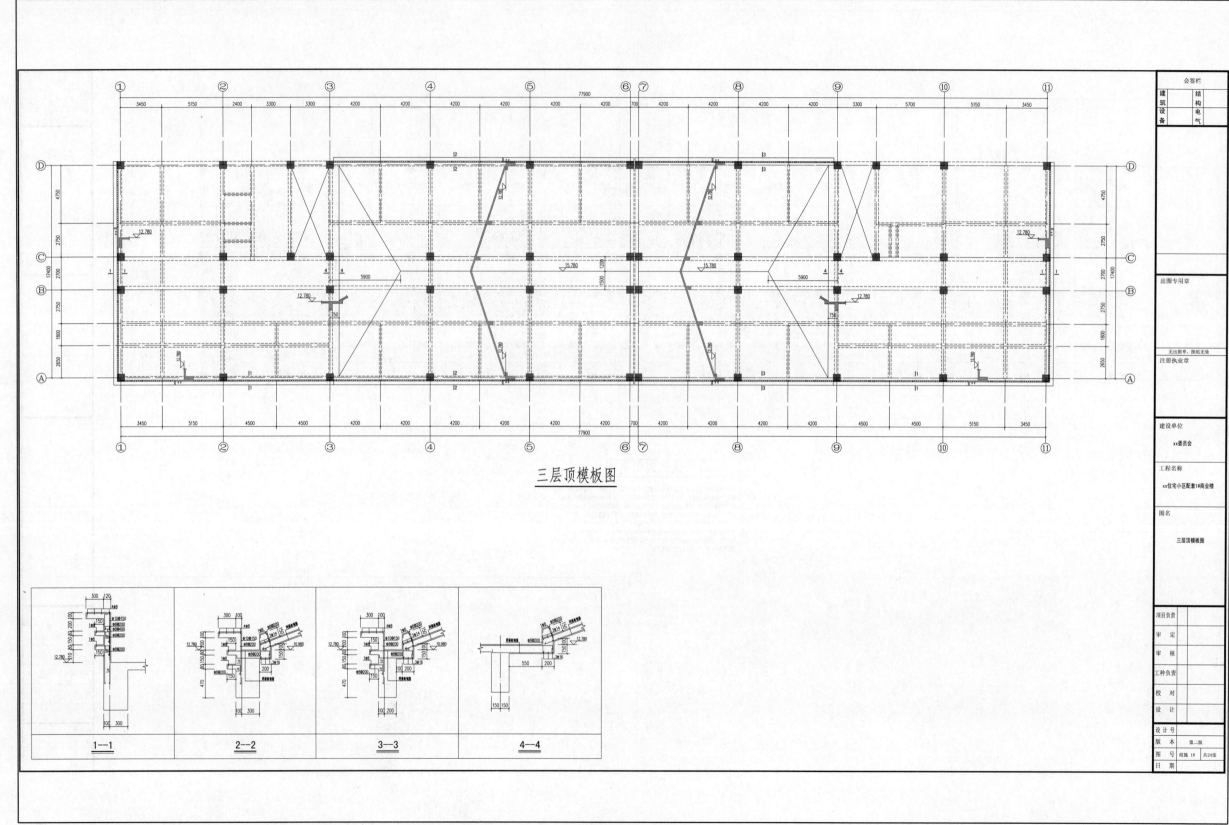

三层顶模板图

图 11-32

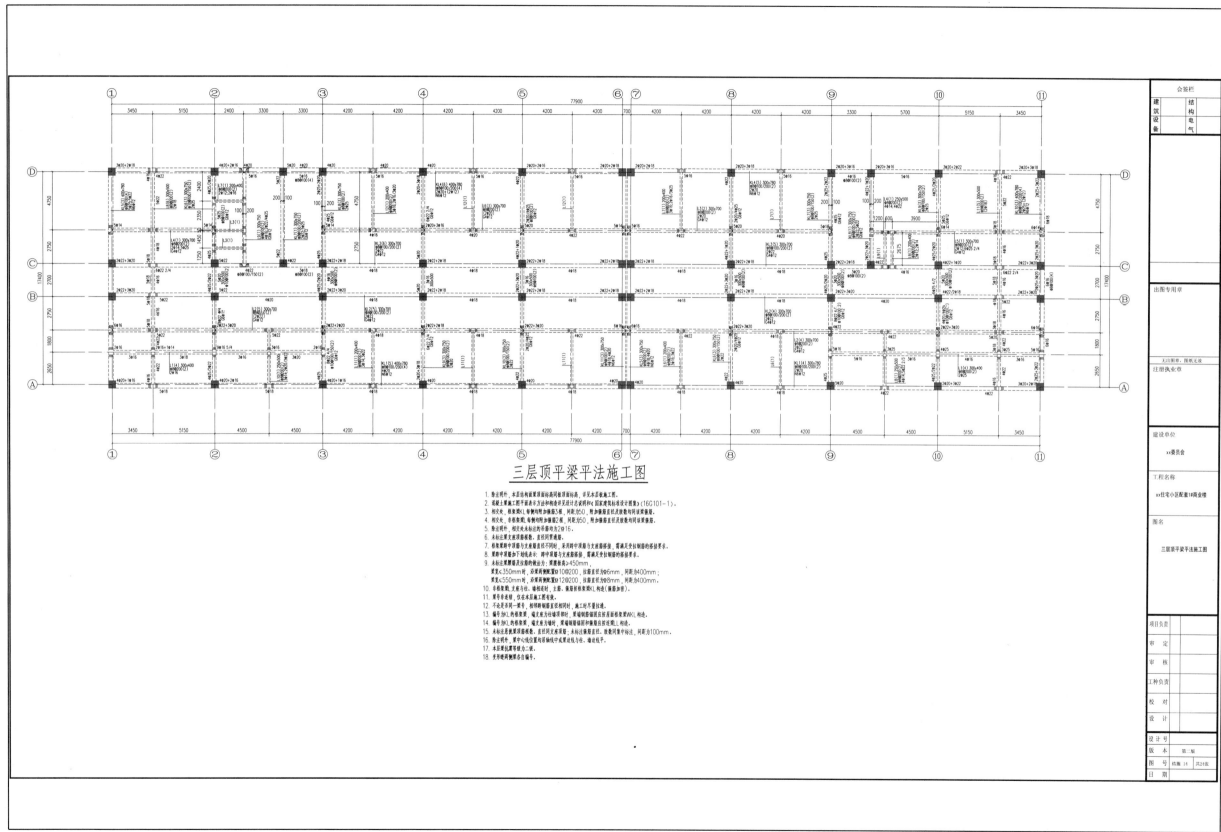

三层顶平梁平法施工图

1. 除注明外，本层结构面梁顶面标高同板顶面标高，详见本层板施工图。
2. 混凝土梁施工平面表示方法和构造详见设计总说明和《国家建筑标准设计图集》(16G101-1)。
3. 相交处，框架梁KL每侧均附加箍筋3根，间距为50，附加箍筋直径及根数均同梁箍筋。
4. 相交处，非框架梁每侧均加箍筋2根，间距为50，附加箍筋直径及根数均同梁箍筋。
5. 除注明外，相交处未标注的吊筋均为2Φ16。
6. 未标注梁支座顶面箍筋，直径同贯通筋。
7. 框架梁跨中顶筋与支座箍筋直径不同时，采用跨中顶筋与支座筋搭接，需满足受拉钢筋的搭接要求。
8. 梁跨中顶筋加下划线表示：跨中顶筋与支座筋搭接，需满足受拉钢筋的搭接要求。
9. 未标注梁腰筋及拉筋的做法为：梁腹板高≥450mm；
   梁宽≤350mm时，吊筋两侧配置2Φ10@200，拉筋直径为6mm，间距为400mm；
   梁宽≤550mm时，吊筋两侧配置2Φ12@200，拉筋直径为8mm，间距为400mm。
10. 非框架梁，支座与柱、墙相连时，主筋、腰筋按框架梁KL构造(箍筋加密)。
11. 梁号异名连续，仅在本层板施工图有效。
12. 不完是同一梁号，相邻相邻钢筋直径相同时，施工时尽量拉通。
13. 编号为KL的框架梁，端支座为柱墙顶时，梁端钢筋锚固应按屋面框架梁WKL构造。
14. 编号为KL的框架梁，端支座为墙时，梁端钢筋锚固和墙连应按连梁L构造。
15. 未标注悬挑梁顶筋箍筋，直径同支座顶筋；未标注腰筋直径，散数同集中标注，间距为100mm。
16. 除注明外，梁中心线位置均居轴线中或梁边线与柱、墙边线平。
17. 本层梁抗震等级为二级。
18. 变形缝两侧梁各自编号。

图 11-33

173

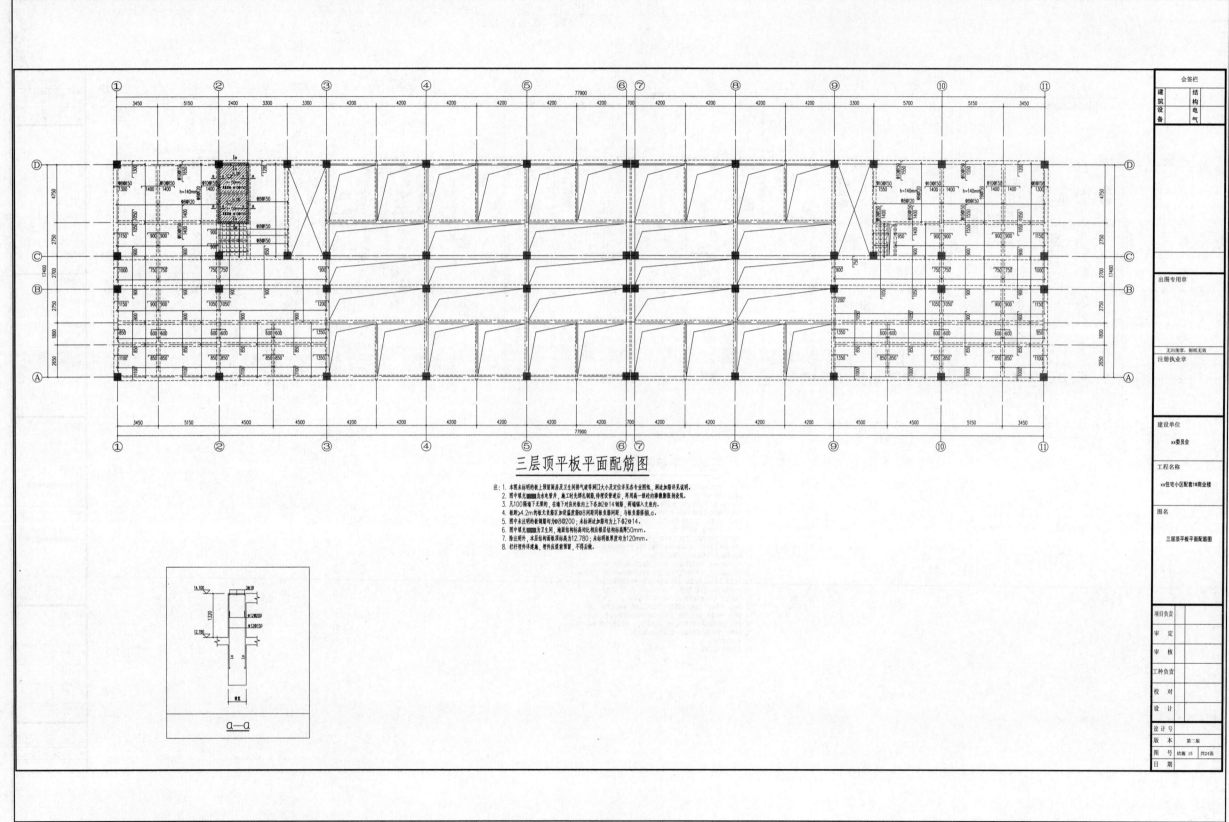

三层顶平板平面配筋图

注：1. 本图未标明的板上预留洞房及卫生间排气道等洞口大小及定位详见各专业图纸，洞边加筋详见说明。
2. 图中填充区████████为水电管井，施工时先弹孔钢筋，待埋设管道后，再用同一级的排像敷版浇注现。
3. 凡100厚墙下无墙的，在墙下对应处敷向上下各加2Φ14钢筋，两端锚入支座内。
4. 板跨≥4.2m的板无支座区加设温度筋Φ8间距敷向时间跨间各支座间距，与板长敷布摘a。
5. 图中未注明的板缝钢筋均为Φ8间200；未标网边加筋均为上下Φ2Φ14.
6. 图中填充████████为卫生间，地采用结构标高比相应楼层结构标高降50mm。
7. 静注明时，本层结构板面标高为12.780；未标明板厚度均为120mm。
8. 栏杆埋件详见建施，埋件应提前预置，不得后做。

a—a

图 11-34

174

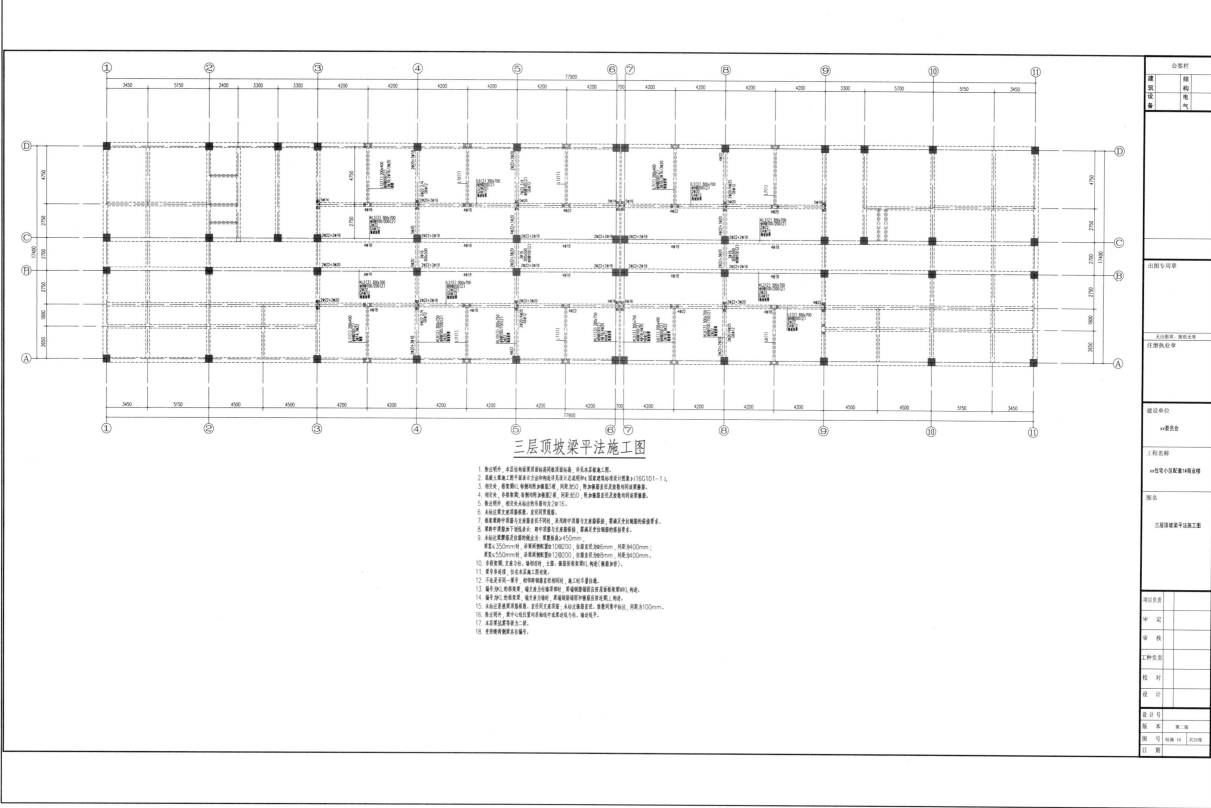

三层顶坡梁平法施工图

1. 除注明外,本层结构面梁顶面标高同板顶面标高,详见本层板施工图。
2. 混凝土梁施工图平面表示方法和构造详见设计总说明和《国家建筑标准设计图集》(16G101-1)。
3. 相交处、悬挑梁KL等侧均附加箍筋3根,间距为50,附加箍筋直径及放数均同该梁箍筋。
4. 相交处、非框架梁处两侧均附加箍筋2根,间距为50,附加箍筋直径及放数均同该梁箍筋。
5. 除注明外,相交处梁未标注的吊筋均为2Φ16。
6. 未标注梁支座项筋根数,直径同贯通筋。
7. 悬架梁跨中项筋与支座筋直径不同时,采用跨中项筋与支座筋搭接,需满足受拉钢筋的搭接要求。
8. 梁跨中项筋加下划线表示:跨中项筋与支座筋搭接,需满足受拉钢筋的搭接要求。
9. 未标注梁腰筋及拉筋的做法为:梁腹板高≥450mm。
   梁宽≤350mm时,设梁两侧腰筋Φ10@200,拉筋直径为6mm,间距为400mm;
   梁宽≤550mm时,设梁两侧腰筋Φ12@200,拉筋两侧腰筋Φ8mm,间距为400mm。
10. 非框架梁、支座与柱、墙相连时,主筋、箍筋按非框架梁KL构造(腰筋加密)。
11. 梁号连续,仅在本层施工图有效。
12. 不论是否同一梁号,相邻梁钢筋宜贯穿相同时,施工时尽量连通。
13. 编号为KL的悬架梁,端支座为柱墙顶部时,梁端钢筋锚固图应按屋面框架梁WKL构造。
14. 编号为KL的悬架梁,端支座为墙时,梁端钢筋锚固和箍筋应按连通L构造。
15. 未标注悬挑梁梁顶面筋,直径同支座项筋;未标注箍筋直径,放数同集中标注,间距为100mm。
16. 除注明外,梁中心线位置均居中层轴线或梁边边线与柱、墙边线平。
17. 本层顶抗震等级为二级。
18. 变形缝两侧梁各自编号。

图 11-35

175

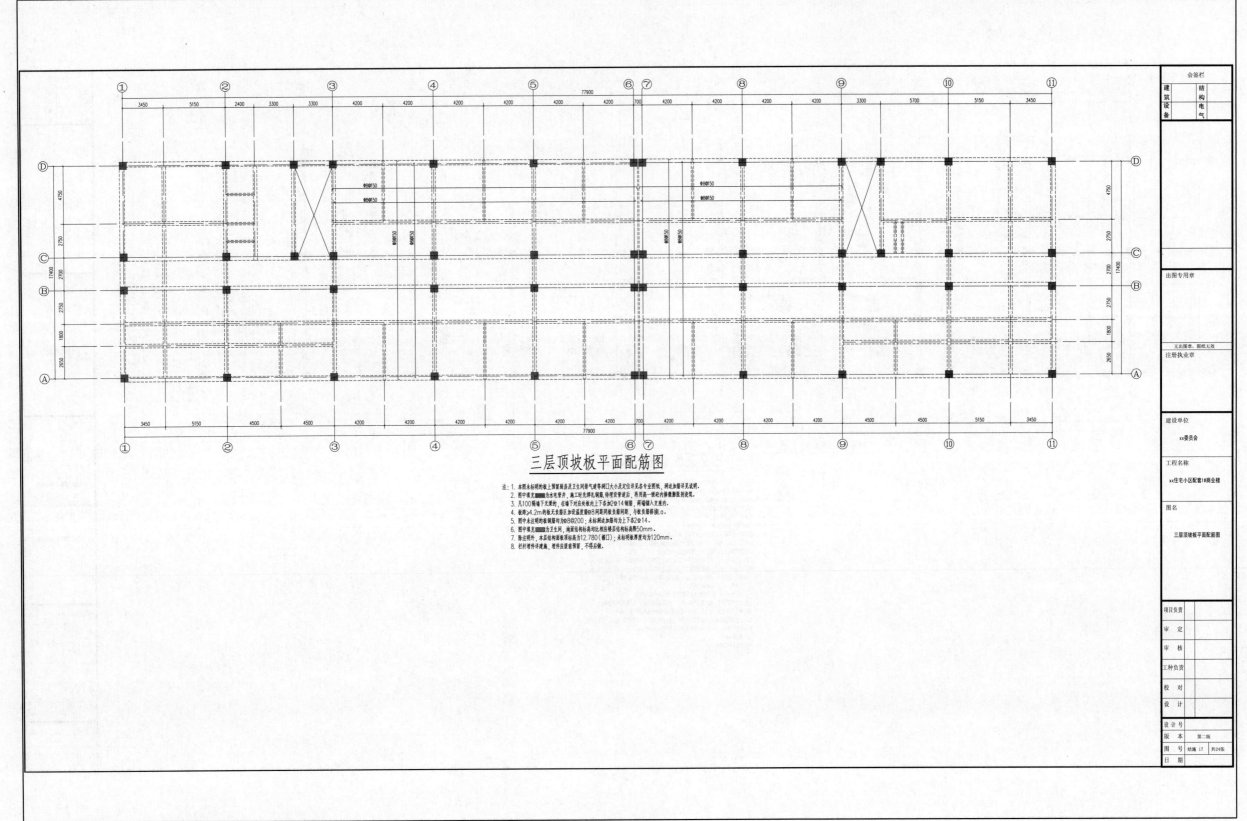

三层顶坡板平面配筋图

注：1. 本图未标明的板上预留洞房及卫生间排气道等洞口大小及定位详见各专业图纸，洞边加筋详见说明。
2. 图中填无方水电管井，施工时无焊无钢筋，待埋设管道后，再用同一级的楼板板筋找其。
3. 凡100隔墙下无梁的，在墙下对应板内上下各加2φ14钢筋，两端埋入支座内。
4. 板跨≥4.2m的板无负筋时加设温度筋φ8间距同板负筋间距，与板负筋搭接。
5. 图中未注明的板筋均为φ8@200；未标明加筋均为上下各2φ14。
6. 图中填无方卫生间，地面结构标高均比相应楼层结构标高降50mm。
7. 除注明外，本层结构面板顶标高为12.780（檐口）；未标明板厚度均为120mm。
8. 栏杆预件详建施，埋件应预留预留，不得后锚。

图 11-36

176

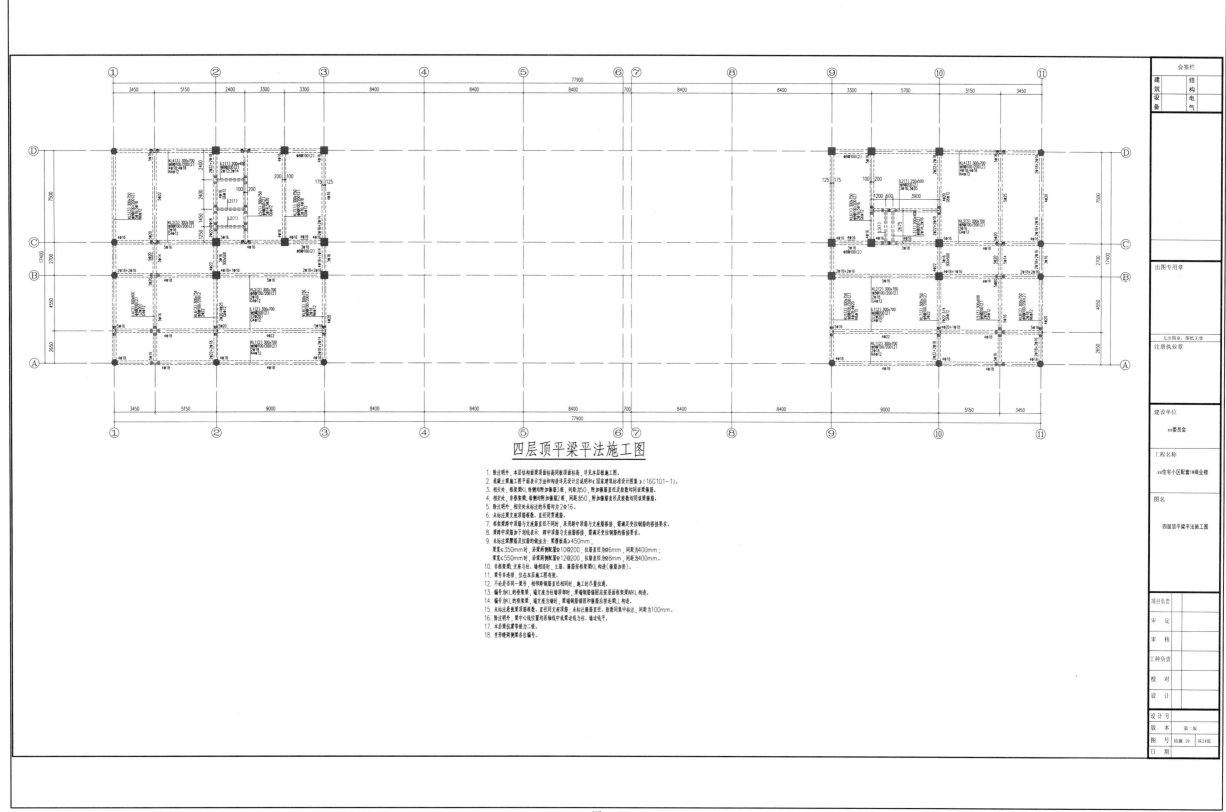

四层顶平梁平法施工图

1. 除注明外，本层结构面梁顶面标高同板顶面标高，详见本层板施工图。
2. 混凝土梁施工图平面表示方法和构造详见设计总说明和《国家建筑标准设计图集》(16G101-1)。
3. 相交处，框架梁(KL)每侧加附加箍筋3根，间距为0，附加箍筋直径及股数均同该梁箍筋。
4. 相交处，非框架梁(L)每侧附加箍筋2根，间距为50，附加箍筋直径及股数均同该梁箍筋。
5. 除注明外，相交处火未标注的吊筋均为2Φ16。
6. 未标注梁支座顶筋根数、直径同贯通筋。
7. 根据梁跨中顶筋与支座筋直径不同时，采用梁跨中顶筋与支座筋搭接，需满足受拉钢筋的搭接要求。
8. 梁跨中顶筋加下划线表示：跨中顶筋与支座筋搭接，需满足受拉钢筋的搭接要求。
9. 未标注梁腰筋及拉筋的做法为：梁腹板高≥450mm，
   梁宽≤350mm时，两侧腰筋配置10Φ200，拉筋直径为Φ6mm，间距为400mm；
   梁宽≤550mm时，两侧腰筋配置12Φ200，拉筋直径为Φ8mm，间距为400mm。
10. 悬挑梁架，支座与柱、墙相连时，主筋、箍筋按框架梁(KL)构造(箍筋加密)。
11. 梁号非连续，仅在本层本图内有效。
12. 不论是否同一梁号，相邻跨钢筋直径相同时，施工时尽量拉通。
13. 编号为WL的梁是架梁，端支座为柱墙原部时，梁端箍筋锚固应按屋面框架梁WKL构造。
14. 编号为L的梁是架梁，端支座为墙时，梁端钢筋锚固和箍筋应按相应L构造。
15. 除注明外，梁是梁支座顶筋根数、直径同支座顶筋；未标注梁支座直径、股数同平标注，同距为100mm。
16. 梁中心线位置与居轴线中或梁过线与柱、墙边线平。
17. 本部梁抗震等级为二级。
18. 变形缝两侧梁各自编号。

图 11-37

177

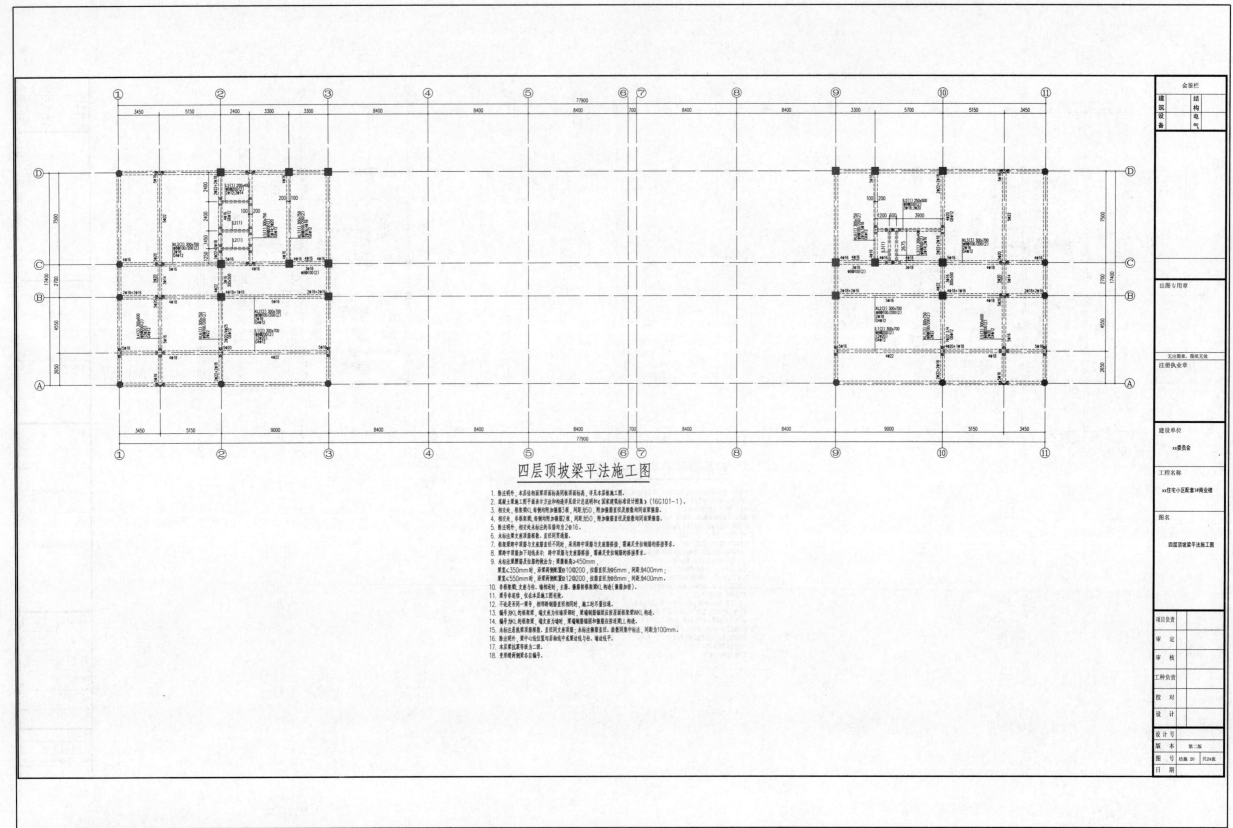

四层顶坡梁平法施工图

说明：
1. 凡注明升，本层结构面顶面标高同板顶面标高，详见本层板施工图。
2. 混凝土梁施工图平面表示方法和构造详见设计总说明和《国家建筑标准设计图集》(16G101-1)。
3. 相交处，悬臂梁KL每侧均附加箍筋3组，间距为50，附加箍筋直径及数量同该梁箍筋。
4. 相交处，非悬臂梁，每侧均附加箍筋2组，间距为50，附加箍筋直径及数量同该梁箍筋。
5. 凡注明升，相交处未标注的吊筋均为2Φ16。
6. 未标注某支座顶面筋，直径同贯通筋。
7. 悬臂梁跨中顶筋与支座顶筋直径不同时，采用跨中顶筋与支座筋搭接，需满足受拉钢筋的搭接要求。
8. 梁的中顶筋加下划线表示：跨中顶筋与支座筋搭接，需满足受拉钢筋的搭接要求。
9. 未标注梁腰及拉筋的做法为：梁腹板高≥450mm，
   梁宽≤350mm时，沿梁两侧配置N10Φ200，拉筋直径为Φ6mm，间距为400mm；
   梁宽≤550mm时，沿梁两侧配置12Φ200，拉筋直径为Φ8mm，间距为400mm。
10. 悬臂梁端，支座为柱、墙端边时，主筋、腰筋按悬臂架梁KL构造（需附加筋）。
11. 梁号非连接，仅注本层施工图有效。
12. 不论是否同一编号，柱呼附钢筋直径相同时，施工时应尽量拉通。
13. 编号为KL的框架梁，端支座为柱墙顶端时，梁端钢筋锚固应按屋面框架梁WKL构造。
14. 编号为KL的框架梁，端支座方向时，梁端锚筋锚固和锚固应按连接L构造。
15. 未标注悬臂梁顶面筋集、直径同支座顶筋；未标注腰筋直径、根数同图集中标注，间距为100mm。
16. 凡注明升，梁中心线位置与原轴线中或某注线与柱、墙边线平。
17. 本层梁抗震等级为二级。
18. 变形缝两侧梁各自编号。

图　11-38

会签栏
建筑 结构
设备 电气

出图专用章

无出图章、图纸无效
注册执业章

建设单位
xx委员会

工程名称
xx住宅小区配套1#商业楼

图名
四层顶坡梁平法施工图

项目负责
审　定
审　核
工种负责
校　对
设　计
设计号
版　本　第二版
图　号　结施 20　共24张
日　期

178

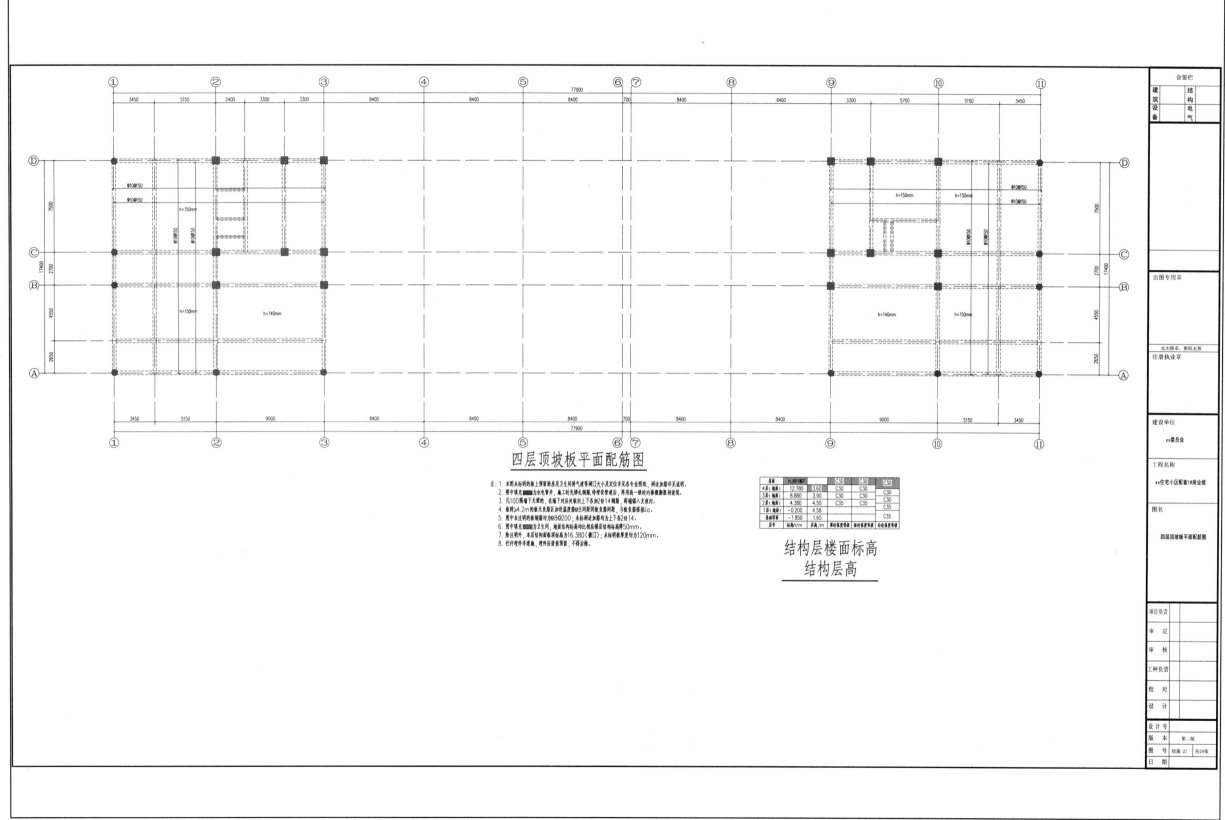

四层顶坡板平面配筋图

注：1. 本图未标明的板上预留厨房及卫生间排气道等洞口大小及定位详见各专业图纸，洞边加筋详见说明。
2. 图中填充▨▨方为水电管井，施工时先绑扎钢筋，待埋设管道后，再用一级砼内泡橡胶钢浇筑。
3. 凡100厚墙下无梁的，在墙下对应板内上下各加2φ14钢筋，两端锚入支座内。
4. 板跨≥4.2m的板无负筋区加设温度筋φ8间距同板面网板鱼筋同间，与板负筋搭接。
5. 图中未注明的板钢筋均为φ8@200；未标明加筋均为上下各2φ14。
6. 图中填充▨▨方为卫生间，地面结构标高均比相应楼层结构标高降低50mm。
7. 除注明外，本层结构面板源标高为16.380（槽口）；未标明板厚度均为120mm。
8. 栏杆埋件详建施，埋件应按预留，不得后做。

层面	SE.3601板面		C30	C30	C30
4层（地面）	12.780	3.60	C30	C30	C30
3层（地面）	8.880	3.90	C30	C30	C30
2层（地面）	4.380	4.50	C35	C35	C35
1层（地面）	-0.200	4.58			C35
基础面	-1.850	1.65			
层号	标高r/m	层高 /m	墙砼强度等级	柱砼强度等级	梁板砼强度等级

结构层楼面标高
结构层高

图　11-39

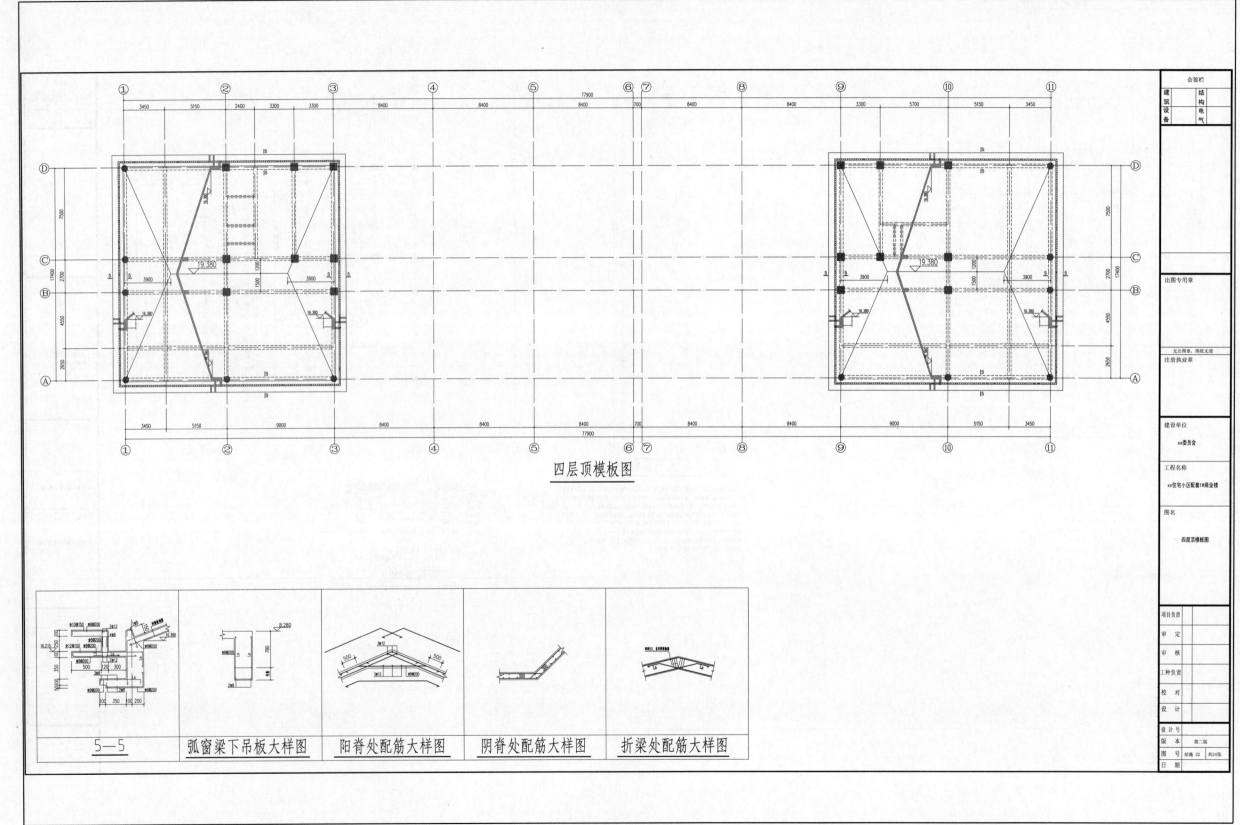

四层顶模板图

| 5—5 | 弧窗梁下吊板大样图 | 阳脊处配筋大样图 | 阴脊处配筋大样图 | 折梁处配筋大样图 |

图 11-40

180

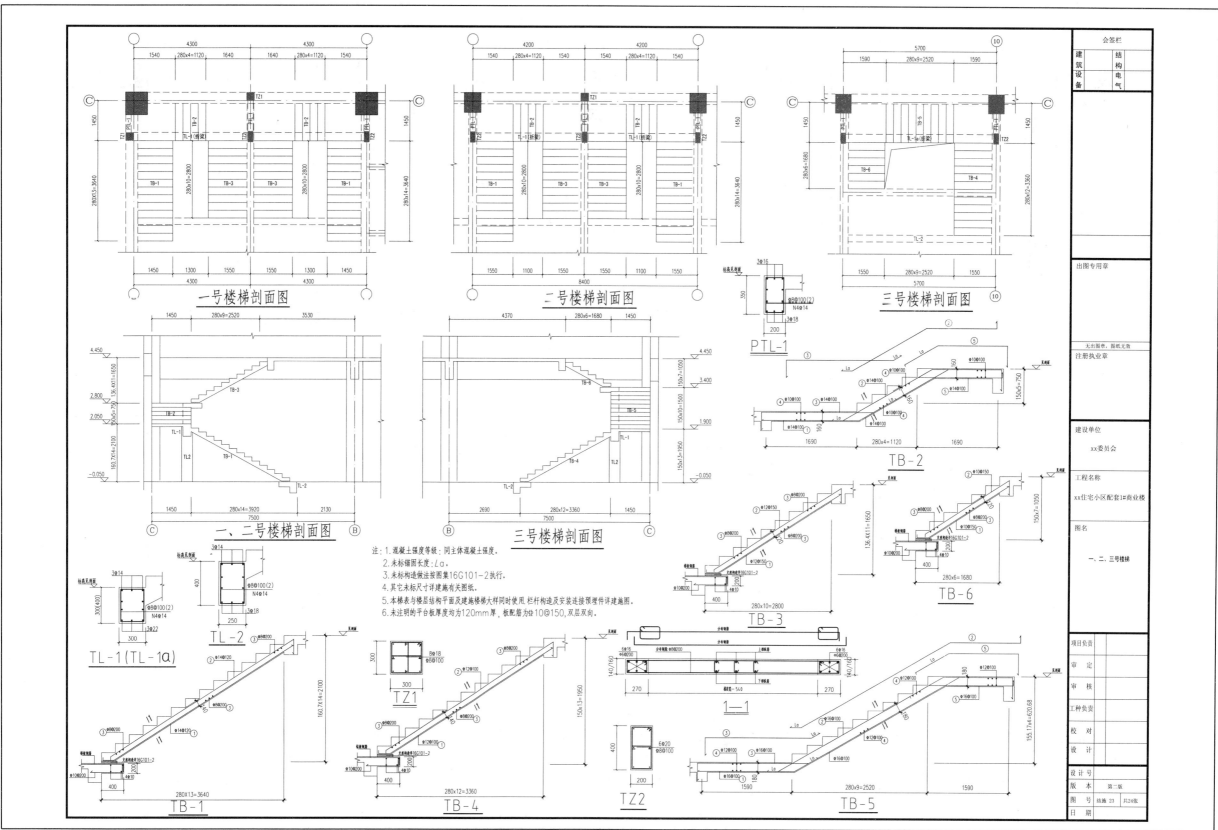

一号楼梯剖面图

二号楼梯剖面图

三号楼梯剖面图

一、二号楼梯剖面图

三号楼梯剖面图

注：1.混凝土强度等级：同主体混凝土强度。
2.未标锚固长度：La。
3.未标构造做法按图集16G101-2执行。
4.其它未标尺寸详建施有关图纸。
5.本梯表与楼层结构平面及建施楼梯大样同时使用。栏杆构造及安装连接预埋件详建施图。
6.未注明的平台板厚度均为120mm厚，板配筋为±10@150，双层双向。

PTL-1

TB-2

TB-6

TB-3

TB-5

TL-1(TL-1a)

TZ1

TB-4

TZ2

1—1

TB-1

图 11-41

会签栏
建筑 结构
设备 电气

出图专用章

无出图章，图纸无效
注册执业章

建设单位
xx委员会

工程名称
xx住宅小区配套1#商业楼

图名
一、二、三号楼梯

项目负责
审 定
审 核
工种负责
校 对
设 计

设计号
版 本 第二版
图 号 结施23 共24张
日 期

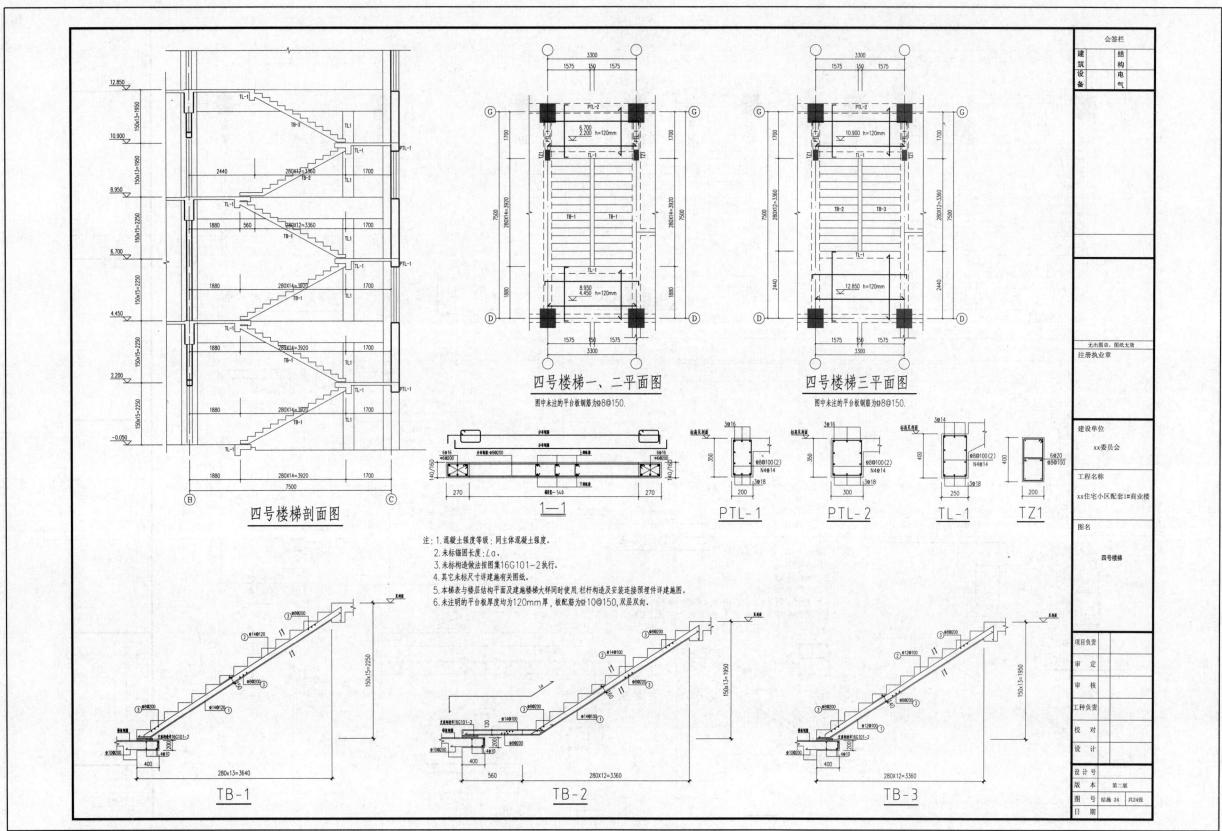

四号楼梯剖面图

四号楼梯一、二平面图

图中未注的平台板钢筋为Φ8@150.

四号楼梯三平面图

图中未注的平台板钢筋为Φ8@150.

1—1

PTL-1　　PTL-2　　TL-1　　TZ1

注：1.混凝土强度等级：同主体混凝土强度。
2.未标锚固长度：La。
3.未标构造做法按图集16G101-2执行。
4.其它未标尺寸详建施有关图纸。
5.本梯表与楼层结构平面及建施楼梯大样同时使用.栏杆构造及安装连接预埋件详建施图。
6.未注明的平台板厚度均为120mm厚.板配筋为Φ10@150.双层双向。

TB-1　　　　TB-2　　　　TB-3

无出图章，图纸无效
注册执业章

建设单位
xx委员会

工程名称
xx住宅小区配套1#商业楼

图名
四号楼梯

项目负责
审　定
审　核
工种负责
校　对
设　计
设计号
版　本　第二版
图　号　结施24　共24张
日　期

图 11-42

第十二章 门式刚架结构体系施工图识读

第一节 门式刚架结构体系施工图识读任务书

一、设计题目

某厂房钢结构（门式刚架结构体系）建筑施工图、结构施工图的识读与绘制。

二、设计资料

详见第三节门式刚架结构体系工程实例。

三、设计内容

1. 图纸识读

识读某钢结构厂房加工车间建筑施工图、结构施工图，审查施工图中是否存在问题，并提出相应的处理措施，完成表12-1~表12-4，同时绘制部分施工图。

表 12-1 门式刚架结构体系建筑施工图识读任务

（一）建筑设计说明识读

项目概况

序号	识读问题	简要说明	序号	识读问题	简要说明
1	工程名称		5	建筑结构的类别	
2	建筑层数		6	使用年限	
3	建筑面积		7	抗震设防烈度	
4	建筑高度		8	耐火等级	

厂房防火措施

序号	类型	耐火极限	防火措施
1	钢柱		
2	钢梁		
3	楼板、楼梯		
4	节点外露部分		

（二）建筑平面图识读

序号	项目	图集号及做法
1	结合建筑设计说明简述室外坡道的图集号及具体做法	
2	结合建筑设计说明简述散水的图集号及具体做法	

（续）

（三）屋顶平面图识读

序号	识图问题	简要说明
1	说明图中压型钢板防水屋面女儿墙内檐沟做法的图集号，并查阅图集说明具体做法	
2	说明图中屋面做法的图集号，并查阅图集说明具体做法	
3	说明图中压型钢板防水屋面屋脊做法的图集号，并查阅图集说明具体做法	

（四）建筑立面图识读

序号	识图问题	简要说明
1	结合南立面图、北立面图说明本工程墙体做法的图集号，及具体做法	
2	结合西立面图说明本工程压型钢板外门节点做法的图集号及具体做法	
3	结合1-1剖面图说明本工程压型钢板窗套墙角节点做法的图集号及具体做法	

表 12-2 门式刚架结构体系结构施工图识读任务

（一）钢结构设计说明识读

序号	识读问题	简要说明
1	阐述本工程结构概况	
2	统计本工程钢梁、钢柱、连接件及檩条、拉条、撑杆等构件所用材料	
3	统计本工程刚架构件现场连接所用螺栓类型	
4	统计本工程隅撑与钢架斜梁等连接所用螺栓类型	
5	简述本工程刚架安装顺序	
6	简述本工程刚架斜梁组装方式	
7	简述本工程高强螺栓拧紧顺序	

183

（一）钢结构设计说明识读

序号	识读问题	简要说明
8	简述本工程构件制作前除锈方法及除锈等级	
9	简述本工程防腐涂层做法，并说明除本工程采用的防腐措施外还有哪些防腐措施	
10	简述本工程防火等级和钢构件耐火极限，以及所采用防火措施。并说明除本工程采用的防火措施外还有哪些防火措施	

（二）基础平面布置图及基础详图识读

序号	识读问题	简要说明
1	说明本工程基础所采用的形式	
2	说明 J-1 或 J-2 的截面尺寸及配筋情况，并绘制 J-1 或 J-2 的施工图	
3	说明 KL1 或 KL2 的截面尺寸及配筋情况，并按传统画法绘制 KL1 的配筋图	

（三）GJ 与屋面支撑布置图识读

序号	识读问题	简要说明
1	说明本工程屋面支撑的种类，并说明所起的作用	
2	结合本工程屋面支撑布置图说明门式刚架结构屋面支撑布置原则	
3	详述节点具体组成、螺栓或焊接连接做法	

（四）柱间支撑布置图识读

序号	识读问题	简要说明
1	说明本工程柱间支撑所采用的材料。结合柱间支撑布置图说明门式刚架结构柱间支撑布置原则	
2	详述柱间支撑与刚架柱的节点具体组成、螺栓或焊接连接做法	
3	详述 XG-1 与刚架梁的连接节点具体组成、螺栓或焊接连接做法	

（五）屋面檩条布置图识读

序号	识读问题	简要说明
1	结合本工程屋面檩条布置图说明檩条、拉条、撑杆的布置原则	
2	结合本工程说明隔撑作用及布置	

（六）刚架施工图、抗风柱施工图识读

序号	识图问题	简要说明
1	统计本工程钢柱、钢梁截面形式	
2	简述 GJ-1 钢柱与钢梁连接具体组成、螺栓或焊接连接做法	
3	简述 GJ-1 梁与梁连接节点具体组成、螺栓或焊接连接做法	
4	简述本工程 GJ-1 柱脚节点形式及连接节点具体组成、螺栓或焊接连接做法	
5	简述本工程抗风柱 KFZ 与刚架连接方法	
6	简述本工程抗剪键所采用的材料及作用	
7	简述本工程抗剪键与 KFZ 的连接方法	

（七）墙梁布置图识读

序号	识图问题	简要说明
1	说明拐角处墙梁连接节点的做法	
2	中间刚架柱、抗风柱与墙梁的连接节点的做法	

表 12-3　图纸识读纪要

图纸名称			
序号	图号	问题	处理措施及建议
1			
2			
3			
4			
5			
6			

2. 下料计算

深入识读门式刚架轻型钢结构体系施工图，看懂图纸内容，计算屋面檩条、拉条、支撑等材料的用量，完成表 12-4。

表 12-4　材料表

构件	编号	名称	规格	材质	数量	单重	总重
刚架							
檩条							
拉条							
……							
总计							

四、提交成果

1）通过图纸识读，完成表 12-1～表 12-4。

2）通过图纸识读，编制下料表，完成表 12-5。

3）绘制施工图。

内容包括：门式刚架结构施工图、必要的剖面图和节点图、材料表。

要求施工图中的线条、表示方法、尺寸及各种符号、文字标注均遵照《建筑结构制图标准》（GB/T 50105—2010）中有关规定。布图疏密均匀，比例准确，线形清晰流畅，图面整洁，字体工整规范。

第二节　门式刚架结构体系施工图识读指导书

1. 图纸识读

通过对门式刚架轻型钢结构体系施工图的识读，了解门式刚架轻型钢结构体系的结构特点、应用范围、节点形式，并且能够正确识读门式刚架轻型钢结构体系施工图。

（1）建筑施工图识读　建筑施工图简称建施，主要包括：建筑设计说明、建筑平面图、建筑立面图、建筑剖面图以及建筑详图等。

1）建筑设计说明识读。建筑设计说明主要是对建筑施工图上未能详细表达或不易用图形表示的内容。阅读时注意如下问题：设计依据、技术经济指标、工程概述、构造做法、用料选择、门窗种类和数量统计等。

2）建筑平面图识读。建筑平面图主要表示建筑水平方向的平面形状、格局布置及坐落朝向。

阅读厂房建筑平面图时，注意室外台阶（坡道）、散水的形状、尺寸和位置，剖面的剖切位置方向和编号。

阅读屋顶平面图时注意屋顶形式和坡度、排水组织形式、通风道出屋面、上人孔、变形缝出屋面构造及其他设施的图样。

3）建筑立面图识读。建筑立面图主要用于表示建筑物的体形和外观，并提供立面装饰做法及有关的控制尺寸。阅读时要注意建筑立面的装饰做法，如外墙材料、铺贴方法和色彩

等，同时还要注意出建筑的檐口、室外地面、主要的门窗洞口的标高，以便于与平面图和剖面图对应阅读。

4）建筑剖面图识读。阅读剖面图时注意熟悉厂房的内部结构、竖向交通系统、建筑总高度及室内外高差等内容。

5）建筑详图识读。建筑详图包括外墙剖面详图（外墙大样图）和楼梯、雨篷、台阶、门窗、内外装修节点等内容，阅读时注意结合图集熟悉构造做法。

阅读建筑施工图时，应注意以下问题：

首先熟悉工程的功能，然后注意工程平面、立面尺寸，表示方法是否清楚，是否符合制图标准。要先粗后细，先看平、立、剖面图，了解整个工程的轮廓，对长、宽总尺寸、轴线尺寸、建筑总高有一个大体的印象。然后再看细部做法，核对总尺寸与细部尺寸。建筑构造是否符合施工要求。

（2）结构施工图识读

1）结构设计说明识读。了解结构设计说明中一般应编写的内容，并注意是否存在使用过时、已经废止的标准；是否写明工程的安全等级和使用年限；设计地震烈度是否符合当地要求；是否写明除锈等级要求，涂料的品牌、材质、漆膜厚度是否有要求。材料牌号、等级是否标注全面。

2）基础施工图识读。重点阅读基础的形式及做法、锚栓的布置。

3）屋面支撑布置图、檩条及拉条布置图识读。依据支撑、檩条、拉条的布置原则，检查施工图中支撑的布置，并注意节点的构造与连接形式。

4）柱间支撑布置图。依据柱间支撑的布置原则，检查施工图中柱间支撑的布置，并注意支撑与钢柱的连接节点构造与形式。

5）刚架施工图识读。重点阅读钢柱脚、梁-柱节点、梁-梁节点等主要节点的构造形式，熟悉节点构造及连接形式，并能分析其形式特点，能实现工程平面与立体之间的相互转化。

6）墙面檩条布置图。阅读墙面檩条的截面形式及布置，并注意遇有门窗洞口如何布置。

同时，在阅读结构施工图时要注意以下问题：零部件和构件的几何尺寸是否标注完整；相关构件的组合尺寸是否正确；节点是否清楚；材料栏内的零部件数量是否齐全，是否与零部件详图相一致；构件之间的连接形式表示是否齐全。

如：高强螺栓、普通螺栓和焊接连接点的标记是否明确；各类高强螺栓、普通螺栓、栓钉、拉铆钉及其垫圈的规格、型号有无具体标明。施工图中，对接焊缝是否注明焊接的坡口形式、焊缝间隙、钝边坡口角度等；角焊缝是否标注单面焊、双面焊、焊脚尺寸等。

2. 下料计算

根据刚架施工图，编制刚架梁、柱、节点板等材料表，同时列出该工程屋面檩条、拉条、支撑等材料的用量。

第三节　门式刚架结构体系施工图实例

门式刚架结构体系工程如图 12-1～图 12-19 所示。

建 筑 设 计 总 说 明

1. 设计依据
1.1 xx公司《委托设计合同书》
1.2 建设单位的使用规模标准的要求
1.3 建设单位认定之设计方案
1.4 其他执行国家现行的有关规范规定。
1.5 甲方提供的用地现状图,用地范围及当地规划部门的要求
1.6 《建筑设计防火规范》(GB 50016—2014)
《建筑内部装修设计防火规范》(GB 50222—2017)
《无障碍设计规程》(GB 50763—2012)
《公共建筑节能设计标准》(GB 50189—2015)
《民用建筑设计统一标准》(GB 50352—2019)
《屋面工程技术规范》(GB 50345—2012)
《压型金属建筑构造》(17J925-1)

2. 项目概况
2.1 本工程建筑名称:xx加工车间
建设地点:xx市xx工业园区
建设单位:xx公司
2.2 建筑结构形式为钢结构,建筑结构的类别为二类,使用年限为主体50年,
2.3 本工程厂房建筑总建筑面积:1131.68m²,建筑基底面积:1131.68m²
2.4 建筑层数、高度:地上一层。抗震设防烈度为八度
建筑高度:8.00m
2.5 本工程防火设计的建筑分类为二类;其耐火等级为四级,戊类厂房
2.6 本工程无人防设计
3. 设计标高
3.1 本工程±0.000现场定
3.2 本工程顶板标高为结构面标高;楼梯处标高为建筑面标高
3.3 建筑标高以m为单位,总平面尺寸以m为单位,其他尺寸以mm为单位。
4. 墙体工程
4.1 本工程所用墙体材料采用,外墙地上1.2m高度,采用240厚多孔砖砌块墙
外墙地上1.2m高度以上,采用50厚压型钢板墙,单层钢板厚度≥1.0厚
施工时须严格按照内蒙古自治区05J系列建筑标准设计图集中12J3分
册图集要求和现行施工作法应符合结构钢筋混凝土柱、墙、梁的拉结
及洞口处理图集说明。
4.2 内外墙预留洞口的位置及其尺寸详见各专业施工图
4.3 填充墙的作法应满足《混凝土小型空心砌块填充墙建筑、结构构造》
(14J102－214G614)要求
4.4 墙体中的构造柱、圈梁、洞口上的过梁,布置配筋见结施图
4.5 挂有配电箱、电表箱、消火栓等较重设备的洞口下,均
须加100厚C20细混凝土压顶
4.6 所有穿过墙体的管线、嵌入墙内的设备安装完毕后,须将洞口周边堵
密实
6. 屋面工程
6.1 本工程的屋面采用70厚压型钢板屋面,单层钢板厚度≥1.0厚,防水等级为二级,
防水合理使用年限为15年,出屋面竖井及遇阴阳转弯处应附加一层,并做纤
维布加强层(300宽),做法见12J5-1-27
6.2 屋面工程严格按照《屋面工程技术规范》(GB 50345—2012)
6.3 凡有可能产生渗漏水的接缝、接头处,均以建筑密封膏封严,被涂面板要清
洁

6.4 屋面工程严格按照《屋面工程技术规范》(GB 50345—2012)
6.5 内排水雨水口做法见12J5-1-64-E雨水管做法见12J5-1-62-8
外排水雨水口做法见12J5-1-63-C雨水管做法见12J5-1-62-6
7. 门窗工程
7.1 门窗工程详见门窗表
7.2 门窗玻璃的选用应遵照《建筑玻璃应用技术规程》(JGJ 113－2015)和
《建筑安全玻璃管理规定》发改运行[2003]2116号及地方主管部门的有
关规定
7.3 门窗立面均表示洞口尺寸,门窗加工尺寸要按照装修面厚度由承包商
予以调整
7.4 门窗选料、颜色、玻璃
外窗采用塑钢框料中空玻璃,要求:
(1) 低反光高透光,单层玻璃的厚度要求6mm,热工指标K值满足设
计要求(K 2.6W/m.k),气密性不应低于《建筑外窗气密、水密、
抗风压性能分级及检测方法》(GB/T 7106－2008)规定的四级。
(2) 玻璃选用应符合《建筑玻璃应用技术规程》(JGJ113－2015)2001
年版等国家有关规定并能保证安全。
(3) 所有低于800的窗台处内侧均设置总高不小于1050mm的不锈钢栏杆
护栏做法详见:12J6-63-3。
(4) 门窗加工尺寸要按门窗洞口尺寸减去相关外饰面的厚度。所有外
门窗均采用钢质附框。
7.5 防火门均为向疏散方向开启的平开门,并能在关闭后从任何一侧手动开
启;常开的防火门均装闭门器,双扇防火门均装顺序器。常开防火门须
有自行关闭和信息反馈装置
7.6 防水卷帘应安装在建筑的承重构件上,卷帘上部未到不顶,上部空间
应用耐火极限与墙体相同的防火材料封闭
7.7 管道井检修门为丙级防火门定位与管道井外侧墙面平;凡未注明距楼、面
高度均为300高,做C15混凝土门槛,宽同墙厚
7.8 在下述范围内应采用安全玻璃:A建筑物出入口处玻璃门、窗、玻璃门厅;
B. 单片面积大于1.5m²的窗玻璃及落地门窗玻璃
8. 装修工程
8.1 外装修设计和做法索引见"立面图"及外墙详图
8.2 承包商进行二次设计轻钢结构、装饰物等,经确认后,向建筑设计单
位提供预埋件的设置要求。
8.3 外装修选用的各项材料其材质、规格、颜色等,均由施工单位提供样
板,经建设方和设计单位确认后进行封样,并据此验收
8.4 室外台阶、坡道、散水下均设300厚中粗砂防冻层。每隔6m留设20m
深10m宽的防裂缝
9. 内装修工程
9.1 内装修工程执行《建筑内部装修设计防火规范》(GB 50222－2017),
楼地面部分执行《建筑地面设计规范》(GB 50037－2013)
9.2 一般装修见材料做法表,所选装修材料仅供参考,凡需二次装修的房间,
施工时一次装修只做到抹灰毛面
9.3 甲方可根据业主需要进行调整。二次装修不应危及结构安全,不应危害
水电系统,尤其应满足防火安全要求
9.4 凡设有地漏房间应做防水层,图中未注明整个房间做坡度者,均在地漏周围
0.5%坡度坡向地漏
9.5 内装修选用的各项材料,均由施工单位制作样板和选样,经确认后进行
封样,并据此进行验收
10. 室外工程(室外设施)
室外、坡道、散水下均设300mm厚中粗砂防冻层。
坡道:12J13-15-5-B
散水:12J1-114-8-D 其他见建施图

11. 建筑设备、设施工程。本工程由于甲方未提供,待甲方定货后,由厂家提
供详细技术资料后补出详图装修时在机房的墙壁地面和顶棚做吸音处理

12.1 两种材料的墙体交接处,在做饰面前均须加钉200mm宽金属网或玻璃
丝布,防止裂缝
12.2 电缆井、管道井等均分别独立设置;其井壁为耐火极限大于1.00h的不
燃烧体;井壁上的检查门为丙级防火门

12.3 本图所标注的各种留洞与预埋件应与各工种密切配合后,确认无误方可
12.4 预埋木砖及贴砌墙体的木质面应做防腐处理,露明铁件均做防锈处理
12.5 施工中如遇问题或需变更,增减时应及时与甲方,设计院联系,经设计
人员同意并出具"设计变更单"后方可施工
12.6 凡本院提供的设计文件须先经各审查部门审查合格后方可施工
12.7 凡本院提供的设计文件须加盖注册师章和出图专用章,否则视为无效

消 防 设 计 总 说 明

本工程建筑为《建筑设计防火规范》(GB 50016—2014)
在设计图纸中满足了如下条件:
1. 本建筑耐火等级为二级。
2. 本建筑的墙体等构造具体设计如下:
a. 钢柱 采用有保护层 耐火极限(H)不低于2.5H用厚涂型钢结构防火涂料做保护层
厚度为40mm涂刷分三遍
b. 钢梁采用有保护层 耐火极限(H)不低于1.5H用厚涂型钢结构防火涂料做保护层
厚度为20mm涂刷分三遍
c. 楼板、疏散楼梯、屋顶承重构件采用有保护层 耐火极限(H)不低于1.5H用厚涂型
钢结构防火涂料做保护层。厚度为20mm涂刷分三遍
d. 金属承重构件节点的外露部分,必须采用有保护层 耐火极限(H)不低于1.5～2.5H用
厚涂型钢结构防火涂料做保护层。厚度为20～40mm 涂刷分三遍,满足钢柱,钢梁,楼板.
疏散楼梯.屋顶承重构件相应的耐火极限(h)
e. 电缆井、管道井每层在楼板处相当于楼板耐火极限的不燃烧体作防火分隔,其与房
间、走道等,相连通的孔洞采用不燃材料填塞其周围的空隙。

3. 消防给水,喷淋,灭火器配置系统详见水施图。
4. 其他有关消防措施见各专业图。

室内装修表

地面做法: 耐磨骨料地面12J1-1-12-地7

门窗表

类型	设计编号	洞口尺寸/mm	数量	图集名称	页次	选用型号	备注
门	JLM4045	4000X4500	4				成品定电动卷帘门
窗	C1215	1200X1500	60	12J4-1			成品定做单框双玻内平开窗
	C1218	1200X1800	34	12J4-1			成品定做单框双玻固定窗

图纸专用章	
注册师章	
建设单位	
工程名称:	xx加工车间
设计编号	
审 定	
审 核	
设计总负责人	
校 对	
设计人	
制图人	
图纸名称	建筑设计说明
专 业	建筑
比 例	1:100
图 号	建施01
日 期	2014.5

无出图专用章图纸无效

图 12-1

186

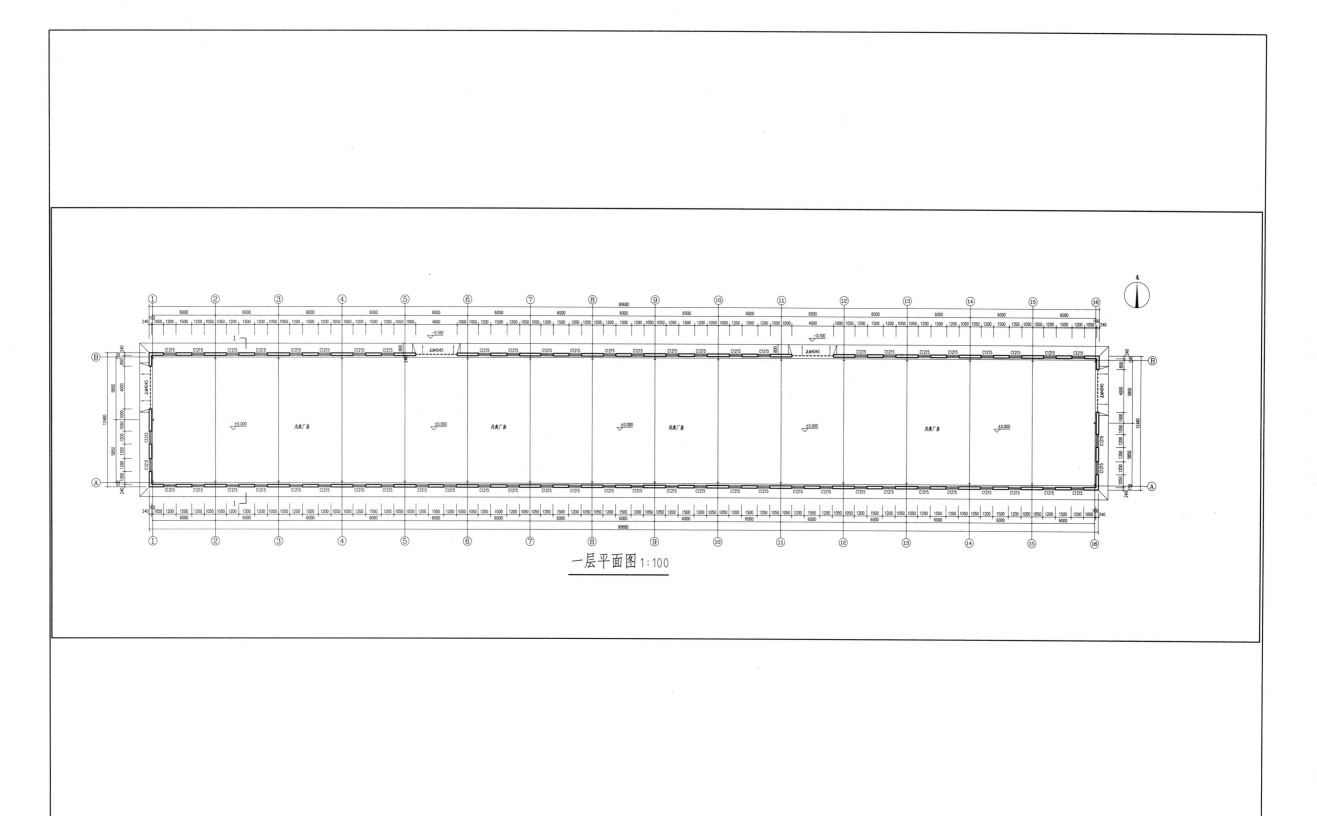

一层平面图 1:100

图 12-2

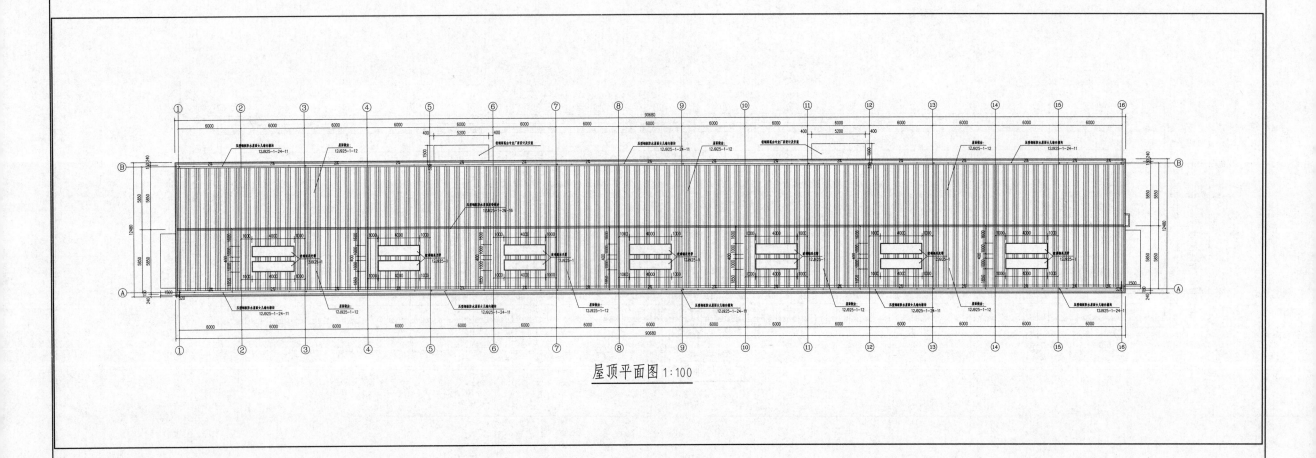

屋顶平面图 1:100

图 12-3

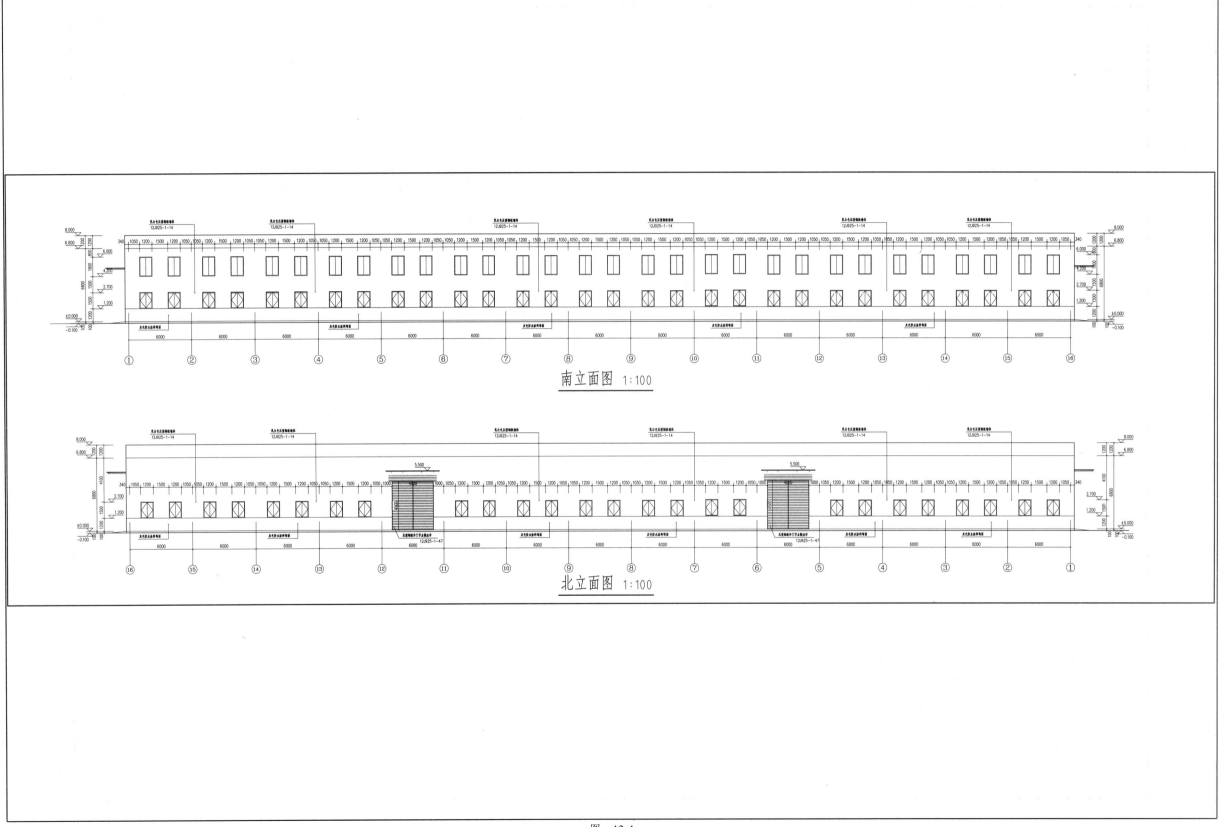

南立面图 1:100

北立面图 1:100

图 12-4

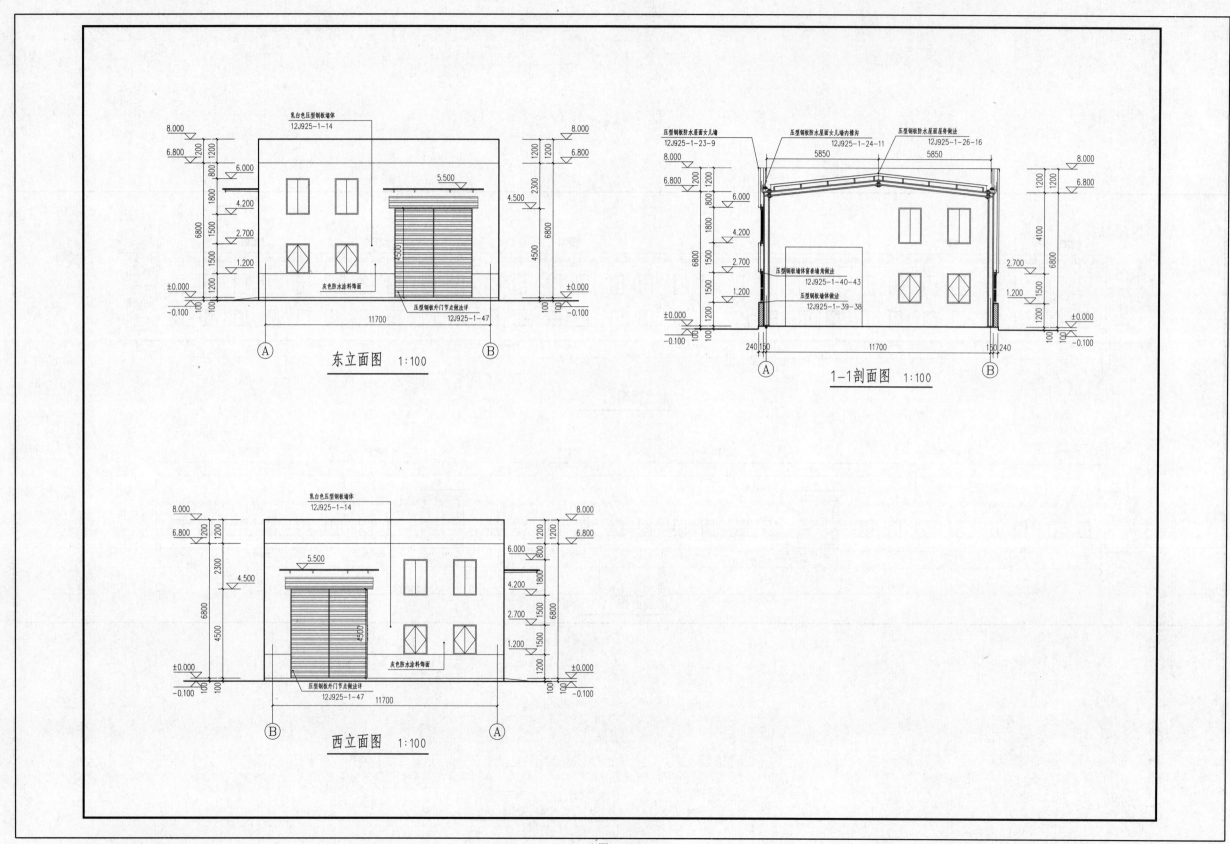

东立面图 1:100

西立面图 1:100

1-1剖面图 1:100

图 12-5

xx加工车间

（结构施工图）

图纸目录

序号	图纸名称	图号	图别	规格
1	结构设计说明及图纸目录	1/9	结 施	A2+
2	基础及地梁平面布置图	2/9	结 施	A2+
3	锚栓布置图	3/9	结 施	A2+
4	GJ与屋面支撑布置图	4/9	结 施	A2+
5	柱间支撑布置图及支撑详图	5/9	结 施	A2+
6	屋面檩条布置图	6/9	结 施	A2+
7	GJ详图　抗风柱详图	7/9	结 施	A2+
8	AB轴墙梁布置图	8/9	结 施	A2+
9	1、16轴墙梁布置图 墙梁节点及详图	9/9	结 施	A2+

图　12-6

钢 结 构 设 计 说 明

1 设计依据:
  1.1 本工程施工图为xx加工车间拟建工程位xx市xx工业园
  1.2 国家现行建筑结构设计规范、规程
  1.3 钢结构设计、制作、安装、验收应遵循下列规范、规程
    1.3.1《建筑结构荷载规范》(GB 50009-2012)
    1.3.2《建筑抗震设计规范》(GB 50011-2010)
    1.3.3《钢结构设计标准》(GB 50017-2017)
    1.3.4《门式刚架轻型房屋钢结构技术规范》(GB 51022-2015)
    1.3.5《冷弯薄壁型钢结构技术规范》(GB 50018-2002)
    1.3.6《钢结构工程施工质量验收规范》(GB 50205-2001)
    1.3.7《钢结构高强度螺栓连接技术规程》(JGJ 82-2011).
    1.3.8《涂覆材料前钢材表面处理 表面清洁度的目视评定 第1部分 未涂覆过的钢材表面和全面清除
       原有涂层后的钢材表面的锈蚀等级和处理等级》(GB/T 8923.1-2011)
2 本说明为本工程钢结构部分说明,基础及钢筋混凝土部分详基础设计说明
3 主要设计条件
  3.1 按重要性分类,本工程结构安全等级为二级
  3.2 本工程主体结构设计使用年限为50年
  3.3 本地区50年一遇的基本风压值为0.55kN/m²,地面粗糙度为B类
     刚架、檩条、墙梁、及围护结构体型系数按《门式刚架轻型房屋钢结构技术规范》(GB 51022-2015)
  3.4 本工程建筑抗震设防分类为丙类,抗震设防烈度为八度;设计基本加速度为 0.20g
     所在场地设计地震分组为第一组,场地类别为Ⅱ类
  3.5 屋面荷载标准值:
    3.5.1 屋面恒荷载(含檩条自重):0.30kN/m²
    3.5.2 活荷载:0.50kN/m²(刚架);0.50kN/m²(檩条)
    3.5.3 檩条吊挂荷载:无
        (未经设计单位同意,施工、使用过程中荷载标准值不得超过上述荷载限值)
    3.5.4 屋面雪荷载:0.40kN/m²
4 本施工图中标钢均为相对标高,室内±0.000对应绝对标高参总平面图。
  本工程所有结构施工图中标注的尺寸除标高以米(m)为单位外,其它尺寸均以毫米(mm)为单位。
  所有尺寸均以标注为准,不得以比例量取图中尺寸

5 结构概况
  本工程为单跨单层钢结构门式刚架结构,跨度为11.70m,柱距为6.0m;屋面采用50mm厚蓝色海950型聚氨酯瓦楞夹芯板,
  墙面1.2m以下采用240mm厚砌体墙,1.2m以上材料详建施
  基础采用柱下独立扩展基础。内部无吊车荷载。

6 材料
  6.1 本工程钢结构材料应遵循下列材料规范
    6.1.1《碳素结构钢》(GB/T 700-2006)
    6.1.2《低合金高强度结构钢》(GB/T 1591-2018)
    6.1.3《钢结构用扭剪型高强螺栓连接副》(GB/T 3632-2018)
    6.1.4《熔化焊用钢丝》(GB/T 14957-1994)
    6.1.5《埋弧焊用非合金钢和细晶粒钢实心焊丝、药芯焊丝和焊丝-焊剂组合分类要求》(GB/T 5293-2018)
    6.1.6《埋弧焊用热强钢实心焊丝、药芯焊丝和焊丝-焊剂组合要求》(GB/T 12470-2018)
    6.1.7《非合金钢及细晶粒钢焊条》(GB/T 5117-2012)
    6.1.8《钢结构防火涂料应用技术规范》(CECS 24-1990)
  6.2 本工程所采用的钢材除满足国家材料规范要求外,地区尚应满足下列要求
    6.2.1 钢材的抗拉强度实测值与屈服强度实测值的比值应不小于1.2
    6.2.2 钢材应具有明显的屈服台阶,且伸长率应大于20%
    6.2.3 钢材应具有良好的可焊性和合格的冲击韧性
  6.3 本工程刚架梁、柱、柱脚端头板及连接板件均采用Q235B钢
  6.4 本工程屋面檩条采用Q235冷弯薄壁型钢,隔撑、柱间支撑、屋面横向水平支撑材质均采用Q235
     檩条采用卷边槽形冷弯薄壁型钢,拉条采用圆钢,撑杆采用圆钢外套圆管。截面形式详见结施
  6.5 除图中特殊注明外,所有结构加劲板,连接板厚度均为8mm
  6.6 高强螺栓 螺母及垫圈采用《优质碳素结构钢》(GB/T 699-2015)中规定的钢材制作,其热处理、
     制作和技术要求应符合《钢结构用高强度大六角头螺栓、大六角头螺母、垫圈 技术条件》
     GB/T 1231-2006)的规定,本工程刚架构件现场连接采用10.9级扭剪型高强螺栓。
     高强螺栓结合面不得涂漆,采用喷砂处理法进行,摩擦面抗滑移系数不得小于0.30
  6.7 檩条与檩托、隔撑、隔撑与刚架横梁、系杆与梁柱等次要连接采用普通螺栓,普通螺栓应符合
     现行国家标准《六角头螺栓—C级》(GB/T 5780-2016)的规定 基础锚栓采用Q235

6.8 屋面压型钢板
  6.8.1 钢板镀层:冷轧钢板经连续热浸镀铝锌处理,其镀铝锌量为150g/m²(双面)
  6.8.2 零配件
    6.8.2.1 固定屋、墙面钢板自攻螺丝应经镀锌处理,螺丝之帽盖用尼龙头覆着,且钻尾能够自行钻孔固定在钢结构上
    6.8.2.2 止水胶泥 应使用中性止水胶泥(硅胶)
  6.9 本工程所有钢构件规格、型号未经本院同意严禁任意替换
7 钢结构制作与加工
  7.1 钢结构构件制作时,应按照《钢结构工程施工质量 验收规范》(GB 50205-2001)进行制作
  7.2 所有钢构件在制作前均应 1:1施工大样,复核无误后方可下料
  7.3 钢材加工前应进行校正,使之平整,以免影响制作精度
  7.4 除地脚锚栓外,钢结构构件上螺栓孔钻孔直径比螺栓直径大1.5~2.0mm
  7.5 檩条与墙梁:M12普通螺栓将檩条与墙梁固定于檩托板
  7.6 焊接
    7.6.1 焊接时应选择合理的焊接工艺及焊接顺序,以减小钢结构中产生的焊接应力和焊接变形
    7.6.2 组合H型钢的腹板与翼缘的焊接应采用自动埋弧焊机焊,且四道连接焊缝均应双面满焊,不得单面焊接
    7.6.3 组合H型钢因焊接产生的变形应以机械或火焰矫正调直,具体做法应符合相关规定
    7.6.4 Q345与Q345之间焊接应采用E50焊条,Q235与Q235钢间及Q345与Q235之间焊接应
        采用E43型焊条
    7.6.5 件件角焊缝厚度范围见图1
    7.6.6 焊缝质量等级:端板与柱、梁翼缘和腹板的连接焊缝为全熔透坡口焊,质量等级为二级,其他为三级。
        所有非施工图所示构件拼接对接焊缝质量应达到二级
    7.6.7 图中未标明的焊接高度均为 6mm
    7.6.8 应保证切割部位准确、切口整齐,切割前应将钢材切割区域表面的铁锈、污物等清除干净,切割后应清除
        毛刺、熔渣和飞溅物
8 钢结构的运输、检验、堆放
  8.1 在运输及操作过程中应采取措施防止构件变形和损坏
  8.2 结构安装前应对构件进行全面检查:如构件的数量、长度、垂直度、安装接头处螺栓孔之间的尺寸是否符合设计要求等
  8.3 构件堆放场地应事先整场夯实,并做好四周排水
  8.4 构件堆放时,应先放置枕木垫平,不宜直接将构件放置于地面上
  8.5 檩条卸货后,如因其他原因未及时安装,应用防水雨布覆盖,以防止檩条出现"白化"现象

图 12-7

192

钢 结 构 设 计 说 明

9 钢结构安装

9.1 柱脚及基础锚栓

9.1.1 应在混凝土短柱上用墨线及经纬仪将各柱中心线弹出，用水准仪将标高引测到锚栓上

9.1.2 基础底板，锚栓尺寸复验符合《钢结构工程施工质量验收规范》(GB 50205-2001)要求且基础混凝土强度等级达到设计强度等级的75%后方可进行钢柱安装

9.1.3 钢柱脚地脚螺栓采用螺母可调平方案，钢柱脚应设置钢抗剪件，详见结施。待刚架、支撑等配件安装就位，结构形成空间单元且经检测、校核几何尺寸确认无误后，应对柱底板和基础(或混凝土短柱)顶面间的空隙采用C30微膨胀自流性细石混凝土或专用灌浆料填实，可采用压力灌浆，应确保密实

9.2 结构安装

9.2.1 刚架安装顺序：应先安装靠近山墙的有柱间支撑的两榀刚架，而后安装其他刚架

9.2.2 头两榀刚架安装完毕后，应在两榀刚架间将水平系杆、檩条与柱间支撑、屋面水平支撑、隅撑全部装好，安装完成后应利用柱间支撑及屋面水平支撑调整构件间的垂直度及水平度；待调整正确后方可锁定支撑。而后安装其他刚架

9.2.3 除头两榀刚架外，其余榀的檩条、墙梁、隅撑的螺栓均应校准后再行拧紧

9.2.4 钢柱吊装：钢柱吊至基础短柱顶面后，采用经纬仪进行校正

9.2.5 刚架屋面斜梁组装：斜梁跨度较大，在地面组装时应尽量采用立拼，以防斜梁侧向变形

9.2.6 钢柱与屋面斜梁的接头，应在空中对接，预先将加工好的铝合金挂梯放于梁上以便空中穿孔

9.2.7 檩条的安装应待刚架主结构调整定位后进行，檩条安装后应用拉杆调整平直度

9.2.8 结构吊(安)时，应采取有效措施，确保结构的稳定，并防止产生过大变形

9.2.9 结构安装完成后，应详细检查运输、安装过程中涂层的擦伤，并补刷油漆，对所有的连接螺栓应逐一检查，以防漏拧或松动

9.2.10 不得利用已安装就位的构件起吊其他重物，不得在构件上加焊非设计要求的其他物件

9.3 高强螺栓施工

9.3.1 钢构件加工时，在钢构件高强螺栓结合部位表面除锈、喷砂后立即贴上胶带密封，待钢构件吊装拼接时用铲刀将胶带铲除干净

9.3.2 对于在现场发现的因加工误差而无法进行施工的构件螺栓孔，不得采用锤击螺栓强行穿入或用气割扩孔，应与设计单位及相关部门协商处理

9.3.3 高强螺栓拧紧顺序应由中间向两端逐步交错成Z字型拧紧，拧紧完成后，应检查尾长是否符合要求.

10 钢结构涂装

10.1 除锈：除镀锌构件外，制作前钢构件表面均应进行喷砂(抛丸)除锈处理，不得用手工除锈代替，除锈质量等级应达到《锻压机械 精度检验通则》(GB 10923-2009)中Sa2.5级标准

10.2 防腐涂层
底漆二遍，红丹防锈漆，涂层厚度65~80微米；面漆二遍，灰色醇酸调和漆(亦可由防火漆兼作，其中一遍应于安装完成后在工地涂刷)，涂层每层厚度60~80微米；防腐涂料干膜总厚度不小于125微米

10.3 下列情况免涂油漆
10.3.1 埋于混凝土中
10.3.2 与混凝土接触面
10.3.3 将焊接的位置
10.3.4 螺栓连接范围内，构件接触面

11 钢结构防火工程

11.1 本工程防火等级为 Ⅱ 级，要求钢构件耐火极限为：钢柱2h，钢梁1.5h，檩条0.5h

11.2 钢结构梁、柱及檩条均采用薄涂型防腐涂料刷面。且所选用的钢结构防火涂料与防锈蚀油漆(涂料)之间应进行相容性试验，试验合格后方可使用

12 钢结构维护

钢结构使用过程中，应根据材料特性(如涂装材料使用年限、结构使用环境条件等)，定期对结构进行必要维护(如对钢结构重新进行涂装、更换损坏构件等)，以确保使用过程中的结构安全

13 其他

13.1 本设计未考虑雨季施工，雨季施工时应采取相应的施工技术措施

13.2 未尽事宜应按照现行施工及验收规范、规程的有关规定进行施工

角焊缝的最小焊角尺寸h_f(单位：mm)

较厚焊件的厚度	手工焊接(h_f)	埋弧焊接(h_f)
≤4	4	3
5~7	4	3
8~11	5	4
12~16	6	5
17~21	7	6
22~26	8	7
27~36	9	8

角焊缝的最大焊角尺寸h_f(单位：mm)

较薄焊件的厚度	最大焊角尺寸h_f
4	4
5	6
6	7
8	10
10	12
12	14
14	17

图 12-8

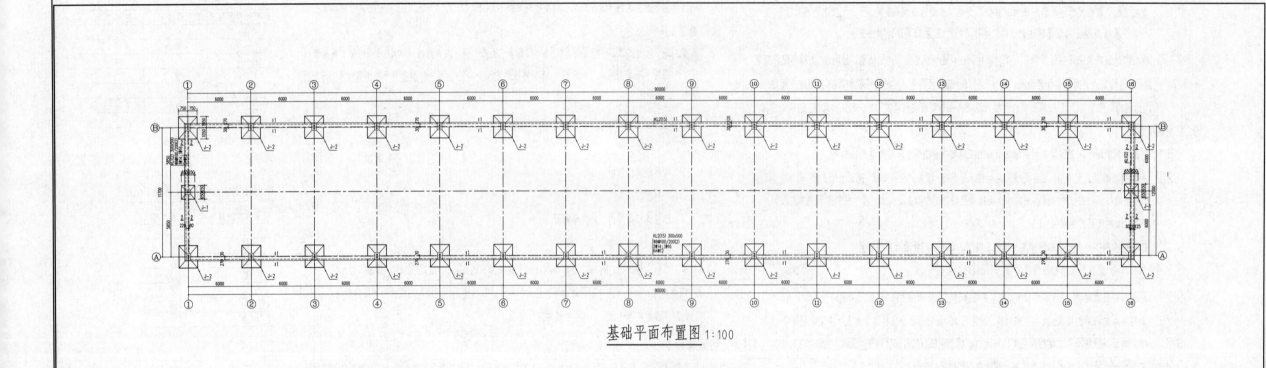

基础平面布置图 1:100

图 12-9

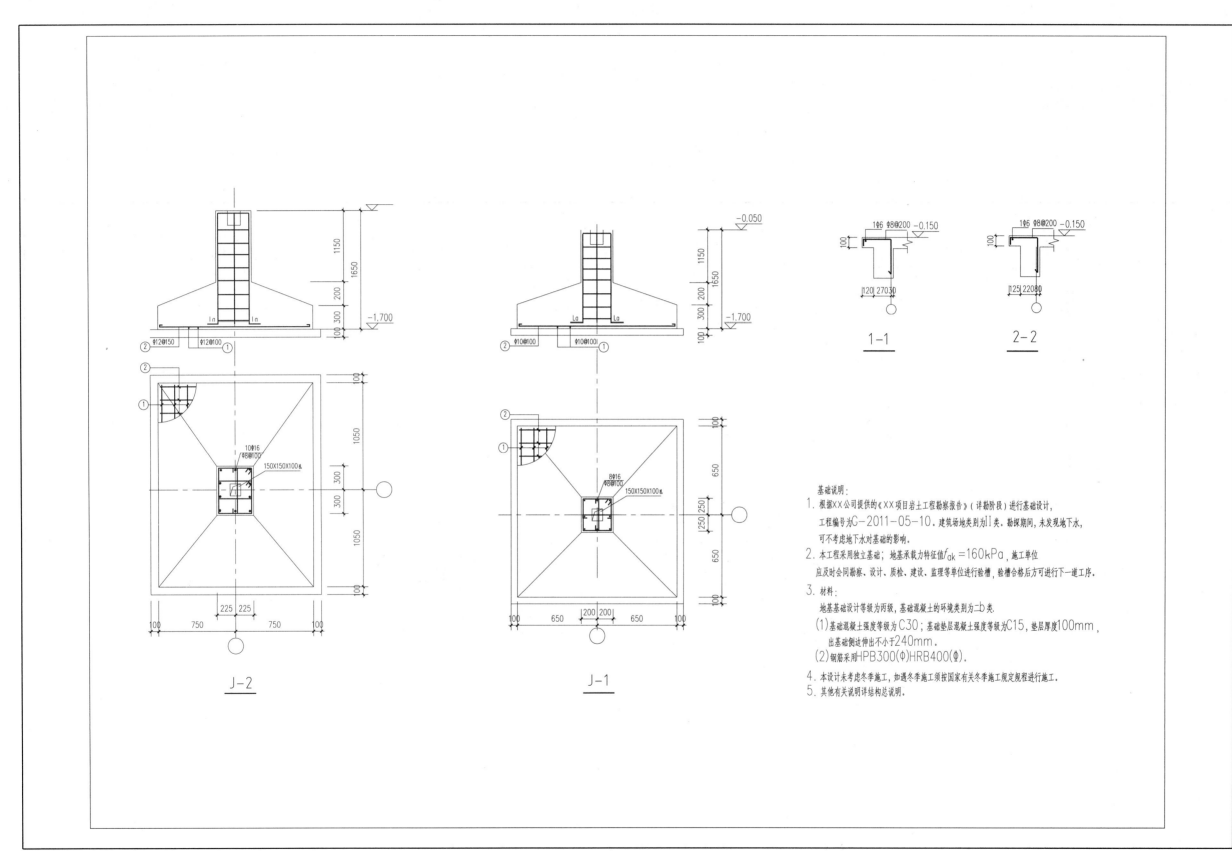

基础说明:

1. 根据XX公司提供的《XX项目岩土工程勘察报告》(详勘阶段)进行基础设计，工程编号为C-2011-05-10。建筑场地类别为Ⅱ类。勘探期间，未发现地下水，可不考虑地下水对基础的影响。

2. 本工程采用独立基础；地基承载力特征值f_{ak}=160kPa，施工单位应及时会同勘察、设计、质检、建设、监理等单位进行验槽，验槽合格后方可进行下一道工序。

3. 材料:
   地基基础设计等级为丙级，基础混凝土的环境类别为二b类。
   (1)基础混凝土强度等级为C30；基础垫层混凝土强度等级为C15，垫层厚度100mm，出基础侧边伸出不小于240mm。
   (2)钢筋采用HPB300(φ)HRB400(Φ)。

4. 本设计未考虑冬季施工，如遇冬季施工须按国家有关冬季施工规定规程进行施工。

5. 其他有关说明详结构总说明。

图　12-10

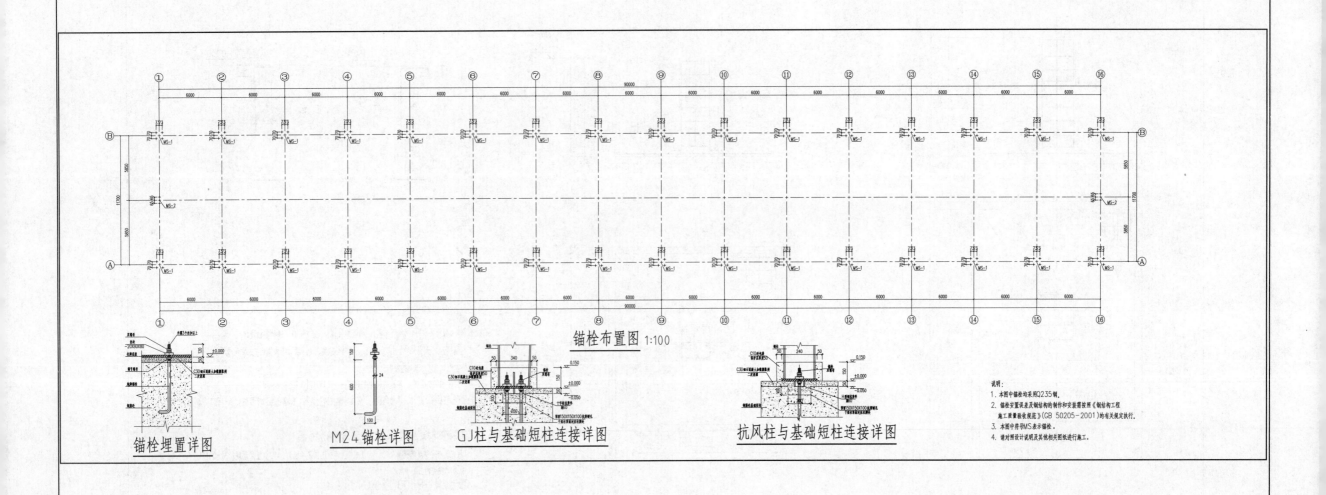

锚栓布置图 1:100

锚栓埋置详图

M24锚栓详图

GJ柱与基础短柱连接详图

抗风柱与基础短柱连接详图

说明：
1. 本图中锚栓均采用Q235钢。
2. 锚栓安装位置误差及钢结构的制作和安装需按照《钢结构工程施工质量验收规范》（GB 50205-2001）的有关规定执行。
3. 本图中符号MS表示锚栓。
4. 请对照设计说明及其他相关图纸进行施工。

图 12-11

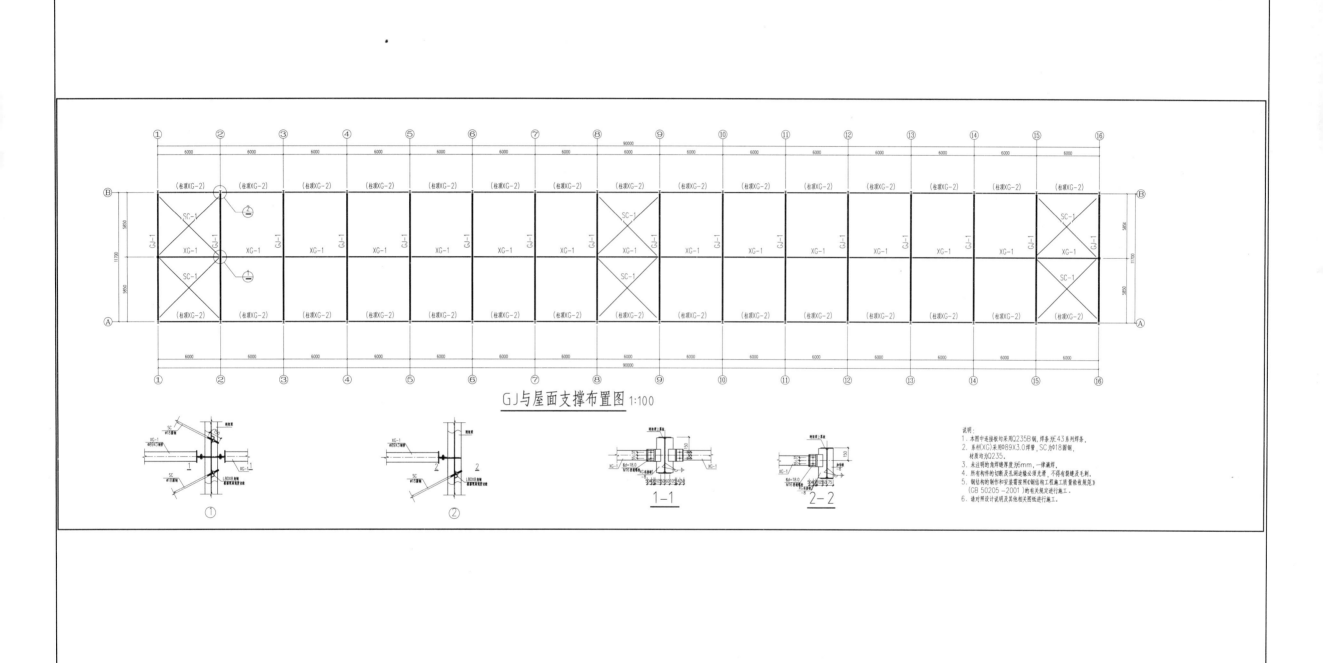

GJ与屋面支撑布置图 1:100

图 12-12

197

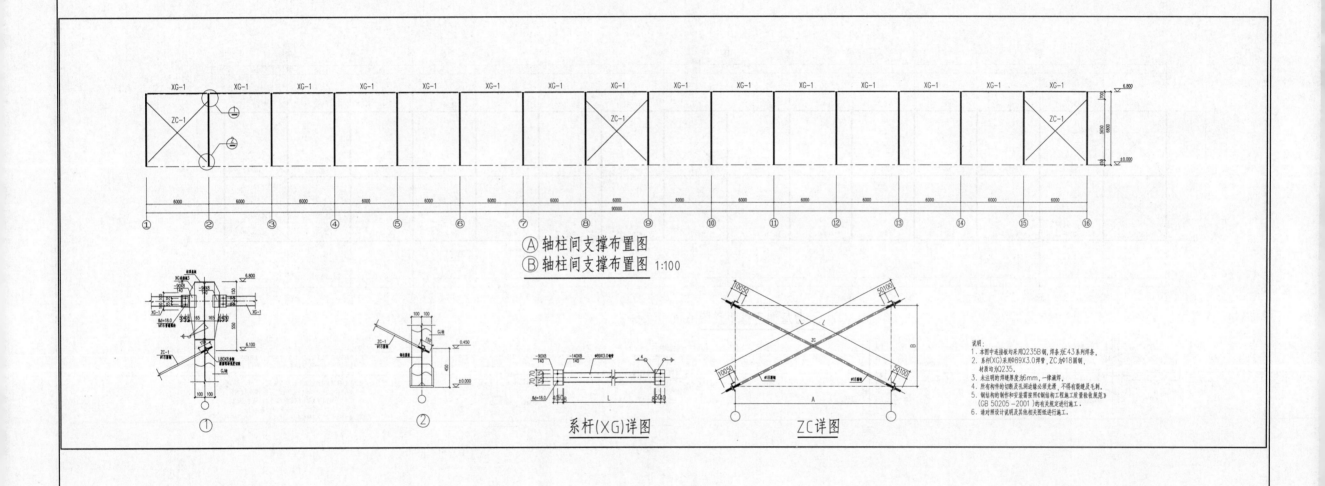

Ⓐ 轴柱间支撑布置图
Ⓑ 轴柱间支撑布置图　1:100

系杆(XG)详图　　　　ZC详图

说明:
1. 本图中连接板均采用Q235B钢,焊条为E43系列焊条。
2. 系杆(XG)采用φ89X3.0焊管,ZC为φ18圆钢,材质均为Q235。
3. 未注明的焊缝厚度为6mm,一律满焊。
4. 所有构件的切断及孔洞边缘必须光滑,不得有裂缝及毛刺。
5. 钢结构的制作和安装需按照《钢结构工程施工质量验收规范》(GB 50205-2001)的有关规定进行施工。
6. 请对照设计说明及其他相关图纸进行施工。

图　12-13

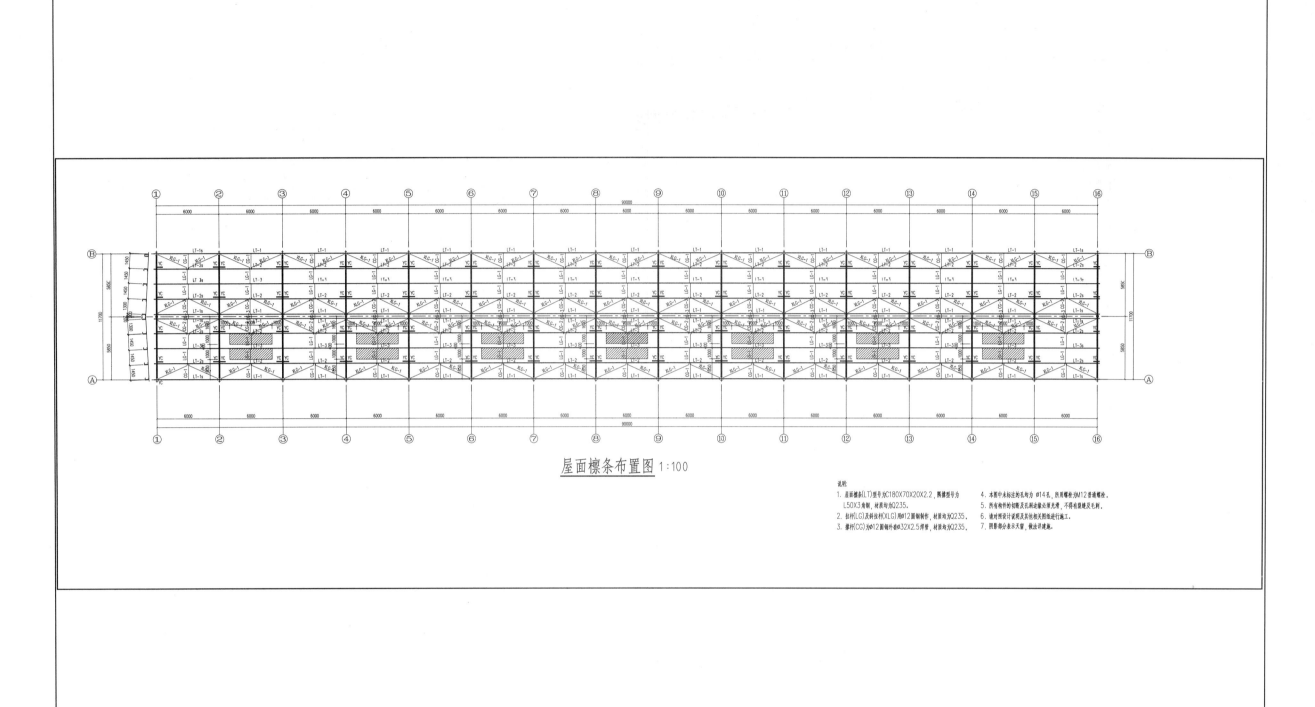

屋面檩条布置图 1:100

说明：
1. 屋面檩条(LT)型号为C180X70X20X2.2，隅撑型号为L50X3角钢，材质均为Q235。
2. 拉杆(LG)及斜拉杆(XLG)用φ12圆钢制作，材质均为Q235。
3. 撑杆(CG)为φ12圆钢外套φ32X2.5焊管，材质均为Q235。
4. 本图中未标注的孔均为φ14孔，所用螺栓为M12普通螺栓。
5. 所有构件的切割及孔洞边缘必须光滑，不得有毛刺。
6. 请对照设计说明及其他相关图纸进行施工。
7. 阴影部分表示天窗，做法详建施。

图 12-14

199

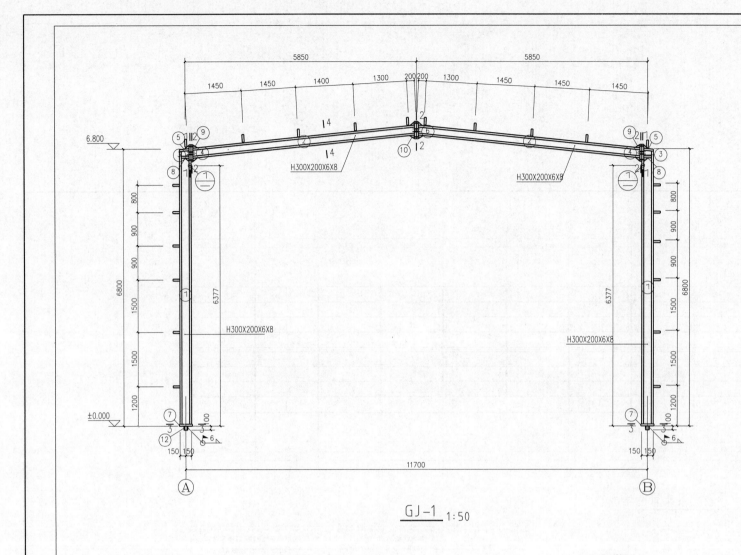

H300X200X6X8

GJ-1 1:50

构件零件编号	编号	规格	长度/mm	数量 正反	重量/kg 单重	共重	总重	备注
	1	HT300X200	6986	2	268.9	537.9		
	2	HT300X200	5863	2	225.7	451.4		
	3	−200X18	580	2	16.4	32.8		
	4	−200X18	480	2	13.6	27.1		
GJ-1	5	−200X8	293	2	3.7	7.4	1125.3	
	6	−200X18	415	2	11.7	23.5		
	7	−246X20	340	2	13.1	26.3		
	8	−97X8	284	4	1.7	6.9		
	9	−85X10	110	6	0.7	4.4		
	10	−90X10	120	2	0.8	1.7		
	11	−80X20	80	2	1.0	4.0		
	12	[10	100	2	1.0	2.0		

材 料 表

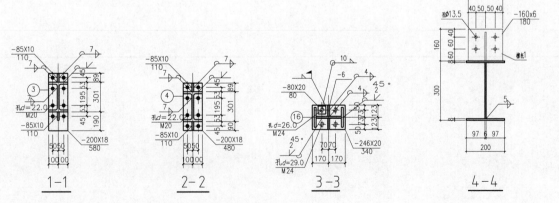

1-1   2-2   3-3   4-4

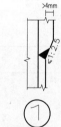

①

檩托1

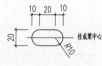

SC安装孔

说明:
1. 本设计按《钢结构设计标准》(GB 50017-2017)进行设计。
2. 材料:钢板及型钢为Q235钢,焊条为E43系列焊条。
3. 构件的拼接连接采用10.9级摩擦型连接高强度螺栓,连接接触面的处理采用钢丝刷清除浮锈。
4. 柱脚基础混凝土强度等级为C25,锚栓钢号为Q235钢。
5. 图中未注明的角焊缝最小焊脚尺寸为6mm,一律满焊。
6. 对接焊缝的焊缝质量不低于二级。
7. 钢结构的制作和安装需按照《钢结构工程施工质量验收规范》(GB 50205-2001)的有关规定进行施工。
8. 钢构件表面除锈后用两道防锈漆打底,构件的防火等级按建筑要求处理。
9. 请对照设计说明及其他相关图纸进行施工。

图 12-15

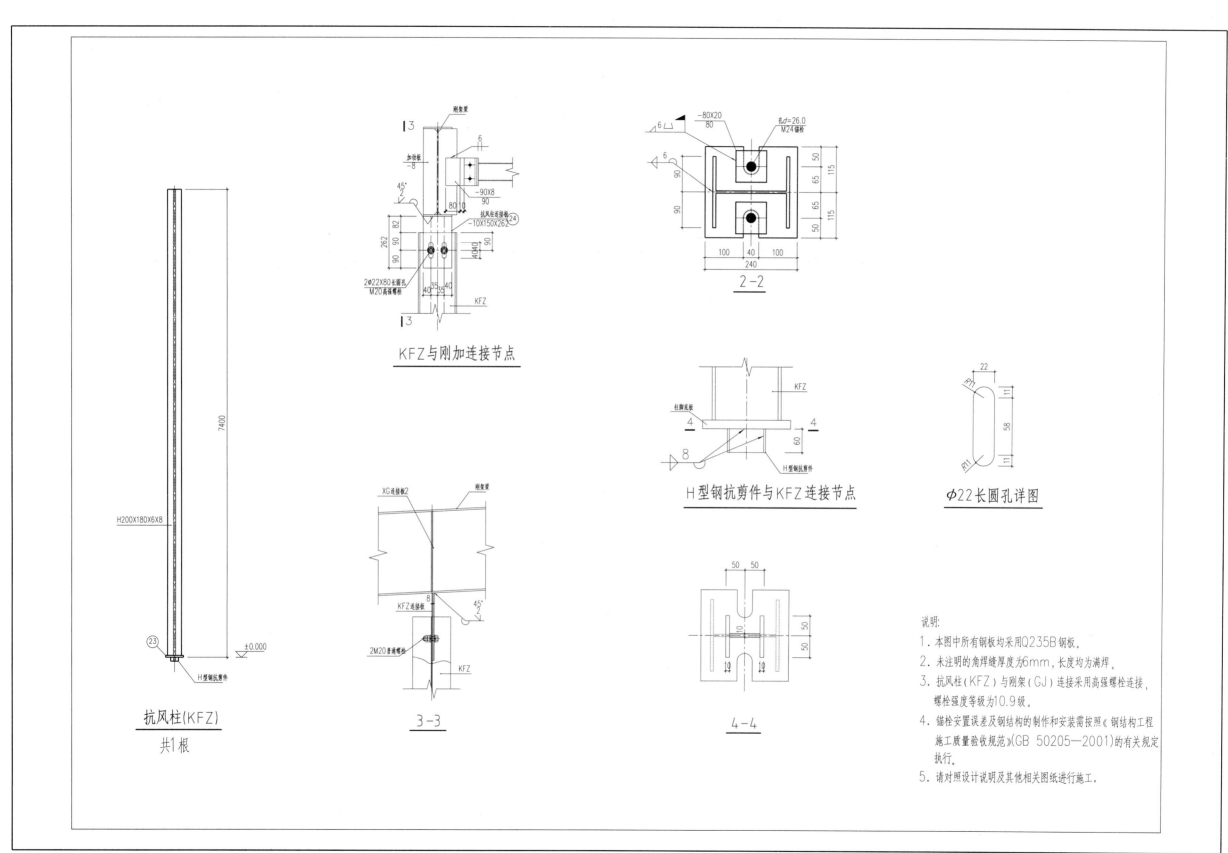

KFZ与刚加连接节点

2-2

H型钢抗剪件与KFZ连接节点

φ22长圆孔详图

抗风柱(KFZ)
共1根

3-3

4-4

说明:
1. 本图中所有钢板均采用Q235B钢板。
2. 未注明的角焊缝厚度为6mm,长度均为满焊。
3. 抗风柱(KFZ)与刚架(GJ)连接采用高强螺栓连接,
   螺栓强度等级为10.9级。
4. 锚栓安置误差及钢结构的制作和安装需按照《钢结构工程
   施工质量验收规范》(GB 50205—2001)的有关规定
   执行。
5. 请对照设计说明及其他相关图纸进行施工。

图　12-16

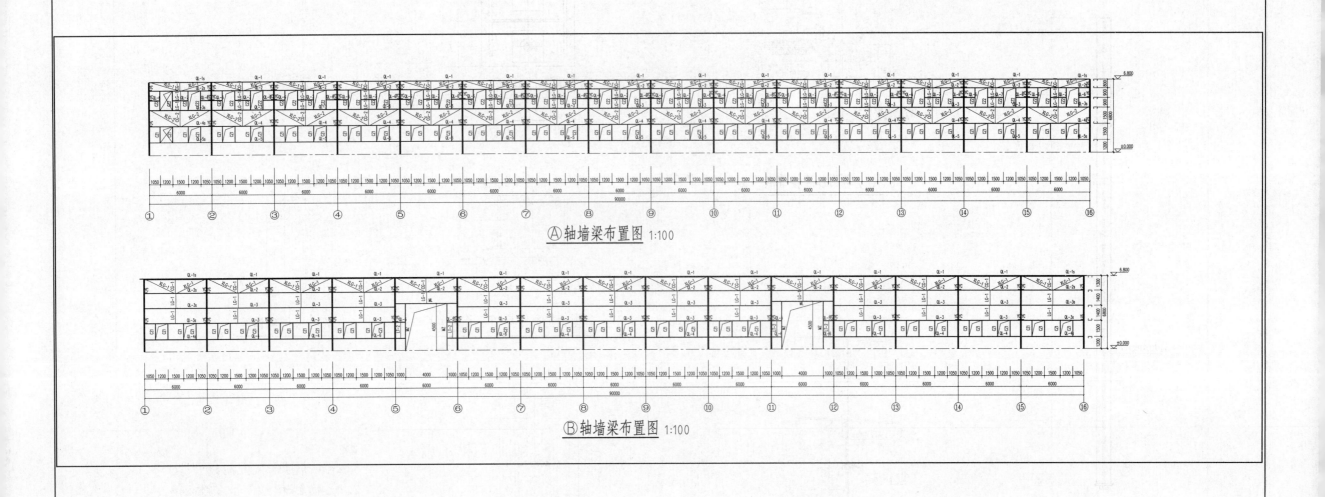

Ⓐ轴墙梁布置图 1:100

Ⓑ轴墙梁布置图 1:100

图 12-17

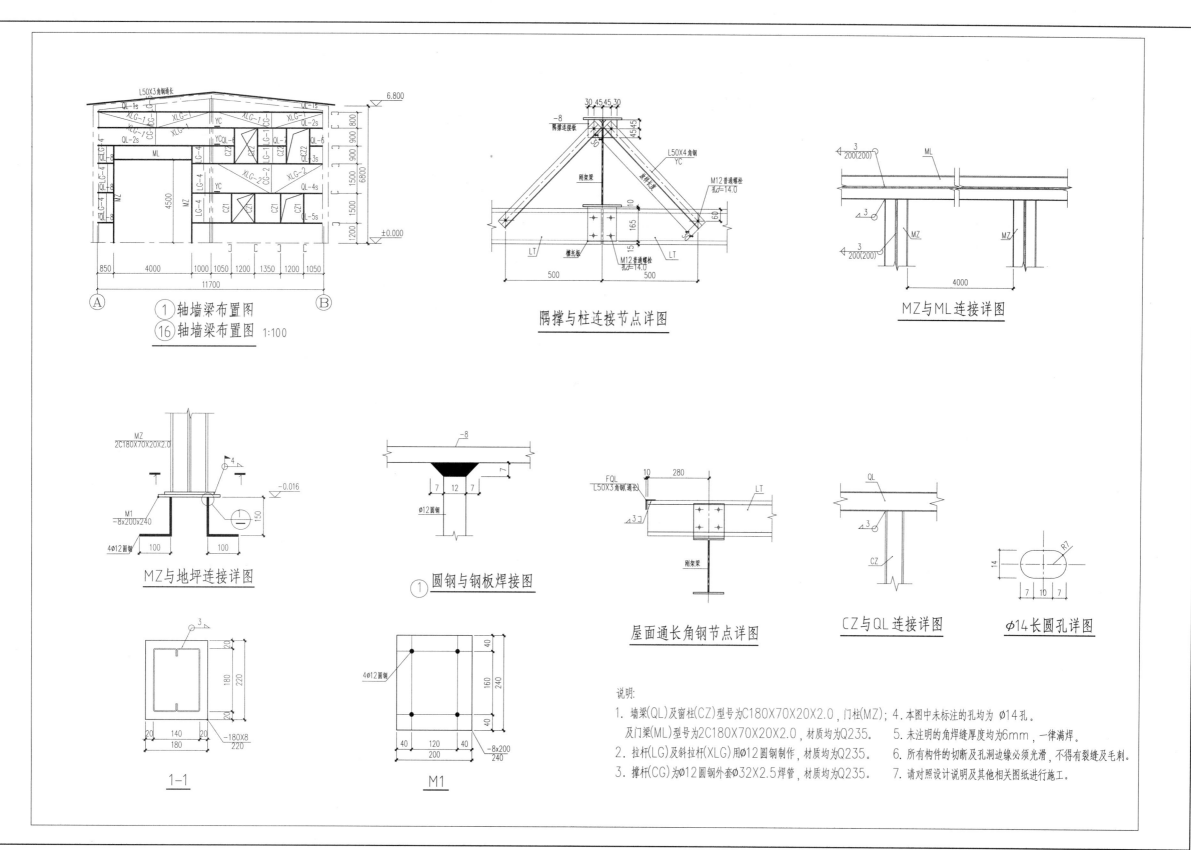

①轴墙梁布置图
⑯轴墙梁布置图 1:100

隔撑与柱连接节点详图

MZ与ML连接详图

MZ与地坪连接详图

① 圆钢与钢板焊接图

屋面通长角钢节点详图

CZ与QL连接详图

φ14长圆孔详图

1—1

M1

说明:
1. 墙梁(QL)及窗柱(CZ)型号为C180X70X20X2.0,门柱(MZ)
   及门梁(ML)型号为2C180X70X20X2.0,材质均为Q235。
2. 拉杆(LG)及斜拉杆(XLG)用φ12圆钢制作,材质均为Q235。
3. 撑杆(CG)为φ12圆钢外套φ32X2.5焊管,材质均为Q235。
4. 本图中未标注的孔均为 φ14孔。
5. 未注明的角焊缝厚度均为6mm,一律满焊。
6. 所有构件的切断及孔洞边缘必须光滑,不得有裂缝及毛刺。
7. 请对照设计说明及其他相关图纸进行施工。

图 12-18

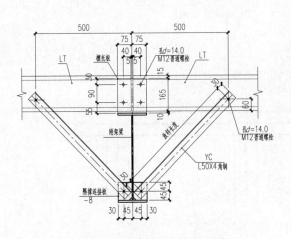

中间跨檩条、隔撑与梁连接详图

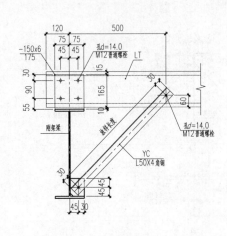

端跨檩条、隔撑与梁连接详图

拐角处GJ柱与墙梁连接详图

1-1

檩托

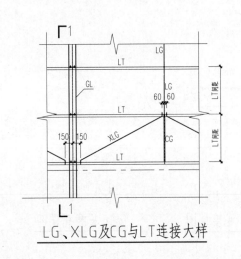

LG、XLG及CG与LT连接大样

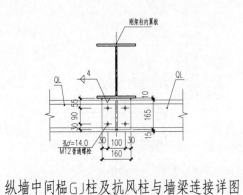

纵墙中间榀GJ柱及抗风柱与墙梁连接详图

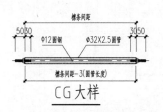

LG大样

CG大样

1-1

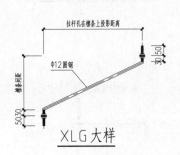

XLG大样

说明:
1. 墙梁(QL)及窗柱(CZ)型号为C180X70X20X2.0，门柱(MZ)及门梁(ML)型号为2C180X70X20X2.0，材质均为Q235。

2. 拉杆(LG)及斜拉杆(XLG)用Φ12圆钢制作，材质均为Q235。

3. 撑杆(CG)为Φ12圆钢外套Φ32X2.5焊管，材质均为Q235。

4. 本图中未标注的孔均为Φ14孔。

5. 未注明的角焊缝厚度均为6mm，一律满焊。

6. 所有构件的切断及孔洞边缘必须光滑，不得有裂缝及毛刺。

7. 请对照设计说明及其他相关图纸进行施工。

图 12-19

附录　等截面等跨连续梁在常用荷载作用下的内力系数

1. 在均布及三角形荷载作用下：

$$M=表中系数×ql^2$$
$$V=表中系数×ql$$

2. 在集中荷载作用下：

$$M=表中系数×Pl$$
$$V=表中系数×P$$

3. 内力正负号规定：

M——使截面上部受压、下部受拉为正；

V——对邻近截面所产生的力矩沿顺时针方向者为正。

附表 1　两　跨　梁

荷载图	跨内最大弯矩		支座弯矩	剪　力		
	M_1	M_2	M_B	V_A	V_{Bl} / V_{Br}	V_C
	0.070	0.070	-0.125	0.375	-0.625 / 0.625	-0.375
	0.096	-0.025	-0.063	0.437	-0.563 / 0.063	0.063
	0.048	0.048	-0.078	0.172	-0.328 / 0.328	-0.172
	0.064	—	-0.039	0.211	-0.289 / 0.039	0.039
	0.156	0.156	-0.188	0.312	-0.688 / 0.688	-0.312
	0.203	-0.047	-0.094	0.406	-0.594 / 0.094	0.094
	0.222	0.222	-0.333	0.667	-1.333 / 1.333	-0.667
	0.278	-0.056	-0.167	0.833	-1.167 / 0.167	0.167

附表 2　三　跨　梁

荷载图	跨内最大弯矩		支座弯矩		剪　力			
	M_1	M_2	M_B	M_C	V_A	V_{Bl} / V_{Br}	V_{Cl} / V_{Cr}	V_D
	0.080	0.025	-0.100	-0.100	0.400	-0.600 / 0.500	-0.500 / 0.600	-0.400
	0.101	-0.050	-0.050	-0.050	-0.450	-0.550 / 0	0 / 0.550	-0.450
	-0.025	0.075	-0.050	-0.050	-0.050	-0.050 / 0.500	-0.500 / 0.050	0.050
	0.073	0.054	-0.117	-0.033	0.383	-0.617 / 0.583	-0.417 / 0.033	0.033
	0.094	—	-0.067	0.017	0.433	-0.567 / 0.083	0.083 / -0.017	-0.017
	0.054	0.021	-0.063	-0.063	0.188	-0.313 / 0.250	-0.250 / 0.313	-0.188
	0.068	—	-0.031	-0.031	0.219	-0.281 / 0	0 / 0.281	-0.219
	—	0.052	-0.031	-0.031	-0.031	-0.031 / 0.250	-0.250 / 0.031	0.031
	0.050	0.038	-0.073	-0.021	0.177	-0.323 / 0.302	-0.198 / 0.021	0.021
	0.063	—	-0.042	0.010	0.208	-0.292 / 0.052	0.052 / -0.010	-0.010
	0.175	0.100	-0.150	-0.150	0.350	-0.650 / 0.500	-0.500 / 0.650	-0.350
	0.213	-0.075	-0.075	-0.075	0.425	-0.575 / 0	0 / 0.575	-0.425

荷载图	跨内最大弯矩		支座弯矩		剪力			
	M_1	M_2	M_B	M_C	V_A	V_{Bl} / V_{Br}	V_{Cl} / V_{Cr}	V_D
	-0.038	0.175	-0.075	-0.075	-0.075	-0.075 / 0.500	-0.500 / 0.075	0.075
	0.162	0.137	-0.175	-0.050	0.325	-0.675 / 0.625	-0.375 / 0.050	0.050
	0.200	—	-0.100	0.025	0.400	-0.600 / 0.125	0.125 / -0.025	-0.025
	0.244	0.067	-0.267	-0.267	0.733	-1.267 / 1.000	-1.000 / 1.267	-0.733

荷载图	跨内最大弯矩		支座弯矩		剪力			
	M_1	M_2	M_B	M_C	V_A	V_{Bl} / V_{Br}	V_{Cl} / V_{Cr}	V_D
	0.289	-0.133	-0.133	-0.133	0.866	-1.134 / 0	0 / 1.134	-0.866
	-0.044	0.200	-0.133	-0.133	-0.133	-0.133 / 1.000	-1.000 / 0.133	0.133
	0.229	0.170	-0.311	-0.089	0.689	-1.311 / 1.222	-0.778 / 0.089	0.089
	0.274	—	-0.178	0.044	0.822	-1.178 / 0.222	0.222 / -0.044	-0.044

附表3　四跨梁

荷载图	跨内最大弯矩				支座弯矩			剪力				
	M_1	M_2	M_3	M_4	M_B	M_C	M_D	V_A	V_{Bl} / V_{Br}	V_{Cl} / V_{Cr}	V_{Dl} / V_{Dr}	V_E
	0.077	0.036	0.036	0.077	-0.107	-0.071	-0.107	0.393	-0.607 / 0.536	-0.464 / 0.464	-0.536 / 0.607	-0.393
	0.100	-0.045	0.081	-0.023	-0.054	-0.036	-0.054	0.446	-0.554 / 0.018	0.018 / 0.482	-0.518 / 0.054	0.054
	0.072	0.061	—	0.098	-0.121	-0.018	-0.058	0.380	-0.620 / 0.603	-0.397 / -0.040	-0.040 / 0.558	-0.442
		0.056	0.056		-0.036	-0.107	-0.036	-0.036	-0.036 / 0.429	-0.571 / 0.571	-0.429 / 0.036	0.036
	0.094	—	—	—	-0.067	0.018	-0.004	0.433	-0.567 / 0.085	0.085 / -0.022	-0.022 / 0.004	0.004
		0.071			-0.049	-0.054	0.013	-0.049	-0.049 / 0.496	-0.504 / 0.067	0.067 / -0.013	-0.013
	0.052	0.028	0.028	0.052	-0.067	-0.045	-0.067	0.183	-0.317 / 0.272	-0.228 / 0.228	-0.272 / 0.317	-0.183

荷载图	跨内最大弯矩				支座弯矩			剪力				
	M_1	M_2	M_3	M_4	M_B	M_C	M_D	V_A	V_{Bl} / V_{Br}	V_{Cl} / V_{Cr}	V_{Dl} / V_{Dr}	V_E
	0.067		0.055	—	−0.034	−0.022	−0.034	0.217	−0.284 / 0.011	0.011 / 0.239	−0.261 / 0.034	0.034
	0.049	0.042		0.066	−0.075	−0.011	−0.036	0.175	−0.325 / 0.314	−0.186 / 0.025	−0.025 / 0.286	−0.214
		0.040	0.040		−0.022	−0.067	−0.022	−0.022	−0.022 / 0.205	−0.295 / 0.295	−0.205 / 0.022	0.022
	0.063				−0.042	0.011	−0.003	0.208	−0.292 / 0.053	0.053 / −0.014	−0.014 / 0.003	0.003
	—	0.051			−0.031	−0.034	0.008	−0.031	−0.031 / 0.247	−0.253 / 0.042	0.042 / −0.008	−0.008
	0.169	0.116	0.116	0.169	−0.161	−0.107	−0.161	0.339	−0.661 / 0.554	−0.446 / 0.446	−0.554 / 0.661	−0.339
	0.210	−0.067	0.183	−0.040	−0.080	−0.054	−0.080	0.420	−0.580 / 0.027	0.027 / 0.473	−0.527 / 0.080	0.080
	0.159	0.146		0.206	−0.181	−0.027	−0.087	0.319	−0.681 / 0.654	−0.346 / 0.060	−0.060 / 0.587	−0.413
		0.142	0.142		−0.054	−0.161	−0.054	0.054	−0.054 / 0.393	−0.607 / 0.607	−0.393 / 0.054	0.054
	0.200	—	—	—	−0.100	0.027	−0.007	0.400	−0.600 / 0.127	0.127 / −0.033	−0.033 / 0.007	0.007
		0.173			−0.074	−0.080	0.020	−0.074	−0.074 / 0.493	−0.507 / 0.100	0.100 / −0.020	−0.020
	0.238	0.111	0.111	0.238	−0.286	−0.191	−0.286	0.714	−1.286 / 1.095	−0.905 / 0.905	−1.095 / 1.286	−0.714
	0.286	−0.111	0.222	−0.048	−0.143	−0.095	−0.143	0.857	−1.143 / 0.048	0.048 / 0.952	−1.048 / 0.143	0.143

荷载图	跨内最大弯矩				支座弯矩			剪力				
	M_1	M_2	M_3	M_4	M_B	M_C	M_D	V_A	V_{Bl} / V_{Br}	V_{Cl} / V_{Cr}	V_{Dl} / V_{Dr}	V_E
	0.226	0.194		0.282	−0.321	−0.048	−0.155	0.679	−1.321 / 1.274	−0.726 / −0.107	−0.107 / 1.155	−0.845
		0.175	0.175	—	−0.095	−0.286	−0.095	−0.095	−0.095 / 0.810	−1.190 / 1.190	−0.810 / 0.095	0.095
	0.274	—	—	—	−0.178	0.048	−0.012	0.822	−1.178 / 0.226	0.226 / −0.060	−0.060 / 0.012	0.012
	—	0.198			−0.131	−0.143	0.036	−0.131	−0.131 / 0.988	−1.012 / 0.178	0.178 / −0.036	−0.036

附表4 五 跨 梁

荷载图	跨内最大弯矩			支座弯矩				剪力					
	M_1	M_2	M_3	M_B	M_C	M_D	M_E	V_A	V_{Bl} / V_{Br}	V_{Cl} / V_{Cr}	V_{Dl} / V_{Dr}	V_{El} / V_{Er}	V_F
A B C D E F	0.078	0.033	0.046	−0.105	−0.079	−0.079	−0.105	0.394	−0.606 / 0.526	−0.474 / 0.500	−0.500 / 0.474	−0.526 / 0.606	−0.394
$M_1 M_2 M_3 M_4 M_5$	0.100	−0.0461	0.085	−0.053	−0.040	−0.040	−0.053	0.447	−0.553 / 0.013	0.013 / 0.500	−0.500 / −0.013	−0.013 / 0.553	−0.447
	−0.0263	0.079	−0.0395	−0.053	−0.040	−0.040	−0.053	−0.053	−0.053 / 0.513	−0.487 / 0	0 / 0.487	−0.513 / 0.053	0.053
	0.073	②0.059 / 0.078	—	−0.119	−0.022	−0.044	−0.051	0.380	−0.620 / 0.598	−0.402 / −0.023	−0.023 / 0.493	−0.507 / 0.052	0.052
	①— / 0.098	0.055	0.064	−0.035	−0.111	−0.020	−0.057	−0.035	−0.035 / 0.424	−0.576 / 0.591	−0.409 / −0.037	−0.037 / 0.557	−0.443
	0.094	—		−0.067	0.018	−0.005	0.001	0.433	−0.567 / 0.085	0.085 / −0.023	−0.023 / 0.006	0.006 / −0.001	−0.001
	—	0.074	—	−0.049	−0.054	0.014	−0.004	0.019	−0.049 / 0.495	−0.505 / 0.068	0.068 / −0.018	−0.018 / 0.004	0.004
	—	—	0.072	0.013	−0.053	−0.053	0.013	0.013	0.013 / −0.066	−0.066 / 0.500	−0.500 / 0.066	0.066 / −0.013	−0.013

荷载图	跨内最大弯矩			支座弯矩				剪力					
	M_1	M_2	M_3	M_B	M_C	M_D	M_E	V_A	V_{Bl} V_{Br}	V_{Cl} V_{Cr}	V_{Dl} V_{Dr}	V_{El} V_{Er}	V_F
	0.053	0.026	0.034	−0.066	−0.049	−0.049	−0.066	0.184	−0.316 0.266	−0.234 0.250	−0.250 0.234	−0.266 0.316	−0.184
	0.067	—	0.059	−0.033	−0.025	−0.025	−0.033	0.217	−0.283 0.008	0.008 0.250	−0.250 −0.008	−0.008 0.283	−0.217
	—	0.055	—	−0.033	−0.025	−0.025	−0.033	0.033	−0.033 0.258	−0.242 0	0 0.242	−0.258 0.033	0.033
	0.049	②0.041 0.053	—	−0.075	−0.014	−0.028	−0.032	0.175	0.325 0.311	−0.189 −0.014	−0.014 0.246	−0.255 0.032	0.032
	①— 0.066	0.039	0.044	−0.022	−0.070	−0.013	−0.036	−0.022	−0.022 0.202	−0.298 0.307	−0.193 −0.023	−0.023 0.286	0.214
	0.063	—	—	−0.042	0.011	−0.003	0.001	0.208	−0.292 0.053	0.053 −0.014	−0.014 0.004	0.004 −0.001	−0.001
	—	0.051	—	−0.031	−0.034	0.009	−0.002	−0.031	−0.031 0.247	−0.253 0.043	0.043 −0.011	−0.011 0.002	0.002
	—	—	0.050	0.008	−0.033	−0.033	0.008	0.008	0.008 −0.041	−0.041 0.250	−0.250 0.041	0.041 −0.008	−0.008
	0.171	0.112	0.132	−0.158	−0.118	−0.118	−0.158	0.342	−0.658 0.540	−0.460 0.500	−0.500 0.460	−0.540 0.658	−0.342
	0.211	−0.069	0.191	−0.079	−0.059	−0.059	−0.079	0.421	−0.579 0.020	0.020 0.500	−0.500 −0.020	−0.020 0.579	−0.421
	−0.039	0.181	−0.059	−0.079	−0.059	−0.059	−0.079	−0.079	−0.079 0.520	−0.480 0	0 0.480	−0.520 0.079	0.079
	0.160	②0.144 0.178	—	−0.179	−0.032	−0.066	−0.077	0.321	−0.679 0.647	−0.353 −0.034	−0.034 0.489	−0.511 0.077	0.077
	①— 0.207	0.140	0.151	−0.052	−0.167	−0.031	−0.086	−0.052	−0.052 0.385	−0.615 0.637	−0.363 −0.056	−0.056 0.586	−0.414
	0.200	—	—	−0.100	0.027	−0.007	0.002	0.400	−0.600 0.127	0.127 −0.031	−0.034 0.009	0.009 −0.002	−0.002

荷载图	跨内最大弯矩			支座弯矩				剪力					
	M_1	M_2	M_3	M_B	M_C	M_D	M_E	V_A	V_{Bl} / V_{Br}	V_{Cl} / V_{Cr}	V_{Dl} / V_{Dr}	V_{El} / V_{Er}	V_F
（荷载图）	—	0.173	—	-0.073	-0.081	0.022	-0.005	-0.073	-0.073 / 0.493	-0.507 / 0.102	0.102 / -0.027	-0.027 / 0.005	0.005
（荷载图）	—	—	0.171	0.020	-0.079	-0.079	-0.020	0.020	0.020 / -0.099	-0.099 / 0.500	-0.500 / 0.099	0.099 / -0.020	-0.020
（荷载图）	0.240	0.100	0.122	-0.281	-0.211	-0.211	-0.281	0.719	-1.281 / 1.070	-0.930 / 1.000	-1.000 / 0.930	-1.070 / 1.281	-0.719
（荷载图）	0.287	-0.117	0.228	-0.140	-0.105	-0.105	-0.140	0.860	-1.140 / 0.035	0.035 / 1.000	-1.000 / -0.035	-0.035 / 1.140	-0.860
（荷载图）	-0.047	0.216	-0.105	-0.140	-0.105	-0.105	-0.140	-0.140	-0.140 / 1.035	-0.965 / 0	0.000 / 0.965	-1.035 / 0.140	0.140
（荷载图）	0.227	②0.189 / 0.209	—	-0.319	-0.057	-0.118	-0.137	0.681	-1.319 / 1.262	-0.738 / -0.061	-0.061 / 0.981	-1.019 / 0.137	0.137
（荷载图）	①— / 0.282	0.172	0.198	-0.093	-0.297	-0.054	-0.153	-0.093	-0.093 / 0.796	-1.204 / 1.243	-0.757 / -0.099	-0.099 / 1.153	-0.847
（荷载图）	0.274	—	—	-0.179	0.048	-0.013	0.003	0.821	-1.179 / 0.227	0.227 / -0.061	-0.061 / 0.016	0.016 / -0.003	-0.003
（荷载图）	—	0.198	—	-0.131	-0.144	0.038	-0.010	-0.131	-0.131 / 0.987	-1.013 / 0.182	0.182 / -0.048	-0.048 / 0.010	0.010
（荷载图）	—	—	0.193	0.035	-0.140	-0.140	0.035	0.035	0.035 / -0.175	-0.175 / 1.000	-1.000 / 0.175	0.175 / -0.035	-0.035

① 分子及分母分别为 M_1 及 M_5 的弯矩系数。

② 分子及分母分别为 M_2 及 M_4 的弯矩系数。

参 考 文 献

［1］ 中华人民共和国住房和城乡建设部. GB 50068—2018 建筑结构可靠性设计统一标准 ［S］. 北京：中国建筑工业出版社，2018.

［2］ 中华人民共和国住房和城乡建设部. GB 50009—2012 建筑结构荷载规范 ［S］. 北京：中国建筑工业出版社，2012.

［3］ 中华人民共和国住房和城乡建设部. GB 50010—2010 混凝土结构设计规范 ［S］. 北京：中国建筑工业出版社，2010.

［4］ 中华人民共和国住房和城乡建设部. GB 50011—2010 建筑抗震设计规范 ［S］. 北京：中国建筑工业出版社，2010.

［5］ 中华人民共和国住房和城乡建设部. GB 50003—2011 砌体结构设计规范 ［S］. 北京：中国建筑工业出版社，2011.

［6］ 中华人民共和国住房和城乡建设部. GB 50011—2011 建筑地基基础设计规范 ［S］. 北京：中国建筑工业出版社，2011.

［7］ 张学宏. 建筑结构 ［M］. 北京：中国建筑工业出版社，2002.

［8］ 戴自强. 钢筋混凝土房屋结构 ［M］. 天津：天津大学出版社，2002.

［9］ 孙维东. 土力学与地基基础 ［M］. 北京：机械工业出版社，2003.

［10］ 张小云. 建筑抗震 ［M］. 北京：高等教育出版社，2002.

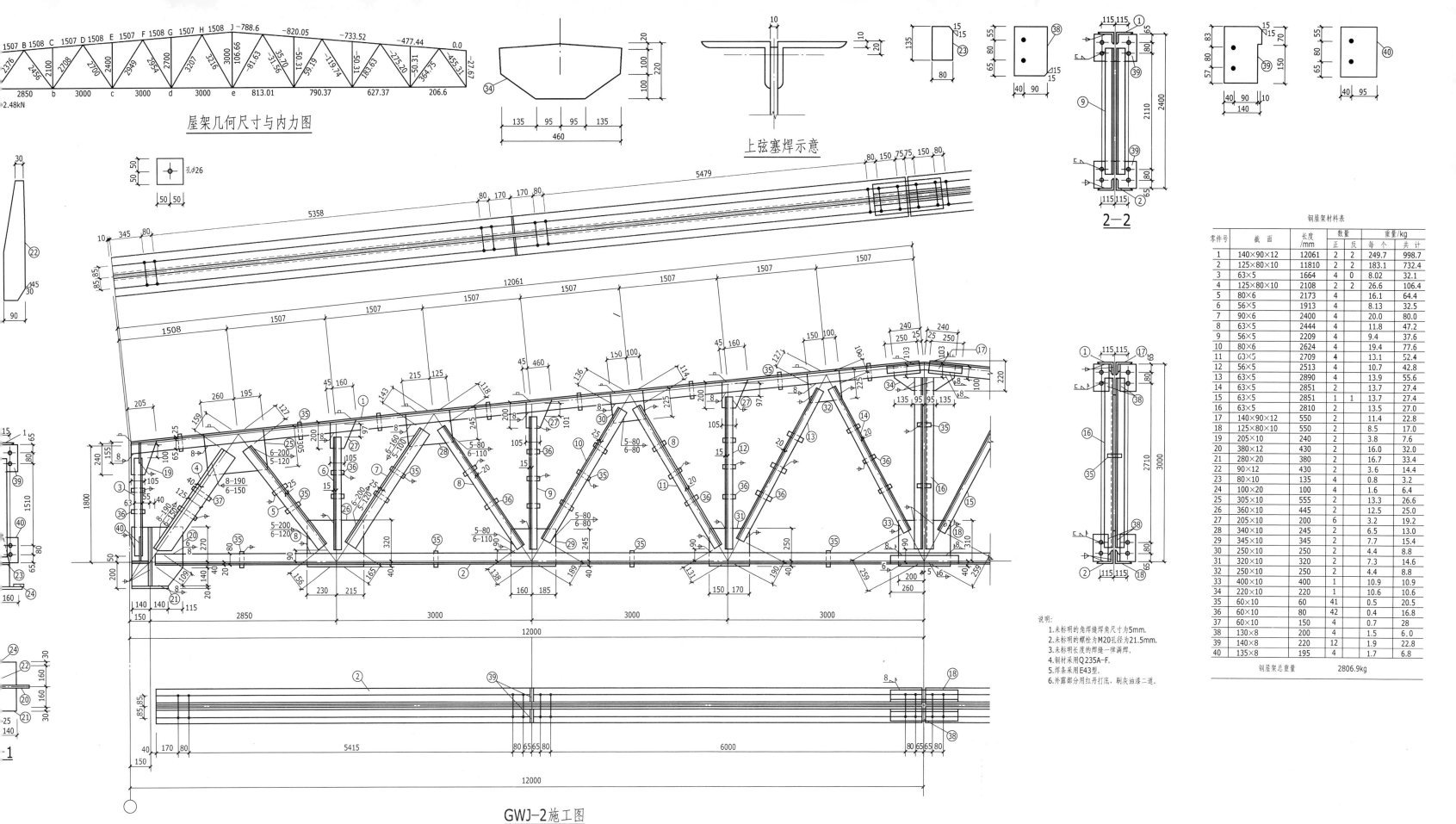

图 5-11　钢屋架施工图

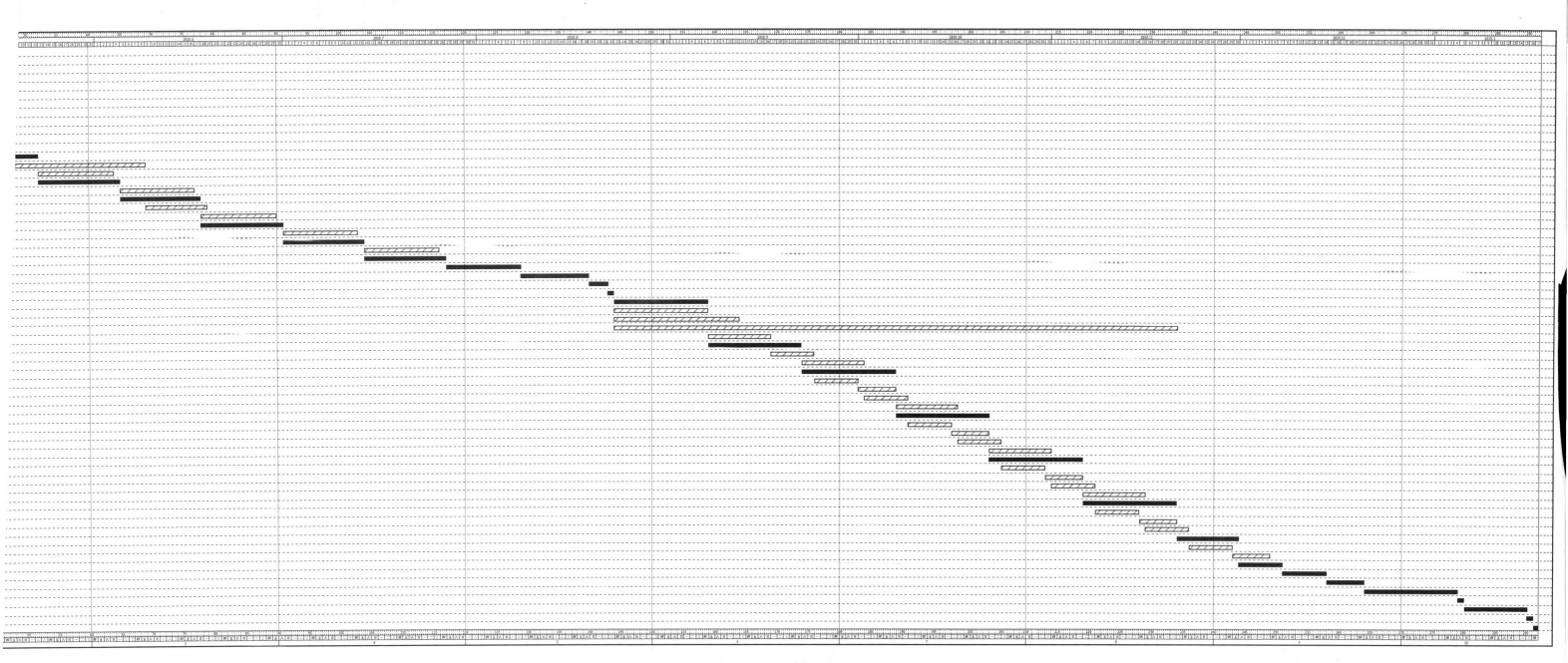

图 7-3　施工进度横道图

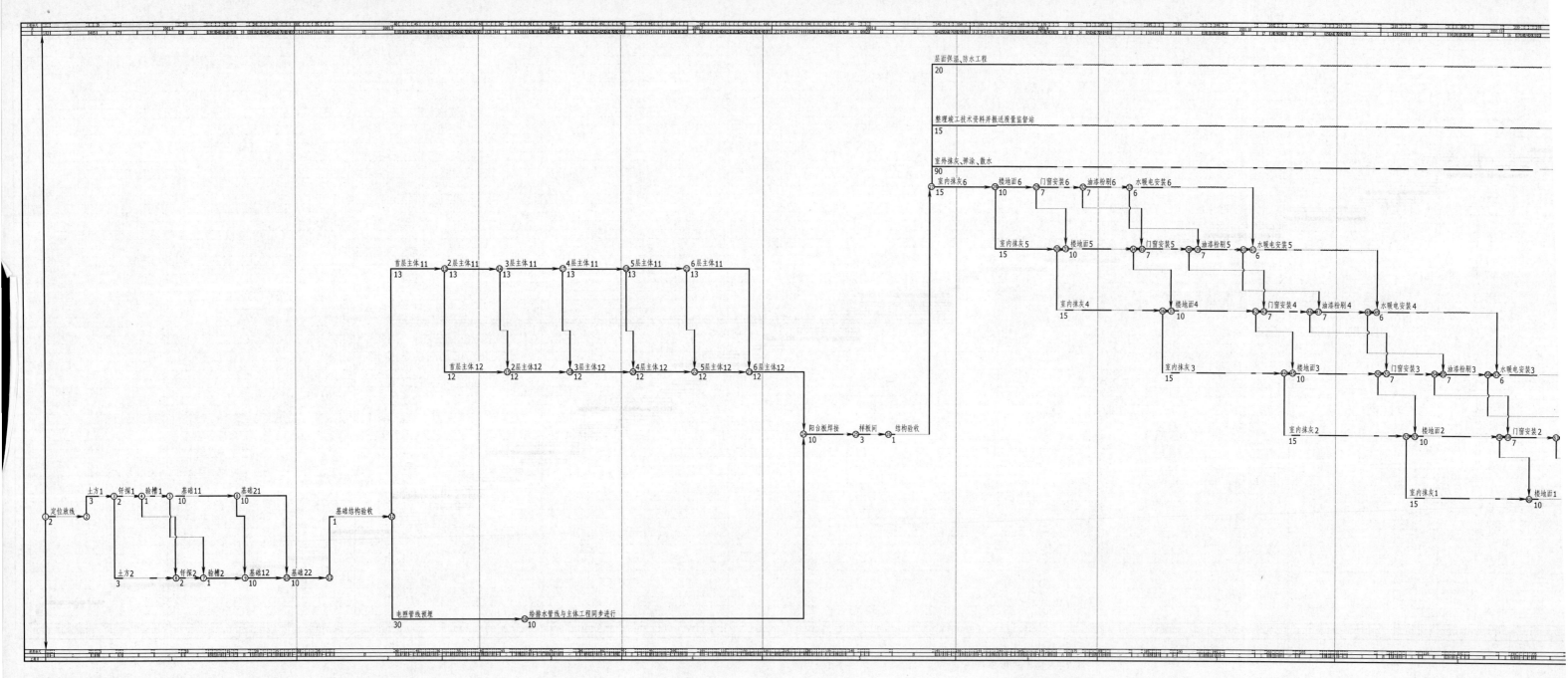

图 7-2　施工进度时标网络图